高等学校规划教材

工程图学

邢　蕾　主编

于泳红　王海祥　副主编

化学工业出版社

·北京·

内 容 简 介

《工程图学》是高等学校规划教材。全书共分 11 章。主要内容包括国家标准关于制图的基本知识、正投影的基础知识、立体的投影、组合体、轴测图、机件图样的表示法、标准件与常用件、零件图、装配图及 AutoCAD 绘图基础。本书在注重加强画图、读图能力训练的同时，融入计算机绘图的教学与实践内容，以适应应用型人才的培养需要。

本书与同步出版的《工程图学习题集》（姜东华主编，化学工业出版社出版）配套使用。

本书可供高等院校机械类、近机类本科生学习，也可作为其他专业教师、学生以及工程技术人员的参考书。

图书在版编目（CIP）数据

工程图学/邢蕾主编. —北京：化学工业出版社，2021.7(2024.9重印)
高等学校规划教材
ISBN 978-7-122-39162-9

Ⅰ.①工… Ⅱ.①邢… Ⅲ.①工程制图-高等学校-教材 Ⅳ.①TB23

中国版本图书馆 CIP 数据核字（2021）第 091398 号

责任编辑：马 波 闫 敏
责任校对：宋 玮　　装帧设计：张 辉

出版发行：化学工业出版社（北京市东城区青年湖南街 13 号 邮政编码 100011）
印　　刷：北京云浩印刷有限责任公司
装　　订：三河市振勇印装有限公司
787mm×1092mm 1/16 印张 17¾ 字数 436 千字 2024 年 9 月北京第 1 版第 4 次印刷

购书咨询：010-64518888　　售后服务：010-64518899
网　　址：http://www.cip.com.cn
凡购买本书，如有缺损质量问题，本社销售中心负责调换。

定　　价：56.00 元

前言

本书是高等学校规划教材；根据国家教育部工程图学教学指导委员会审定的《普通高等院校工程图学课程教学基本要求》的精神和最新颁布的有关国家标准，按照高等工科教育的培养目标和特点，结合多年的教学经验和教学改革的成果编写而成。

本书采用最新颁布的《技术制图》与《机械制图》国家标准。 全书注重理论联系实际，由浅入深，图文并茂。 在内容上既包含投影原理、制图基础、表达方法、工程图样，同时增加了计算机绘图的知识。

本书主要有以下特点：

1. 画法几何内容作为本课程的基础理论，集中编写，便于教学。

2. 加强徒手绘制草图能力的培养。 徒手草图是工程设计和创意设计的有力工具。

3. 制图与设计紧密结合，零、部件结构介绍与构型设计紧密结合，注重方法与技能训练，为学生在今后的工作中构思和创意设计打下坚实的基础。

4. 采用最新颁布的《技术制图》与《机械制图》国家标准及制图有关的其他标准，以培养学生贯彻新国标的意识和查阅国标的能力。

5. 本书选用 AutoCAD 软件，简介计算机绘图的基础知识和绘图方法，独立成章。

为了方便读者阅读和理解，书中的图例附有立体图；例题讲解时，既给出了解题原理，同时给出了分解步骤的图例。

本书由邢蕾担任主编，于泳红、王海祥担任副主编。 编写工作分工如下：邢蕾编写第 10 章、第 11 章；于泳红编写第 1 章、第 2 章、第 3 章；王海祥编写第 4 章、第 5 章；姜东华编写第 7 章、第 9 章；潘锲编写第 6 章、第 8 章；杜佳楠编写附录；贺强参加编写。 全书由邢蕾统稿。

由于编者水平有限，书中不当之处，敬请读者批评指正。

编　者

目录

第1章 绪论 / 1

第2章 制图的基本知识和基本技能 / 5

第5章 组合体 / 78

第6章 轴测图 / 97

第7章 机件图样的表示法 / 108

第8章 标准件与常用件 / 126

第9章 零件图 / 151

第10章 装配图 / 186

附录 / 246

参考文献 / 273

绪论

1.1 工程图学课程的任务和内容

1.1.1 工程图学课程的性质

图样是按照一定投影规律和规定绘制的，是人类用以表达和交流思想的基本工具之一，在工程技术上应用十分广泛。无论是制造机器还是建造房屋，都必须先画出图样，再根据图样进行加工，制作出合格的产品。工程图样成为工业生产中一种重要的技术资料，是工程界的语言。工程图学课程是研究用投影法绘制工程图样及图解空间几何问题的理论和方法的一门技术基础课。计算机技术的发展，为制图技术走向自动化提供了先进的技术手段和广阔的发展空间。工程技术人员应当熟练掌握这一技术，具备绘制和阅读图样的能力。

1.1.2 工程图学课程的主要任务

① 学习投影法的基本理论及其应用。

② 培养绘制（包括徒手图、计算机绘图和仪器图）与阅读图样的能力。

③ 培养和发展空间想象能力和空间几何分析能力。

④ 培养严谨的工作作风和认真负责的工作态度。

1.1.3 工程图学课程的主要内容

① 画法几何　研究用正投影法图示和图解空间几何问题的基本理论和方法。

② 制图基础　学习制图的基本知识和基本规定，培养绘图的基本技能、表达能力和读图能力。

③ 机械制图　研究一般机器设备的零件图和装配图的绘制和阅读方法。

④ 计算机绘图　利用某种软件，学习计算机绘图的方法。

1.1.4 工程图学课程的学习方法

① 认真学习投影理论，注意理论联系实际，由浅入深，经常分析、想象空间形体和投影图之间的对应关系，逐步提高空间想象力和分析力，掌握正投影的作图法。

② 注意积累几何体、零件、部件等素材，熟练掌握其投影规律，提高空间想象力。

③ 掌握基本的构型方法，由简到繁，由虚拟到现实，不断训练，提高构型和分析能力。

④ 遵守国家标准，培养良好的工作作风。

⑤ 学习计算机绘图方法与投影理论的结合，锻炼和培养自学能力和创新能力。

1.2 投影法

1.2.1 投影法概述

投影法是取之于自然现象并加以几何抽象的一种几何作图方法。如图 1-1（a）所示，将三角板（$\triangle ABC$）放在灯 S 和桌面 P 之间，即可看见它的影子$\triangle abc$。从抽象的几何角度来看，如图 1-1（b）所示，灯 S 可看作是点 S，称为投射中心（即投影中心）；桌面 P 称为投影面 P；三角板称为空间形体（或几何元素、空间元素）；光线称为投射线。按上述方法求作投影的过程称为投影法。

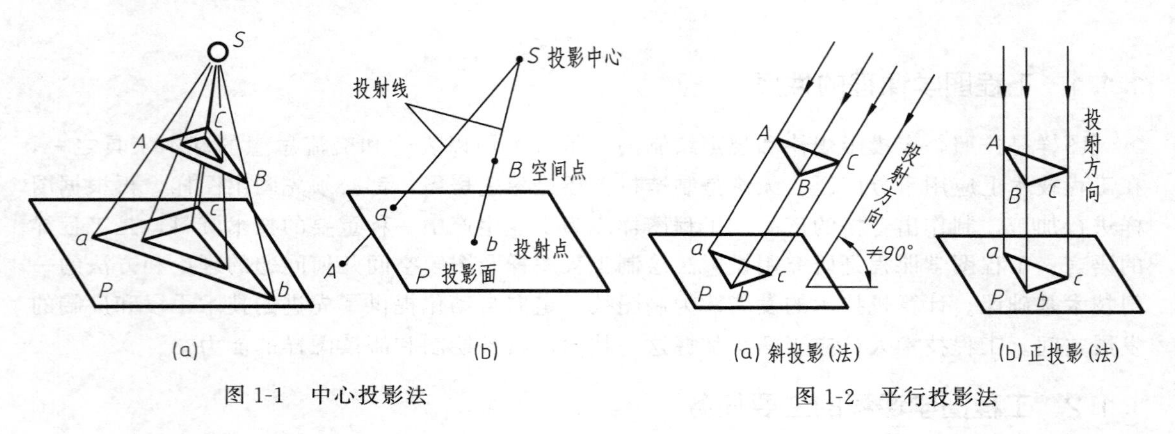

图 1-1 中心投影法　　　图 1-2 平行投影法

1.2.2 投影法分类

（1）中心投影法

如图 1-1（b）所示，当投射中心 S（光源）距离投影面 P 有限远时，所有的投射线都汇交于投射中心 S，这种投影方法称为中心投影法，由此作出的投影称为中心投影。从图中可以看出，投射中心、空间元素和投影面三个要素中，任一要素的位置变动，都会引起投影的大小变化。

中心投影法是绘图的理论基础，工程中常用于绘制建筑物的透视图。

（2）平行投影法

当投射中心 S 距离投影面 P 无限远时，所有投射线将彼此平行，如图 1-2（a）、（b）所示，这种投影方法称为平行投影法，由此作出的投影称为平行投影。

根据投影方向与投影面的相对位置的不同，平行投影分为斜投影和正投影两种。

① 斜投影　投影方向与投影面倾斜时得到的图形，如图 1-2（a）所示。投影方向不唯一。

② 正投影　投影方向与投影面垂直时得到的图形，如图 1-2（b）所示。投影方向唯一。

1.2.3　平行投影的特性

① 真实性　当元素平行于投影面时，其投影反映元素的真实性。线段反映实长；平面反映实形，如图 1-3（a）、（b）所示。

② 从属性与定比性　属于直线的点，其投影仍属于直线的投影；且点分线段之比，投影后保持不变。如图 1-4 所示，$D \in Bc$，则 $d \in bc$；$BD : DC = bd : dc$。

③ 平行性　两平行直线的投影一般仍平行。如图 1-5 所示，已知 $AB//CD$，则 $ab//cd$。

④ 积聚性　当元素垂直投影面时，其投影反映元素的积聚性。直线的投影为一点；平面的投影为一直线段，如图 1-6 所示。

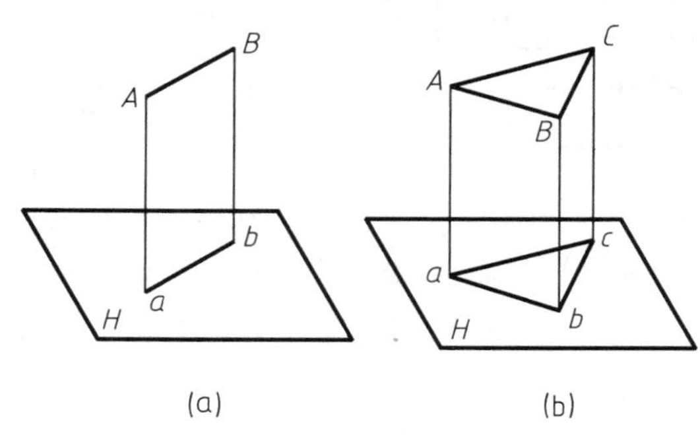

(a)　(b)

图 1-3　真实性

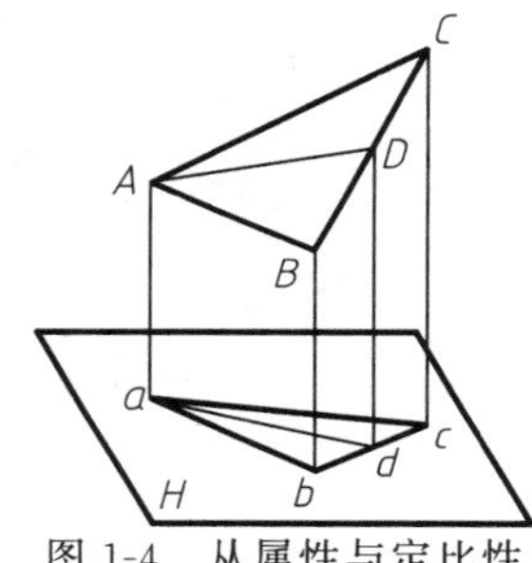

图 1-4　从属性与定比性

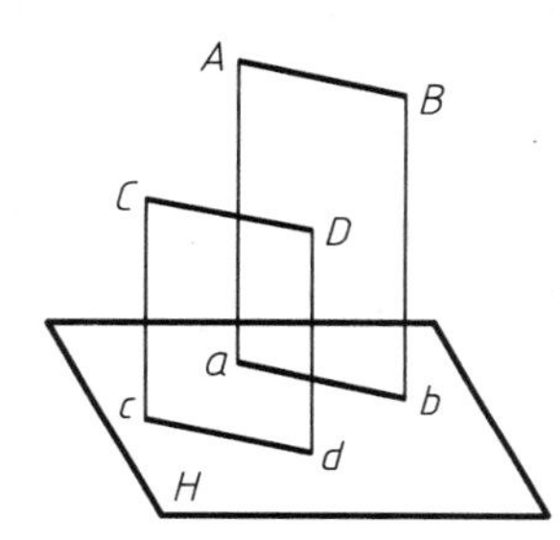

图 1-5　平行性

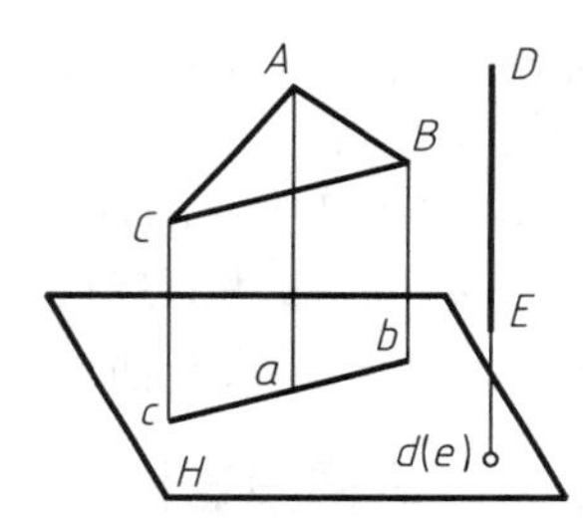

图 1-6　积聚性

⑤ 类似性　一般情况下，平面形的投影都要发生变形，但投影形状总与原形相仿，即平面投影后，与原形的对应线段保持定比，表现为投影形状与原形的边数相同、平行性相同、凸凹性相同及边的直线或曲线性质不变，如图 1-7（a）、（b）所示。

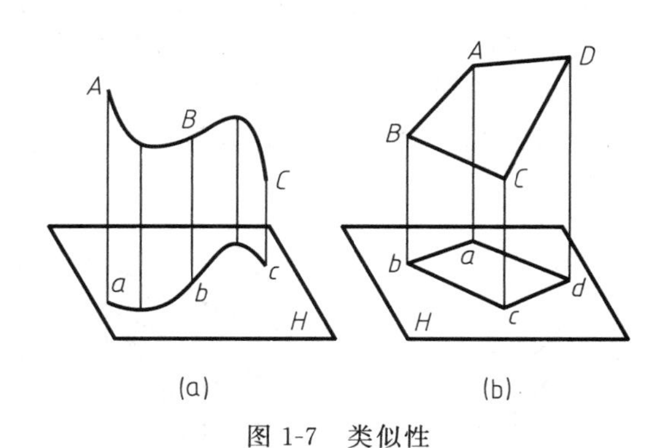

(a)　(b)

图 1-7　类似性

平行投影法由于有上述特点，特别是正投影法能准确、完整地表达形体的形状和结构，且作图简便，度量性较好，因此在工程上得到广泛的运用。机械图样就是采用正投影法绘制的。本书不加说明的投影方法均指正投影法。

1.3　工程中常用的图示方法

1.3.1　多面正投影法

在工程上为了保证空间形体与其投影的一一对应关系，采用了多面正投影法。习惯上仍简称正投影法。多面正投影图基本能确定几何体的空间位置和形状。图 1-8 是某一几何体的

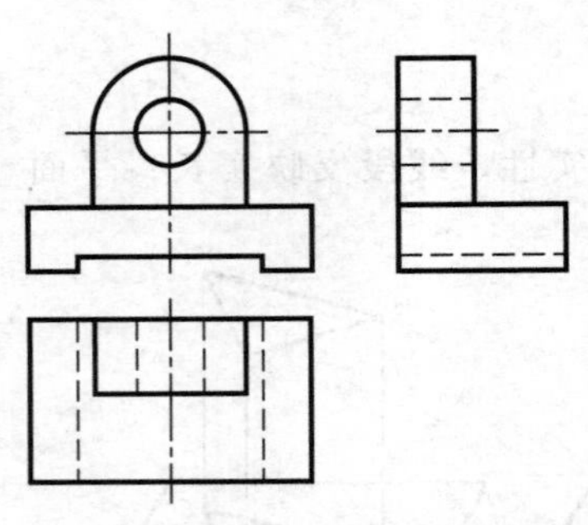

图 1-8 多面正投影图

多面正投影图。

采用正投影法时，常将几何体的主要平面与投影面平行。这样画出的投影图能反映这些平面的实形。可以看出，正投影图度量性好，画图简便，因此在工程上得到广泛应用。

1.3.2 轴测投影法

如图 1-9 所示，用平行投影法将立体连同确定其空间位置的直角坐标系一起向单一的投影面进行投影，即得到轴测投影图，简称轴测图。

轴测图是物体在平行投影下形成的一种单面投影图。它能同时反映出物体长、宽、高三个方向的尺寸，具有较强的立体感。缺点是物体的表面形状有所改变，度量性较差。为了帮助看图，工程上常采用轴测图作为辅助图样。

1.3.3 标高投影法

标高投影法是用正投影法获得空间几何元素的投影之后，再用数值标出空间几何元素对投影面的距离，以在投影图上确定空间几何元素的几何关系。

图 1-10 是曲面的标高投影，图中标有一系列数值的曲线称为等高线。按正投影法原理绘制，标高投影图常用来表示不规则曲面，如船舶、飞行器、汽车曲面及地形等。

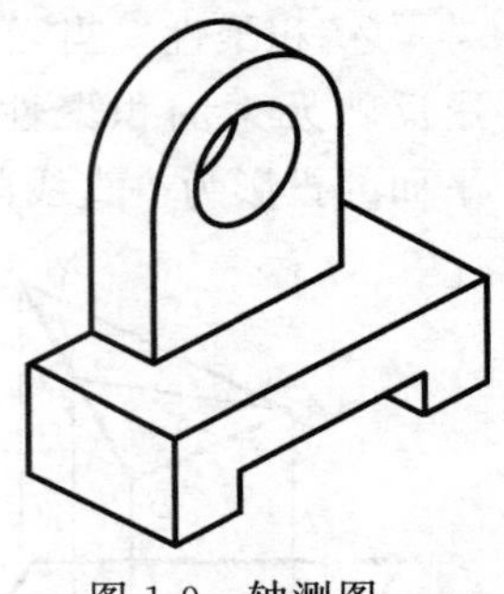

图 1-9 轴测图

1.3.4 透视投影法

透视投影法使用的是中心投影法。透视投影图接近于人的视觉映象，所以透视投影图具有逼真感，直观性强。按照特定规则画出的透视投影图完全可以确定空间几何元素的几何关系。

透视投影图（见图 1-11）广泛用于工艺美术及宣传广告图样。虽然它的直观性强，但由于作图复杂且度量性差，工程上多用于土建工程及大型设备的辅助图样；计算机绘图的广泛应用将使透视投影图应用在更多领域。

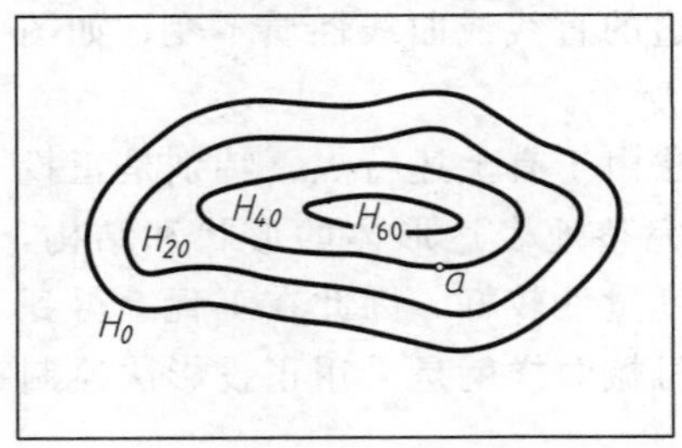

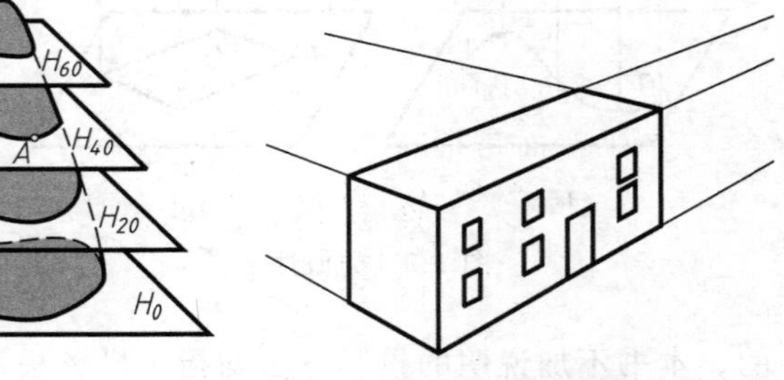

图 1-10 曲面的标高投影

图 1-11 透视投影图

思 考 题

1. 工程中常用哪两种图示方法？
2. 正投影法有何特性？
3. 正投影图的主要优、缺点是什么？

制图的基本知识和基本技能

工程图样是工程技术人员表达设计思想、进行技术交流的工具，同时也是指导生产的重要技术资料，是工程界表达和交流技术思想的共同语言，具有严格的规范性。

本章重点介绍国家标准《技术制图》和《机械制图》的有关规定和基本的几何作图方法，平面图形的基本画法、尺寸标注，以及手工绘图工具的使用技能和徒手绘图的技能。

2.1 国家标准《技术制图》和《机械制图》的有关规定

为了保证规范性，适应现代化生产、管理的需要和便于技术交流，国家制定并颁布了一系列相关的国家标准，简称“国标”，包括强制性国家标准（代号为“GB”）、推荐性国家标准（代号为“GB/T”）和国家标准化指导性技术文件（代号为“GB/T”）。本节摘录了有关《技术制图》和《机械制图》国家标准中关于图纸幅面和格式、比例、字体、图线、尺寸标注的基本规定。

2.1.1 图纸幅面和图框格式（GB/T 14689—2008）

（1）图纸幅面

图纸幅面是指图纸宽度与长度组成的图面。绘制图样时，应采用表 2-1 中规定的图纸基本幅面尺寸。基本幅面代号有 A0、A1、A2、A3、A4 五种。必要时可采用由基本幅面的短边成整数倍增加后的幅面。

表 2-1 图纸幅面及图框格式尺寸 mm

幅面代号	A0	A1	A2	A3	A4
$B \times L$	841×1189	594×841	420×594	297×420	210×297
a	25				
c	10			5	
e	20		10		

注：B、L、a、c、e 分别见图 2-1 和图 2-2。

（2）图框格式

图纸上限定绘图区域的线框称为图框。图框在图纸上必须用粗实线画出，图样绘制在图框内部。其格式分为不留装订边和留装订边两种，如图 2-1 和图 2-2 所示。同一产品的图样只能采用一种图框格式。

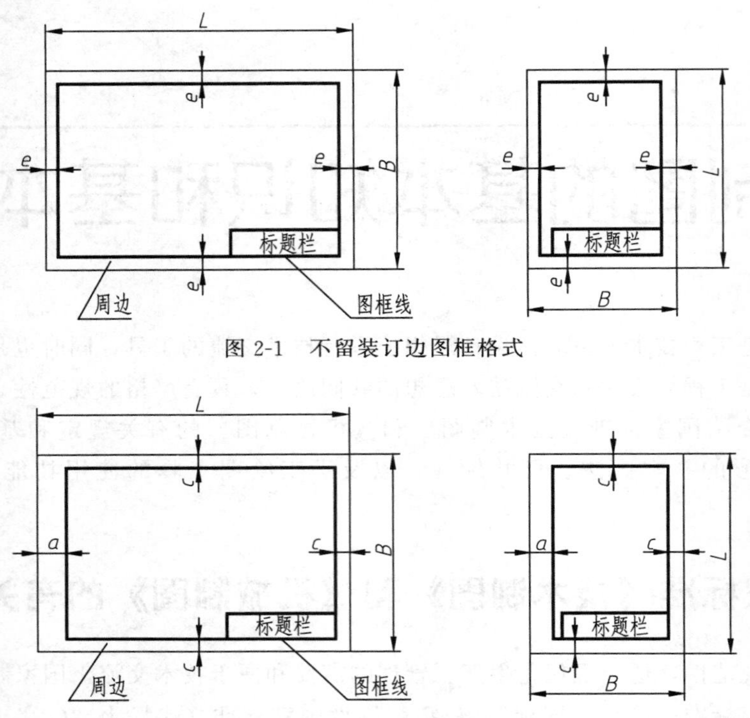

图 2-1　不留装订边图框格式

图 2-2　留装订边图框格式

（3）标题栏

标题栏位于图纸的右下角。标题栏是由名称及代号区（单位名称、图样名称及图样代号等）、签字区、更改区和其他区（材料、比例、数量等）组成的栏目。其格式和尺寸由 GB/T 10609.1—2008 规定，图 2-3 是该标准提供的标题栏格式。

教学中可使用简化的零件图标题栏和装配图标题栏，如图 2-4 所示。

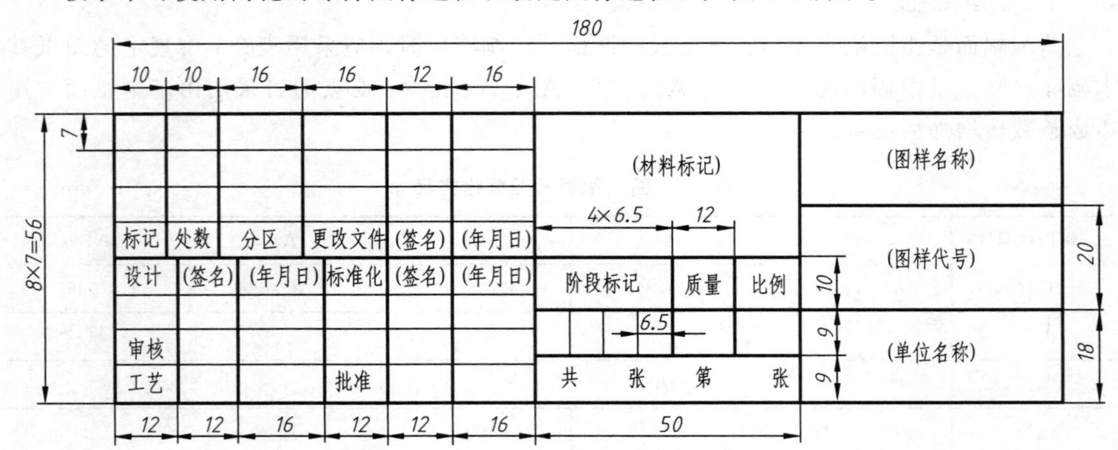

图 2-3　国家标准规定的标题栏格式

制图	(制图人姓名)	(绘图日期)	(材料标记，装配图不填)				(学校名称)	
	(专业班级)	(学号)	12	18	12	18		
校对			比例		重量		(零部件名称或作业名称)	
审核			共　张		第　张		图号	

图 2-4　教学中采用的标题栏格式

2.1.2　比例（GB/T 14690—1993）

比例是图中图形与其实物相应要素的线性尺寸之比。

绘制图样时，应根据实际需要按表 2-2 中规定的系列选取适当的比例。一般应尽量按机件的实际大小采用 1∶1 画图，以便能直接从图样上看出机件的真实大小。绘制同一机件的各个视图应采用相同的比例，并在标题栏的比例一栏中标明。

绘制图样时，不论采用何种比例绘图，标注尺寸时，均按机件的实际尺寸大小注出，如图 2-5 所示。

表 2-2　绘图比例

种类		比例
原值比例		1∶1
放大比例	优先使用	5∶1　2∶1　5×10^n∶1　2×10^n∶1　1×10^n∶1
	允许使用	4∶1　2.5∶1　4×10^n∶1　2.5×10^n∶1
缩小比例	优先使用	1∶2　1∶5　1∶10　1∶2×10^n　1∶5×10^n　1∶1×10^n
	允许使用	1∶1.5　1∶2.5　1∶3　1∶4　1∶6 1∶1.5×10^n　1∶2.5×10^n　1∶3×10^n　1∶4×10^n　1∶6×10^n

注：n 为正整数。

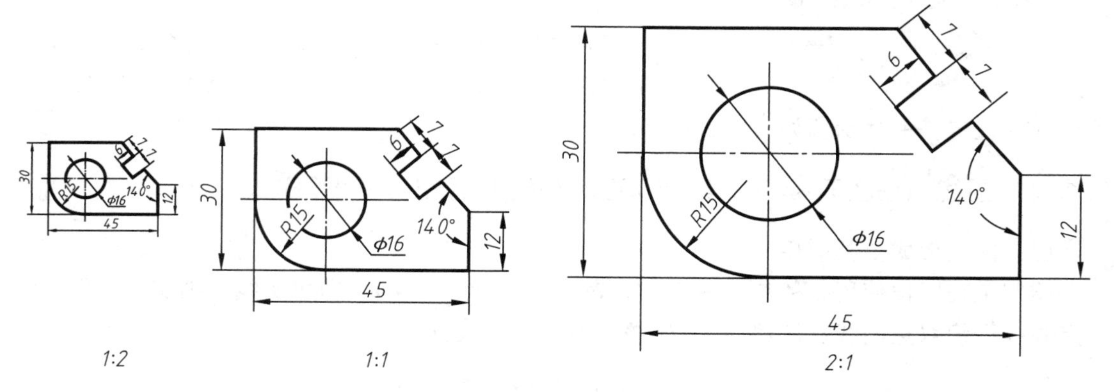

图 2-5　用不同比例画出的同一机件的图形

2.1.3　字体（GB/T 14691—1993）

工程图样中字体是指汉字、数字、字母的书写形式。主要用它们来说明机件的大小、技术要求及其他内容。

（1）基本要求

图样中的字体书写必须做到：字体工整、笔画清楚、间隔均匀、排列整齐。

字号（即字体高度，用 h 表示，单位为 mm）的公称尺寸系列为：1.8，2.5，3.5，5，7，10，14，20。若需要书写更大的字，其字体高度应按 $\sqrt{2}$ 的比率递增。

（2）汉字

图样中的汉字应写成长仿宋体字，并应采用国家正式公布推行的简化字。汉字的高度 h 不应小于 3.5mm，其字宽一般约为 $0.7h$。

长仿宋体汉字的书写要领是：横平竖直、注意起落、结构匀称、填满方格。汉字书写示例如图 2-6 所示。

0123456789 *0123456789*

横平竖直，注意起落，结构均匀，排列整齐

ABCDEFGHIJK *ABCDEFGHIJK*

abcdefghijk *abcdefghijk*

图 2-6 汉字、数字、字母的书写示例

10^3 S^{-1} D_1 T_d

$\Phi 20^{+0.010}_{-0.023}$ $7^{\circ}{}^{+1^{\circ}}_{-2^{\circ}}$ $\frac{3}{5}$

图 2-7 指数、分数、极限偏差、脚注的写法

（3）数字和字母

数字和字母分为 A 型（字体的笔画宽度 d 为字高 h 的 1/4）和 B 型（字体的笔画宽度 d 为字高的 1/10）两种。数字和字母有斜体和直体之分，斜体字字头向右倾斜，与水平基准线成 75°角。数字、字母书写示例如图 2-6 所示。

用作指数、分数、极限偏差、脚注等的数字及字母，一般采用小一号的字体，各种符号、代号要遵守国家有关标准的规定。书写示例如图 2-7 所示。

2.1.4 图线（GB/T 4457.4—2002、GB/T 17450—1998）

（1）图线形式及其应用

绘制工程图样使用 9 种基本图线（见表 2-3，参见图 2-8），即粗实线、细实线、细虚线、细点画线、细双点画线、波浪线、双折线、粗虚线、粗点画线。

表 2-3 图线及应用

图线名称	图线形式	图线宽度	应用举例
粗实线	————	d=0.5～2mm	可见轮廓线；可见过渡线
细实线	————	约 $d/2$	尺寸线；尺寸界线；剖面线；引出线
波浪线	～～～～	约 $d/2$	断裂处的分界线；视图和剖视的分界线

续表

图线名称	图线形式	图线宽度	应用举例
双折线		约 $d/2$	断裂边的边界线
细虚线	12d 3d	约 $d/2$	不可见轮廓线；不可见过渡线
细点画线	24d 3d 0.5d	约 $d/2$	轴线；对称中心线
细双点画线	24d 3d 0.5d	约 $d/2$	相邻辅助零件的轮廓线；假想投影轮廓线；极限位置的轮廓线；成形前轮廓线
粗虚线	12d 3d	d=0.5～2mm	允许表面处理的表示线
粗点画线		d=0.5～2mm	限定范围表示线

注：表中除粗实线、粗虚线和粗点画线外，其他图线均为细线。

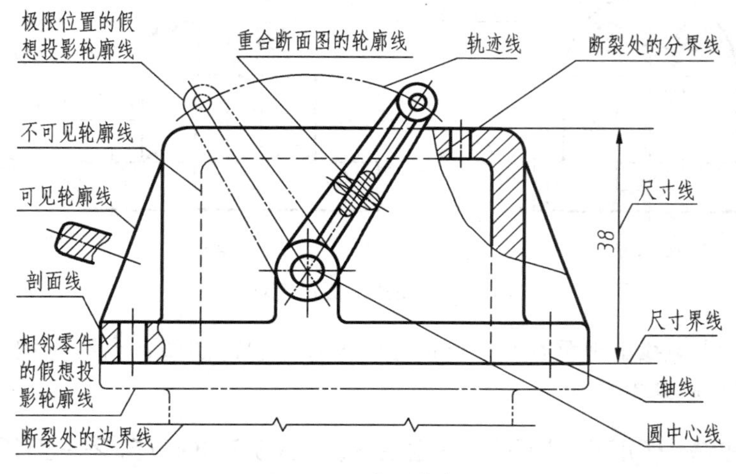

图 2-8　图线及其应用

图线宽度应根据图样的类型、尺寸、比例和缩微复制的要求，推荐系类：0.13mm，0.18mm，0.25mm，0.35mm，0.5mm，0.7mm，1mm，1.4mm，2mm。粗线宽度 d 优先采用 0.5mm 或 0.7mm，细线的线宽约为 $d/2$。在同一图样中，同类图线的宽度应一致。为了保证图样清晰易读，便于复制，图样上尽量避免出现线宽小于 0.18mm 的图线。

（2）图线的画法

① 同一图样中，同类图线的宽度应基本一致。细虚线、细点画线及细双点画线的线段长度和间隔应各自大小相等。如图 2-8 所示。

② 画圆的中心线时，圆心应是长画的交点，细点画线两端应超出轮廓 2～5mm；当细点画线、细双点画线较短时（例如<8mm）画起来有困难，允许用细实线代替细点画线和细双点画线。细点画线、细双点画线的首尾应是线段而不是点；细点画线彼此相交时应该是线段相交；中心线应超过轮廓线 2～5mm。如图 2-9 所示。

③ 虚线与虚线、虚线与粗实线相交应是线段相交；当虚线处于粗实线的延长线上时，粗实线应画到位，而虚线相连处应留有空隙，图线画法正误对比如图 2-10 所示。

④ 两条平行线（包括剖面线）之间的距离应不小于粗实线宽度的两倍，其最小距离不

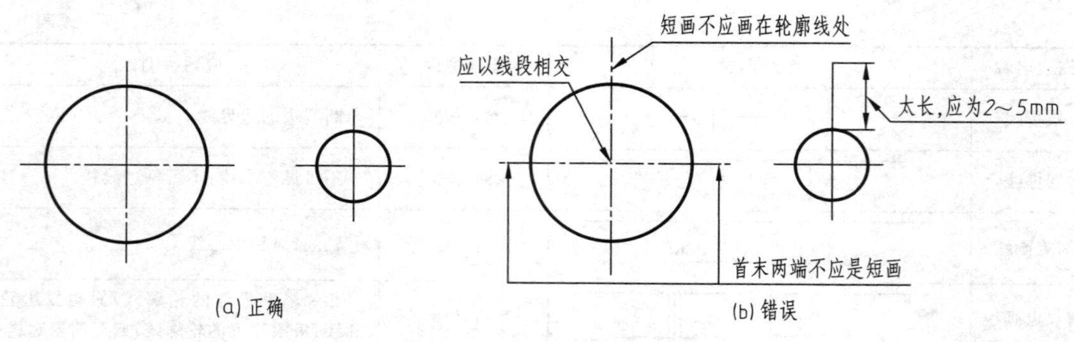

图 2-9 圆中心线的画法

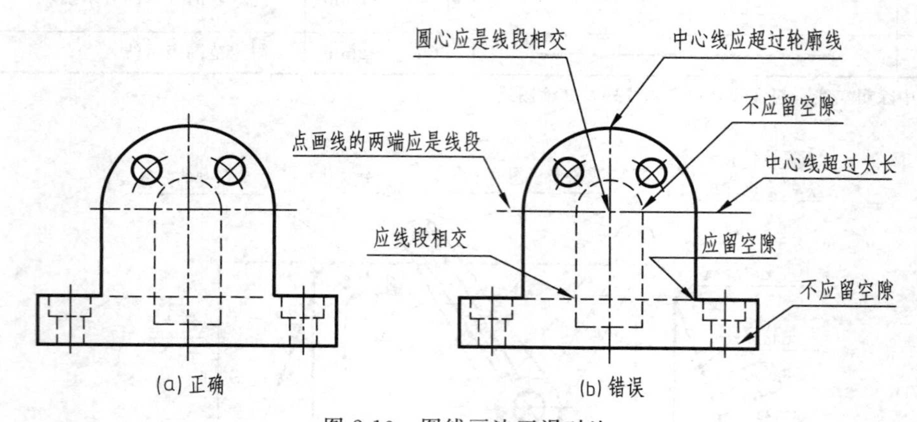

图 2-10 图线画法正误对比

得小于 0.7mm。当图线出现重叠时，可按习惯画线宽粗的图线；当线宽相同时，可按细虚线、细中心线等顺序画出。

2.1.5 尺寸注法（GB/T 4458.4—2003、GB/T 16675.2—2012）

机件结构形状的大小和相对位置都需用尺寸表示，尺寸的组成见图 2-11。尺寸标注方法应符合国家标准的规定。

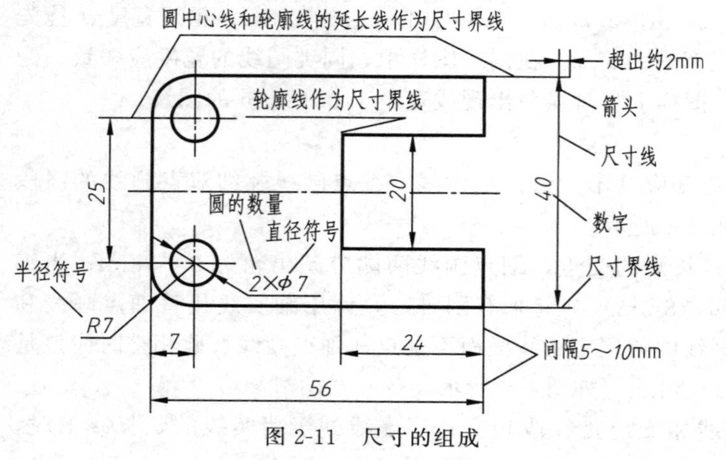

图 2-11 尺寸的组成

2.1.5.1 尺寸标注的基本规则

① 机件的真实大小应以图样中所标注的尺寸为依据，与图形的比例和绘图的准确度无关。

② 图样中（包括技术要求和其他说明）的尺寸，以 mm 为单位时，不需标注计量单位的名称或代号；若采用其他单位，则必须注明相应的计量单位名称或代号。

③ 图样中所标注的尺寸为该机件的最后完工尺寸，否则应另加说明。

④ 机件的每一尺寸在图样中一般只标注一次，并应标注在反映该结构最清晰的图形上。

2.1.5.2　尺寸要素

组成尺寸的要素有尺寸线、尺寸界线、尺寸线终端、尺寸数字及相关符号。

（1）尺寸界线

尺寸界线表示所注尺寸的起始和终止位置，用细实线绘制，并应由图形的轮廓线、轴线或对称中心线引出，也可以直接利用轮廓线、轴线或对称中心线等作为尺寸界线。尺寸界线应超出尺寸线约 2mm。尺寸界线一般应与尺寸线垂直，必要时才允许倾斜。

（2）尺寸线

尺寸线用细实线绘制。标注线性尺寸时，尺寸线必须与所标注的线段平行，相同方向的各尺寸线之间的距离要均匀，间隔应为 5～10mm。尺寸线不能用图上的其他图线代替，也不能与其他图线重合或画在其延长线上，并应尽量避免与其他的尺寸线或尺寸界线相交。

（3）尺寸线终端

尺寸线终端可以有以下两种形式（图 2-12）。

① 箭头：箭头适合于各类图样，d 为粗实线宽度，箭头尖端与尺寸界线接触，不得超出或离开，如图 2-12（a）所示。机械图样中的尺寸线终端一般都采用这种形式。

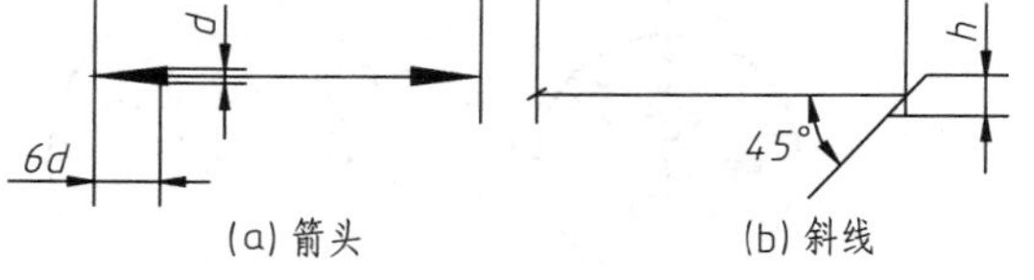

图 2-12　尺寸线终端的画法

② 斜线：当尺寸线与尺寸界线垂直时，尺寸线的终端可用斜线绘制，斜线采用细实线，如图 2-12（b）所示。

当尺寸线与尺寸界线相互垂直时，同一图样中只能采用一种尺寸线终端形式。当采用箭头时，在位置不够的情况下，允许用圆点或斜线代替箭头，参见表 2-5 中“狭小部位的尺寸”的图例。

（4）尺寸数字及相关符号

尺寸数字用标准字体书写，且在同一张图上应采用相同的字号。尺寸数字不能被图线通过，无法避免时应断开图线。若断开图线影响图形表达时，应调整尺寸标注位置。尺寸标注中的常用符号或缩写词见表 2-4 所示，尺寸数字前符号的标注方法如图 2-13 所示。

表 2-4　尺寸标注中的常用符号和缩写词

名　　称	符号或缩写词	名　　称	符号或缩写词
直径	ϕ	厚度	t
半径	R	45°倒角	C
球的直径	$S\phi$	均布	EQS
球的半径	SR	锪平或沉孔	⌴
深度	↧	正方形	□

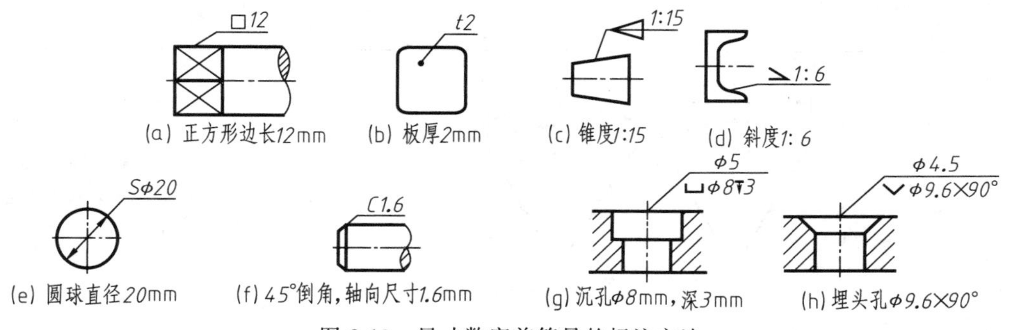

图 2-13　尺寸数字前符号的标注方法

2.1.5.3 各类尺寸的标注方法

国家标准中规定的一些常见图形的尺寸注法示例见表 2-5。

表 2-5 尺寸注法示例

分类	图 例	说 明
线性尺寸	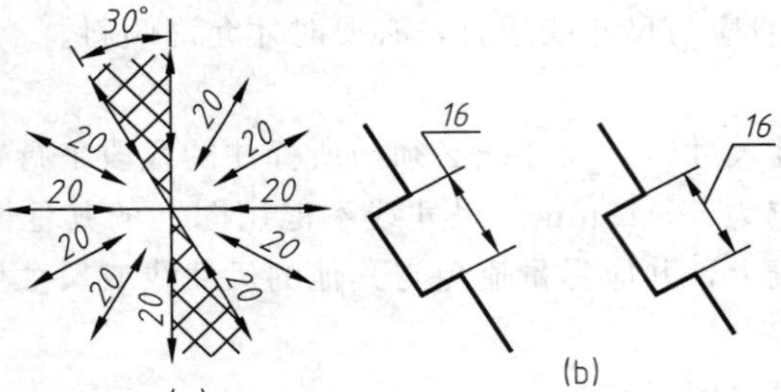 (a) (b)	尺寸数字应字头朝上，垂直方向的尺寸数字应字头朝左，倾斜方向的尺寸数字应保持字头朝上的趋势，如图(a)所示。尽量避免在图示30°范围内标注尺寸，当无法避免时可按图(b)所示标注。尺寸数字也可写在尺寸线的中断处
直径和半径的尺寸	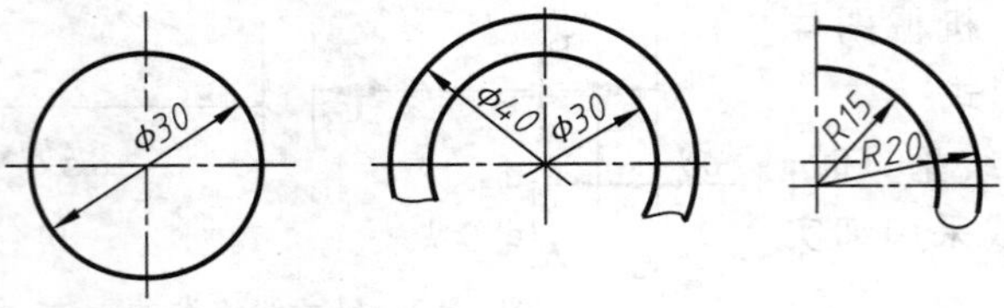 (c) (d) (e) 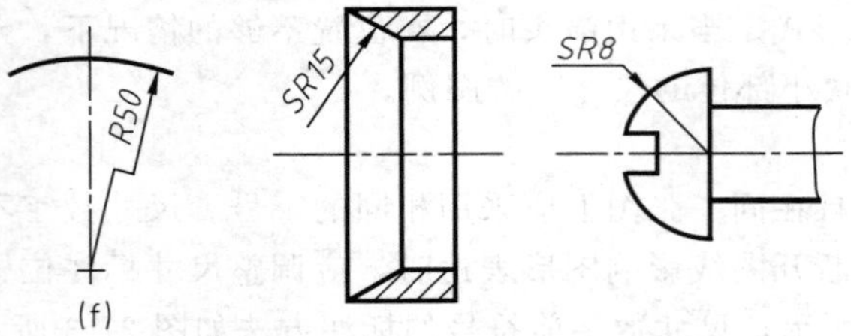 (f) (g) (h)	通常直径尺寸线应通过圆心，并在尺寸线两端各有一个箭头，如图(c)所示 当标注整圆或大于半圆的圆弧时，应标注直径尺寸，即在尺寸数字前加注符号“ϕ”，尺寸线通过圆心，以圆周为尺寸界线，如图(d)所示 当标注小于或等于半圆的圆弧时，应标注半径尺寸，即在尺寸数字前加注符号“R”，尺寸线自圆心引出，只画一个箭头，如图(e)所示。但当圆弧的半径很大，其圆心在图上不能示出时，可采用如图(f)所示的标注形式 标注球面直径或半径尺寸时，应在尺寸数字前加注符号“$S\phi$”或“SR”
角度尺寸	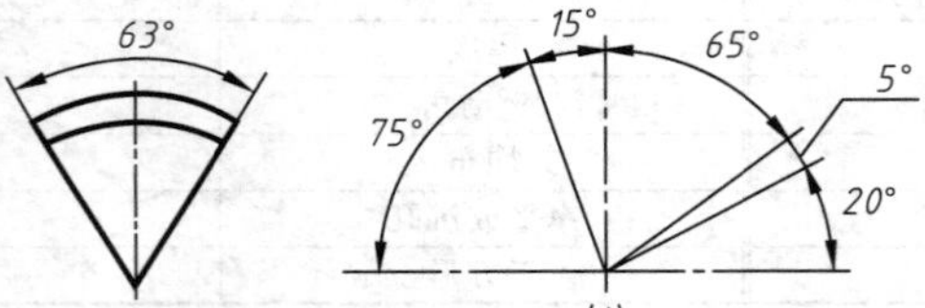 (i) (j)	角度的尺寸界线沿径向引出，尺寸线是以该角的顶点为圆心的圆弧，半径可按需要自定 角度数字一律水平书写，一般写在尺寸线的中断处，必要时允许写在尺寸线的外面或引出标注，如图(i)、图(j)所示
弧长尺寸	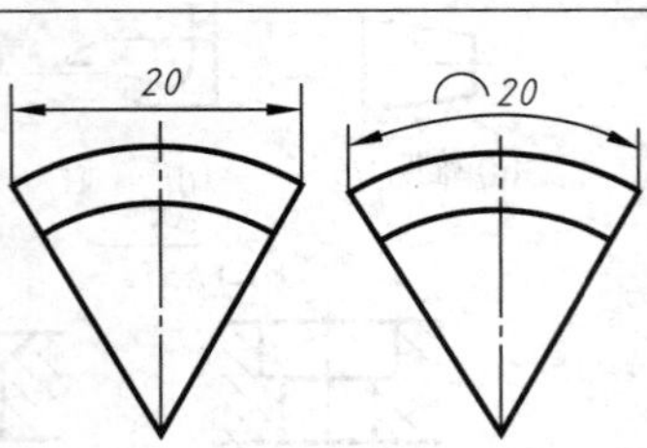 (k) (l)	弧长的尺寸线是该圆弧的同心弧，尺寸界线平行于对应弦长的垂直平分线，如图(k)、图(l)所示

续表

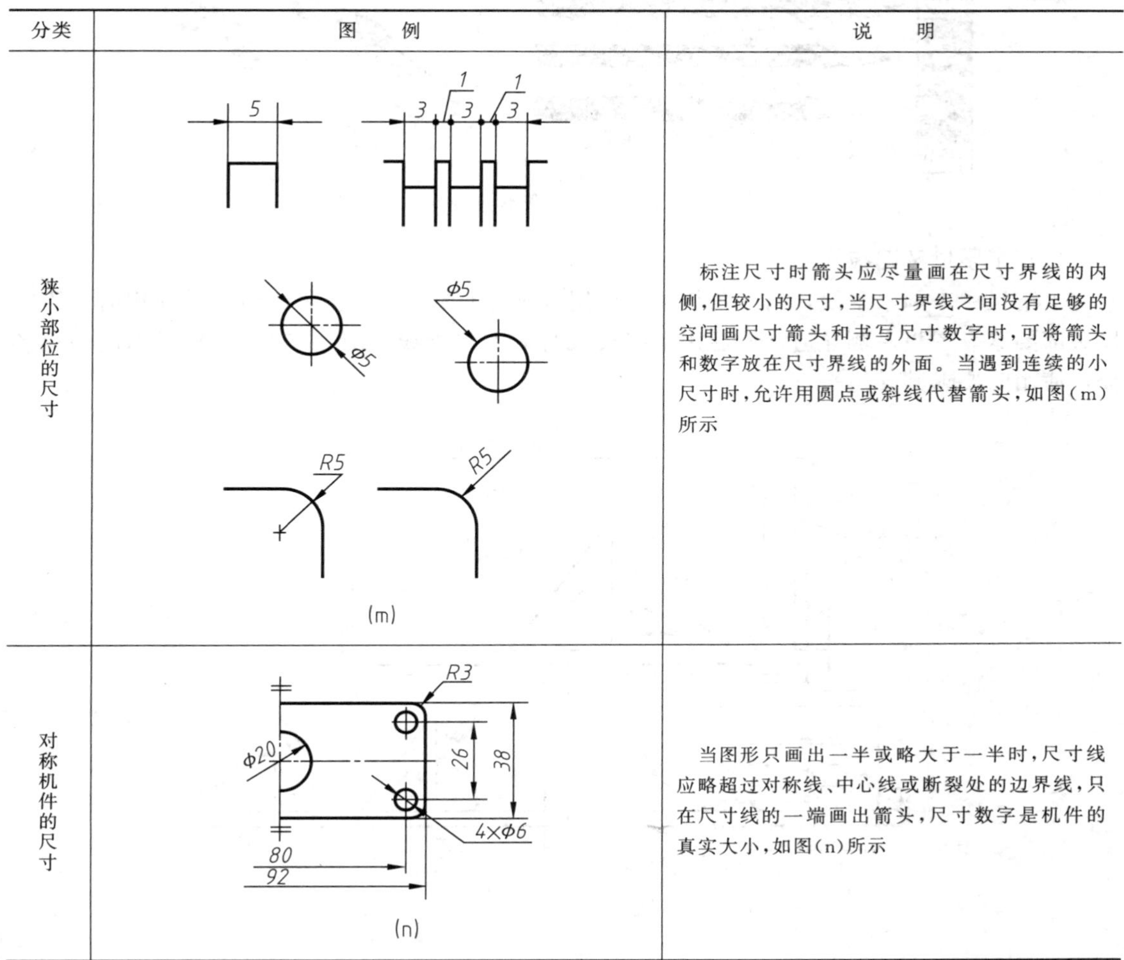

分类	图　例	说　明
狭小部位的尺寸	(m)	标注尺寸时箭头应尽量画在尺寸界线的内侧，但较小的尺寸，当尺寸界线之间没有足够的空间画尺寸箭头和书写尺寸数字时，可将箭头和数字放在尺寸界线的外面。当遇到连续的小尺寸时，允许用圆点或斜线代替箭头，如图(m)所示
对称机件的尺寸	(n)	当图形只画出一半或略大于一半时，尺寸线应略超过对称线、中心线或断裂处的边界线，只在尺寸线的一端画出箭头，尺寸数字是机件的真实大小，如图(n)所示

2.2　尺规绘图

2.2.1　尺规绘图的工具及其使用

尺规绘图是指以铅笔、丁字尺、三角板、圆规等为主要工具绘制图样。虽然目前技术图样已广泛使用计算机绘图，但尺规绘图仍然是工程技术人员应掌握的基本技能。

常用的绘图工具有以下几种。

(1) 铅笔

画图时常采用 B、HB、H、2H 绘图铅笔。铅芯的软硬用 B 和 H 表示。B 越多表示铅芯愈软（黑），H 越多表示铅芯愈硬。应根据不同的需求使用硬度不同的铅笔。画细线或写字时铅芯应磨成锥状，画粗线时可磨成四棱柱状，如图 2-14 所示。

画线时，铅笔可略向画线前进方向倾斜，尽量让铅笔靠近尺面，铅芯与纸面垂直。当画粗实线时，因用力较大，倾斜角度可小一些。画线时用力要均匀，匀速前进。

为了使所画的线宽均匀，推荐使用不同直径标准笔芯的自动铅笔。

图 2-14　铅芯的形状及使用

（2）丁字尺及图板

丁字尺用来画水平线，与三角板配合使用可画竖直线及 15°倍角的斜线。使用时，丁字尺头部要紧靠图板左侧导边，然后用丁字尺尺身的上边画线（图 2-15）。图板是木制的矩形板，使用时要求其导边平直。

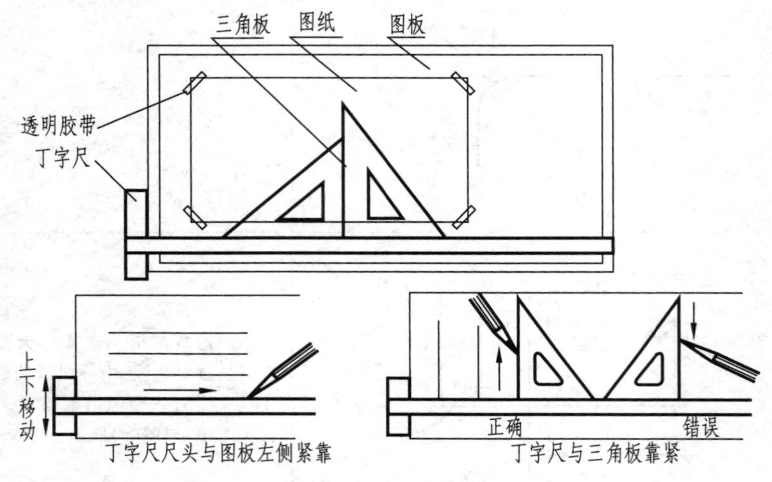

图 2-15　图板、丁字尺和三角板的使用

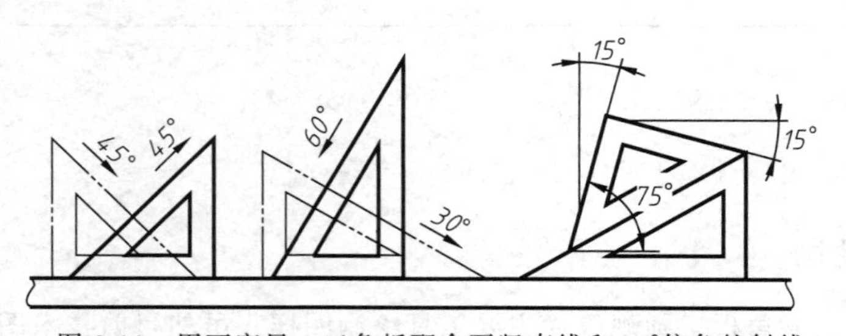

图 2-16　用丁字尺、三角板配合画竖直线和 15°倍角的斜线

（3）三角板

三角板分 45°和 30°、60°两种，可配合丁字尺画竖直线（图 2-16）及 15°倍角的斜线（图 2-16）；也可用两块三角板配合画任意倾斜角度的平行线。

（4）圆规

圆规用来画圆或圆弧。在画粗实线圆时，铅笔芯应用 2B 或 B（比画粗实线的铅笔芯软一号）并磨成矩形；画细线圆时，用 H 或 HB 的铅笔芯并磨成铲形（图 2-17）。它的针脚上的针，当画底稿时用普通针尖；而在描深画粗实线时应换用带支承面的小针尖，以避免针尖插入图板过深，针尖均应比铅芯稍长一些。当画大直径的圆或描深时，圆规的针脚和铅笔脚均应保持与纸面垂直。当画大圆时，可用延长杆来扩大所画圆的半径，其用法如图 2-18（b）所示。画圆时，应匀速前进，并注意用力均匀。圆规所在的平面应稍向前进方向倾斜。图 2-18 示出圆规的使用方法。

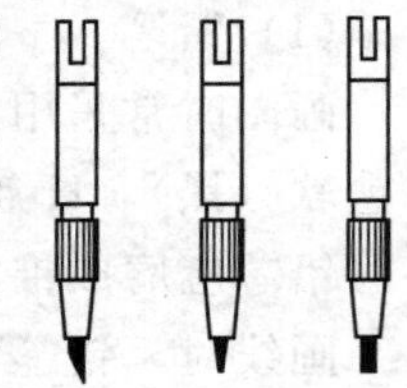

图 2-17　圆规中的铅芯

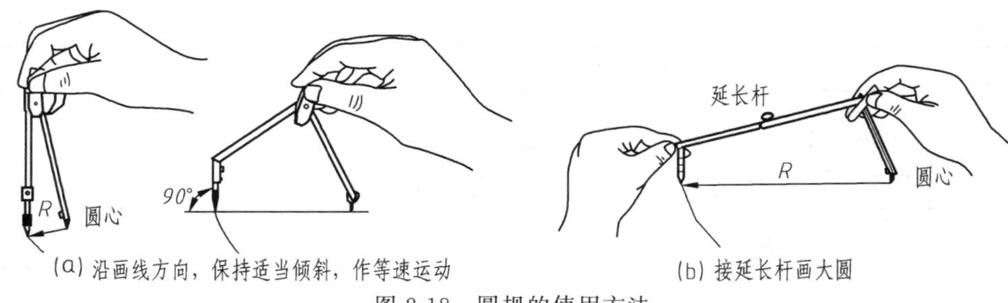

(a) 沿画线方向，保持适当倾斜，作等速运动　　(b) 接延长杆画大圆

图 2-18　圆规的使用方法

2.2.2　几何作图

一个工程图样往往是由若干几何图形组成的，本节重点介绍使用尺规绘图工具，按几何原理绘制机械图样中常见的几何图形。包括圆周等分（内接正多边形）、斜度、锥度、非圆曲线（椭圆）及圆弧连接等的画法。

2.2.2.1　等分圆周及正多边形作图

绘制正多边形，一般采用等分其外接圆，连接各等分点的方法作图。下面分别介绍正三边形、五边形、六边形、七边形的作图方法，见表 2-6。

表 2-6　正多边形画法

种类	作图步骤	说　明
正三边形		方法一：利用外接圆半径作图 方法二：利用外接圆并用三角板，丁字尺配合作图
正五边形		①取外接圆半径 OA 的中点 M ②以 M 为圆心，MⅠ为半径画弧交水平直径于 K 点，ⅠK 即为正五边形的边长 ③以Ⅰ为圆心、ⅠK 为半径画弧；在圆周上对称地截取四个分点，连接各点即得正五边形
正六边形		方法一：根据正六边形的对角线长度 D，利用外接圆半径作图 方法二：根据正六边形的边长距离 S，利用内切圆并用三角板、丁字尺配合作图

续表

种类	作图步骤	说　明
正七(n)边形	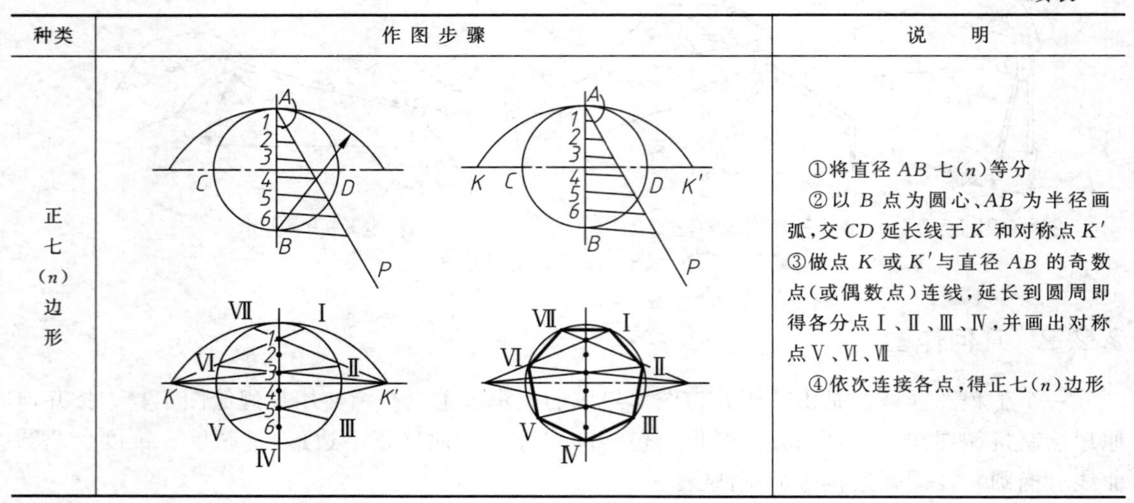	①将直径 AB 七(n)等分 ②以 B 点为圆心、AB 为半径画弧，交 CD 延长线于 K 和对称点 K' ③做点 K 或 K' 与直径 AB 的奇数点(或偶数点)连线，延长到圆周即得各分点Ⅰ、Ⅱ、Ⅲ、Ⅳ，并画出对称点Ⅴ、Ⅵ、Ⅶ ④依次连接各点，得正七(n)边形

2.2.2.2　斜度和锥度

(1) 斜度

斜度是指一直线或平面相对另一直线或平面的倾斜程度。其大小用倾斜角的正切值表示，并把比值写成 $1:n$ 的形式，即：斜度$=\tan\alpha=H:L=1:n$。

斜度符号的斜线方向应与斜度方向一致，如图 2-19 所示。斜度的作图方法如图 2-20 所示。

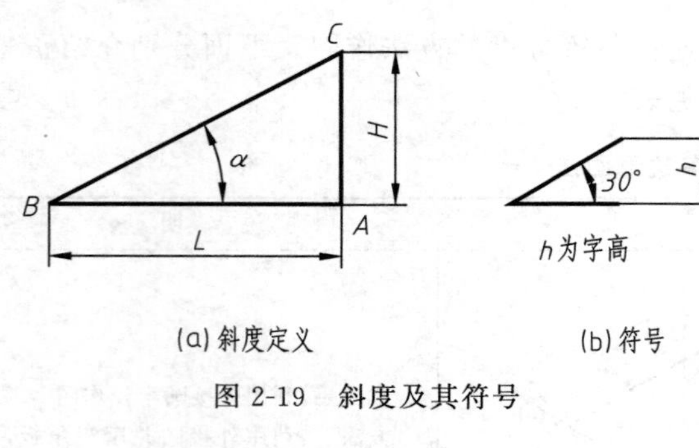

(a) 斜度定义　　(b) 符号

图 2-19　斜度及其符号

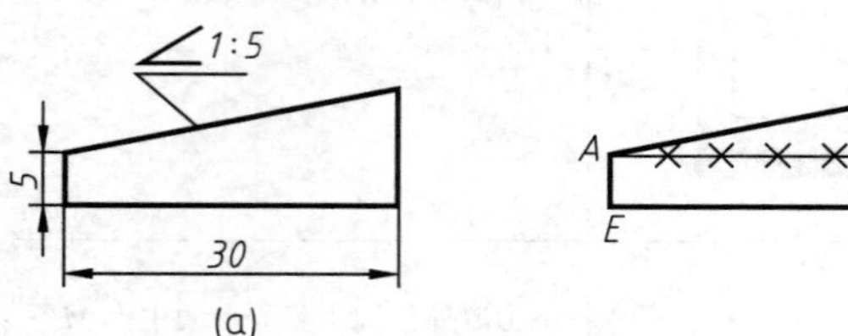

做法：

① 过 A 点作水平线，取 AB=5个单位；

② 在 B 点上作 BC 垂直 AB 且 BC=1个单位；

③ 连接 AC 并延长与 FD 的延长线交于 D 点，AD 即为所求

(a)　　(b)

图 2-20　斜度的画法

(2) 锥度

锥度是正圆锥底圆直径与圆锥高度之比，或者正圆锥台两底圆直径之差与圆锥台高度之比。在图样中一般将锥度值转化为 $1:n$ 的形式进行标注。即：锥度$=2\tan(\alpha/2)=D:L=(D-d):l$，如图 2-21 所示。

锥度符号的方向应与锥度方向一致。锥度的作图方法如图 2-22 所示。

D
D−d
α
d
l
L
1.4h
30°
h为字高

(a) 锥度定义　　(b) 符号

图 2-21　锥度及其符号

2.2.2.3　椭圆

椭圆是工程上比较常用的非圆平面曲线，其画法较多，其中较常见的方法是同心圆法和

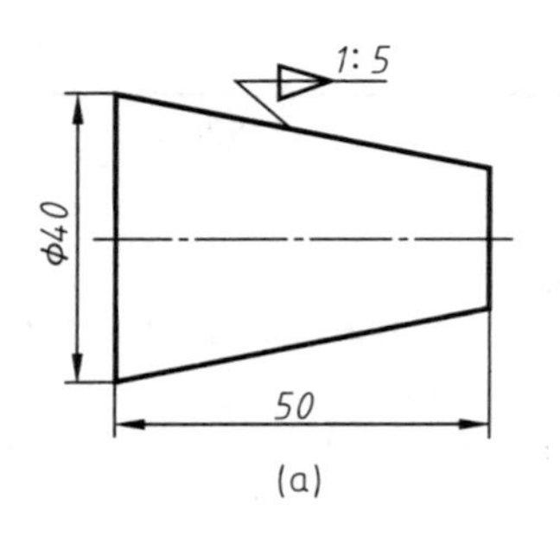

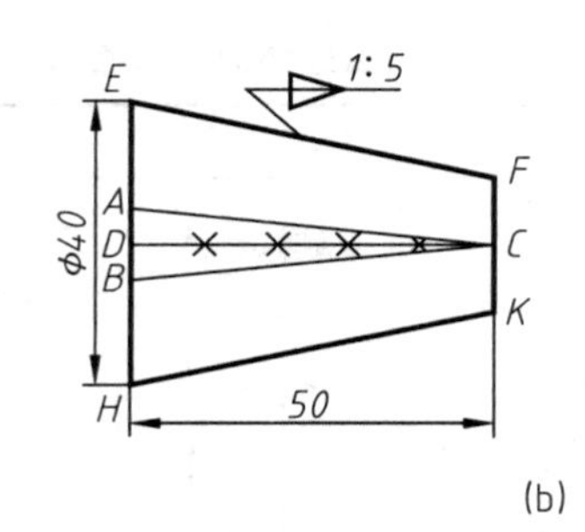

做法：

①在EH上过D点取1个单位，即AB=1个单位；

②过D点作DC=5个单位；连接AC、BC，即为1:5斜线；

③过E、H点作AC、BC的平行线EF、HK，即为所求

图 2-22 锥度的画法

四心法。已知长轴 AB、短轴 CD，作椭圆的方法如下。

（1）同心圆法（准确画法）

作图步骤如图 2-23（a）所示。

① 分别以长、短轴为直径作两同心圆。

② 过圆心 O 作一系列放射线，分别与大圆和小圆相交，得若干交点。

③ 过大圆上的各交点引竖直线，过小圆上的各交点引水平线，对应同一条放射线的竖直线和水平线交于一点，如此可得一系列交点。

④ 光滑连接各交点及 A、B、C、D 点即完成椭圆作图。

（2）四心法（近似画法）

作图步骤如图 2-23（b）所示。

① 过点 O 分别作长轴 AB 及短轴 CD。

② 连 AC，以点 O 为圆心、OA 为半径作圆弧与 OC 的延长线交于点 E，再以点 C 为圆心、CE 为半径作圆弧与 AC 交于点 F，即 $CF=OA-OC$。

③ 作 AF 的垂直平分线，分别交长、短轴于点 1、2，并求出点 1、2 对圆心 O 的对称点 3、4。

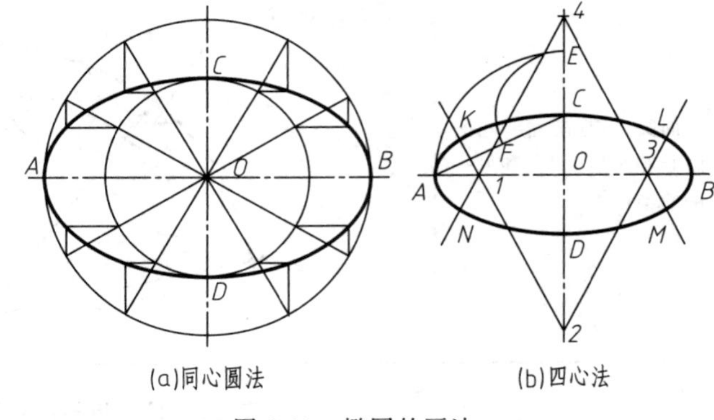

图 2-23 椭圆的画法

④ 分别以 1、3 和 2、4 为圆心，$1A$ 和 $2C$ 为半径画圆弧，使四段圆弧相切于 K、L、M、N 而构成一近似椭圆。

2.2.2.4 圆弧连接

工程图样中的大多数图形是由直线与圆弧、圆弧与圆弧连接而成的。用线段（圆弧或直线段）光滑连接两已知线段（圆弧或直线段）称为圆弧连接。该线段称为连接弧（线段）。光滑连接就是平面几何中的相切。圆弧连接可以用圆弧连接两条已知直线、两已知圆弧或一直线一圆弧，也可用直线连接两圆弧。

在作图时，必须根据连接弧的几何性质，准确求出连接弧的圆心和切点的位置。

（1）圆弧连接的基本原理

圆弧连接的基本原理见表 2-7。

（2）圆弧连接的作图方法

圆弧连接的几种情况，具体作图方法见表 2-8。

表 2-7 圆弧连接的基本原理

相切形式	相切图例	作图方法
圆弧与直线连接(已知直线 L 和圆 O,半径 R)	连接弧圆心轨迹 / O'' O' O / R / 连接弧半径 / 切点(垂足)	圆心轨迹:与已知直线平行且相距 R 的直线 切点:自连接弧的圆心向已知直线作垂线,其垂足即切点
两圆弧外切(已知一圆的圆心 O_1、半径 R_1 和另一圆的半径 R)	连接弧圆心轨迹 / O''' O'' O' O / R_1 R / $R_0=R_1+R$ / O_1 / 切点	圆心轨迹:以 O_1 为圆心,以两半径之和($R_0=R_1+R$)为半径的同心圆 切点:两圆心的连线 OO_1 与已知圆弧的交点
两圆内切(已知一圆的圆心 O_1、半径 R_1 和另一圆的半径 R)	连接弧圆心轨迹 / 切点 / O O' O'' O''' / R_1 / R / $R_0=R_1-R$ / O_1	圆心轨迹:以 O_1 为圆心,以两半径之差($R_0=R_1-R$)为半径的同心圆 切点:两圆心的连线 O_1O 的延长线与已知圆弧的交点

表 2-8 圆弧连接的作图方法

连接要求	作图方法和步骤		
	求圆心	求切点 K_1、K_2	画连接圆弧
连接相交两直线	R Ⅱ O R Ⅰ	O Ⅱ K_2 Ⅰ K_1	Ⅱ O R K_2 Ⅰ K_1
连接一直线和一圆弧	R_1 R_1+R O O_1 R Ⅰ	K_1 O O_1 K_2 Ⅰ	K_1 R O O_1 K_2 Ⅰ

续表

连接要求	作图方法和步骤		
	求圆心	求切点 K_1、K_2	画连接圆弧
外接两圆弧	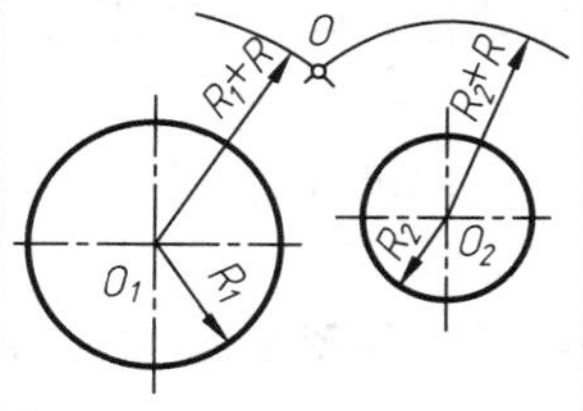	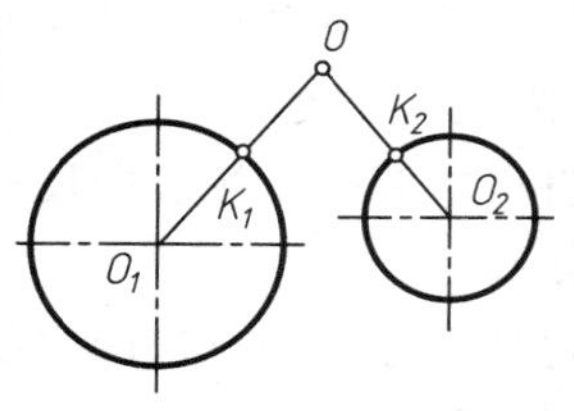	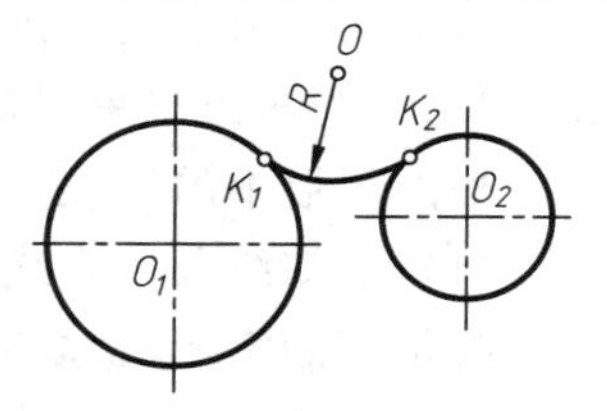
内接两圆弧	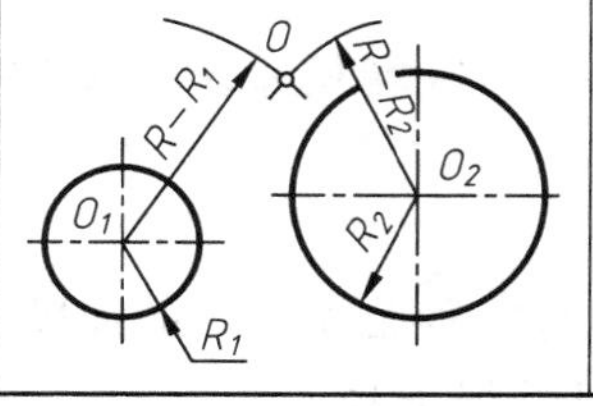	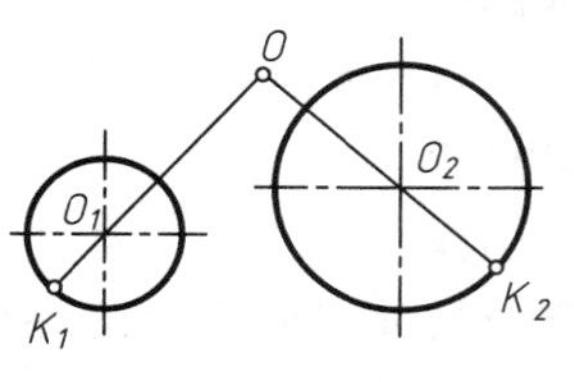	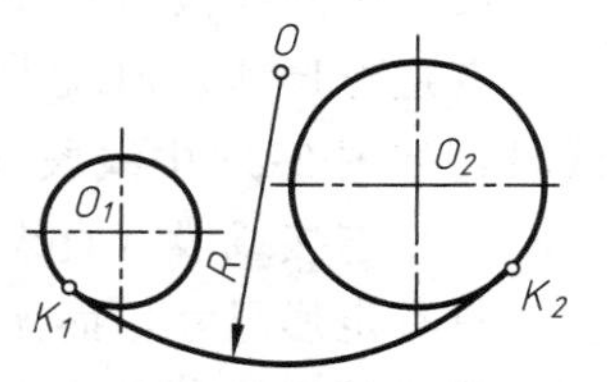

2.2.3 平面图形的尺寸分析及画图步骤

如图 2-24 所示，平面图形常由一些线段连接而成的一个或数个封闭线框所构成。在画图时，要根据图中尺寸，确定画图步骤。在注尺寸时（特别是圆弧连接的图形），需根据线段间的关系，分析需要标注什么尺寸。注出的尺寸要齐全，不能有注多注少和自相矛盾的现象。

2.2.3.1 平面图形尺寸分析及标注

尺寸按其在平面图形中所起的作用，可分为定形尺寸和定位尺寸两类。要想确定平面图形中线段的上下、左右的相对位置，必须引入基准的概念。

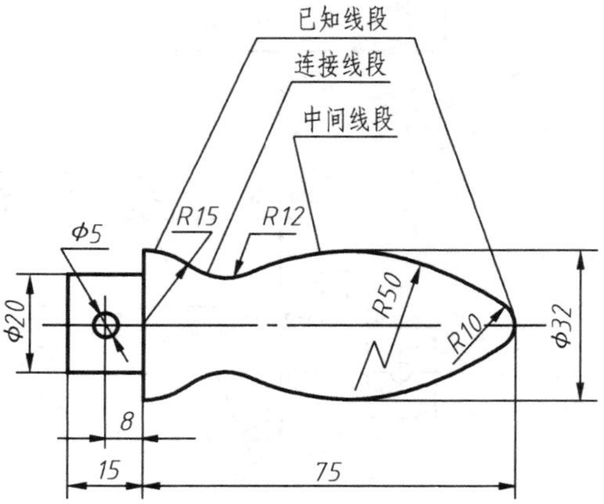

（1）基准

基准就是标注尺寸的起点，一个平面图形至少有两个基准。常用的基准是对称图形的对称中心线、较大圆的中心线或较长的直线。图 2-24 是以水平的对称中心线作为竖直方向的尺寸基准，以较长的竖直线作为水平方向的尺寸基准。

图 2-24　手柄的尺寸分析与线段分析

（2）定形尺寸

确定平面图形上几何元素大小的尺寸称为定形尺寸，如直线的长度、圆及圆弧的直径或半径，以及角度大小等。图 2-24 中的 ϕ20、ϕ5、R15、R12、R50、R10、15 均为定形尺寸。

（3）定位尺寸

确定平面图形上的几何元素间相对位置的尺寸称为定位尺寸，如图 2-24 中确定 ϕ5 小圆位置的尺寸 8 和确定 R10 位置的尺寸 75 均为定位尺寸。

标注尺寸时要考虑：①需要标注哪些尺寸，才能做到齐全，不多不少，没有自相矛盾的现象；②怎样注写才能清晰，符合国家标准有关规定。同时注意尺寸线箭头不应画在切点处；尺寸线要尽量避免与其他图线相交；尺寸排列要整齐，小尺寸的尺寸线靠近图形，大尺寸的尺寸线应注在小尺寸的外侧等。

标注尺寸的步骤：①分析图形各部分的构成，确定基准；②注出定形尺寸；③注出定位尺寸。

对平面图形的尺寸进行分析，可以检查尺寸的完整性，确定各线段及圆弧的作图顺序。

2.2.3.2 平面图形中圆弧线段的分类

平面图形中的线段（直线或圆弧）按所标尺寸的不同可分为以下三类。

（1）已知线段（直线或圆弧）

有足够的定形尺寸和定位尺寸，能直接画出的线段，如图 2-24 中直线段 15、ϕ5 等。

（2）中间线段（直线或圆弧）

有定形尺寸，但缺少一个定位尺寸，必须依靠其与一端相邻线段的连接关系才能画出的线段，如图 2-24 中线段 $R50$。

（3）连接线段（直线或圆弧）

只有定形尺寸，而无定位尺寸（或不标任何尺寸，如公切线）的线段，也必须依靠其与两端线段的连接关系才能确定画出。如图 2-24 中的线段 $R12$。

2.2.3.3 平面图形的画图步骤

画平面图形的步骤可归纳如下，如图 2-25 所示。

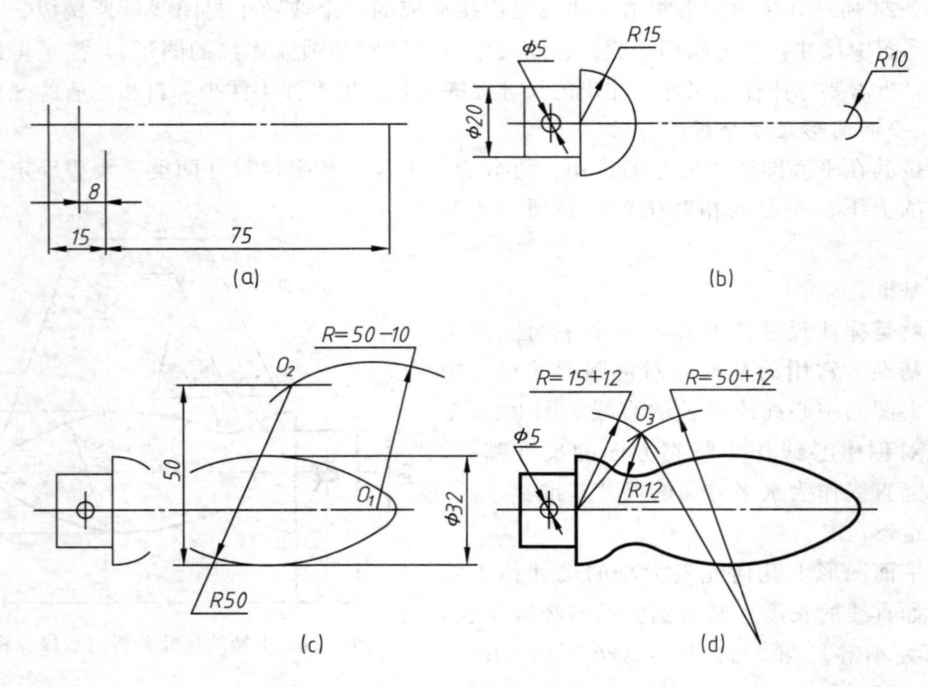

图 2-25 画平面图形的步骤

① 画出用作基准的线，并根据各个封闭图形的定位尺寸画出定位线，如图 2-25（a）所示。

② 画出已知线段，如图 2-25（b）所示。

③ 画出中间线段，如图 2-25（c）所示。

④ 画出连接线段，如图 2-25（d）所示。

2.2.4　尺规绘图的操作步骤

① 准备工作：将绘制不同图线的铅笔及圆规准备好，将图板、丁字尺和三角板等擦拭干净。

② 根据所绘图形的多少、大小和比例选取合适的图纸幅面。

③ 用丁字尺找正后再用胶纸固定图纸。

④ 用细实线画图框及标题栏。

⑤ 根据布图方案，利用投影关系，轻细地先画各图形的定位线，再画各图形的主要轮廓线，最后绘制细节。

⑥ 检查、修改和清理底稿作图线。

⑦ 按先曲线后直线、先实线后其他的顺序描深。尽量使同一类型图线的粗细、浓淡一致。

⑧ 绘制尺寸界线、尺寸线及箭头，注写尺寸数字，书写其他文字、符号，填写标题栏。

⑨ 再仔细检查，改正错误，清洁不洁净之处，完成全图。

2.3　徒手绘图

徒手绘图指的是用铅笔，不用丁字尺、三角板、圆规（或部分使用绘图仪器）的手工绘图。草图（即徒手图）是指以目测估计比例，徒手绘制的图形。

在机器测绘、讨论设计方案、技术交流、现场参观时，受现场条件或时间的限制，经常绘制草图。有时也可将草图直接供生产使用，但大多数情况下要再整理成正规图。徒手绘制草图可以加速新产品的设计、开发，有助于组织、形成和拓展思路，便于现场测绘，节约作图时间等。因此，工程技术人员除了要学会用尺规、仪器绘图和使用计算机绘图之外，还必须具备徒手绘制草图的能力。

徒手绘制草图的要求：

① 画线要稳，图线要清晰；

② 目测尺寸尽量准确，各部分比例匀称；

③ 绘图速度要快；

④ 标注尺寸无误，字体工整。

2.3.1　徒手绘图的方法

徒手绘图所使用的铅笔铅芯磨成圆锥形，画对称中心线和尺寸线的磨得较尖，画可见轮廓线的磨得较钝。所使用的图纸无特别要求，为了方便，常使用印有浅色方格和菱形格的作图纸。一个物体的图形无论怎样复杂，总是由直线、圆、圆弧和曲线所组成。因此要画好草图，必须掌握徒手画各种线条的手法。

(1) 握笔的方法

手握笔的位置要比尺规作图高一些，以利于运笔和观察目标。笔杆与纸面成 45°～60° 角，执笔稳而有力。

(2) 直线的画法

徒手绘图时，手指应握在铅笔上离笔尖约 35mm 处，手腕和小手指对纸面的压力不要太大。画直线时，手腕不要转动，眼睛看着画线的终点，轻轻移动手腕和手臂，使笔尖向着要画的方向作直线运动。画水平线时以图 2-26（a）中的画线方向较为顺手，这时图纸可斜放。画竖直线时自上而下运笔，如图 2-26（b）所示。画长斜线时，可将图纸旋转一个适当角度，以利于运笔画线，如图 2-26（c）所示。

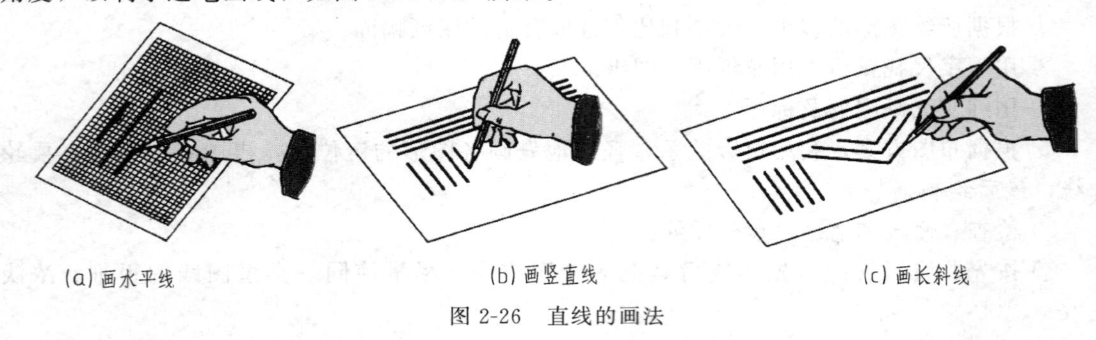

图 2-26　直线的画法

（3）圆及圆角的画法

徒手画圆时，应先定圆心及画中心线，再根据半径大小用目测在中心线上定出四点，然后过这四点画圆，如图 2-27（a）所示。当圆的直径较大时，可过圆心增画两条 45°的斜线，在线上再定四个点，然后过这八点画圆，如图 2-27（b）所示。当圆的直径很大时，可取一纸片标出半径长度，利用它从圆心出发定出许多圆周上的点，然后通过这些点画圆。或用手作圆规，小手指的指尖或关节作圆心，使铅笔尖与它的距离等于所需的半径，用另一只手小心地慢慢旋转图纸，即可得到所需的圆。

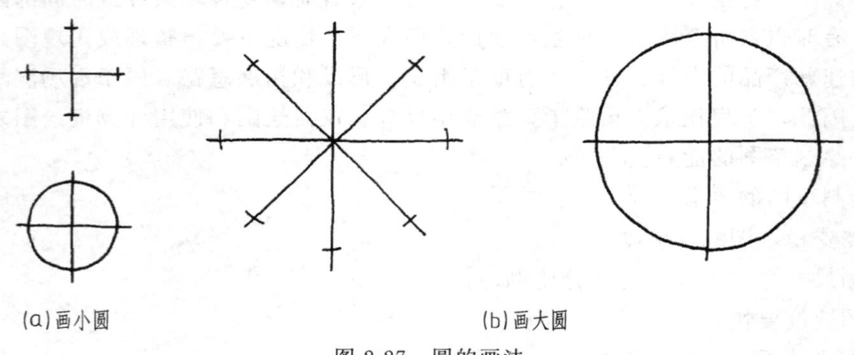

图 2-27　圆的画法

画圆角时，先用目测在分角线上选取圆心位置，使它与角的两边距离等于圆角的半径大小。过圆心向两边引垂直线定出圆弧的起点和终点，并在分角线上也画出一圆周点，然后用徒手作圆弧把这三点连接起来。用类似方法可画圆弧连接，如图 2-28 所示。

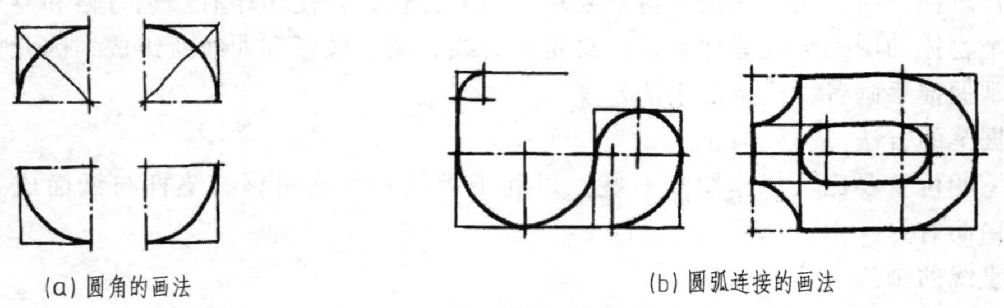

图 2-28　圆角和圆弧连接的画法

（4）椭圆的画法

可按画圆的方法先画出椭圆的长、短轴，并用目测定出其端点位置，过这四点画一矩形，然后徒手作椭圆与此矩形相切。也可先画适当的外切菱形，再根据此菱形画出椭圆，如图 2-29 所示。

2.3.2 目测的方法

在徒手绘图时，要保持物体各部分的比例。在开始画图时，整个物体的长、宽、高的相对比例一定要仔细拟定。然后在画中间部分和细节部分时，要随时将新测定的线段与已拟定的线段进行比较。因此，掌握目测方法对画好草图十分重要。

在画中、小型物体时，可以用铅笔当尺直接放在实物上测各部分的大小，如图 2-30 所示，然后按测量的大体尺寸画出草图。也可用此方法估计出各部分的相对比例，然后按此相对比例画出缩小的草图。

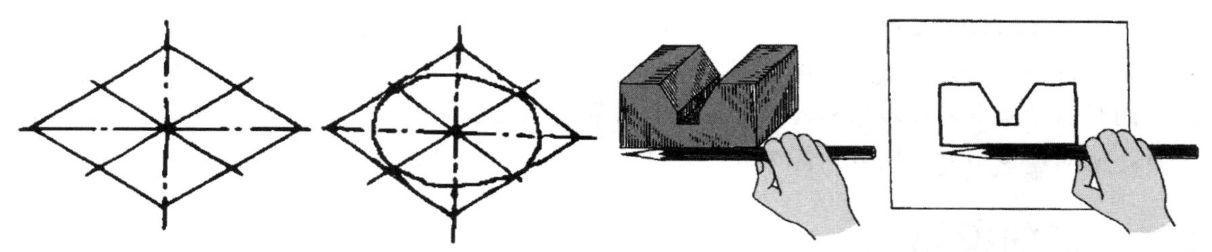

图 2-29　椭圆的画法

图 2-30　中、小型物体的测量

在画较大的物体时，可以如图 2-31 所示，用手握一支铅笔进行目测度量。在目测时，人的位置应保持不动，握铅笔的手臂要伸直。人和物体的距离大小，应根据所需图形的大小来确定。在绘制及确定各部分相对比例时，建议先画大体轮廓。尤其是对比较复杂的物体，更应如此。

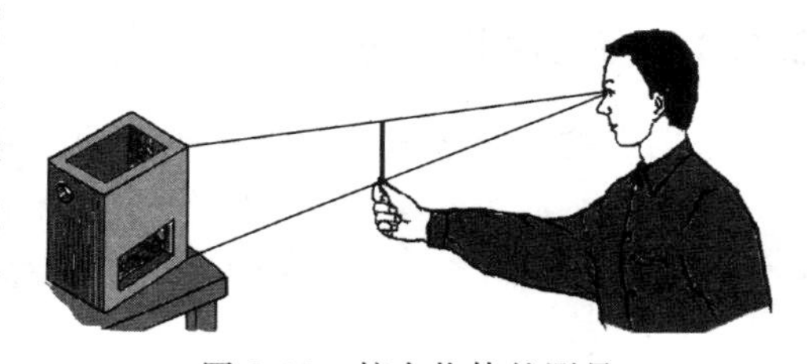

图 2-31　较大物体的测量

思　考　题

1. 图纸基本幅面有几种？每种长、宽各为多少？
2. 图框格式有几种？尺寸如何规定？
3. 1∶2 和 2∶1 哪一个是放大比例，哪一个是缩小比例？
4. 图线宽度有几种？粗实线宽度应在何范围内选取？各种图线的主要用途是什么？
5. 图样尺寸的默认单位是什么？尺寸数字如何注写？
6. 什么是锥度？什么是斜度？
7. 圆弧连接的作图有哪些规律？
8. 试述尺规绘图的一般过程。

点、直线、平面的投影

工程图样的绘制是以投影法为依据的。点、直线和平面的投影是投影法理论中最基础的部分，本章将重点讨论点、直线和平面在三投影面体系中的投影规律及其投影图的作图方法。同时引导初学者逐步培养起根据点、直线和平面的多面投影图，想象它们在三维空间的位置，从而逐步培养空间分析能力和想象能力，为学好本课程打下坚实的基础。

3.1 点的投影

3.1.1 点在两投影面体系中的投影

根据点的一个投影，不能确定点的空间位置。如图 3-1 中，已知空间点 A 和投影面 H，过点 A 作 H 面的投射线，投射线与 H 面的交点 a 即为点 A 在 H 面的投影，A 点有唯一确定的投影。当投影方向确定时，投射线上的其他点（B 和 C）的投影（b 和 c）都重影在点 a 上。所以点的一个投影不能确定它在空间的位置，至少需要两个投影面。因此，常将几何形体放置在相互垂直的两个或多个投影面之间，向这些投影面投影，形成多面正投影图。

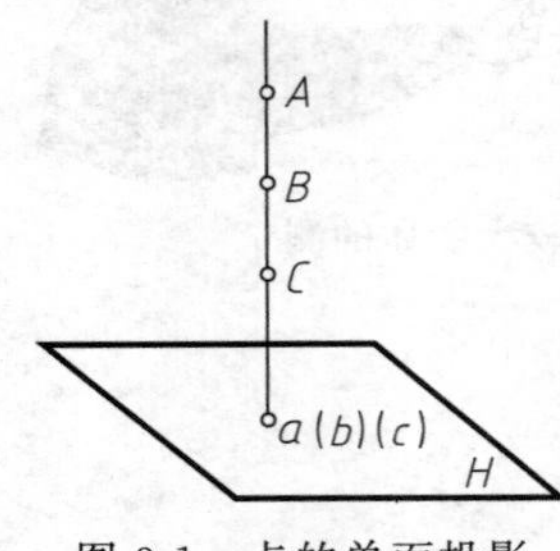

图 3-1 点的单面投影

（1）两投影面体系的建立

如图 3-2 所示，设立相互垂直的两个投影面，正立投影面简称正面或 V 面，水平投影面简称水平面或 H 面，两个投影面的交线称投影轴，两投影面 V、H 的交线称 OX 轴。两投影面 V、H 组成两投影面体系，并将空间划分成如图 3-2 所示的 4 个分角。

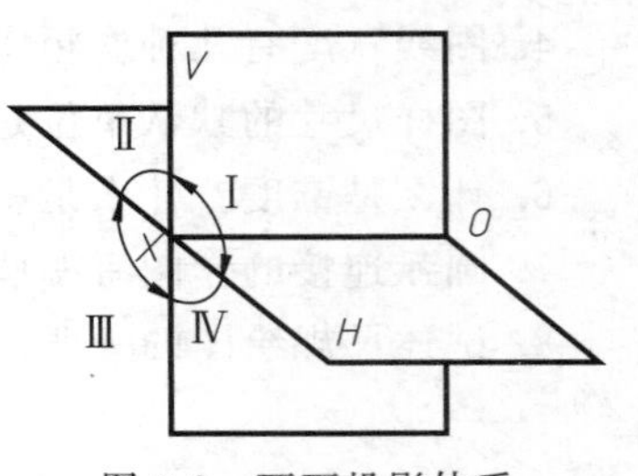

图 3-2 两面投影体系

这里着重讲述在 V 面之前、H 面之上的第一分角（Ⅰ）中的几何形体的投影。

（2）点的两面投影

如图 3-3（a）所示，由第一分角中的空间点 A 作垂直于 V 面、H 面的投射线 Aa'、Aa，分别与 V 面、H 面相交得点 A 的正面（V 面）投影 a' 和水平（H 面）投影 a。

由于两投射线 Aa'、Aa 所组成的平面分别与 V 面、H 面垂直，所以这三个相互垂直的平面必定交于 OX 轴上的一点 a_x，且三条交线相互垂直，即 $OX \perp a'a_x \perp aa_x$。同时可见，矩形 Aaa_xa' 各对边长度相等，即 $Aa'=aa_x$，$Aa=a'a_x$。

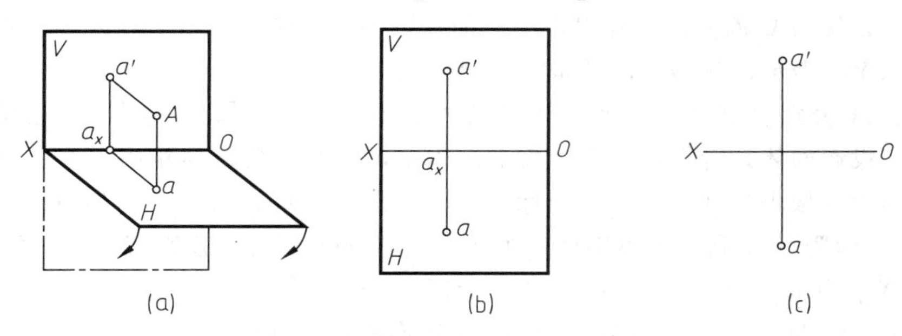

图 3-3 点的两面投影体系中的投影

为使点的两面投影画在一张平面图纸上，保持 V 面不动，将 H 面绕 OX 轴向下旋转 90°，使与 V 面共面。展开后点 A 的两面投影如图 3-3（b）所示。

因为在同一平面上，过 OX 轴上的点 a_x 只能作 OX 轴的一条垂线，所以点 a'、a_x、a 共线，即 $a'a \perp OX$。在投影图上，点的两个投影的连线（如 a'、a 的连线）称投影连线。在实际画投影图时，不必画出投影面的边框和点 a_x，如图 3-3（c）所示。于是得到了 A 点在 V/H 两投影面体系中的投影图。$a'a$ 连线画成细线，为投影连线。

由此，可概括出点的两面投影特性：

① 点的水平投影和正面投影的投影连线垂直于 OX 轴，即 $a'a \perp OX$。

② 点的水平投影到 OX 轴的距离，反映空间点到 V 面的距离，即 $aa_x=Aa'$。点的正面投影到 OX 轴的距离，反映空间点到 H 面的距离，即 $a'a_x=Aa$。

根据点的两面投影，可以唯一地确定该点的空间位置。可以想象：若保持图 3-3（b）中的 V 面不动，将 OX 轴以下的 H 面绕 OX 轴向前旋转 90°，恢复到水平位置，再分别由 a'、a 作垂直相应投影面的投射线，则两投射线的交点，即空间点 A 的位置。

3.1.2 点在三投影面体系中的投影

（1）点的三面投影

如图 3-4（a）所示，在 V、H 两投影面体系上再加上一个与 V、H 面都垂直的侧立投影面（简称侧面或 W 面），这 3 个相互垂直的 V 面、H 面、W 面组成一个三投影面体系。

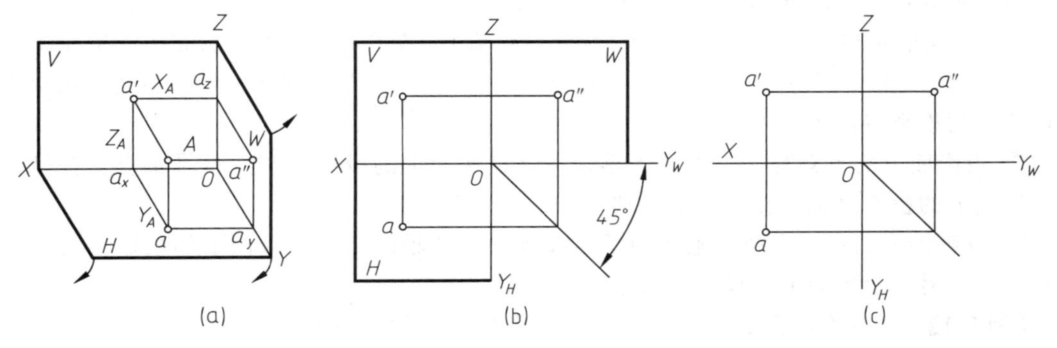

图 3-4 点在三投影面体系中的投影

H 面、W 面的交线称为 OY 投影轴，简称 Y 轴；V 面、W 面的交线称为 OZ 投影轴，简称 Z 轴；3 根相互垂直的投影轴的交点 O 称为原点。

为使点的三面投影能画在一张平面图纸上，仍保持 V 面不动，H 面、W 面分别按图示箭头方向旋转，使与 V 面共面，即得点的三面投影图，如图 3-4（b）所示。其中 Y 轴随 H 面旋转时，以 Y_H 表示；随 W 面旋转时，以 Y_W 表示。

将空间点 A 分别向 V 面、H 面、W 面作投影得 a'、a、a''，a''称作点 A 的侧面投影。

如果把三投影面体系看作是空间直角坐标体系，则 3 个投影面相当于 3 个坐标平面，3 根投影轴相当于 3 根坐标轴，O 即为坐标原点。由图 3-4（a）可知，点 A 的 3 个直角坐标 X_A、Y_A、Z_A 即为点 A 到三个投影面的距离。点 A 的坐标与其投影有如下关系：

X 坐标 X_A $(Oa_x)=a'a_z=aa_y=$点 A 与 W 面的距离 Aa''；

Y 坐标 Y_A $(Oa_y)=aa_x=a''a_z=$点 A 与 V 面的距离 Aa'；

Z 坐标 Z_A $(Oa_z)=a'a_x=a''a_y=$点 A 与 H 面的距离 Aa。

由投影图可见：点 A 的水平投影 a 由 X_A、Y_A 两坐标确定；正面投影 a'由 X_A、Z_A 两坐标确定；侧面投影 a''由 Y_A、Z_A 两坐标确定。

因此，根据点的三面投影可确定点的空间坐标值，反之，根据点的坐标值也可以画出点的三面投影图。

根据以上分析以及两投影面体系中点的投影特性，可得到点的三面投影特性：

① 点的正面投影与水平投影连线垂直于 OX 轴，这两个投影都能反映空间点的 X 坐标，也就是点到 W 面的距离，即 $a'a\perp OX$，$a'a_z=aa_y=X_A=Aa''$。

② 点的正面投影与侧面投影的投影连线垂直于 OZ 轴，这两个投影都能反映空间点的 Z 坐标，也就是点到 H 面的距离，即 $a'a''\perp OZ$，$a'a_x=a''a_y=Z_A=Aa$。

③ 点的水平投影到 OX 轴的距离等于侧面投影到 OZ 轴的距离，这两个投影都能反映点的 Y 坐标，也就是点到 V 面的距离，即 $aa_x=a''a_z=Y_A=Aa'$。

应当注意：投影面展开后，H 面、W 面已分离，因此 a、a''的投影连线不再保持 $aa''\perp OY$ 轴的关系，但保持 $aa_{yH}=aa_{yW}$ 的关系。

点的两面投影即可以确定点的空间位置。根据点的两面投影或点的直角坐标，便可作出点的第三面投影。实际作图时，应特别注意 H 面、W 面两投影 Y 坐标的对应关系。为作图方便，如图 3-4（b）所示，可添加过点 O 的 45°辅助线。

（2）特殊位置点的三面投影

空间点在投影面上或投影轴上，称为特殊位置的点。如图 3-5 所示，点 A 位于 V 面上，其三面投影为：a'与 A 重合（$Y_A=0$），a 在轴 OX 上，a''在 OZ 轴上。点 B 位于 H 面上，其三面投影为：b 与 B 重合（$Z_B=0$），b'在 OX 轴上，b''在 OY 轴上。点 C 在 OX 轴上，其三面投影为：c 和 c'都与 C 重合（$Y_C=0$，$Z_C=0$），c''与原点 O 重合。综上所述，可得出特殊位置点的投影特性为：

① 投影面上的点必有一个坐标为零，在该投影面上的投影与该点自身重合；在另外两个投影面上的投影分别在相应的投影轴上。

② 投影轴上的点必有两个坐标为零，在包含这条轴的两个投影面上的投影都与该点自身重合；在另一投影面上的投影则与原点 O 重合。

【例 3-1】 已知空间点 A（10，8，14），试作点 A 的三面投影图。

分析：点 A 的三个坐标均为正值，点 A 的三个投影分别在三个投影面内。根据点 A 的坐标和投影规律画出点 A 的三面投影图，如图 3-6 所示。

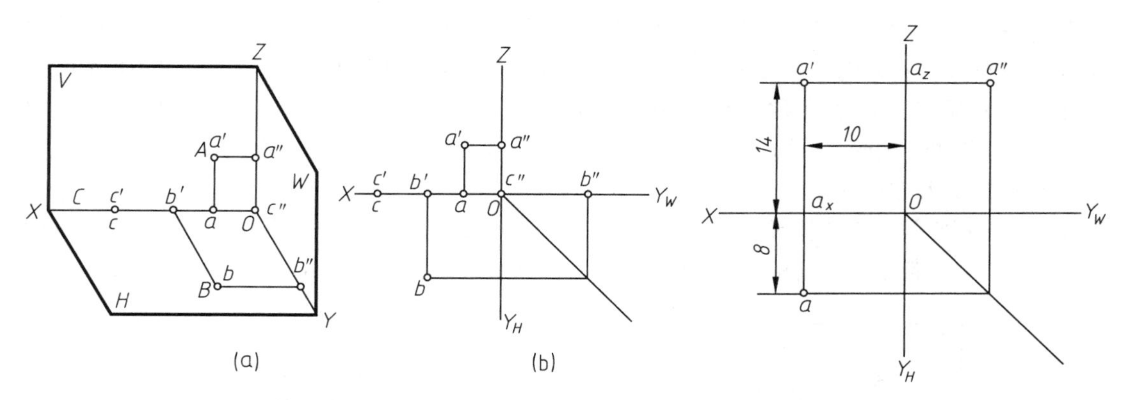

图 3-5　特殊位置点的三面投影　　　图 3-6　已知点的坐标求作点的三面投影

作图步骤：

① 作 X、Y、Z 轴得原点 O，然后在 OX 轴上自 O 向左量 10mm，确定 a_x；

② 过 a_x，作 OX 轴的垂线，沿着 Y_H 轴方向，自 a_x 向下量取 8mm 得 a，再沿 OZ 轴方向自 a_x 向上量取 14mm 得 a'；

③ 过 a' 作 OZ 轴的垂线，交 OZ 轴于 a_z，自 a_z 向右量取 8mm 得 a''，即完成点 A 的三面投影。

【例 3-2】 已知点 A 的正面投影 a' 和侧面投影 a''，如图 3-7（a）所示，求作该点的水平投影。

分析：由于 a 与 a' 的连线垂直于 OX 轴，所以 a 一定在过 a' 而垂直于 OX 轴的直线上。又由于 a 至 OX 轴的距离必等于 a'' 至 OZ 轴的距离，使 aa_x 等于 $a''a_x$，便定出了 a 的位置。

作图步骤：如图 3-7（b）所示。

① 过点 A 的正面投影 a' 作 OX 轴的垂线，交 OX 轴于 a_x 并延长；

② 自 a'' 向下作 OY_W 轴的垂线与 45°辅助线交于一点，过该交点作 OY_H 轴的垂线；

③ 所作垂线与过 a' 的竖直线交于 a，a 即为 A 点的水平投影。

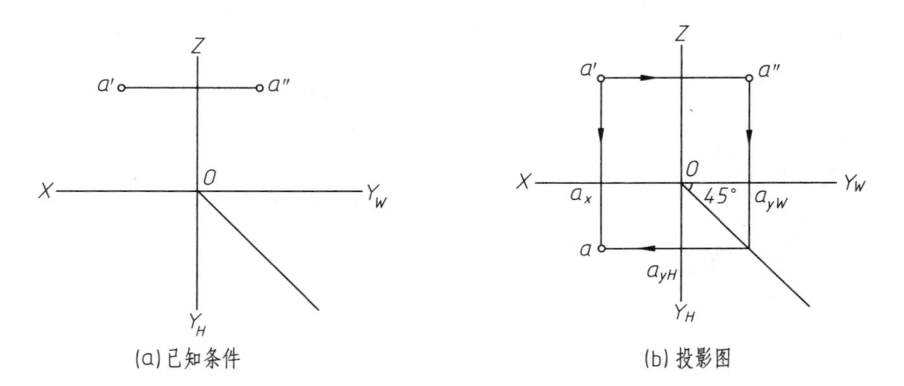

图 3-7　求点的第三面投影

3.1.3　两点的相对位置

空间点的位置可以用点的绝对坐标来确定，也可以用相对坐标来确定。

如图 3-8 所示，若分析点 B 相对点 A 的位置，在 X 方向的相对坐标为（X_B-X_A），即两点对 W 面的距离差，点 B 在点 A 的左方。X 坐标方向，通常称为左右方向，X 坐标增大方向为左方。Y 方向的坐标差为（Y_B-Y_A），即两点相对 V 面的距离差，点 B 在点 A 的前方。Y 坐标方向，通常称为前后方向，Y 坐标增大方向为前方。Z 方向的坐标差为（Z_B-Z_A），即两点相对 H 面的距离差，点 B 在点 A 的下方。Z 坐标方向，通常称为上下方向，Z 坐标增大方向为上方。

显然，根据空间两点的投影沿左右、前后、上下三个方向所反映的坐标差，能够确定两点的相对位置；反之，若已知两点相对位置以及其中一个点的投影，也能够作出另一个点的投影。

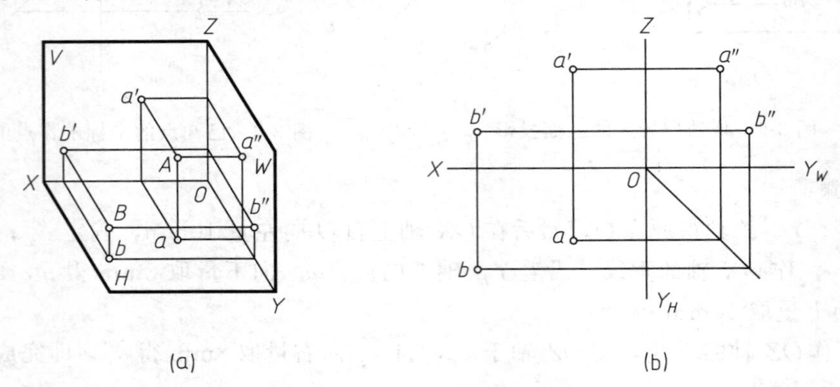

图 3-8 两点的相对位置

3.1.4 重影点

当空间两点的某两个坐标值相同时，在同时反映这两个坐标的投影面上，这两点的投影重合，这两点称为该投影面的重影点。如图 3-9（a）所示，A、B 两点，由于 $X_A=X_B$，$Z_A=Z_B$，因此它们的正面投影重合，A、B 两点称为正面投影的重影点。由于 $Y_A>Y_B$，所以从前向后垂直 V 面看时，点 A 可见，点 B 不可见。

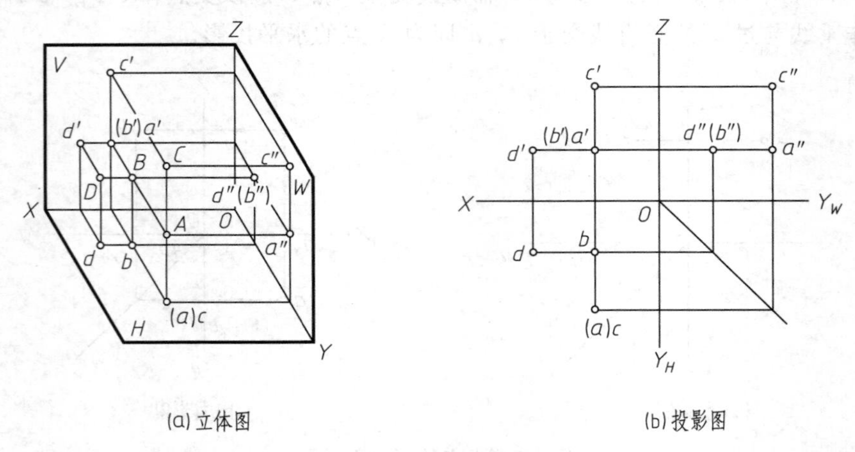

(a) 立体图　　(b) 投影图

图 3-9 重影点

通常规定把不可见的点的投影加括号表示，如（b'）。从图 3-9（b）可见，A、C 两点，由于 $X_A=X_C$，$Y_A=Y_C$，它们的水平投影重合，A、C 两点称为水平投影的重影点。由于 $Z_C>Z_A$，所以从上向下垂直 H 面看时，点 C 可见，点 A 不可见。又如 B、D 两点，由于

$Y_B=Y_D$，$Z_B=Z_D$，它们的侧面投影重合，B、D 两点称为侧面投影的重影点。由于$X_D>X_B$，所以从左向右垂直 W 面看时，点 D 可见，点 B 不可见。由此可见，对 V 面、H 面、W 面的重影点，它们的可见性应分别是前遮后、上遮下、左遮右。

3.2　直线的投影

3.2.1　直线的投影特性

如图 3-10 所示，直线 AB 不垂直于 H 面，则通过直线 AB 上各点的投射线所形成的平面与 H 面的交线，就是直线 AB 的水平投影 ab；直线 CD 垂直于 H 面，则通过 CD 上各点的投射线，都与 CD 共线，它与 H 面的交点，就是直线 CD 的水平投影 c（d），这时称 c（d）积聚成一点，或称直线 CD 的水平投影具有积聚性。

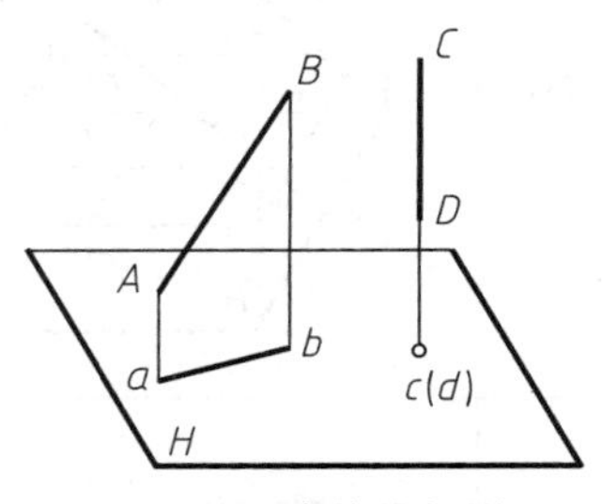

图 3-10　直线的投影

由此可见，不垂直于投影面的直线，在该投影面上的投影仍为直线；垂直于投影面的直线，在该投影面上的投影积聚成一点。

空间直线与它的水平投影、正面投影、侧面投影的夹角，分别称为该直线对 H 面、V 面、W 面的倾角，用 α、β、γ 表示。当直线平行于某投影面时，直线对该投影面的倾角为 0°，直线在该投影面上的投影反映实长；当直线垂直于某投影面时，对该投影面的倾角为 90°；当直线倾斜于某投影面时，对该投影面的倾角大于 0°，小于 90°，直线在该投影面上的投影均缩短。

如图 3-11 所示，作直线投影时，可先作出直线上两点（通常取直线段两个端点）的三面投影，然后将两点在同一投影面上的投影（简称同面投影）用粗实线相连即得直线的三面投影图。

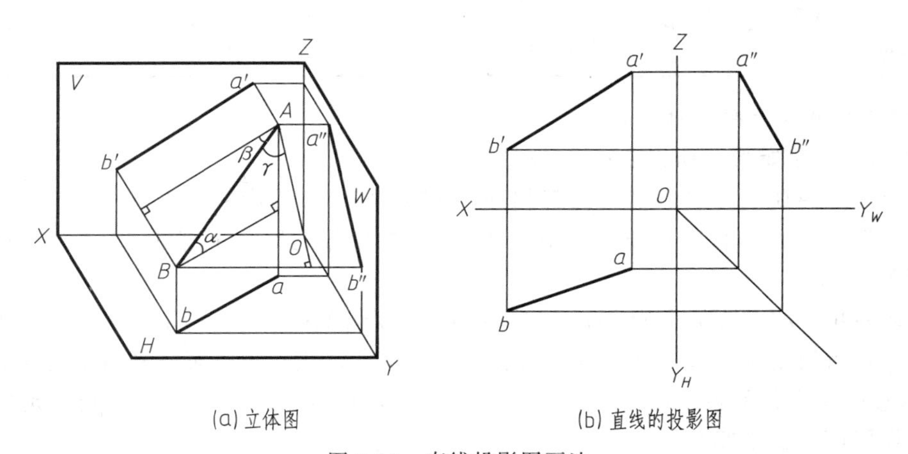

(a) 立体图　　(b) 直线的投影图

图 3-11　直线投影图画法

3.2.2　特殊位置的直线

根据直线在投影面体系中的位置不同，可将直线分为投影面一般位置直线、投影面平行线和投影面垂直线三类。后两类直线称为特殊位置直线，三类直线具有不同的投影特性。

(1) 投影面平行线

只平行于一个投影面的直线称投影面平行线。其中平行于 V 面的直线称为正平线；平行于 H 面的直线称为水平线；平行于 W 面的直线称为侧平线。这三种投影面平行线的立体图、投影图和投影特性见表 3-1。

表 3-1 投影面平行线

名称	正平线(//V 面、对 H 面、W 面倾斜)	水平线(//H 面,对 V 面、W 面倾斜)	侧平线(//W 面,对 H 面、V 面倾斜)
立体图	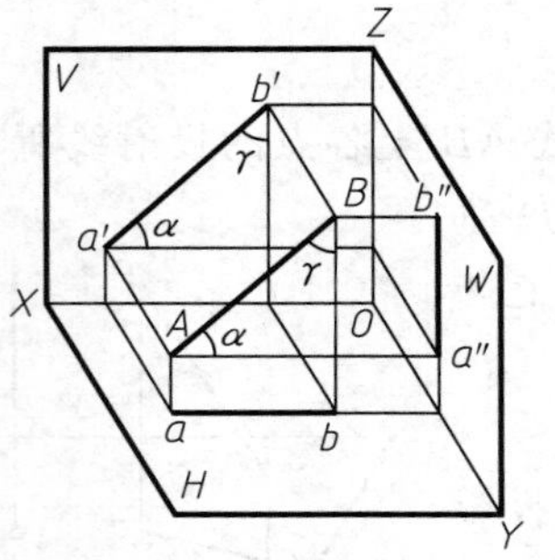	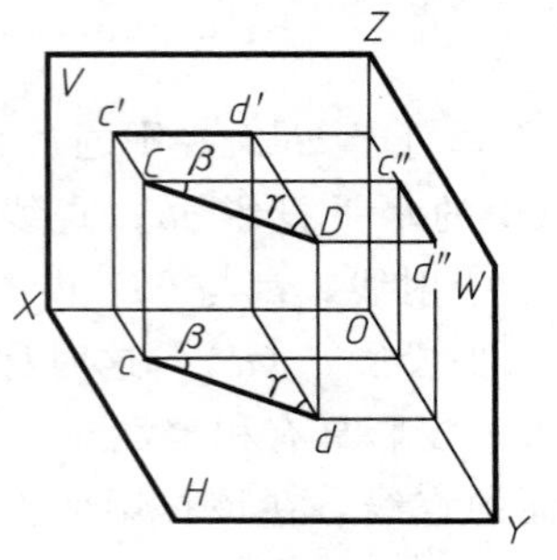	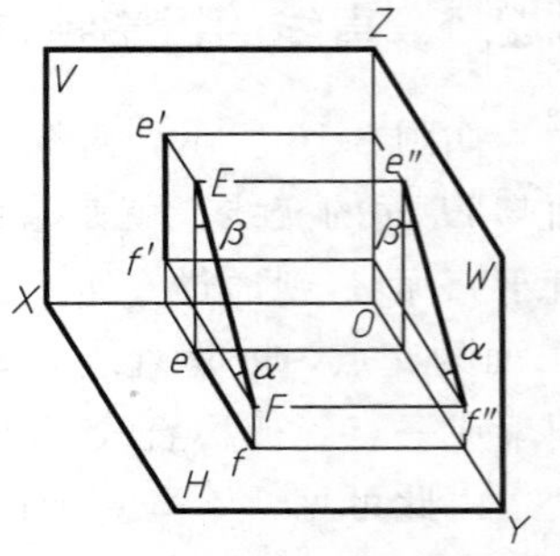
投影图	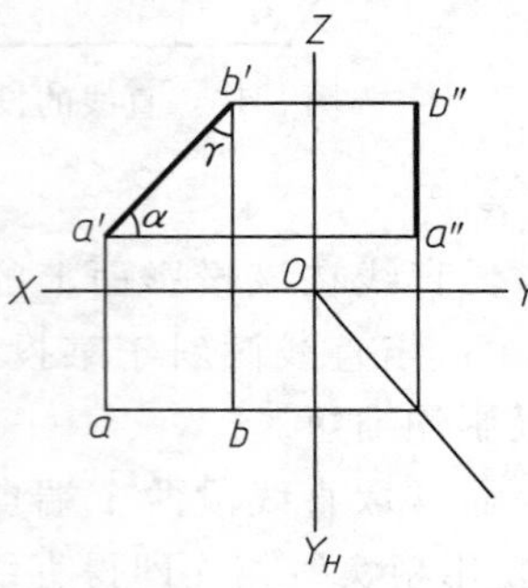	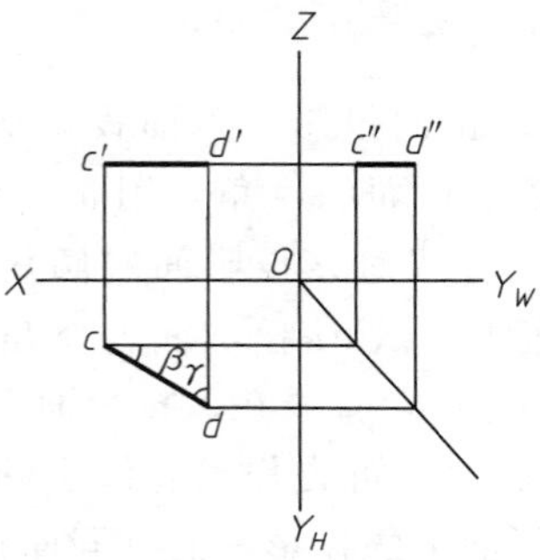	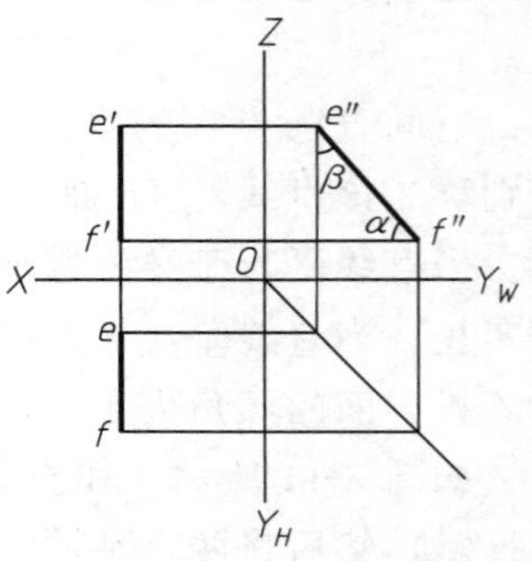
投影特性	①$a'b'$反映线段实长和α、γ ②ab//OX 轴,$a''b''$//OZ 轴,长度缩短	①cd 反映线段实长和β、γ ②$c'd'$//OX 轴,$c''d''$//OY 轴,长度缩短	①$e''f''$反映线段实长和β、α ②$e'f'$//OZ 轴,ef//OY 轴,长度缩短

由表 3-1 中正平线的立体图可知：

因为 $ABb'a'$是矩形，所以 $a'b'=AB$。

因为正平线 AB 上各点的 Y 坐标都相等，所以 ab//OX，$a''b''$//OZ。

因为 AB//$a'b'$，所以 $a'b'$与 OX 轴、OZ 轴的夹角分别反映了直线 AB 对 H 面、W 面的真实倾角 α、γ。

还可以看出，$ab=AB\cos\alpha<AB$，$a''b''=AB\cos\gamma<AB$。于是可得出表中正平线的投影特性。同理，可得出水平线和侧平线的投影特性。由此，概括出投影面平行线的投影特性：

① 在直线所平行的投影面上的投影，反映实长，该投影与投影轴的夹角分别反映直线对另两个投影面的真实倾角。

② 在直线所倾斜的另外两个投影面上的投影，平行于相应的投影轴，长度缩短。

(2) 投影面垂直线

垂直于某一个投影面的直线称为该投影面垂直线。其中垂直于 V 面的称为正垂线；垂直于 H 面的称为铅垂线；垂直于 W 面的称为侧垂线。这三种投影面垂直线的立体图、投影图和投影特性见表 3-2。

表 3-2　投影面垂直线

名称	正垂线	铅垂线	侧垂线
立体图	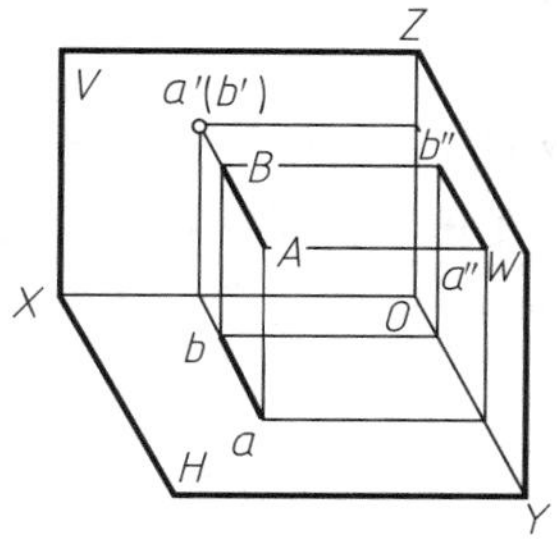 Z V a′(b′) B b″ A a″ W X O b a H Y	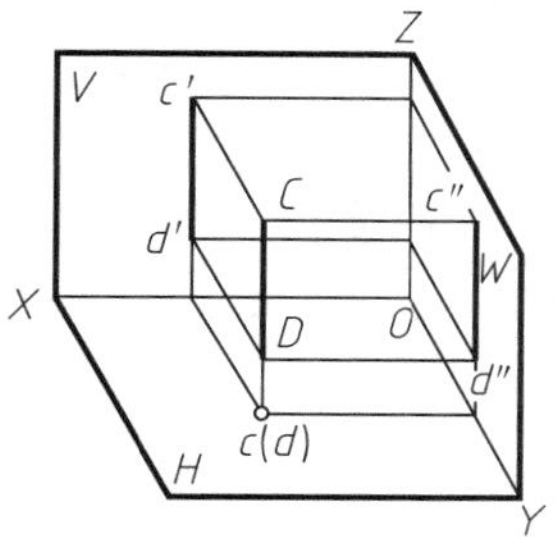 Z V c′ C c″ d′ W X D O d″ c(d) H Y	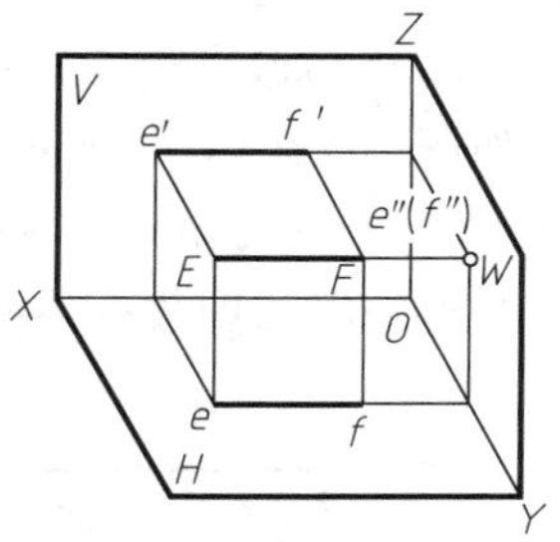 Z V e′ f′ e″(f″) W E F X O e f H Y
投影图	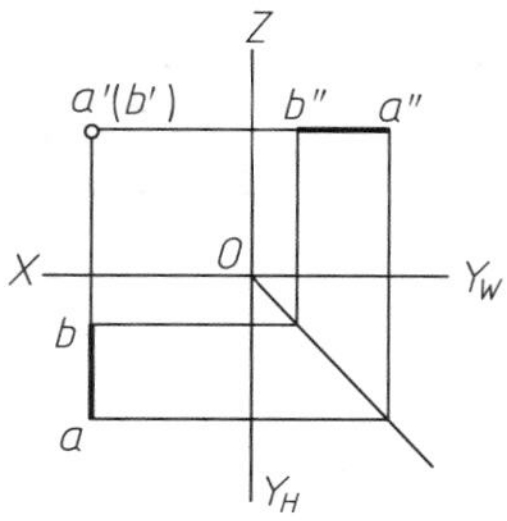 Z a′(b′) b″ a″ X O Y_W b a Y_H	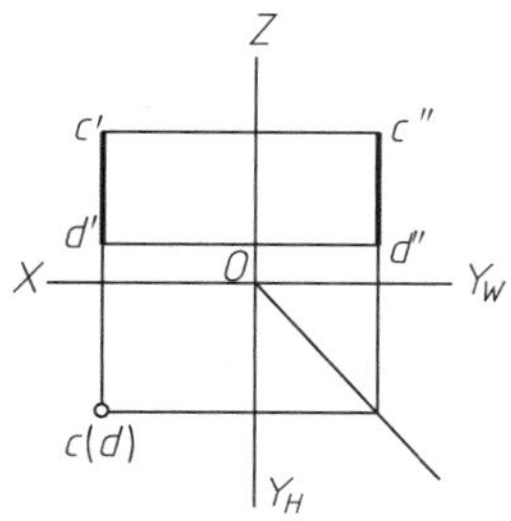 Z c′ c″ d′ d″ X O Y_W c(d) Y_H	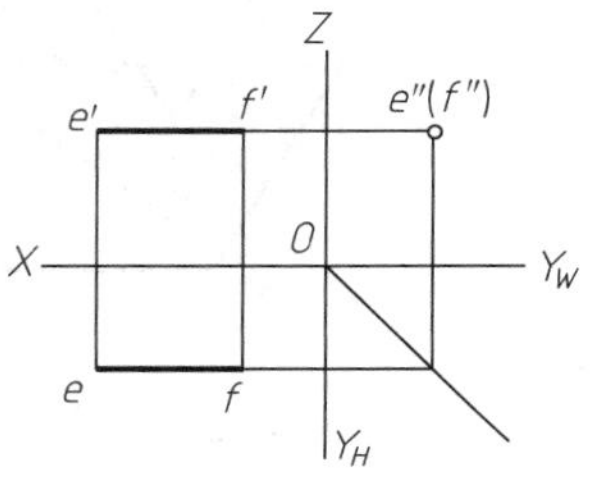 Z e′ f′ e″(f″) X O Y_W e f Y_H
投影特性	① $a'b'$ 积聚成为一点 ② $ab \perp OX$ 轴，$a''b'' \perp OZ$ 轴，反映线段实长	① cd 积聚成为一点 ② $c'd' \perp OX$ 轴，$c''d'' \perp OY_W$ 轴，反映线段实长	① $e''f''$ 积聚成为一点 ② $ef \perp OY_H$ 轴，$e'f' \perp OZ$ 轴，反映线段实长

由表 3-2 中正垂线 AB 的立体图可知，直线 $AB \perp V$ 面，所以 $a'b'$ 积聚成一点。因为 $AB /\!/ H$ 面，$AB /\!/ W$ 面，所以 $ab = a''b'' = AB$。于是得出表 3-2 中的正垂线的投影特性。同理，可得出铅垂线和侧垂线的投影特性。由此概括出投影面垂直线的投影特性：

① 在直线所垂直的投影面上的投影，积聚成一点。

② 另外两个投影面上的投影，垂直于相应的投影轴，投影反映实长。

3.2.3　一般位置直线的投影、实长与倾角

（1）一般位置直线

与三个投影面都倾斜的直线称为投影面的一般位置直线。

如图 3-11 所示的直线 AB，对三个投影面都倾斜，其两端点分别沿前后、上下、左右方向对 V 面、H 面、W 面有距离差，所以一般位置直线 AB 的三个投影都倾斜于投影轴。

从图 3-11（a）可看出：$ab = AB\cos\alpha < AB$，$a'b' = AB\cos\beta < AB$，$a''b'' = AB\cos\gamma < AB$。同时还可以看出，直线 AB 的各个投影与投影轴的夹角都不等于 AB 对投影面的倾角。

由此得出投影面一般位置直线的投影特性：三个投影都倾斜于投影轴；各投影长度都小于直线的实长；各投影与投影轴的夹角都不能反映直线对投影面的倾角。

在工程上，经常遇到一般位置直线的实长和倾角这类度量问题。常用作图方法为直角三角形法。

（2）实长与倾角

图 3-12（a）为一般位置线段 AB 的直观图。现分析线段和它的投影之间的关系，以寻

找求线段实长的图解方法。过点 A 作 $AB_0//ab$，构成直角三角形 ABB_0。其斜边 AB 是空间线段的实长。两直角边的长度可在投影图上量得，一直角边 AB_0 的长度等于水平投影 ab；另一直角边 BB_0 是线段两端点 A 和 B 到水平投影面的距离之差，其长度等于正面投影中的 $b'b_0$。知道直角三角形两直角边的长度，便可作出此三角形。

如图 3-12（b）所示，在投影图中作 $a'b_0 /\!/ OX$，截得长度 $b'b_0$。然后，以 BB_0（$=b'b_0$）为一直角边，AB_0（$=ab$）为另一直角边，作出直角三角形 ABB_0，如图 3-12（c）所示，斜边即为线段 AB 的实长，$\angle BAB_0$ 为线段 AB 对 H 面的夹角 α。

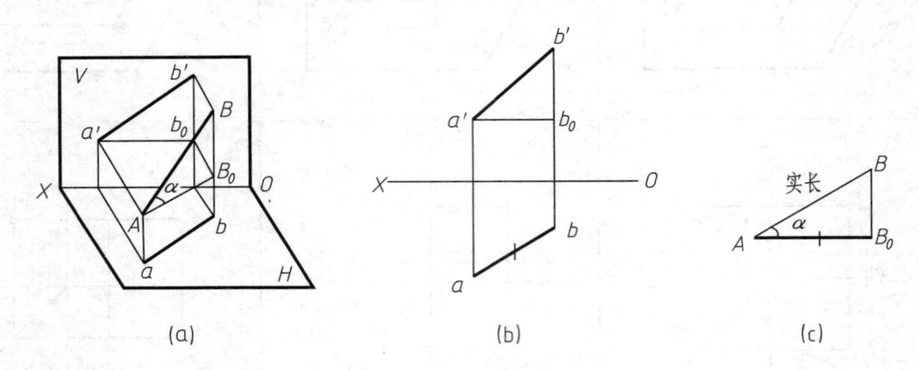

图 3-12　直角三角形法

直角三角形画在图纸的任何地方都可以。为作图简便，可将直角三角形画在投影图内，如图 3-13（a）或（b）所示的位置。

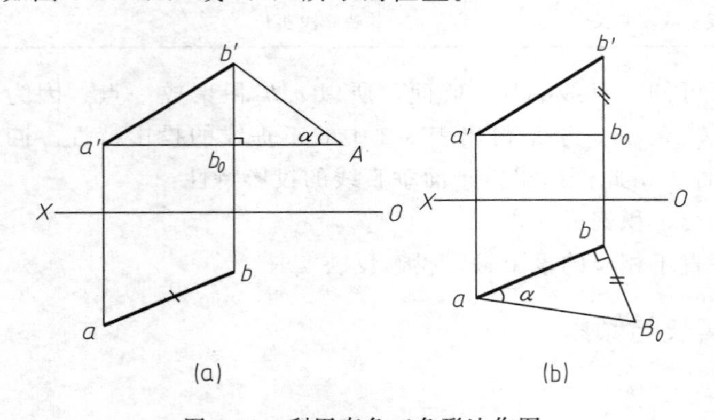

图 3-13　利用直角三角形法作图

根据上述分析，现在结合 AB 的三面投影图讨论求 AB 的实长和对三个投影面的倾角 α、β、γ。必须指出，所谓直线对投影面的倾角，可以理解为空间直线与其相应投影之间的夹角，因而利用直线的水平投影和 Z 坐标差，能够求出实长及 α 角；利用直线的正面投影和 Y 坐标差，能够求出实长及 β 角；利用直线的侧面投影和 X 坐标差，能够求出实长及 γ 角。如图 3-14（a）、（b）所示。请自行分析求作 β 角和 γ 角的方法步骤。

3.2.4 直线上的点

（1）直线上点的投影

点在直线上，则点的各个投影必定在该直线的同面投影上；反之，点的各个投影在直线的同面投影上，则该点一定在直线上。

如图 3-15 所示，过 AB 上点 C 的投射线 Cc'，必位于平面 $ABb'a'$ 上，故 Cc' 与 V 面的交点 c' 也必位于平面 $ABb'a'$ 与 V 面的交线 $a'b'$ 上。同理，直线上 C 点的水平投影 c 也必位于 AB 的水平投影 ab 上。C 点的侧面投影 c'' 必位于 AB 的侧面投影 $a''b''$ 上。

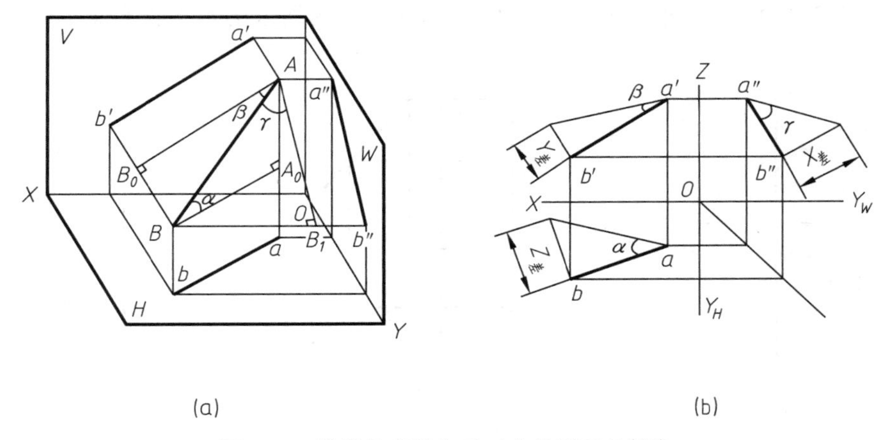

(a)　　　　(b)

图 3-14　线段的实长和对三个投影面的倾角

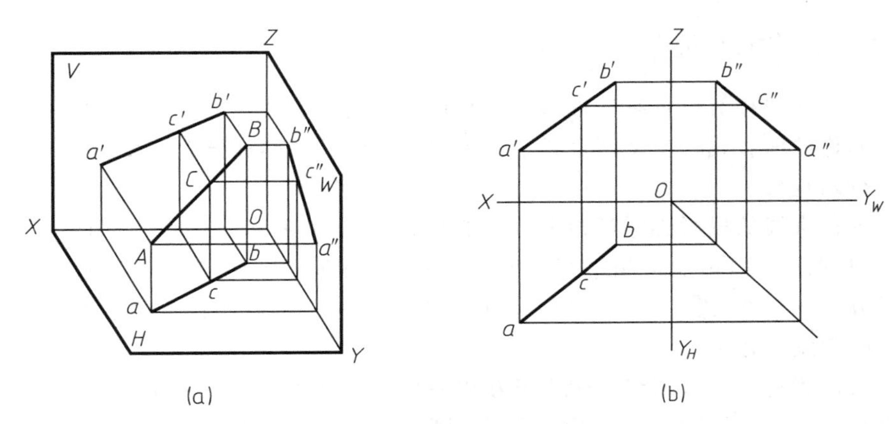

(a)　　　　(b)

图 3-15　直线上点的投影

（2）点分线段成定比

直线上点分割直线段成定比，则分割线段的各个同面投影之比等于其线段之比。如图 3-15 所示，在平面 $ABb'a'$ 上，$Aa'//Cc'//Bb'$，所以 $AC:CB=a'c':c'b'$，同理则有 $AC:CB=ac:cb=a''c'':c''b''$。

【例 3-3】 已知侧平线 AB 的两面投影和直线上点 K 的正面投影 k'，求点 K 的水平投影 k，如图 3-16（a）所示。

方法一：如图 3-16（b）所示。

由于 AB 是侧平线，不能直接由 k' 求出 k，但根据点在直线上的投影性质，k'' 必在 $a''b''$ 上。

作图步骤：

① 根据直线的 V 面、H 面投影作出其 W 面投影 $a''b''$，同时由 k' 作出 k''。

② 根据 k'' 在 ab 上作出 k。

方法二：如图 3-16（c）所示。

因为点 K 在直线 AB 上，因此有 $a'k':k'b'=ak:kb$。

作图步骤：

① 过 a 作任意辅助线，在辅助线上量取 $ak_0=a'k'$，$k_0b_0=k'b'$。

② 连接 b_0b，并由 k_0 作 $k_0k // b_0b$，交 ab 于 k，即为所求的水平投影 k。

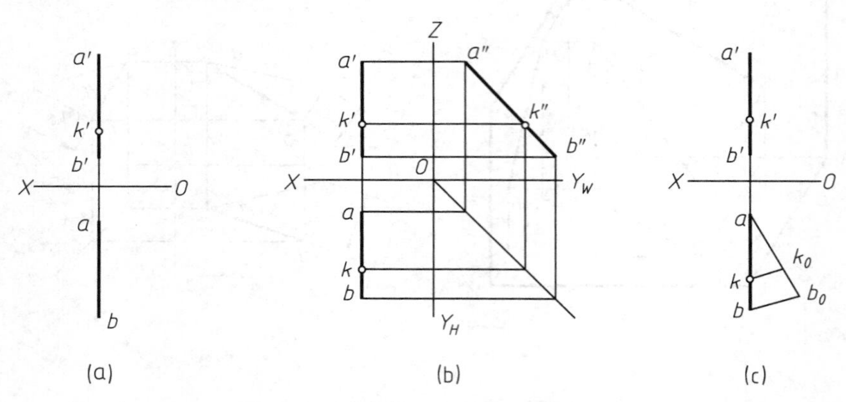

图 3-16　求直线 AB 上点 K 的投影

3.2.5　两直线的相对位置

空间两条直线的相对位置有三种情况：平行、相交、交叉。平行、相交的两直线位于同一平面上，亦称共面直线；交叉两直线不位于同一平面上，亦称异面直线。

（1）平行两直线

空间两平行直线的投影必定互相平行，如图 3-17（a）所示，因此空间两平行直线在投影图上的各组同面投影必定互相平行，如图 3-17（b）所示。由于 $AB // CD$，则必定 $ab // cd$，$a'b' // c'd'$，$a''b'' // c''d''$。反之，如果两直线在投影图上的各组同面投影都互相平行，则两直线在空间必定互相平行。

对于一般位置直线，若两组同面投影互相平行，则空间两直线平行；若直线为投影面平行线，在直线所平行的投影面上两投影平行，则空间两直线一定平行。

例如图 3-18 中，AB、CD 是两条侧平线，它们的正面投影及水平投影均相互平行，即 $ab // cd$、$a'b' // c'd'$，但它们的侧面投影并不平行，因此，AB、CD 两直线的空间位置并不平行。

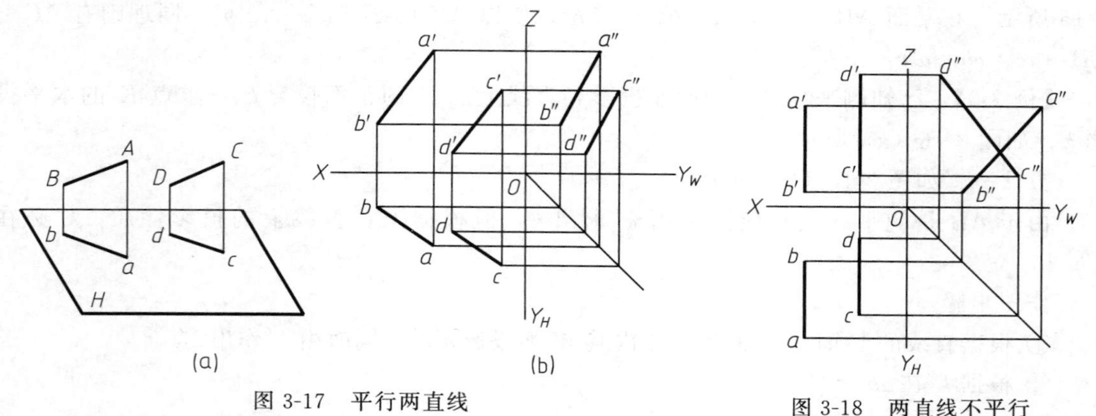

图 3-17　平行两直线

图 3-18　两直线不平行

（2）相交两直线

空间相交两直线的投影必定相交，且两直线交点的投影必定为两直线投影的交点，如图 3-19（a）所示。因此，相交两直线在投影图上的各组同面投影必定相交，且两直线各组同面投影的交点即为两相交直线交点的各个投影。如图 3-19（b）所示，由于 AB 与 CD 相交，交点为 K，则 ab 与 cd、$a'b'$ 与 $c'd'$、$a''b''$ 与 $c''d''$ 必定分别相交于 k、k'、k''，且交点 K 的投影符合点的投影规律。

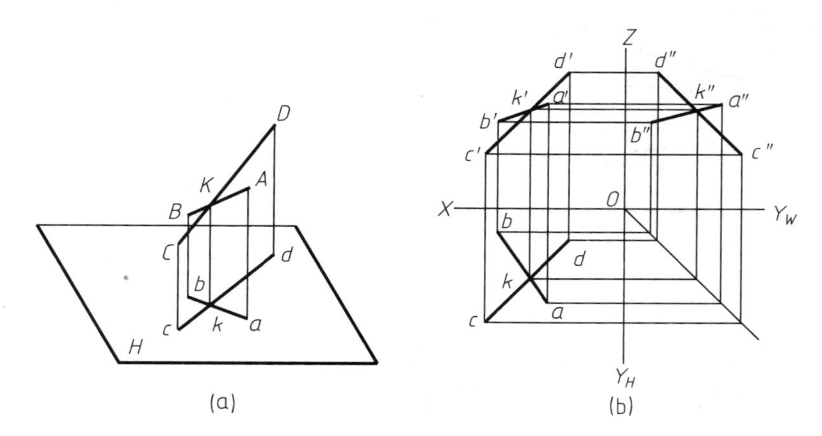

图 3-19　相交两直线

反之，两直线在投影图上的各组同面投影都相交，且各组投影的交点符合空间一点的投影规律，则两直线在空间必定相交。一般情况下，若二组同面投影都相交，且两投影交点符合点的投影规律，则空间两直线相交。但若两直线中有一直线为投影面平行线时，则二组同面投影中必须包括直线所平行的投影面投影。

（3）交叉两直线

如图 3-20 所示，交叉两直线的投影可能会有一组或两组互相平行，但绝不会三组同面投影都互相平行。

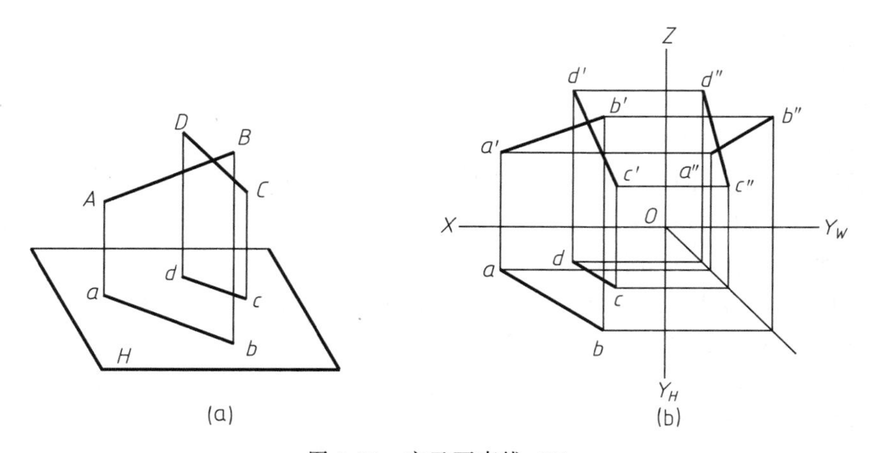

图 3-20　交叉两直线（1）

交叉两直线在空间不相交，其同面投影的交点即是对该投影面的重影点。如图 3-21 所示，分别位于直线 AB 和 CD 上的点Ⅰ和Ⅱ的正面投影 $1'$ 和 $2'$ 重合，所以点Ⅰ和Ⅱ为对 V 面的重影点，利用该重影点的不同坐标值 Y 可决定其可见性。由于 $Y_{\mathrm{I}} > Y_{\mathrm{II}}$，所以点Ⅰ的 $1'$，遮住了点Ⅱ的 $2'$，这时，$1'$ 为可见，$2'$ 为不可见，并需加注括号。

同理，若水平面投影有重影点需要判别其可见性，只要比较两重影点的 Z 坐标即可。如图 3-21 所示，显然 $Z_{\mathrm{III}} > Z_{\mathrm{IV}}$，对于 H 面来讲，Z 坐标大的点在上，上面的点遮住下面的

(a)

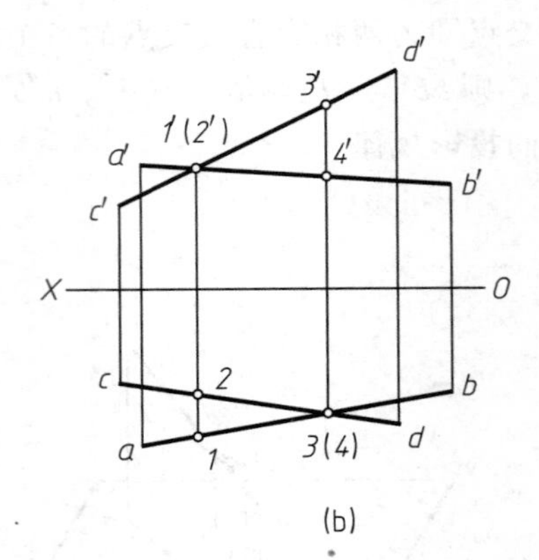

图 3-21 交叉两直线（2）

点，所以，3 为可见，4 为不可见，不可见需加括号。

【例 3-4】 如图 3-22 所示，判断两侧平线 AB、CD 的相对位置。

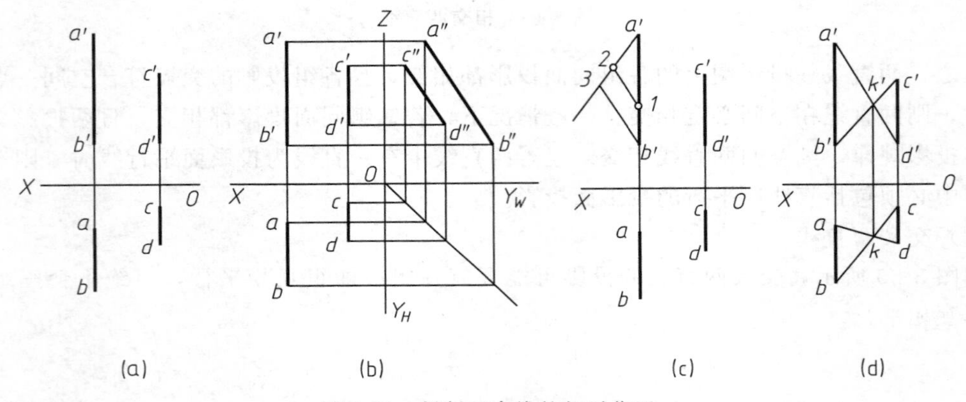

图 3-22 判断两直线的相对位置

方法一：如图 3-22（b）所示。

根据直线 AB、CD 的 V 面、H 面投影作出其 W 面的投影。若 $a''b''//c''d''$，则 $AB//CD$；反之，则 AB 和 CD 交叉。

方法二：如图 3-22（c）所示。

分析：如两侧平线为平行两直线，则两直线的各同名投影长度比相等，但须注意，仅仅各同名投影长度比相等，还不能说明两直线一定平行，因为与 V 面、H 面成相同倾角的侧平线可以有两个方向，它们能得到同样比例的投影长度，所以还需要检查两直线是否同方向才能确定两侧平线是否平行。

作图步骤：根据投影图可以看出 AB、CD 两直线是同趋势的。在 $a'b'$ 上取点 1，使 $a'1=c'd'$，过 a' 作任一辅助线，并在该辅助线上取点 2 使 $a'2=cd$，取点 3 使 $a'3=ab$，连接 21 和 $3b'$。因为 $21//3b'$，所以 $a'b':c'd'=ab:cd$。因此两侧平线是平行两直线。

方法三：如图 3-22（d）所示。

分析：如两侧平线为平行两直线，则可根据平行两直线决定一平面这一性质来判别。

作图步骤：连接 $a'd'$、$b'c'$ 得交点 k'，连接 ad、bc 得交点 k，因 $k'k$ 符合两相交直线 AD、BC 的交点 K 的投影规律，所以两侧平线是平行两直线。

（4）垂直两直线

当相交两直线互相垂直，且其中一条直线为某投影面平行线，则两直线在该投影面上的投影必定互相垂直，此投影特性称为直角投影定理。

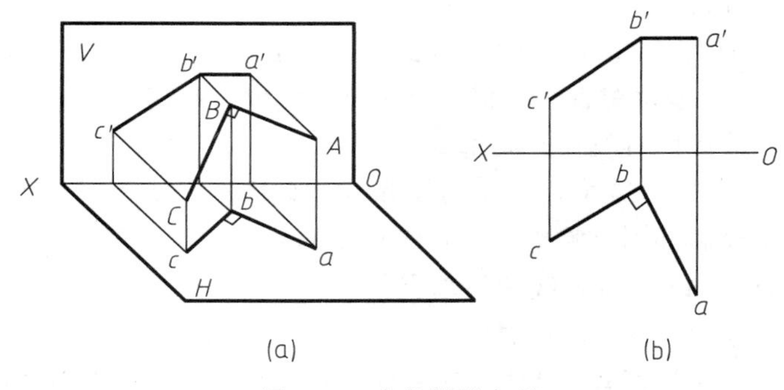

图 3-23　直角投影定理

如图 3-23 所示，$AB \perp CB$，其中 $AB//H$ 面，BC 倾斜于 H 面。因 $AB \perp BC$，$AB \perp Bb$，则 $AB \perp BbcC$ 平面。因 $ab//AB$，所以 $ab \perp BbcC$ 平面，因此 $ab \perp bc$。

反之，如果相交两直线在某一投影面上的投影互相垂直，且其中有一条直线为该投影面的平行线，则这两条直线在空间也必定互相垂直。可以看出，当两直线是交叉垂直时，也同样符合上述投影特性。

【例 3-5】 已知等腰直角三角形的一腰为 AC，它的底边在正平线 AB 上，求作此等腰三角形，如图 3-24（a）所示。

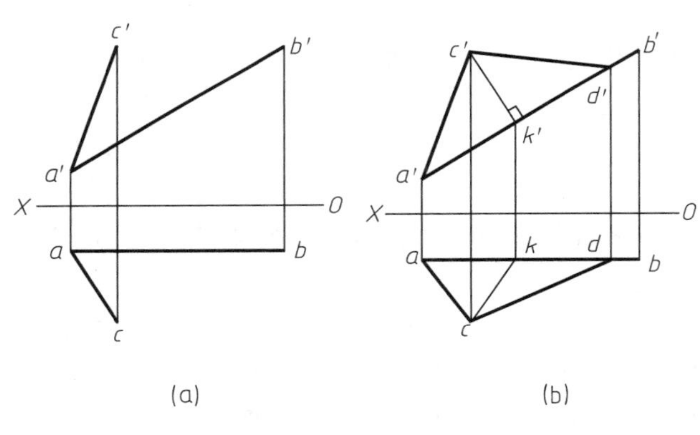

图 3-24　求等腰三角形的投影

分析：等腰三角形的高垂直平分底边，底边在 AB 上，而 AB 又是正平线，从本节的结论可知，此三角形的正面投影既能反映底边的实长，又能反映高与底边的垂直关系。

作图步骤：如图 3-24（b）所示。

① 过点 C 向直线 AB 作垂线 CK（$c'k' \perp a'b'$ 并求出 ck），CK 即为三角形的高。

② 量取 $k'd' = k'a'$，并求出水平投影 d，点 D 即为等腰三角形的另一顶点。

③ 连接 CD（$c'd'$、cd），即得此三角形 ACD。

【例 3-6】 试分析判断图 3-25 所示的各对相交直线中哪一对垂直相交。

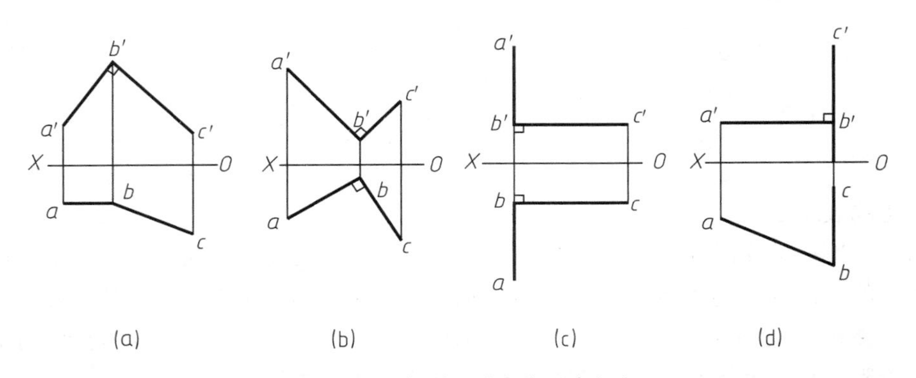

图 3-25　判断哪一对直线垂直相交

分析：

① 图 3-25（a）中，因 $ab // OX$ 轴，故 AB 为正平线。bc、$b'c'$ 均倾斜于 OX 轴，所以 BC 为一般位置直线。根据直角投影定理，此两直线的正面投影互相垂直，而且其中 $AB // V$ 面，故此两直线在空间垂直相交。

② 图 3-25（b）中，AB 和 BC 既不平行 H 面，也不平行 V 面，因而它们的正面投影和水平投影都不反映空间两直线夹角的实形，尽管图中所示的两对投影相交均为直角，然而空间 AB 和 BC 两直线并不垂直。

③ 图 3-25（c）中，ab 和 $a'b'$ 均垂直 OX 轴，bc 和 $b'c'$ 均平行 OX 轴，从各种位置直线的投影特性可知，AB 为侧平线，BC 为侧垂线，因而 AB 与 BC 两直线，不仅其正面投影和水平投影相交成直角，而且空间此两直线也垂直相交。

④ 图 3-25（d）中，AB 为水平线（$a'b' // OX$ 轴），BC 为侧平线（$bc \perp OX$ 轴，$b'c' \perp OX$ 轴），尽管 AB 的正面投影 $a'b'$ 与 BC 的正面投影 $b'c'$ 相交成直角，这两条直线在空间并不垂直相交。

3.3 平面的投影

平面可以用确定该平面的几何元素的投影表示，也可用迹线表示。下面分别讨论。

3.3.1 平面的表示法

（1）几何元素表示法

平面通常用确定该平面的点、直线或平面图形等几何元素的投影表示，如图 3-26 所示。

显然各组几何元素是可以互相转换的。如连接 A、B 两点即可由图 3-26（a）转换成图 3-26（b）；再连接 BC，又可转换成图 3-26（c）；将 A、B、C3 点彼此相连又可转换成图 3-26（e）等。从图中可以看出，不在同一直线上的三个点是决定平面位置的基本几何元素组。

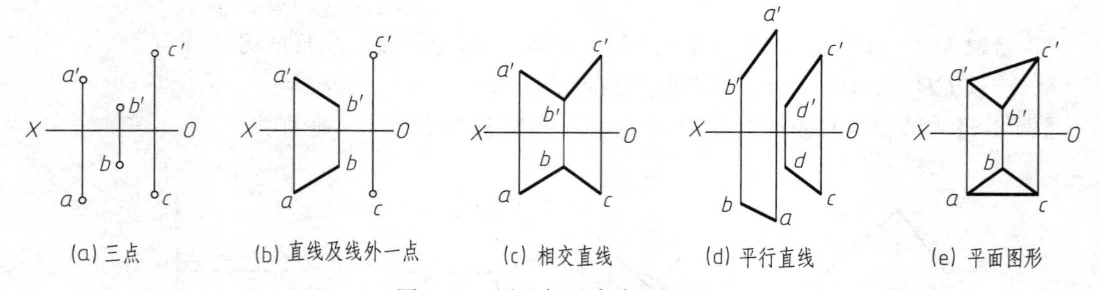

图 3-26 用几何元素表示平面

（2）迹线表示法

平面与投影面的交线，称为平面的迹线，也可以用迹线表示平面。如图 3-27（a）所示，用迹线表示的平面称为迹线平面。平面与 V 面、H 面、W 面的交线，分别称为平面的正面迹线（V 面迹线）、水平迹线（H 面迹线）、侧面迹线（W 面迹线）。迹线的符号用平面名称的大写字母附加投影面名称的注脚表示，如图 3-27（b）中的 P_V、P_H、P_W。迹线是投影面上的直线，它在该投影面上的投影与本身重合，用粗实线表示，并标注上述符号；它在另外两个投影面上的投影，分别位于相应的投影轴上，不需作任何表示和标注。工程图样中常用平面图形来表示平面，而在某些解题中则应用迹线表示平面。

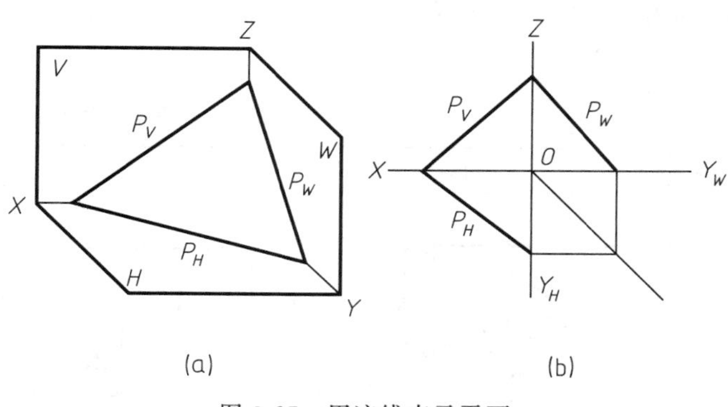

图 3-27　用迹线表示平面

3.3.2 各种位置的平面及其投影特性

根据平面在三投影面体系中的位置不同，可将平面分为投影面的一般位置平面、投影面垂直面和投影面平行面三类。后两类平面称为特殊位置平面，三类平面具有不同的投影特性。

（1）一般位置平面

与三个投影面都倾斜的平面称为投影面的一般位置平面。如图 3-28 所示，平面△ABC 与三个投影面都倾斜，对三个投影面的倾角都大于 0°，小于 90°。因此三个投影图的面积有：

$$\triangle abc = \triangle ABC\cos\alpha < \triangle ABC$$
$$\triangle a'b'c' = \triangle ABC\cos\beta < \triangle ABC$$
$$\triangle a''b''c'' = \triangle ABC\cos\gamma < \triangle ABC$$

从图中也可看出，平面 ΔABC 的三个投影都不能反映该平面与三个投影面的倾角 α、β、γ 的真实大小。

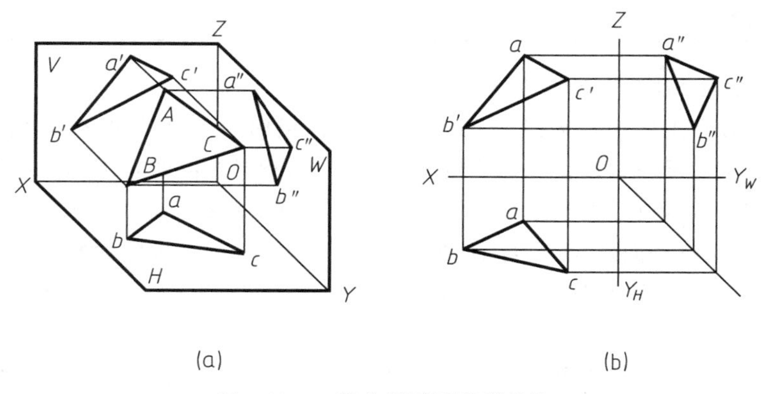

图 3-28　一般位置平面投影特性

由此得出投影面一般位置平面的投影特性：它的三个投影仍然都是平面图形，且各投影面积小于实际面积，投影不能反映平面对投影面倾角的大小。

从图 3-27 可以看出，迹线平面 P 对 V 面、H 面、W 面都倾斜，是投影面一般位置平面。从图中还可看出，投影面一般位置平面与三个投影面都相交，三条迹线都不平行投影轴，并且每两条迹线分别相交于投影轴上的同一点。

（2）投影面垂直面

只垂直于一个投影面的平面称为投影面垂直面。垂直于 V 面的称为正垂面；垂直于 H

面的称为铅垂面；垂直于 W 面的称为侧垂面。三种投影面垂直面的立体图、投影图和投影特性见表 3-3。

表 3-3 投影面垂直面

名称	正垂面	铅垂面	侧垂面
立体图	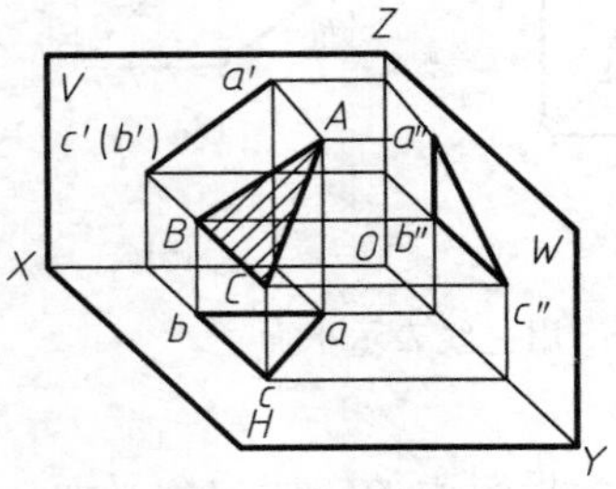	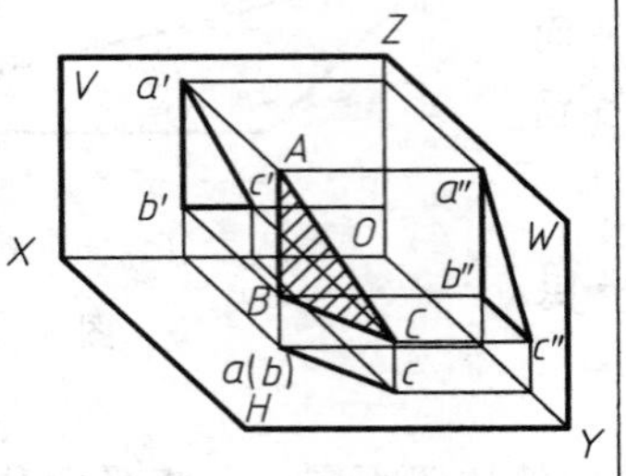	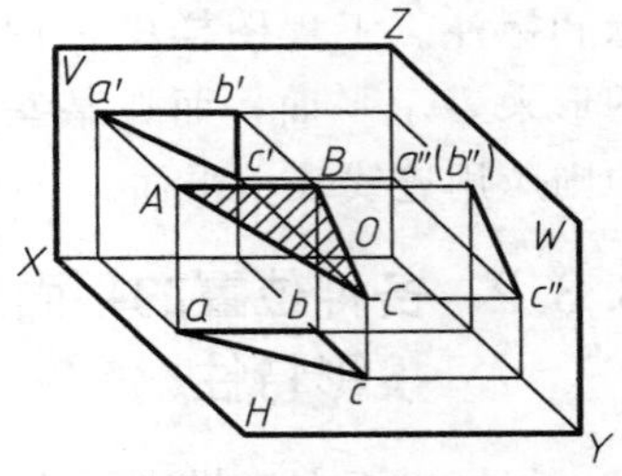
投影图	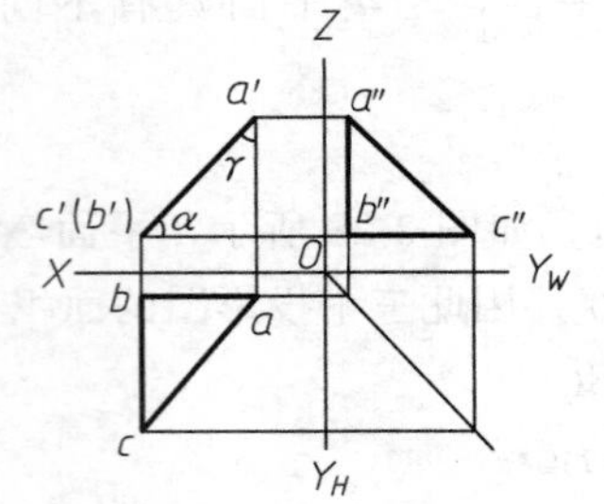	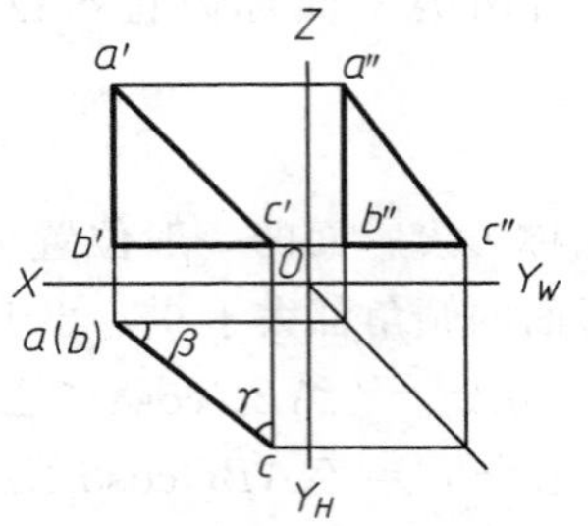	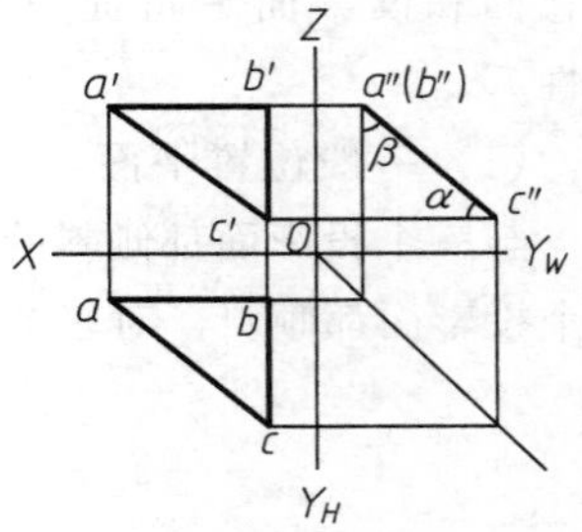
投影特性	①正面投影积聚成为一条直线且反映 α 角和 γ 角 ②水平投影和侧面投影均为平面图形的类似形	①水平投影积聚成为一条直线且反映 β 角和 γ 角 ②正面投影和侧面投影均为平面图形的类似形	①侧面投影积聚成为一条直线且反映 α 角和 β 角 ②正面投影和水平投影均为平面图形的类似形

从表中正垂面$\triangle ABC$ 的立体图可知：

因为平面$\triangle ABC \perp V$ 面，通过$\triangle ABC$ 平面上各点向 V 面所作的投射线都位于$\triangle ABC$ 平面内，且与 V 面交于一直线，即为它的正面投影$\triangle a'b'c'$。同时，因为$\triangle ABC$、H、W 面都垂直 V 面，它们与 V 面的交线分别是$\triangle a'b'c'$、OX、OZ，所以$\triangle a'b'c'$ 与投影轴 OX、OZ 的夹角，分别反映平面$\triangle ABC$ 与 H 面和 W 面的倾角 α、γ 的真实大小。

因为平面$\triangle ABC$ 倾斜于 H、W 面，所以其水平投影$\triangle abc$ 及侧面投影$\triangle a''b''c''$仍为平面图形，但面积缩小。

由此得出表 3-3 中所列的正垂面的投影特性。同理，可得出铅垂面和侧垂面的投影特性。

由此概括出投影面垂直面的投影特性：

① 在平面所垂直的投影面上的投影，积聚成直线；它与投影轴的夹角，分别反映平面对另两投影面的真实倾角。

② 在另两个投影面上的投影仍为平面图形，面积缩小。

图 3-29 所示为用迹线表示的三种投影面垂直面的投影图。

以正垂面 P 为例，可以看到：平面 P 的正面投影具有积聚性，平面上的任何点、直线的正面投影都积聚在 P_V 上。P_V 与 OX、OZ 轴的夹角，分别是平面 P 对投影面 H、W 的

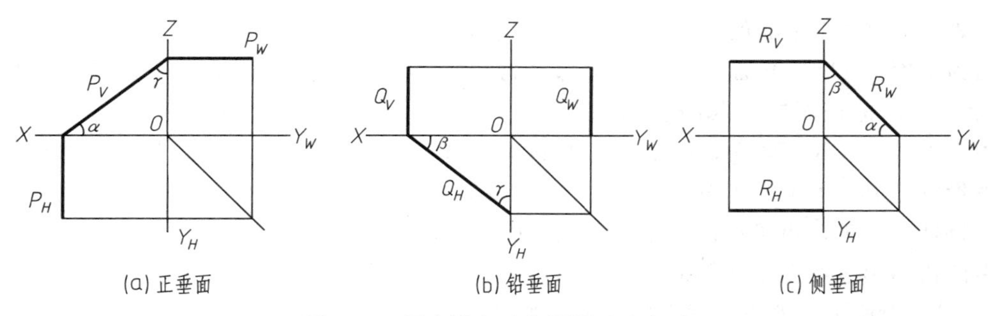

(a) 正垂面　(b) 铅垂面　(c) 侧垂面

图 3-29　用迹线表示的投影面垂直面

倾角 α、γ。又因平面 P 和 H 面、W 面都垂直 V 面，平面 P 和 H 面的交线 P_H、W 面的交线 P_W 也都垂直于 V 面，所以水平迹线 $P_H \perp OX$ 轴，侧面迹线 $P_W \perp OZ$ 轴。

同样，对铅垂面 Q、侧垂面 R 也具有相类似的投影性质。

可以利用有积聚性的垂直面的迹线，确定该平面的空间位置，而不必画出另外两条迹线。

(3) 投影面平行面

平行于一个投影面的平面称为投影面平行面。平行于 V 面的称为正平面；平行于 H 面的称为水平面；平行于 W 面的称为侧平面。三种投影面平行面的立体图、投影图和投影特性见表 3-4。

表 3-4　投影面平行面

名称	正平面	水平面	侧平面
立体图	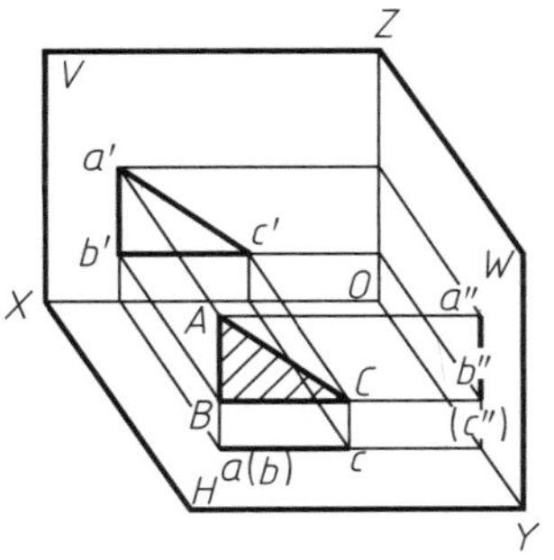	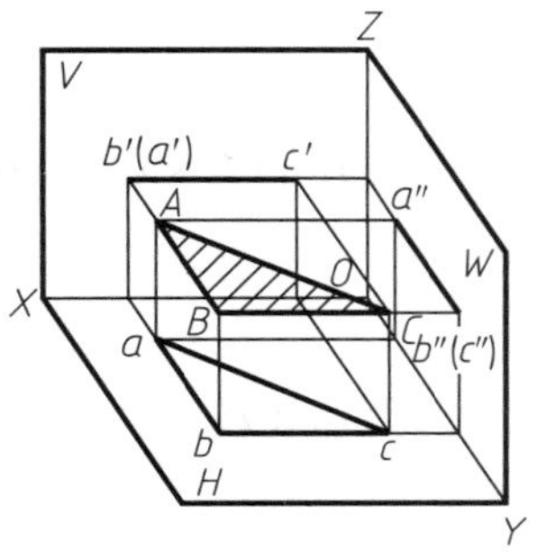	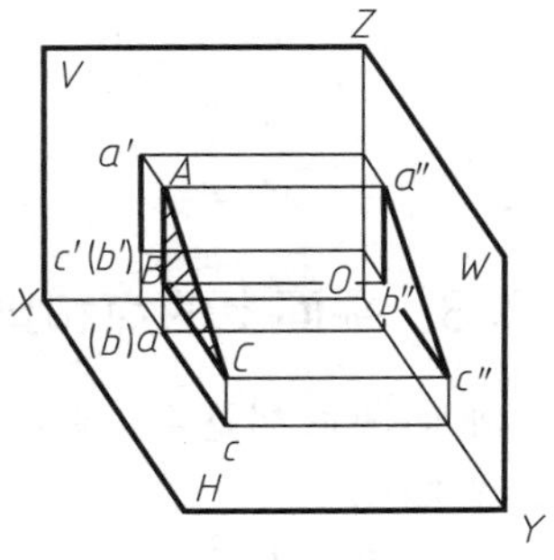
投影图	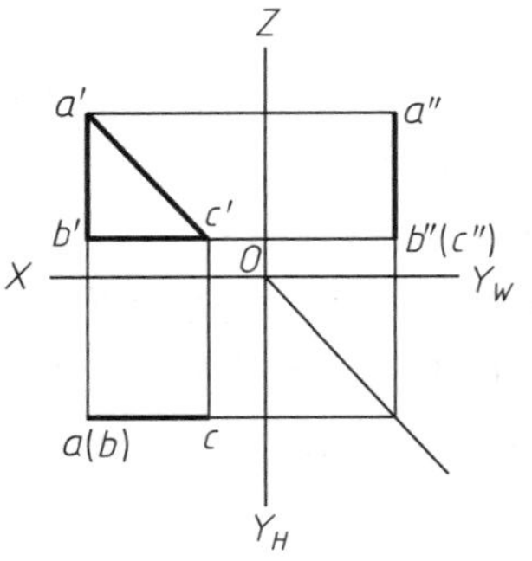	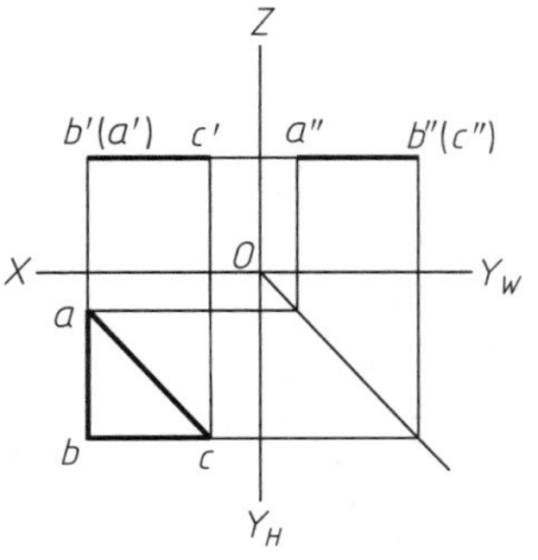	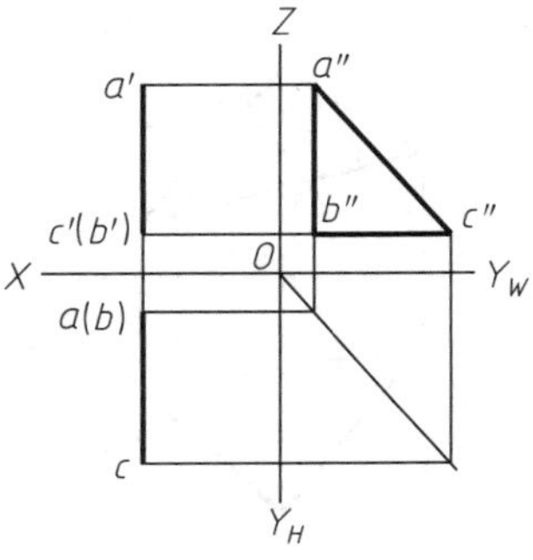
投影特性	①正面投影反映平面的实形 ②水平投影 $//OX$ 轴、侧面投影 $//OZ$ 轴，分别积聚成为一条直线	①水平投影反映平面的实形 ②正面投影 $//OX$ 轴、侧面投影 $//OY_W$ 轴，分别积聚成为一条直线	①侧面投影反映平面的实形 ②正面投影 $//OZ$ 轴、水平投影 $//OY_H$ 轴，分别积聚成为一条直线

从表 3-4 中的正平面的立体图可知：

因为平面△ABC//V 面，其各条边都平行于 V 面，各条边的正面投影都反映实长，所以平面△ABC 的正面投影△$a'b'c'$反映实形。

由于平面△ABC//V 面，必定垂直于 H 面和 W 面，且平面内各点的 Y 坐标都相等，因而水平投影△abc//OX，侧面投影△$a''b''c''$//OZ，分别积聚成直线。由此可得出表中正平面的投影特性。同理，也可得出水平面和侧平面的投影特性。

由此概括出投影面平行面的投影特性：

① 在平面所平行的投影面上的投影反映实形。

② 在另外两个所垂直的投影面上的投影，分别积聚成直线且平行于相应的投影轴。

图 3-30 所示为用迹线表示的三种投影面平行面的投影图。

从正平面的投影图可知：

因为平面 P//V 面，所以平面 P 与 V 面不相交，无正面迹线 P_V。

因为平面 P//V 面，必定垂直于 H 面和 W 面，且平面内各点具有相同的 Y 坐标。所以 P_H//OX，P_W//OZ，且都具有积聚性。只需要用其中一条有积聚性的迹线即可表示出平面 P 的空间位置。

同理可得出水平面 Q 和侧平面 R 相类似的投影特性。

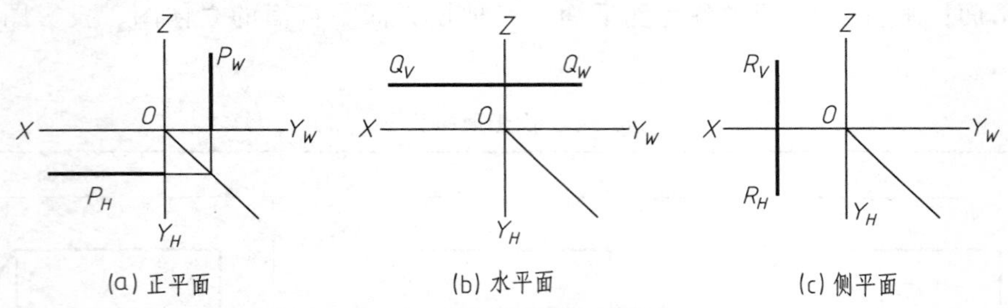

图 3-30 用迹线表示的投影面平行面

3.3.3 平面上的点和直线

平面图形都是由点和线段按照一定形式构成的，因此，在平面内作点和直线是平面作图的基本问题。

(1) 平面上的点

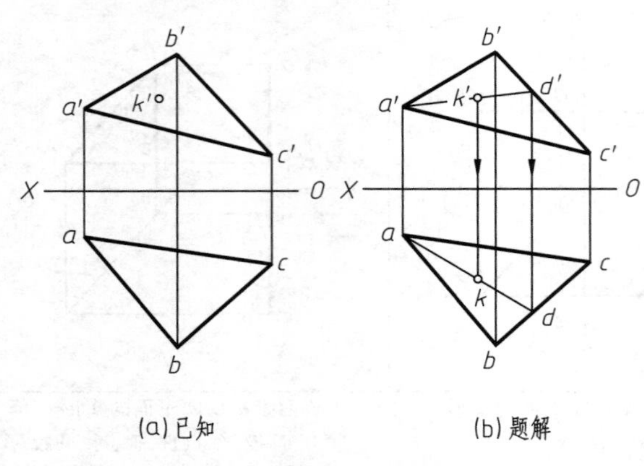

图 3-31 求平面内点的投影

点和直线在平面上的几何条件是：

① 点在平面上，则该点必定属于平面内的一条直线。

② 直线在平面上，则该直线必定通过平面上的两个点；或通过平面上的一个点，且平行于平面上的另一直线。

【例 3-7】 已知△ABC 内一点 K 的正面投影 k'，求其水平投影 k，如图 3-31 (a) 所示。

分析：K 点是平面内的点，所以与平面内任意一点的连线均在平面内。因此，

连接 A 点和 K 点的正面投影可以得到平面内直线 AD 的投影，K 点的水平投影则一定在直线 AD 的水平投影上。

作图步骤：如图 3-31（b）所示。

① 连接 a'、k'并延长交 $b'c'$于 d'。

② 求 D 点的水平投影 d，并连接 a、d。

③ 在 ad 上求出 k。

【例 3-8】 判别点 K 是否在△ABC 内，如图 3-32（a）所示。

分析：如果点 K 在平面内，连接 K 点和平面内一点 C，则 KC 必与平面内的直线 AB 相交。否则，点 K 就不在平面内。

作图步骤：如图 3-32（b）所示。

① 连接 k'、c'和 k、c。

② $a'b'$ 和 $k'c'$的交点与 ab 和 kc 的交点不符合直线上的点的投影规律，所以直线 KC 与直线 AB 不相交。因此，点 K 不在△ABC 内。

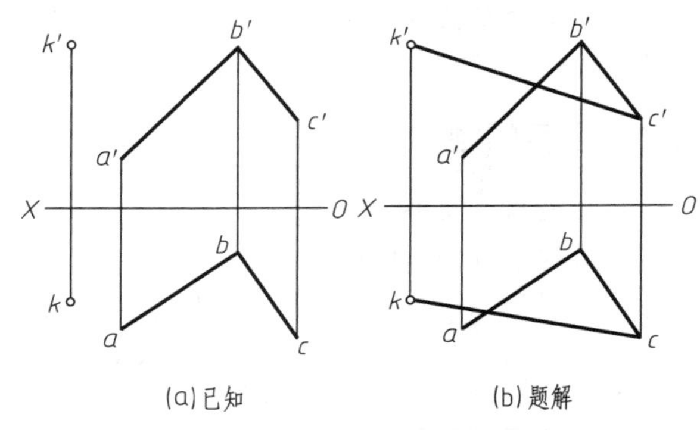

图 3-32　判别点是否在平面内

（2）平面上的直线

直线在平面上的条件是：直线在平面上，则直线必定通过平面上的两个点；或直线通过平面上的一点，且平行于平面上的另一条直线。

因此，在平面内作直线，一般是在平面内先取两点，然后连线；或者是在平面内取一点作面内某已知直线的平行线。

如图 3-33 所示，D 点在△ABC 内的直线 BC 上，所以 D 点是△ABC 内的点，同时 A 点也是△ABC 内的点，所以直线 AD 是△ABC 内的直线。

直线 CE 过△ABC 内一点 C 且平行于面内直线 AD，所以直线 CE 也是△ABC 所在平面内的直线。

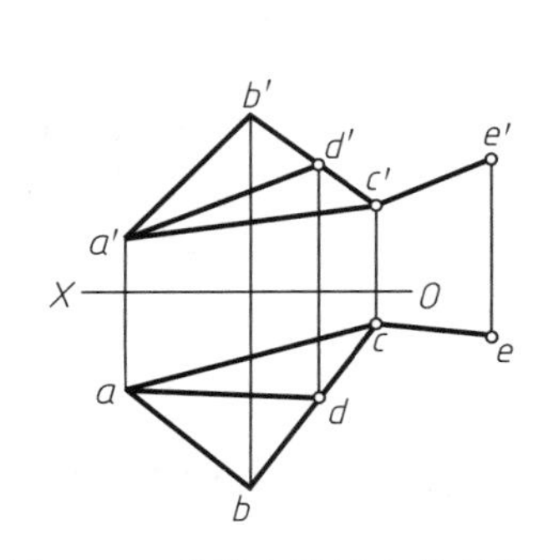

图 3-33　直线在平面内的条件图

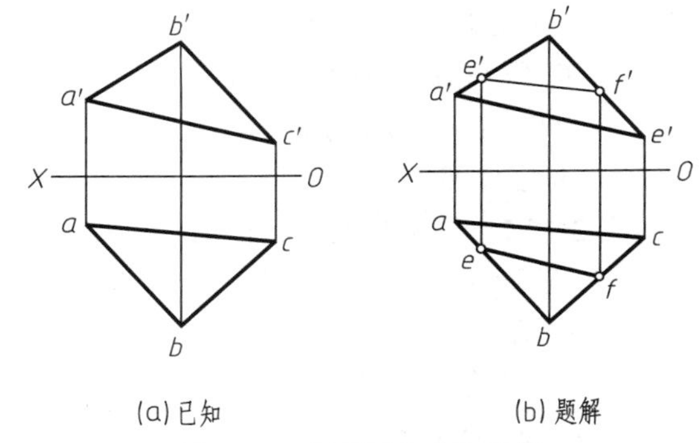

图 3-34　在平面内求作直线

【例 3-9】 在△ABC 内任取一条直线 EF，如图 3-34（a）所示。

分析：△ABC 内三条边均为已知直线，可在任意两条边上各作一点，然后连线即可。

作图步骤：如图 3-34（b）所示。

① 在 AB 边上作点 E 的两面投影。

② 在 BC 边上作点 F 的两面投影。

③ 分别连接点 E 和点 F 的同面投影即为所求。

本例有无穷解。

3.4 直线、平面间的相对位置

直线与平面或平面与平面的相对位置分为平行、相交和垂直，其中垂直是相交的特殊情形。直线和平面以及两平面的平行、相交和垂直的作图是解决空间几何元素的定位和度量问题的基础。

3.4.1 平行问题

(1) 直线与平面平行

若一直线平行于平面内任意一条直线，则直线与该平面平行。如图 3-35 所示，直线 AB 平行于 P 平面内的一直线 CD，则 AB 必与 P 平面平行。

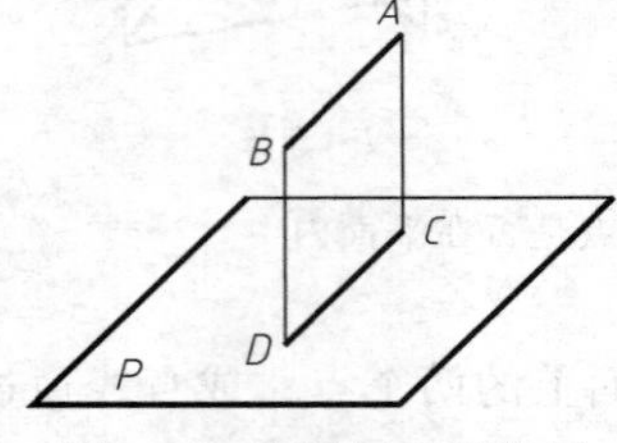

图 3-35 直线与平面平行

【例 3-10】 过已知点 K，作水平线 KM 平行于已知平面 $\triangle ABC$，如图 3-36 (a) 所示。

分析：平面 $\triangle ABC$ 内的水平线有无数条，但其方向是一定的。因此，过 K 点作平行于平面 $\triangle ABC$ 的水平线是唯一的。

作图步骤：如图 3-36 (b) 所示。

① 在平面 $\triangle ABC$ 内作水平线 AD。

② 过 K 点作 $KM//AD$，即 $km//ad$，后 $k'm'//a'd'$，则 KM 为一水平线且平行于平面 $\triangle ABC$。

(2) 两平面平行

若一平面内两条相交直线对应地平行于另一平面内的两条相交直线，则这两个平面相互平行。如图 3-37 所示，两对相交直线 AB、BC 和 DE、EF 分别属于平面 P 和平面 Q，若 $AB//DE$，$BC//EF$，则平面 P 与平面 Q 平行。

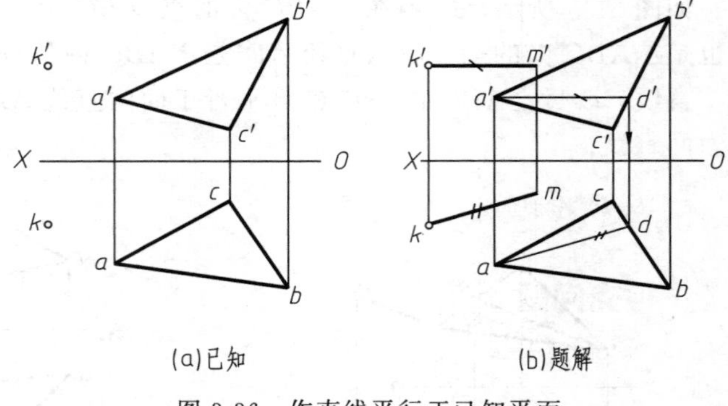

图 3-36 作直线平行于已知平面

【例 3-11】 判断已知平面 $\triangle ABC$ 和平面 $EFDG$ 是否平行，如图 3-38 所示。

分析：可在任一平面上作两相交直线，如在另一平面上能找到与它们对应平行的两条相交直线，则两平面相互平行。

作图步骤：

① 在平面 $EFDG$ 中，过 D 点作两条相交直线 DM、DN，在正面投影中，使 $d'm'//a'c'$、$d'n'//a'b'$。

② 求出 DM、DN 的水平投影 dm、dn，由于 $dm//ac$、$dn//ab$，即 $DM//AC$、$DN//AB$，故判断该两平面平行。

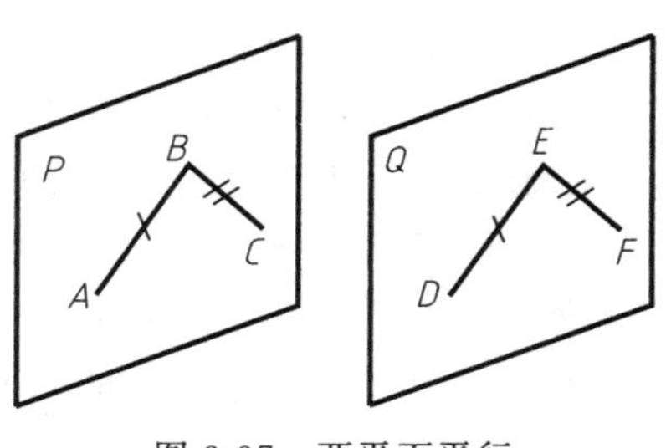

图 3-37　两平面平行

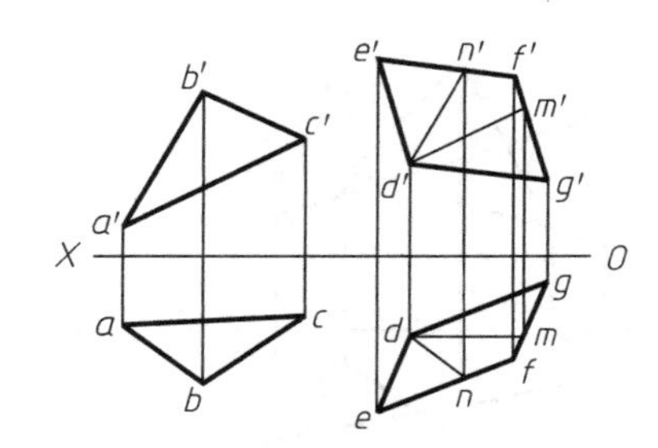

图 3-38　判断两平面是否平行

【例 3-12】 已知平面由两平行直线 AB、CD 给定，试过定点 K 作一平面与已知平面平行，如图 3-39 所示。

分析：只要过定点 K 作一对相交直线对应地平行于已知定平面内的一对相交直线，所作的这对相交直线所在平面即为所求平面。而定平面是由两平行直线给定的，因此，必须在定平面内先作一对相交直线。

作图步骤：

① 在给定平面内过点 A 作任意直线 AE，AB、AE 即为定平面内的一对相交直线。

② 过点 K 作直线 KM、KN 分别平行于 AB、AE，即 $k'm' // a'b'$，$km // ab$，$k'n' // a'e'$，$kn // ae$，则平面 KMN 平行于已知定平面。

若两平行平面同时垂直于某一投影面，则只需检查具有积聚性的投影是否平行即可。

如图 3-40 所示，平面 P、Q 均为正垂面，若正面投影平行，则两平面在空间也平行。

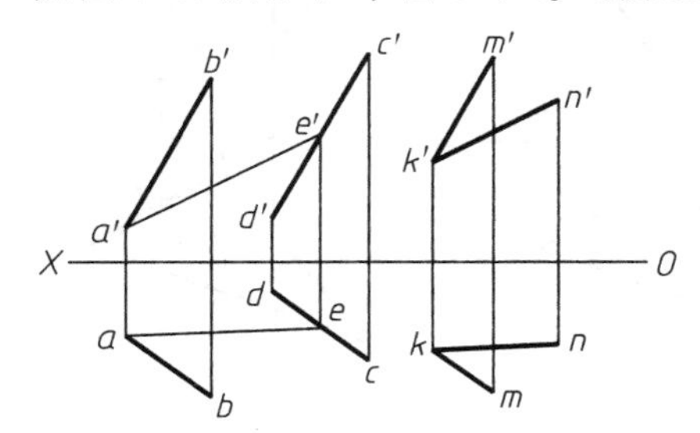

图 3-39　作平面平行于已知平面

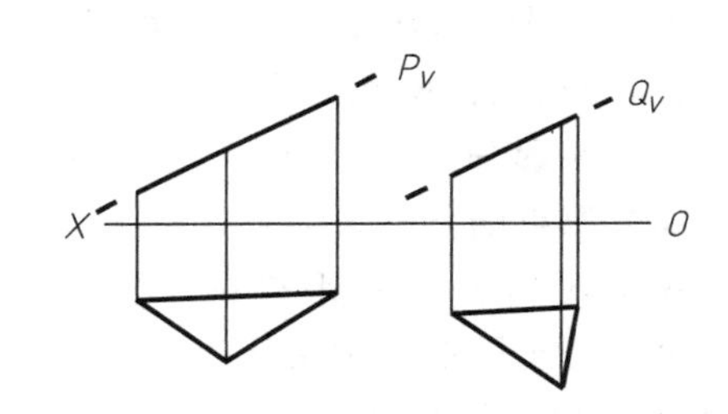

图 3-40　两特殊位置平面平行

3.4.2　相交问题

直线与平面相交，交点是直线与平面的共有点。两平面相交，其交线是两平面的共有线。

为使图形明显起见，用细虚线表示直线或平面的被遮挡部分（或不画出），交点（交线）是可见部分与不可见部分的分界点（线），如图 3-41 所示。

下面分别讨论交点、交线的求法及可见性判别。

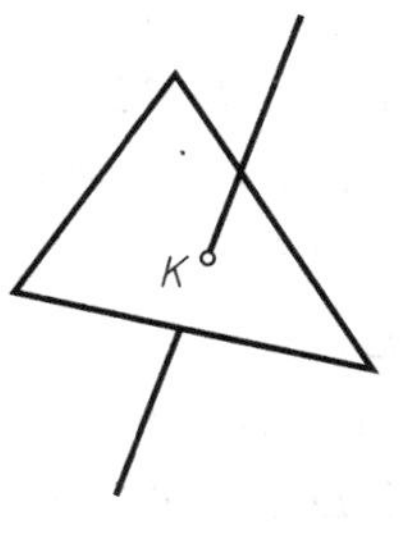

(a) 直线与平面相交

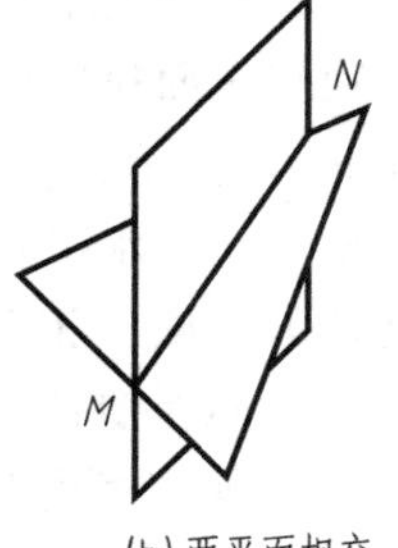

(b) 两平面相交

图 3-41　相交问题

3.4.2.1　直线与特殊位置平面相交

由于特殊位置平面的投影具有积聚性，根据交点的共有性可以直接在具有积聚性的投影上确定交点的一个投影，然后按点、线的从属关系求出另一投影。

求直线 MN 与铅垂面$\triangle ABC$ 的交点 K 并判别可见性，如图 3-42（a）所示。

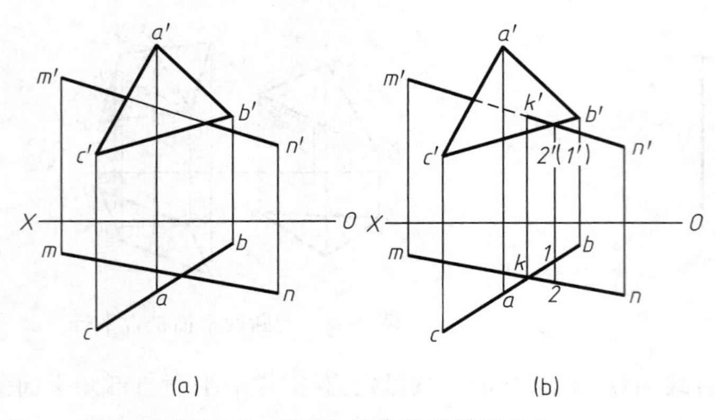

图 3-42 直线与特殊位置平面相交

由于交点 K 是直线 MN 与铅垂面△ABC 的共有点，所以其水平投影 k 一定是直线 MN 的水平投影 mn 与铅垂面△ABC 的具有积聚性的水平投影 abc 的交点，故 k 可直接得出，根据点线的从属关系可求出交点 K 的正面投影 k'。

利用重影点判别可见性。水平投影中除交点 k 外无投影重叠，故不需要判别可见性。但在正面投影中，k'是直线 MN 的正面投影 $m'n'$可见部分与不可见部分的分界点，故需要判别正面投影的可见性。取直线 BC 与 MN 的正面重影点 1′、2′，分别作出其水平投影 1、2，显然 2 在前、1 在后，所以正面投影 2′可见，1′不可见，由此可推出 $n'k'$可见，$k'm'$和平面的正面投影重叠部分不可见，如图 3-42（b）所示。

3.4.2.2 平面与特殊位置直线相交

已知平面△ABC 与铅垂线 DE 相交，求交点 K 并判别可见性，如图 3-43（a）所示。

由于铅垂线 DE 的水平投影 de 有积聚性，故交点 K 的水平投影 k 必与之重合。又因为 K 在△ABC 上，可利用平面内取点的方法，求得 k'。

在图 3-43 中，水平投影不需要判别可见性，正面投影中由于直线与平面有重叠部分，所以需要判别直线的可见性。

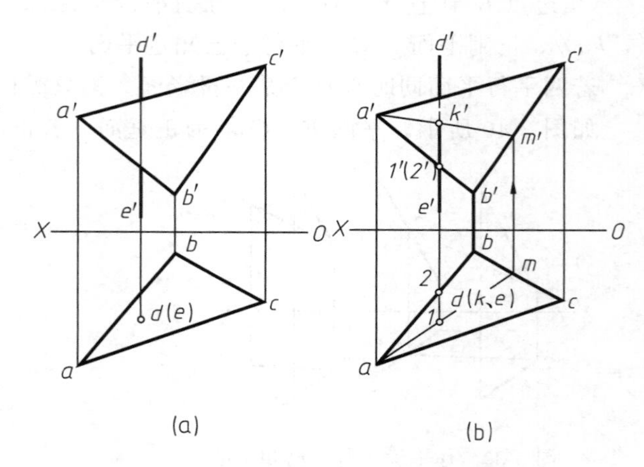

图 3-43 平面与特殊位置直线相交

判别可见性时使用重影点的方法。要判别正面投影的可见性，需要选取一条和已知直线在正面投影有重影点的直线，如图 3-43（b）所示，选取直线 AB，先判断直线 AB 和已知直线 DE 在正面投影重影点Ⅰ、Ⅱ的可见性。由水平投影可以看出，DE 上的点Ⅰ在前，AB 上的点Ⅱ在后，所以正面投影重影点处Ⅰ可见，Ⅱ不可见。

K 点是直线 DE 和△ABC 的共有点，自身一定可见，且是直线 DE 可见与不可见的分界点，所以直线 DE 上 DK 段的正面投影 $d'k'$和平面的正面投影重叠部分不可见，用虚线表示。

3.4.2.3 一般位置平面与特殊位置平面相交

如图 3-44 所示，一般位置平面△ABC 与铅垂面 $DEFG$ 相交。用图 3-44（a）中求一般位置直线与铅垂面的交点的方法即可求出△ABC 中的两条边 AB 和 AC 与平面 $DEFG$ 的交点 K 和 L。K、L 是两平面的共有点，所以其连线即为两平面的交线。

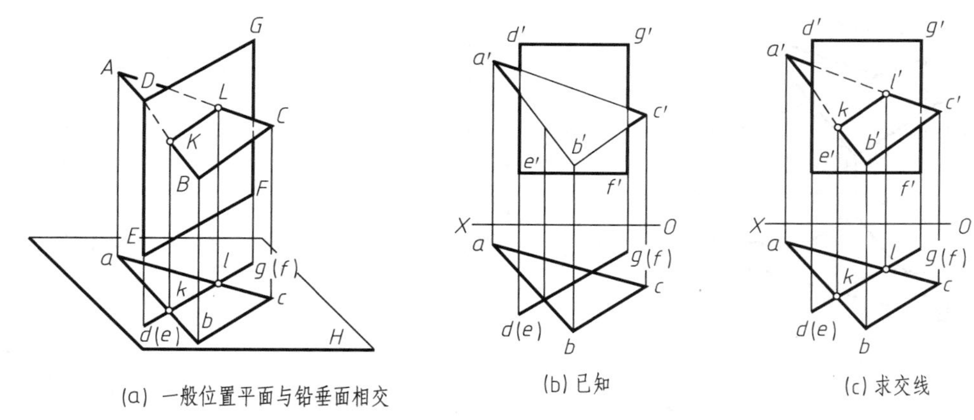

(a) 一般位置平面与铅垂面相交　(b) 已知　(c) 求交线

图 3-44　一般位置平面与铅垂面相交求交线

一般位置平面与投影面垂直面相交判别可见性时，积聚投影不需要判别，即图 3-44 中水平投影不需要判别可见性。正面投影可以由水平投影直观判断。

首先，交线是两平面的共有线，其自身一定可见，因此将交线的正面投影 $k'l'$ 用粗实线画出。同时交线还是平面可见与不可见部分的分界线。在图 3-44（b）、（c）中，由水平投影可以看出，△ABC 的正面投影的 $k'l'c'b'$ 部分可见，用粗实线画出；$k'l'a'$ 和平面 $DEFG$ 的正面投影重叠部分不可见，用虚线画出。而平面 $DEFG$ 的正面投影被 $k'l'c'b'$ 遮挡住的部分为不可见，其余部分可见。

需要注意的是，两平面相交判别可见性时，只需判别在图上几何图形有限范围内的可见性，图上几何图形有限范围内不重叠的部分不需要判别可见性，均用粗实线表示。

3.4.2.4　一般位置直线与一般位置平面相交

如图 3-45 所示，欲求直线 DE 与△ABC 的交点，需包含直线 DE 作一辅助平面 P，求出平面 P 与△ABC 的交线 MN，则 MN 与 DE 的交点即为所求的交点 K（MN 与 DE 同属于平面 P）。如何作辅助平面 P 使交线 MN 易求是问题的关键。如果所作辅助平面 P 为特殊位置平面，那么问题就转化为相交两要素之一为特殊位置的情况，就可以采用前述方法求出交线 MN 了。

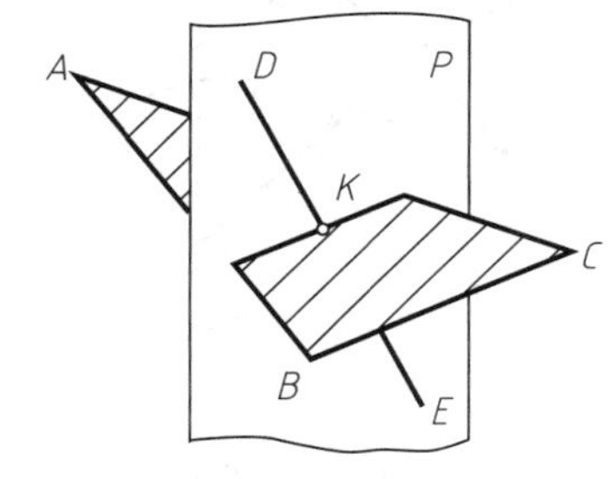

图 3-45　辅助平面法示意图

比如，求一般位置直线 DE 与一般位置平面△ABC 的交点 K，并判别可见性，如图 3-46（a）所示。

由于一般位置直线和平面的投影没有积聚性，所以其交点不能在投影图上直接定出，必须引入辅助平面才能求得。

作图步骤：如图 3-46（b）所示。

① 包含直线 DE 作铅垂的辅助平面 P，其水平迹线 P_H，与 de 重合。

② 求出辅助平面 P 与△ABC 的交线 MN。

③ 求出交线 MN 与直线 DE 的交点 K，即为所求。

上述辅助平面的选择不是唯一的，也可以包含 DE 作正垂的辅助平面，作图步骤与上述类似。利用重影点判别可见性后的结果，如图 3-46（c）所示。

3.4.2.5　两一般位置平面相交

（1）用线面交点法求作两平面的交线

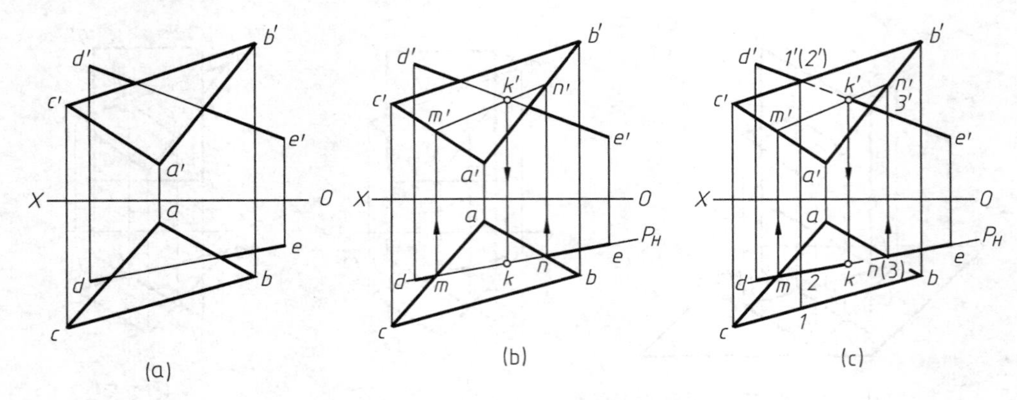

图 3-46　一般位置直线与平面相交

两一般位置平面相交时，可以在一个平面内取一条边线，利用线面交点法求其与另一平面的交点即为两平面的一个共有点。求出两个这样的点，其连线即为两平面的交线。

【例 3-13】　已知两一般位置平面△ABC 和△DEF 的两面投影，求其交线 MN 的投影，如图 3-47（a）所示。

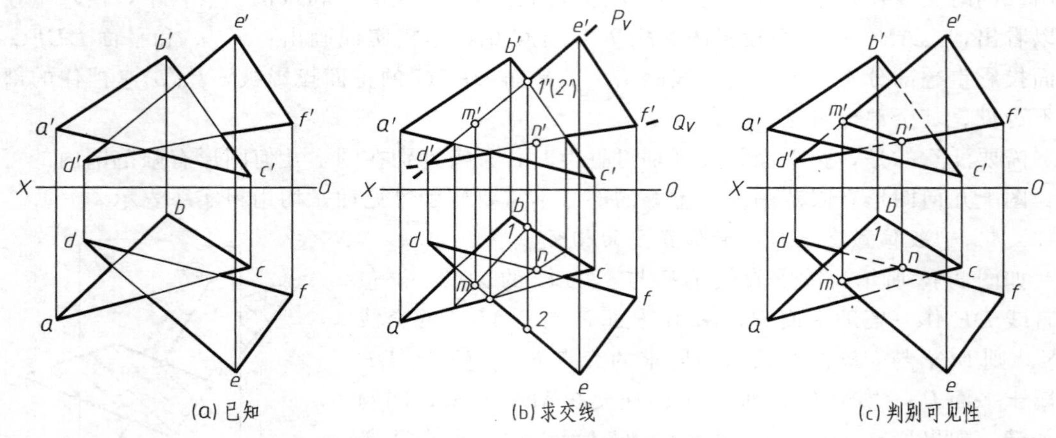

图 3-47　求两一般位置平面的交线

分析：两平面图形的同面投影有重叠部分，故可用线面交点法求交线上的点。在图中分别选取 BC 和 EF 直线，分别求其对另一平面的交点，然后连线即可。

作图步骤：

① 包含 DE 直线作正垂面 P（P_V），求出 DE 与△ABC 的交点 M（m，m'），如图 3-47（b）所示。

② 包含 DF 直线作铅垂面 Q（Q_V），求出 DF 与△ABC 的交点 N（n，n'），如图 3-47（b）所示。

③ 连 MN（mn，$m'n'$），并判断可见性，如图 3-47（c）所示。

在这里要注意的是，选取用来对另一平面求交点的直线时，应选取两面投影均与另一平面的同面投影有重叠部分的直线，否则在图上所示的平面图形有限范围内无交点，如图 3-47 中的 AB 和 EF 直线即为不宜选取的直线，需要扩大平面图形后才有交点。至于有重叠部分的直线具体选哪条边更合适，应该看哪条边的两面投影的重叠部分对正长度更大，更大的一边在平面图形有限范围内产生交点的可能性也更大。

（2）用三面共点法求作两平面的交线

当已知两平面在图上有限范围内无共有部分时，可以使用三面共点法求其交线的投影。

如图 3-48 所示，已知两一般位置平面△ABC 和△DEF，作一个辅助面 P 与两平面都相交，平面 P 和△ABC 的交线为 KL，与△DEF 的交线为 MN，KL 与 MN 都在平面 P 内且不平行，所以它们必有交点 S，点 S 则一定是已知两平面的交点。用同样的方法可以求得两已知平面的另一交点 T，则直线 ST 即为已知两平面的交线。

使用三面共点法求交点时，所选取的两个平面宜使用平行面，这样所求出的辅助交线是平行线，方向更宜掌握。

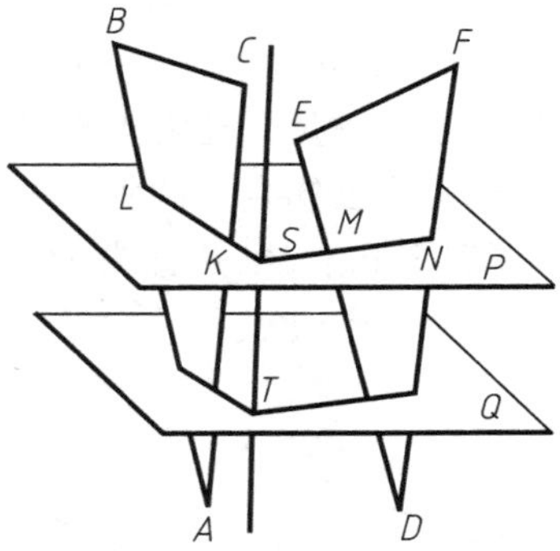

图 3-48　三面共点法求两一般位置平面交线

3.4.3　垂直问题

3.4.3.1　直线与平面垂直

直线与平面垂直，则直线垂直于平面内的所有直线。反之，如果直线垂直平面内的任意两条相交直线，其中包括水平线 AB 和正平线 CD，如图 3-49（a）所示，则直线垂直于该平面。根据直角投影定理，则直线 MN 的水平投影垂直于水平线 AB 的水平投影，即 $mn \perp ab$；直线 MN 的正面投影垂直于正平线 CD 的正面投影，即 $m'n' \perp c'd'$，如图 3-49（b）所示。

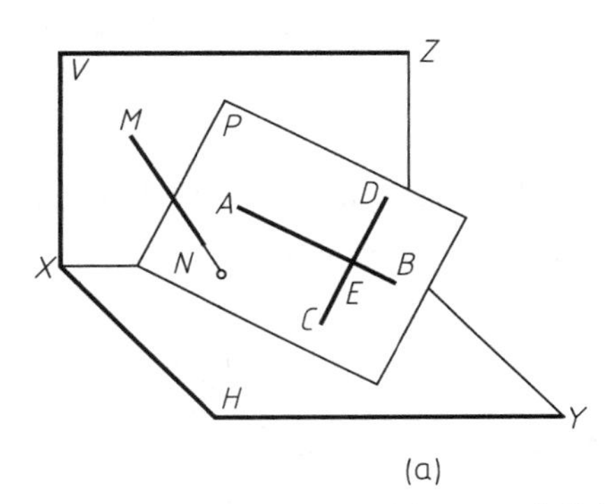

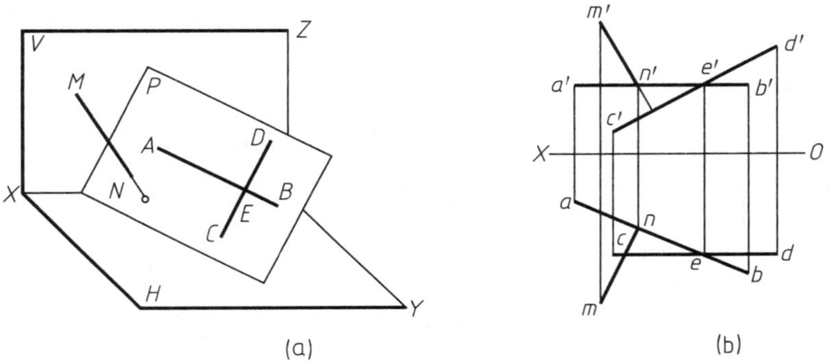

(b)

图 3-49　直线与平面垂直

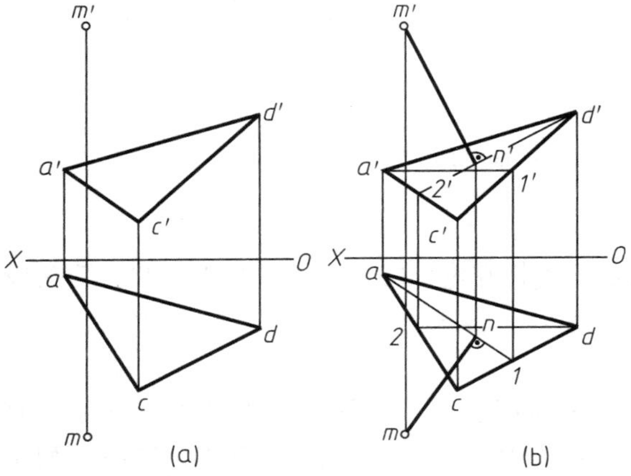

图 3-50　作已知平面的垂线

定理：若一直线垂直于一平面，则直线的水平投影必垂直于该平面内水平线的水平投影；直线的正面投影必垂直于该平面内正平线的正面投影。

反之，若一直线的水平投影垂直于定平面内水平线的水平投影，直线的正面投影垂直于该平面内正平线的正面投影，则该直线必垂直于该平面。

（1）作已知平面的垂线

【例 3-14】 已知△ABC 及空间点 M，过点 M 求作△ABC 的垂线，如图 3-50（a）所示。

分析：根据直线与平面垂直的定理，即可定出垂线 MN 的各投影方向。

作图步骤：如图 3-50（b）所示。

① 在△ABC 内作水平线 A Ⅰ 和正平线 B Ⅱ。

② 作 $m'n' \perp b'2'$、$mn \perp a1$，MN 即为所求。此例只作出垂线 MN 的方向，并没作出垂足。若求垂足，还需求直线 MN 与△ABC 的交点。

（2）作已知直线的垂面

【例 3-15】 已知直线 MN 及空间点 K，过点 K 求作 MN 的垂面，如图 3-51（a）所示。

分析：若过点 K 作 MN 的垂面，则需作一对相交直线均与 MN 垂直。可作一对相交的正平线和水平线。

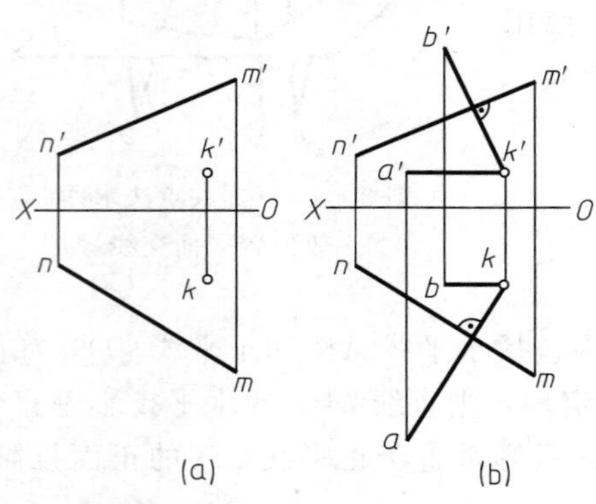

图 3-51 作已知直线的垂面

作图步骤：如图 3-51（b）所示。

① 作水平线 KA，使 $KA \perp MN$，即 $ka \perp mn$。

② 作正平线 KB，使 $KB \perp MN$，即 $k'b' \perp m'n'$。相交直线 KA、KB 所在平面即为所求垂面。

（3）作已知直线的垂线

【例 3-16】 已知直线 AB 及空间点 M，过点 M 求作直线 MN 与 AB 正交，如图 3-52（a）所示。

分析：过点 M 作 AB 的垂线可作无数条，均位于过点 M 与 AB 垂直的平面 P 上。若该垂面与 AB 的交点（垂足）为 N，则 MN 即为所求，如图 3-52（b）所示。

作图步骤：如图 3-52（c）所示。

① 过点 M 作 AB 的垂面 MⅠⅡ，即作水平线 MⅠ，$m1 \perp ab$；正平线 MⅡ，$m'2' \perp a'b'$。

② 求直线 AB 与平面 MⅠⅡ的交点 N，MN 即为所求的垂线。

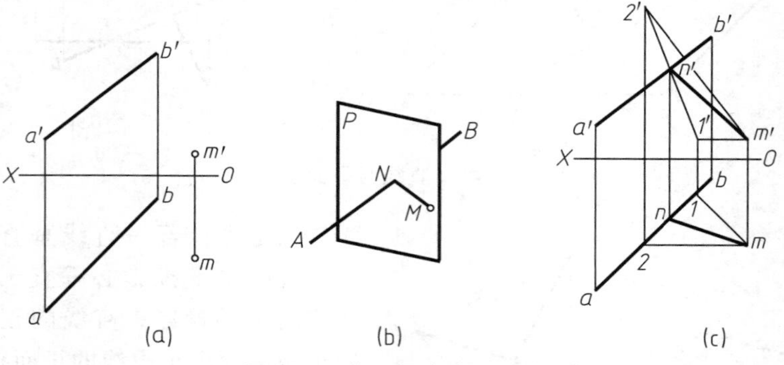

图 3-52 作已知直线的垂线

（4）特殊情况讨论

相互垂直的直线与平面，当直线或平面之一为特殊位置时，另一几何要素也一定为特殊位置，如图 3-53 所示。

3.4.3.2 两平面垂直

若直线垂直于平面，则包含该直线的所有平面都垂直于该平面。如图 3-54 所示，直线 EF 垂直于平面 P，则包含该直线的平面 Q 和 R 等平面就都与平面 P 垂直。同时，如果 R 平面与 P 平面垂直，那么过 R 平面内任意一点 M 作 P 平面的垂线 MN，则 MN 必在 R 平

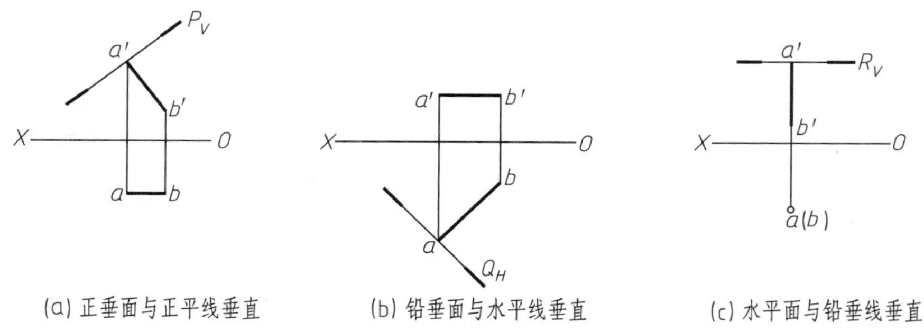

图 3-53　直线、平面垂直的特殊情况

面内。

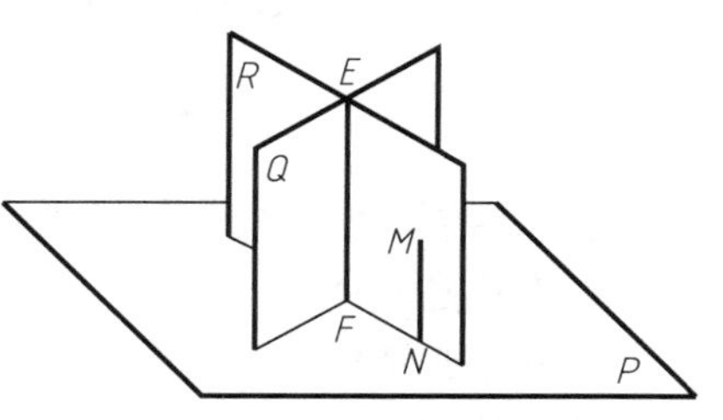

图 3-54　两平面垂直

【例 3-17】　过定点 K 作平面垂直于已知平面 $\triangle ABC$，如图 3-55（a）所示。

分析：过点 K 作已知平面 $\triangle ABC$ 的垂线，包含该垂线的所有平面均垂直于 $\triangle ABC$。所以本题有无穷多解。

作图步骤：如图 3-55（b）所示。

① 在 $\triangle ABC$ 中作水平线 CⅠ、正平线 AⅡ。

② 过点 K 作 $\triangle ABC$ 的垂线 KL，即 $k'l' \perp a'2'$、$kl \perp c1$。

③ 过点 K 作任意直线 KN，KLN 即为所求的垂面。

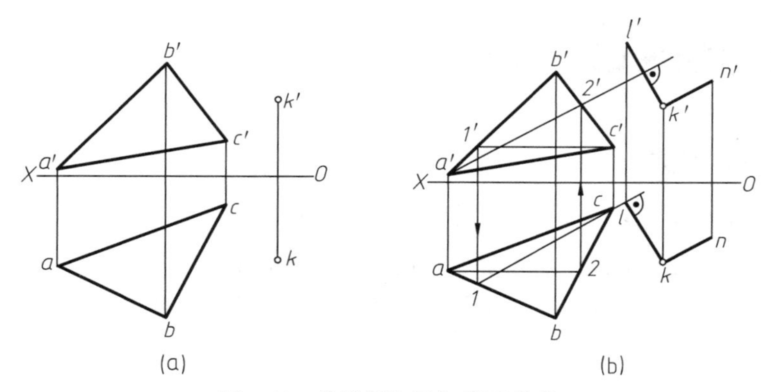

图 3-55　作平面与已知平面垂直

思　考　题

1. 在三面投影图中，为何 H 面与 W 面两投影之间不能画投影连线？如何保证这两投影之间对应的投影关系？

2. 空间两条直线有哪三种相对位置关系？试分别叙述它们的投影特性。

3. 如何判断交叉两直线在投影图中重影点的可见性？

4. 特殊位置的平面可以用其有积聚性的一个投影表示该平面的位置，当平面有积聚性的投影倾斜于投影轴时，这个平面是哪一类平面？当有积聚性的投影平行于投影轴时，又是哪一类平面？投影面一般位置平面能否用其一个投影表示平面的位置？

立体的投影及其表面交线

立体占有一定空间，并由内外表面确定其形状特征。从简单的几何体到形状各异的零件体都可看作是立体。

工程中常把棱柱、棱锥、圆柱、圆锥、圆球（也称球）、圆环等形状简单、经常使用的单一几何体称为基本体，将其他较复杂形体看成是由基本体组合而成的。

立体从其表面形状的构成可分为平面立体和曲面立体两大类。

本章将重点讨论：立体的投影、立体被平面切割产生的截交线的投影、立体与立体表面相交产生的相贯线的投影等内容。

4.1 三视图的形成与投影规律

4.1.1 三视图的形成

在绘制工程图样时，将机件向投影面投射所得的图形称为视图。如图4-1（a）所示，在三投影面体系中，把机件由前向后投射所得的图形（即正面投影）称为主视图。它通常反映机件形体的主要特征；把机件由上向下投射所得的图形（即水平投影）称为俯视图；把机件

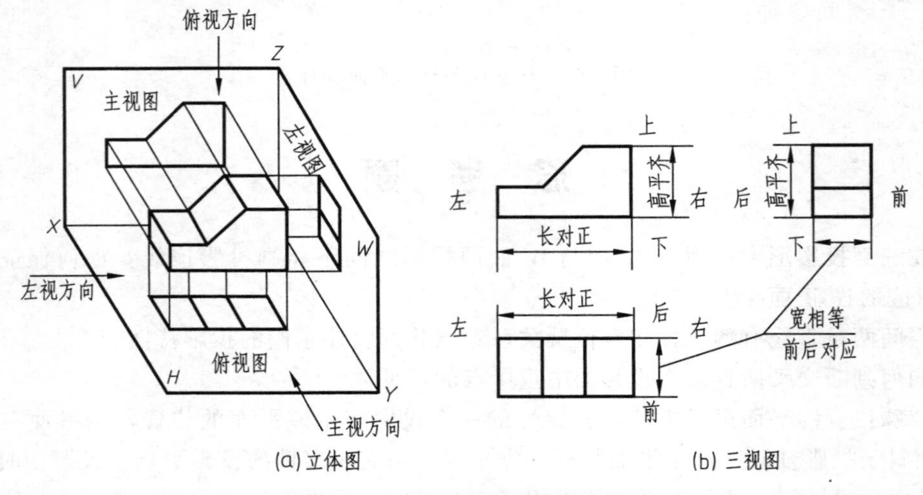

(a) 立体图　　(b) 三视图

图4-1　三视图形成及投影特性

由左向右投射所得的图形（即侧面投影）称为左视图。

三视图的位置配置如图 4-1（b）所示。在绘制工程图样时，一般不画出投影轴和投影连线。

4.1.2　三视图的投影规律

对照图 4-1（a）和（b）可以看出，主视图反映机件的左右、上下位置关系，即反映了机件的长度和高度；俯视图反映机件的左右、前后位置关系，即反映了机件的长度和宽度；左视图反映机件的上下、前后位置关系，即反映了机件的高度和宽度。

由此可得出三视图的投影规律——三等规律：

主、俯视图——长对正；

主、左视图——高平齐；

俯、左视图——宽相等。

三视图投影规律是画图和看图所必须遵循的最基本投影规律，应用“三等规律”的要点如下：

① 机件的整体和局部都要符合“三等规律”。

② 在俯、左视图上，远离主视图的一侧是机件的前面，靠近主视图的一侧是机件的后面。

③ 要特别注意宽度方向尺寸在俯、左视图上的不同方位［图 4-1（b）］。

4.2　平面立体的投影

工程上常见的平面立体有棱柱与棱锥。但不管哪种平面立体，其表面均由多个平面多边形围成。而每个平面多边形又是由多条直线段围成。每条直线段又由两端点确定。这里要特别指明：棱柱的棱线相互平行，各棱面均为矩形或平行四边形。棱锥的棱线汇交于一点（即锥顶），各棱面均为三角形。这是棱柱和棱锥外观特征的区别。

绘制平面立体的投影图，就是要画出组成平面立体各平面多边形和各条交线及交点的投影并区分可见性（将可见线的投影画成实线，不可见线的投影画成细虚线）；其实，也是空间各种位置直线与各种位置平面及它们之间相对位置和投影特性与作图方法的综合运用。

4.2.1　棱柱及其表面上的点的投影

4.2.1.1　棱柱的投影分析

如图 4-2（a）为五棱柱的投影，五棱柱的上下底面均为水平面，因此，上下底面的水平投影重叠且显实形。其正面投影和侧面投影均具有积聚性。五棱柱的五个棱面中，最后棱面为正平面，其正面投影显实形，另两投影具有积聚性。其余 4 个棱面均为铅垂面，其水平投影均具有积聚性，另两个投影均不显实形，为相应棱面的类似形。五条棱线均为铅垂线，水平投影积聚为一点。正面投影和侧面投影为反映实长的直线段。

4.2.1.2　棱柱投影图的画法

如图 4-2（b）所示，画棱柱的投影图，一般应先画其上下底面多边形的三面投影，然后将上下底面对应顶点的同面投影连起来即为各棱线的投影，最后再对棱线的投影区分可见

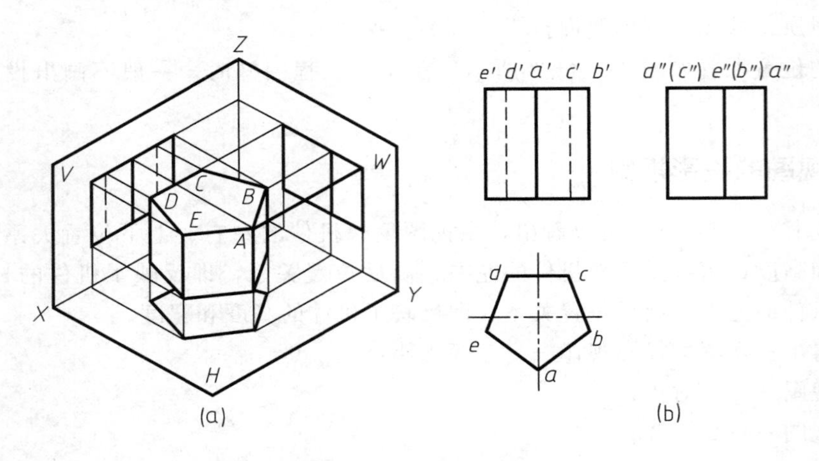

图 4-2 五棱柱的三面投影图

性即可。

4.2.1.3 棱柱表面上的点

棱柱体表面上取点和平面上取点的方法相同，先要确定点所在的平面并分析平面的投影特性。组成立体的平面有特殊位置平面，也有一般位置平面，特殊位置平面上点的投影可利用平面积聚性作图，一般位置平面上点的投影可选取适当的辅助直线作图。

如图 4-3（a）所示，已知正六棱柱表面上的点 M、N 的正面投影 m'和 n'，P 点的水平投影 p，分别求出另外两个投影，并判断其可见性。由于 m'可见，故 M 点在棱面 $ABCD$ 上，此面为铅垂面，水平投影有积聚性，m 必在面 $ABCD$ 有积聚性的投影 ad（b）（c）上。所以按照投影规律由 m'可求得 m，再根据 m'和 m 求得 m''。

判断可见性的原则：若点所在面的投影可见（或有积聚性），则点的投影也可见。由于 M 位于左前棱面上，所以 m''可见。同理可分析 N 点的其他两投影。

由于 p 可见，所以点 P 在顶面上，棱柱顶面为水平面，正面投影和侧面投影都有积聚性，所以，由 p 可求得 p'和 p''。作图过程见图 4-3（b）所示。

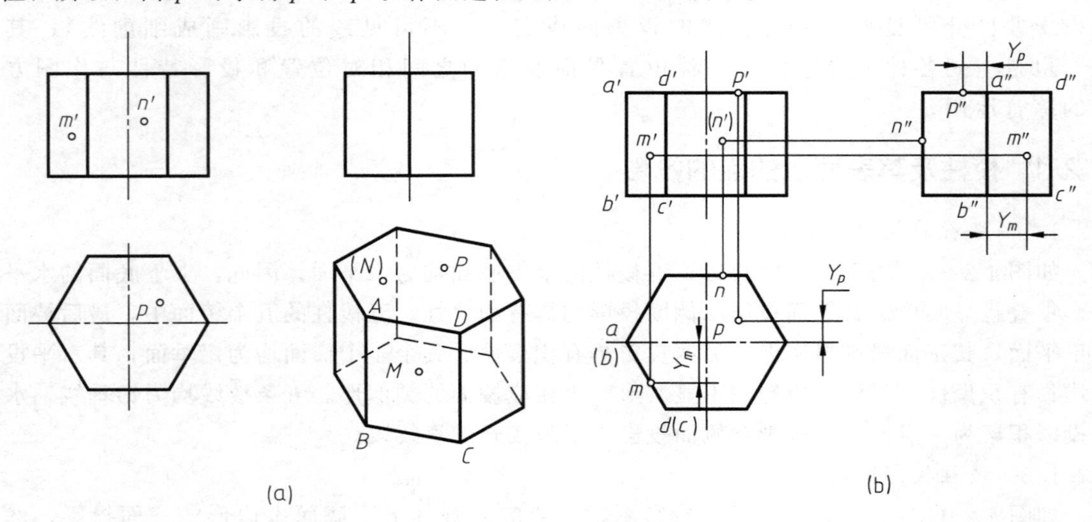

图 4-3 棱柱表面上的点

4.2.2 棱锥及其表面上的点的投影

4.2.2.1 棱锥的投影分析

图 4-4（a）所示为一四棱锥 $S\text{-}ABCD$，底面 $ABCD$ 为水平面，其水平投影 $abcd$ 显实形，正面投影 $a'b'c'd'$ 和侧面投影 $a''b''c''d''$ 具有积聚性。而 4 个棱面均为一般位置平面，其三面投影均为对应棱面的类似形。从线的角度分析：棱线 SB、SD 为正平线，其正面投影 $s'b'$、$s'd'$ 显实长，棱线 SA、SC 为侧平线，其侧面投影 $s''a''$、$s''c''$ 显实长，而底面四边形 $ABCD$ 在同一水平面上，因此，4 条边均为水平线，水平投影均显实长。

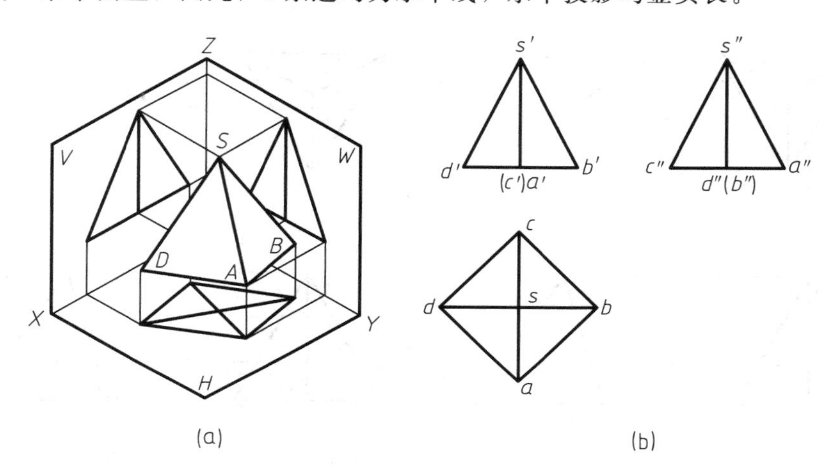

图 4-4　四棱锥的三面投影图

4.2.2.2 棱锥投影图的画法

画棱锥的三面投影图，如图 4-4（b）所示。一般应先画出其底面多边形 $ABCD$ 的三面投影 $abcd$、$a'b'c'd'$ 和 $a''b''c''d''$，再画出顶点 S 的三面投影 s、s' 和 s''，然后将顶点 S 的三面投影和底面各顶点的同面投影相连，得到棱锥的三面投影图。

4.2.2.3 棱锥表面上的点

如图 4-5（a）所示，已知正三棱锥棱面上点 M 的正面投影 m' 和 N 点的水平投影 n，求出 M、N 点的其他两投影。

分析：因为 m' 点可见，所以点 M 位于棱面 SAB 上，棱面 SAB 处于一般位置，因而必须利用辅助直线作图。

（1）方法 1

过 S、M 点作一辅助直线 SM 交 AB 边于Ⅰ点，作出 SⅠ的各面投影。因 M 点在 SⅠ线上，M 点的投影必在 SⅠ的同面投影上，所以由 m' 可求得 m 和 m''，如图 4-5（b）所示。

（2）方法 2

过 M 点在 SAB 面上作平行于 AB 的直线ⅡⅢ为辅助线，即作 $2'3' /\!/ a'b'$，$23 /\!/ ab$（$2''3'' /\!/ a''b''$），因 M 点在ⅡⅢ线上，M 点的投影必在ⅡⅢ线的同面投影上，故由 m' 可求得 m 和 m''，如图 4-5（c）所示。

点 N 位于棱面 SAC 上，SAC 为侧垂面，侧面投影 $s''a''c''$ 具有积聚性，故 n'' 必在 $s''a''c''$ 直线上，由 n 和 n'' 可求得 n'，如图 4-5（d）所示。

判断可见性：因为棱面 SAB 在 H、W 两投影面上均可见，故点 M 在其两投影面上的投影也可见。棱面 SAC 的正面投影不可见，故点 N 的正面投影亦不可见。

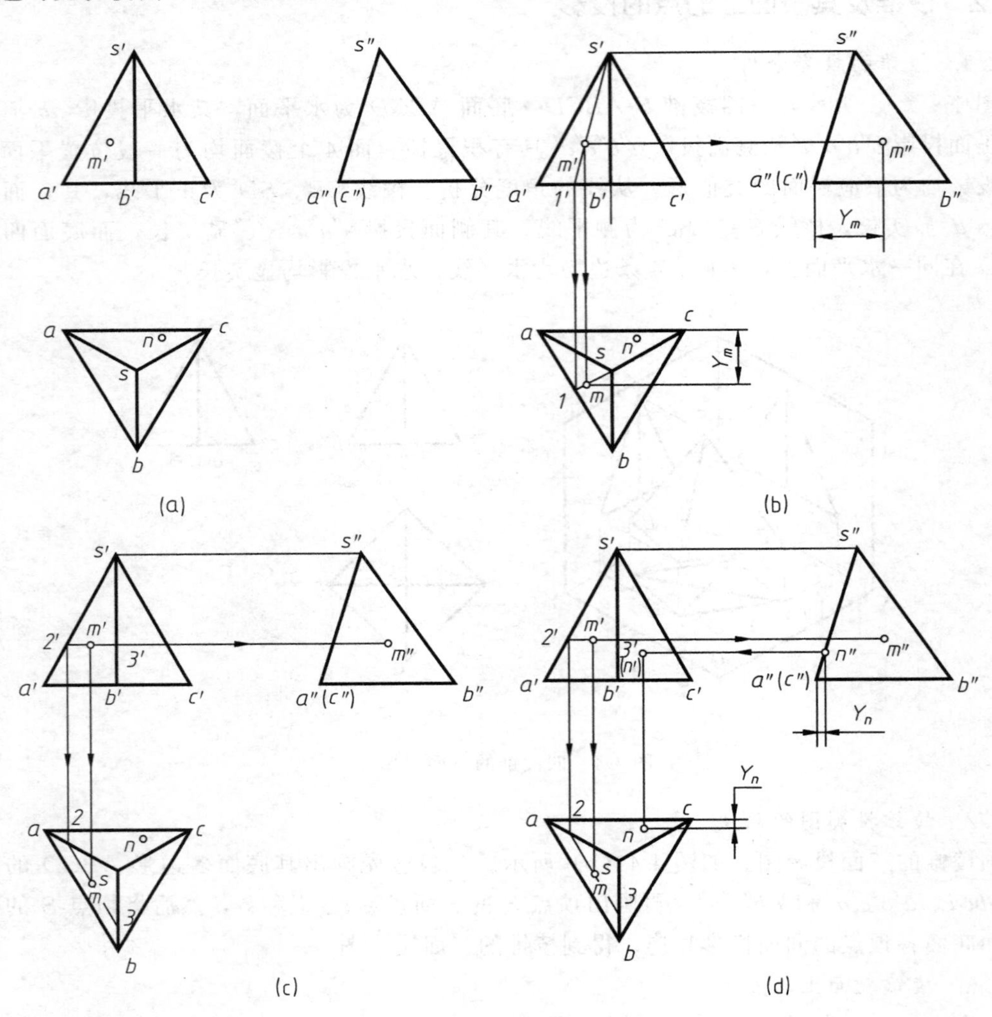

图 4-5　棱锥表面取点

4.3　常见回转体的投影

曲面立体由曲面或曲面与平面围成。工程中常见的曲面立体是回转体，回转体由回转面或回转面与平面围成。常见的回转体有圆柱、圆锥、圆球和圆环等。图示回转体实质是表示围成回转体的回转面、平面。在回转体上取点、线的作图与平面上取点、线作图原理相同，即欲取回转面上的点必先过此点取该曲面上的线（直线或曲线）；欲取回转面上的线，必先取曲面上能确定此线的两个或一系列的已知点。

4.3.1　圆柱及其表面上的点的投影

（1）圆柱的形成和投影分析

圆柱是由圆柱面和上、下底面所围成。圆柱面是由直线绕与其平行的轴线旋转而成。

如图 4-6（a）所示，表示一正圆柱的三面投影。由于圆柱的轴线为铅垂线，其正面和侧面的投影是两个相同的矩形，而水平投影是反映上、下底实形的圆，同时，此圆又积聚了圆柱面上的所有点和线。

在正面投影中，矩形的上、下两边是圆柱顶、底面的投影，长度等于圆的直径，矩形的左、右两边为圆柱面正视转向轮廓线 AA_0、CC_0 的投影，它们为圆柱面最左与最右两条铅垂素线，其侧面投影与用细点画线表示的轴线重合，画图时不需要表示；而水平投影分别积聚于圆周并在圆的水平中心线上，它们把圆柱分成前后两半，在正面投影中，前半圆柱面可见，后半圆柱面不可见。

同样，在侧面投影中，侧视转向轮廓线 BB_0、DD_0 分别为圆柱面最前与最后两条轮廓线素线，其正面投影与用细点画线画出的轴线重合，画图时也无需表示；而其水平投影分别积聚于圆周并在该圆周与左右对称中心线的交点上。它们把圆柱分成左、右两半，在侧面投影中，左半圆柱面可见，右半圆柱面不可见。

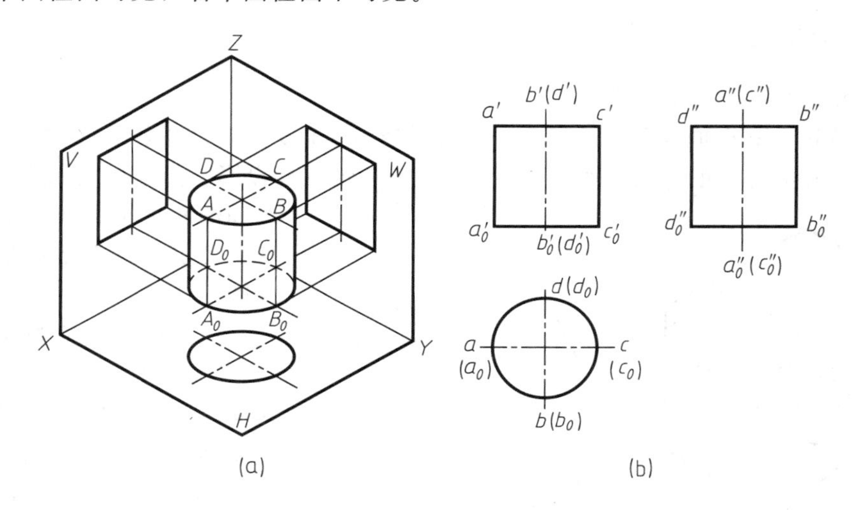

图 4-6　圆柱的投影

（2）圆柱的投影图的画法

画圆柱投影时，一般先画出轴线和底圆中心线，然后画出底圆投影和圆柱面投影的转向轮廓线，如图 4-6（b）所示。

（3）圆柱表面上的点

在圆柱面上定点的作图原理可利用积聚性。

如图 4-7（a）所示，已知点 A、B 的正面投影 a'、b' 和点 C 的水平投影 c，求其余两投影。

分析：图 4-7 中的圆柱，由于圆柱面上的每一条素线都垂直于侧面，圆柱的侧面投影有积聚性，故凡是在圆柱面上的点，其侧面投影一定在圆柱有积聚性的侧面投影（圆）上。已知圆柱面上点 A 的正面投影 a'，其侧面投影 a''，必定在圆柱的侧面投影（圆）上，再由正面投影 a' 可见，点 A 必在前半个圆柱面上，可以确定侧面投影 a''，最后根据 a' 和 a'' 可求得 a。用同样的方法可先求点 C 的侧面投影 c''，再由 c 和 c'' 求得 c'，B 点请读者自行分析。

可见性的判断：因 a' 可见，且位于轴线上方，故 A 位于前、上半圆柱面上，则 a 可见。同理，可分析出点 B 的位置和可见性，其作图过程见图 4-7（b）所示。

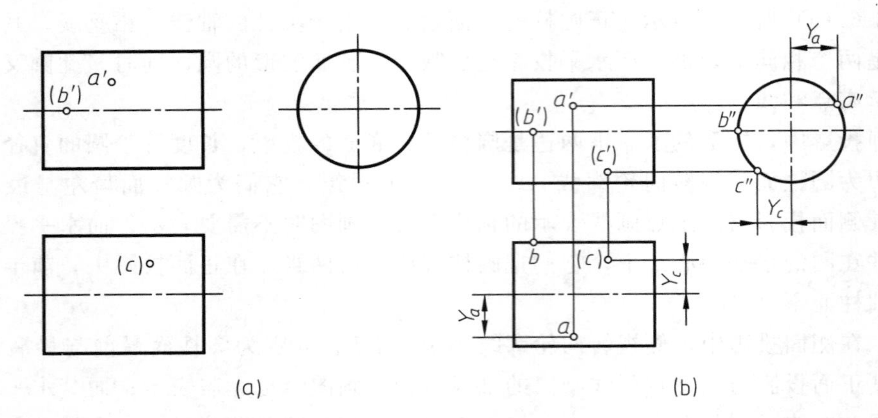

图 4-7 圆柱体表面取点

4.3.2 圆锥及其表面上的点的投影

(1) 圆锥的形成和投影分析

圆锥由圆锥面和底面围成。圆锥面是由直线绕与它相交的轴线旋转而成。

如图 4-8 所示为一正圆锥（轴线与锥底圆垂直）的三面投影。由于轴线铅垂，其正面投影和侧面投影为全等的等腰三角形；而水平投影是反映锥底实形的圆。

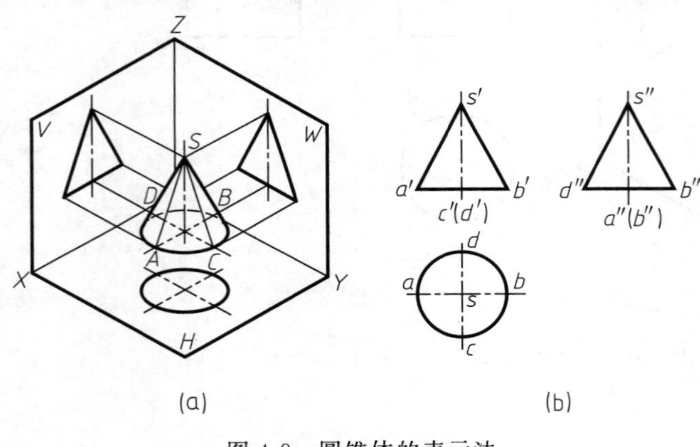

图 4-8 圆锥体的表示法

在正面与侧面投影中，等腰三角形的两腰分别为圆锥面正视转向轮廓线 *SA*、*SB* 和侧视转向轮廓线 *SC*、*SD* 的投影。*SA* 与 *SB* 分别为圆锥面最左与最右两条正平素线，其侧面投影和水平投影与用细点画线表示的轴线和水平中心线分别重合，画图时不需表示。它们把圆锥面分为前后两半，前半面在正面投影中可见，而后半面不可见。*SC* 与 *SD* 分别为圆锥面最前与最后两条侧平素线，其正面投影和水平投影与用细点画线表示的轴线和中心线（垂直于水平中心线）分别重合，画图时同样不需表示。它们把圆锥面分成左、右两半，在侧面投影中，左半面可见，而右半面不可见。

(2) 圆锥的投影图的画法

画圆锥投影时，一般应先画出轴线和底圆中心线，然后画出底圆的投影及圆锥面的转向轮廓线，如图 4-8（b）所示。

(3) 圆锥表面上的点

在圆锥面上取线定点的作图原理与在平面上取线定点相同，即过锥面上的点作辅助线，点的投影必在辅助线的同名面投影上。在圆锥表面上有两种简易辅助线可取：一种是正截面上的纬圆；一种是过锥顶的直素线。

如图 4-9（a）中，已知圆锥面上点 A、B 的正面投影 a'、b'，点 C 的水平投影 c，求其余两投影。

分析：圆锥面各投影均无积聚性，表面取点时可选取适当的辅助线作图。由于圆锥面转向线是已知的，底面的投影具有积聚性，所以其上的点的投影可直接求出，不必使用辅助线。

辅助线必须是简单易画的直线或圆，而过锥顶的每一条素线其三面投影均为直线；垂直于轴线的圆其三面投影或为圆或为直线。因此，圆锥表面上作辅助线有两种方法即辅助素线法和辅助（纬）圆法。

方法一：辅助素线法（求 A 点）。

过锥顶 S 和点 A 作一辅助素线 SⅠ，与底圆交于点Ⅰ，素线 SⅠ的正面投影为 $s'1'$（连 s'、a'并延长交圆锥底圆于 $1'$），然后求出其水平投影 $s1$。点 A 在 SⅠ线上，其投影必在 SⅠ线的同面投影上，按投影规律由 a'可求得 a 和 a''。

可见性的判断：由于 A 点在左半圆锥面上，故 a''可见；按此例圆锥摆放的位置，圆锥表面上所有的点在水平投影上均可见，所以 a 点也可见。

方法二：辅助（纬）圆法（求 B 点）。

在图 4-9（b）中，过点 B 作一平行于圆锥底面的水平辅助圆，其正面投影为过 b'且平行于底圆的直线 $2'3'$，其水平投影为直径等于 $2'3'$的圆，点 B 在此圆上，点 B 的投影必在此圆的同面投影上，再由 b'可见，则点 B 必在前半个圆锥面上，由 b'求出 b，再由 b 和 b'求 b''。

可见性的判断：B 点在右半圆锥面上，故 b''不可见。

因为 c 点不可见，故 C 点应在圆锥的底面上，而底面的正面、侧面投影均有积聚性，按投影规律可直接求出 c'、c''。作图过程见图 4-9（b）所示。

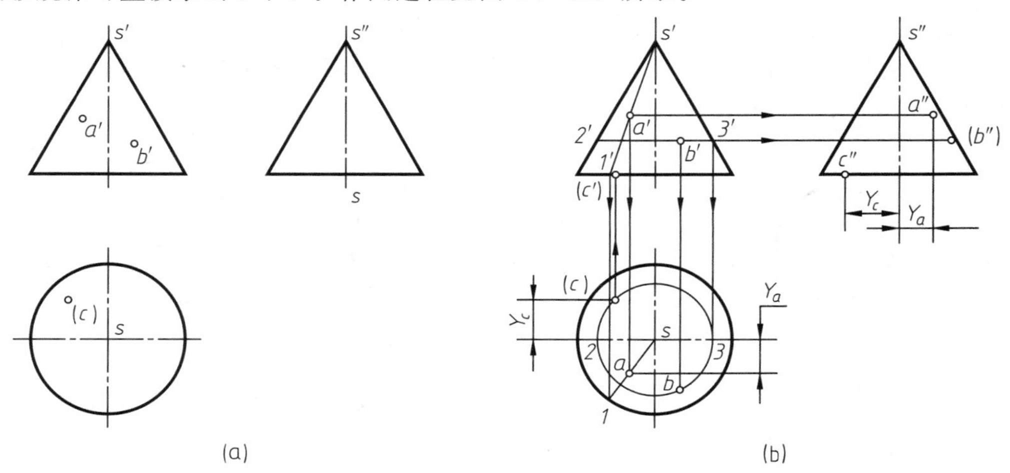

图 4-9　圆锥表面取点的作图过程

4.3.3　圆球及其表面上的点的投影

（1）圆球的形成和投影分析

圆球由单一球面围成。球面可看成是半圆绕其直径（轴线）回转一周而形成。

图 4-10 所示为一圆球的三面投影图。圆球三面投影均为大小相等的圆，其直径等于圆球直径，分别是圆球上正视转向轮廓线 A，俯视转向轮廓线 B 和侧视转向轮廓线 C 在所视方向上的投影。正视转向轮廓线 A 是球面上以球心为圆心的最大的正平圆，其正面投影是

反映该圆大小的圆 a'，其水平投影和侧面投影 a、a'' 分别与用细点画线表示的水平中心线和垂直中心线重合，画图时不需表示。正视转向轮廓线 A 又把圆球分成前后两半，其正面投影重影，前半球面可见，后半球面不可见。俯视与侧视转向轮廓线的投影情况也类似，建议读者自己分析。

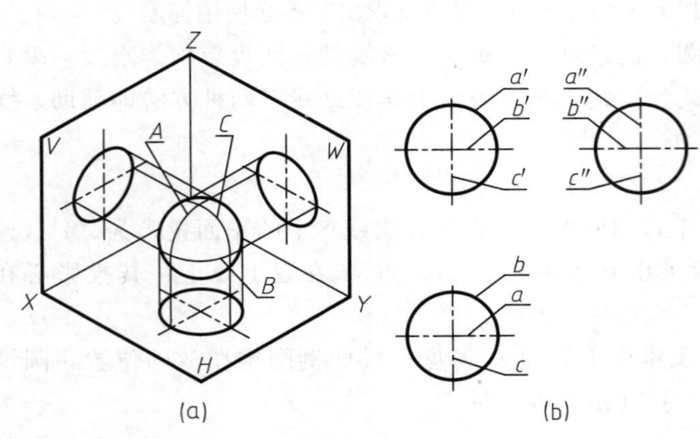

图 4-10 圆球的表示法

(2) 圆球的投影画法

画圆球的投影时，应先画出三面投影中圆的对称中心线，对称中心线的交点为球心，然后再分别画出三面投影的转向轮廓线，如图 4-10（b）所示。

(3) 球面上的点

如图 4-11（a）中，已知球面上点 A、B 的水平投影 a、b，求其余两投影。

分析：圆球面没有积聚性，圆球面上没有直线，因此，在圆球面上取点只能采用辅助纬圆法。为了保证辅助圆的投影为圆或直线，只能作正平、水平、侧平三个方向的辅助圆。

过点 A，在球面上作平行于水平面的辅助圆，其水平投影为圆的实形，其正面投影为直线 $1'2'$，a' 必在直线 $1'2'$ 上，由 a 求得 a'，再由 a 和 a' 作出 a''。当然，过点 A 也可作一侧平圆或正平圆求解。

可见性的判断：因 A 点位于球的右前方，故 a' 可见，a'' 不可见。

b 点位于前后的对称面上，故 B 点在正平最大圆上，即球面相对于 V 面的转向线上，由此可直接求出 b'、b''。作图过程见图 4-11（b）所示。

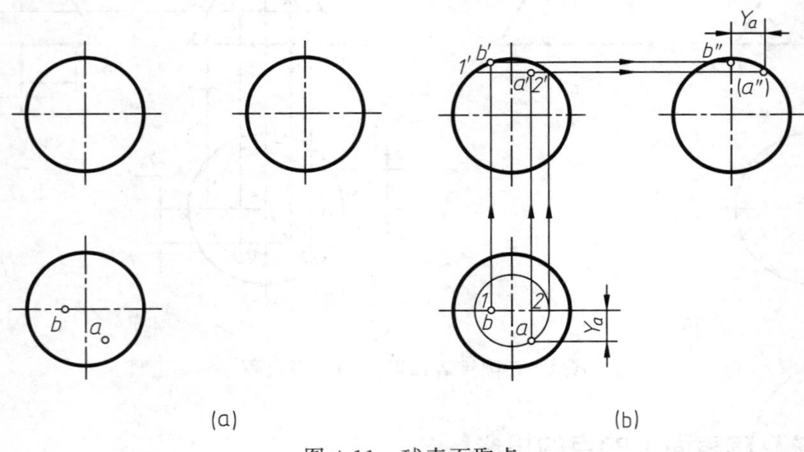

图 4-11 球表面取点

4.3.4 圆环及其表面上的点的投影

(1) 圆环的形成与投影分析

圆环是由圆环面围成的立体。如图 4-12（a）所示，圆环面是母线圆围绕与其共面的轴线旋转而成的。由母线圆外半圆回转形成外环面；由母线圆内半圆（靠近轴线的半圆）回转形成内环面；母线圆的上下两点回转后形成了内外环面的上下分界圆。母线圆上离轴线最远点和最近点旋转后分别形成了最大圆和最小圆，是上、下两半环的分界圆。

图 4-12（b）示出轴线为铅垂线的圆环三面投影图。在正面投影中，左右两圆和与该两圆相切的两条公切线均是圆环面正面转向轮廓线的投影：其中两圆是圆环面最左、最右两素线圆的投影，实半圆在外环面上，虚半圆属于内环面（该半圆被前半环遮挡），这两素线圆把圆环面分为前后两半环，在正面投影中，前半外环面可见，其他部分均不可见；其中上、下两条公切线是内、外环面的上下分界圆的投影，它们是内、外环面的分界线。在水平投影中，要画出最大圆和最小圆的投影，即圆环面水平转向轮廓线的投影，它们把圆环分为上、下两半，上半环面水平投影可见，下半环面不可见；水平投影中的细点画线圆是母线圆心轨迹的投影，且与内外环面上的上、下分界圆的水平投影重合。圆环的侧面投影与正面投影类同。绘图中，注意各转向轮廓线的另外两投影都与细点画线重合，不需表示；另外，轴线、中心线必须画出。

（2）圆环表面上取点

圆环面是回转面，母线圆上任何一点的回转轨迹是与轴线垂直的圆。所以，圆环表面上取点利用纬圆为辅助线。

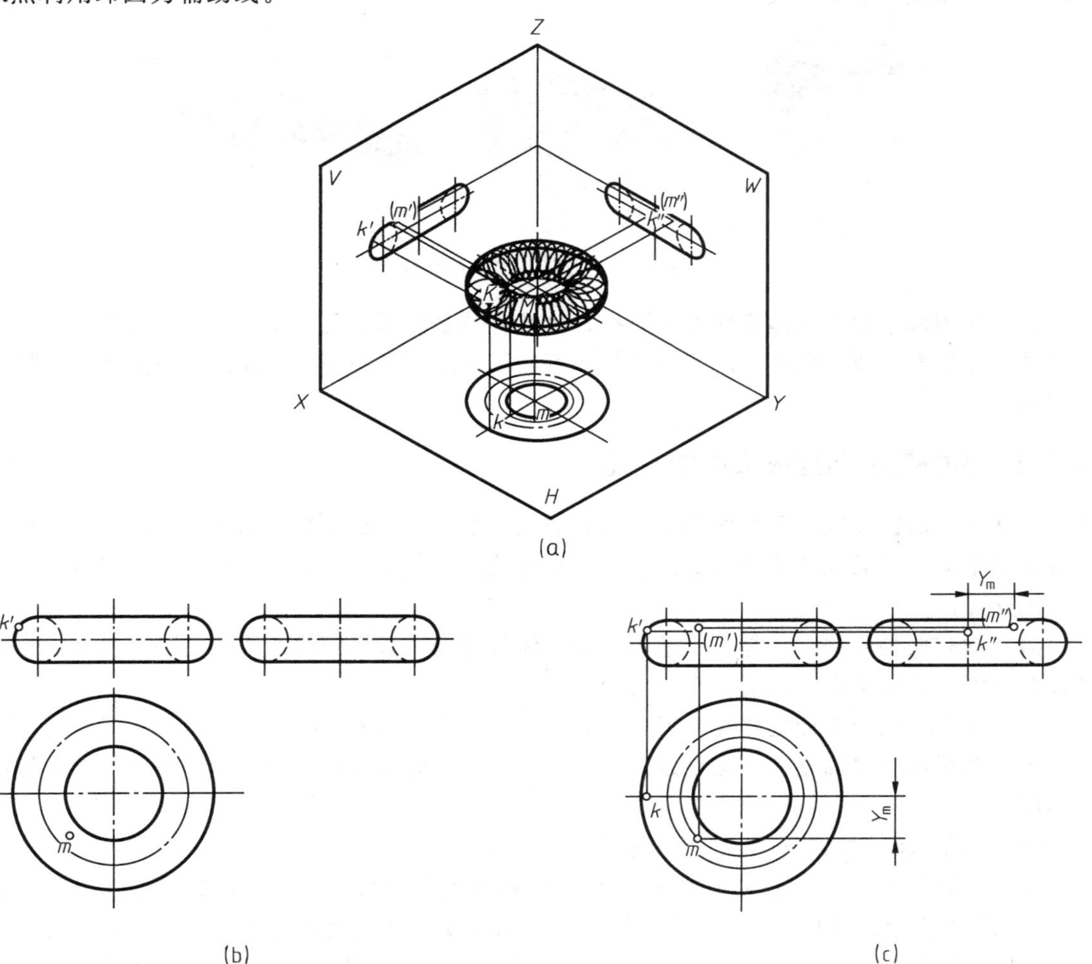

图 4-12　圆环的形成和投影

如图 4-12（b）所示，圆环三面投影中，已知 M 点的水平投影和 K 点的正面投影，要求完成其余投影。

作图如下：过 M 点作水平纬圆的投影，M 点的其余投影必在该辅助纬圆的同面投影上，完成其余两面投影。K 点在环面的最左素线圆上，所以不必再利用水平纬圆作图，该素线圆是现成的简易辅助线，K 点其余两投影必在素线圆的同面投影上。

由于 K 点属于上半外环面上的点，故水平投影可见，K 点又属于左半外环面上的点，故侧面投影也可见；M 点属于内环面上的点，故正面投影和侧面投影均不可见，如图 4-12（c）所示。

4.4 平面与立体的交线（截交线）

在机器零件上经常见到一些立体被平面截去一部分的情况，叫做立体的截切。截切时与立体相交的平面称为截平面，该立体称为截切体，截平面与立体表面产生的交线称为截交线。

图 4-13 所示为一些机件的简化立体图；使用中，由于端部需加工成平面，于是产生了平面与立体相交及求截交线的问题。

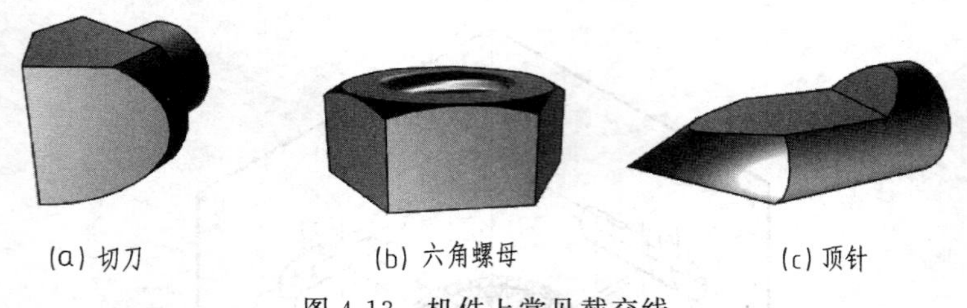

(a) 切刀　(b) 六角螺母　(c) 顶针

图 4-13　机件上常见截交线

截交线为截平面与立体表面的共有线，该共有线是由那些既在截平面上、又在立体表面上的共有点集合而成。因此，求截交线问题可归结为求截平面与立体表面一系列共有点的作图问题。

4.4.1 平面与平面立体表面的交线

平面立体的截交线是截平面和立体表面的共有线，是由直线组成的平面多边形，多边形的边是截平面与平面立体表面的交线，多边形的顶点是截平面与平面立体相关棱线（包括底边）的交点。

截交线有两种求法：一是依次求出平面立体各棱面与截平面的交线；二是求出平面立体各棱线与截平面的交点，然后依次连接起来。

当多个截平面与平面立体相交形成具有缺口的平面立体或穿孔的平面立体时，只要逐个作出各个截平面与平面立体的截交线，再绘制截平面之间的交线，即可作出这些平面立体的投影图。

【例 4-1】 求三棱锥 $S\text{-}ABC$ 被正垂面 P 截切后的投影。

分析：如图 4-14（a）所示，截平面 P 与三棱锥的各个棱线均相交，其截交线组成三角形，三角形的三个顶点Ⅰ、Ⅱ、Ⅲ即为三棱锥的三条棱线与截平面的交点。因为截平面为正垂面，所以，截交线的正面投影积聚为直线，为已知投影；其水平投影和侧面投影均为三角形。

作图步骤：如图 4-14（b）所示。

① 标记截交线Ⅰ、Ⅱ、Ⅲ的正面投影 1′、2′、3′。

② 按照投影规律求出截交线的水平投影 1、2、3 和侧面投影 1″、2″、3″。

③ 1、2、3 和 1″、2″、3″均可见，所以三角形 123 和三角形 1″2″3″亦可见，连成粗实线。

④ 整理轮廓线：将棱线的水平投影加深到与截交线水平投影的交点 1、2、3 点处；棱线的侧面投影加深到 1″、2″、3″点处。

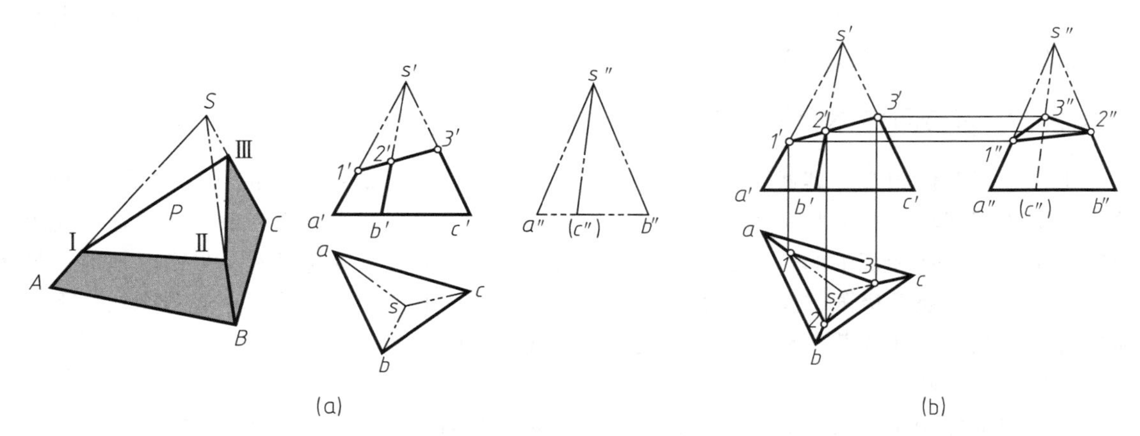

图 4-14　三棱锥的截交线及其投影

【例 4-2】 如图 4-15（a）所示，已知六棱柱被两平面 P、Q 所截切，求立体被截切后的投影。

分析：由于截平面 P 是正垂面，截平面 Q 是侧平面，它们的正面投影都具有积聚性，故截交线也分别积聚成直线并形成缺口。

作图步骤：如图 4-15（b）所示。

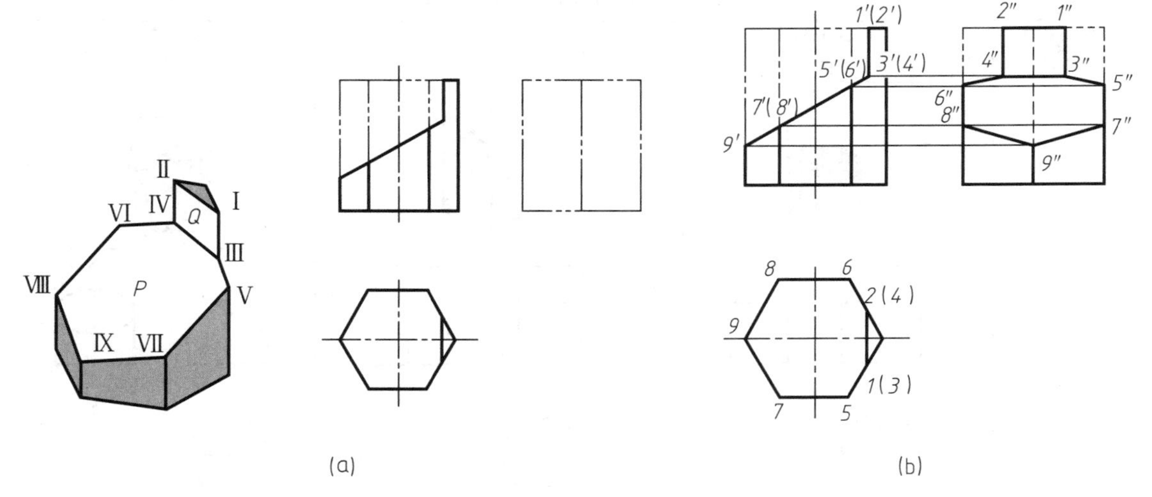

图 4-15　六棱柱的截交线及其投影

① 在正面投影上依次标出平面 P 与六棱柱的各棱面的交线 3′5′、5′7′、7′9′、9′8′、8′6′、6′4′，由于六棱柱各棱面的水平投影都有积聚性，故 P 面与六棱柱的截交线也积聚在棱面的水平投影上，可求出其水平投影 35、57、79、98、86、64。根据正面投影和水平投影，可求出截交线的侧面投影 3″5″、5″7″、7″9″、9″8″、8″6″、6″4″。

② 在正面投影上依次标出平面 Q 与六棱柱的各棱面的交线 $1'2'$、$2'4'$、$1'3'$，其中 $1'2'$ 是 Q 与六棱柱顶面的交线；因 Q 平面为侧平面，其水平投影具有积聚性，所有 Q 平面与六棱柱的截交线积聚在 Q 平面的水平投影上，即求出其水平投影 12、24、13；根据正面投影和水平投影，可求出截交线的侧面投影 $1''2''$、$2''4''$、$1''3''$。

③ 作出 P、Q 平面的交线Ⅲ Ⅳ的各个投影。

④ 整理轮廓。其中Ⅴ、Ⅵ、Ⅶ、Ⅷ和Ⅸ点所在的棱线，被 P 平面截取上半部分，因此侧面投影上的该部分棱线不应再画出。

4.4.2 平面与回转体表面的交线

平面与回转体相交，其截交线一般是直线、曲线或直线和曲线围成的封闭的平面图形，这主要取决于回转体的形状和截平面与回转体的相对位置。当截交线为一般曲线时，应先求出能够确定其形状和范围的特殊点，它们是回转体转向线上的点以及最左、最右、最前、最后、最高和最低点等极限位置点；然后再按需要作适量一般位置点，顺序连成截交线。下面研究几种常见回转体的截交线，并举例说明截交线投影的作图方法。

(1) 平面与圆柱相交

平面与圆柱相交，由于截平面与圆柱轴线的相对位置不同，截交线有 3 种形状：矩形、圆或椭圆，详见表 4-1。

【例 4-3】 求正垂面 P 截切圆柱的侧面投影，如图 4-16 (a) 所示。

分析：如图 4-16 (a) 所示，圆柱轴线为铅垂线，截平面 P 倾斜于圆柱轴线，故截交线为椭圆，椭圆的长轴为Ⅰ Ⅱ，短轴为Ⅲ Ⅳ。因截平面 P 为正垂面，故截交线的正面投影积聚在 p' 上。因为圆柱轴线垂直于水平面，其水平投影积聚成圆，而截交线又是圆柱表面上的线，所以，截交线的水平投影也积聚在此圆上。截交线的侧面投影为不反映实形的椭圆。

表 4-1 平面截切圆柱的截交线

截平面位置	垂直于轴线	平行于轴线	倾斜于轴线
截交线	圆	矩形	椭圆
立体图	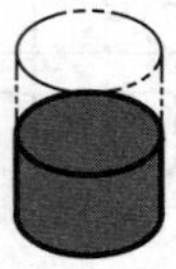	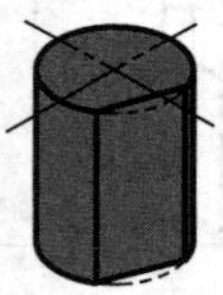	
投影图	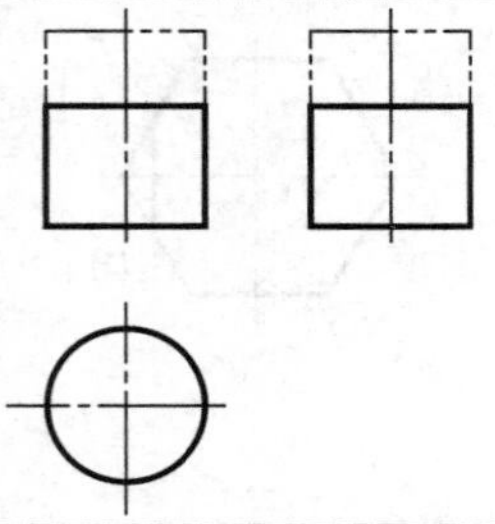	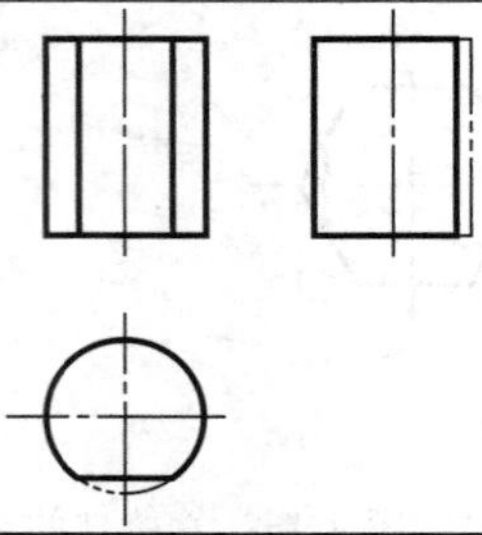	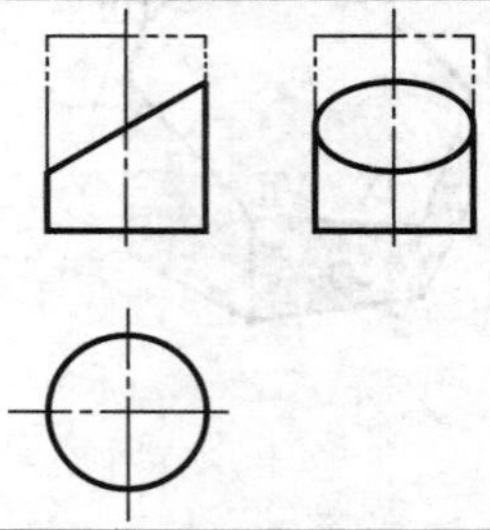

截交线上的特殊点包括确定其范围的极限点，即最高、最低、最前、最后、最左、最右各点以及位于圆柱体转向线上的点（对投影面的可见与不可见的分界点），截交线为椭圆时还需求出其长短轴的端点。点Ⅰ、Ⅱ、Ⅲ、Ⅳ即为特殊点，其中，Ⅰ、Ⅱ为最低点（最左点）和最高点（最右点），同时也是长轴的端点；Ⅲ、Ⅳ为最前、最后的点，也是椭圆短轴

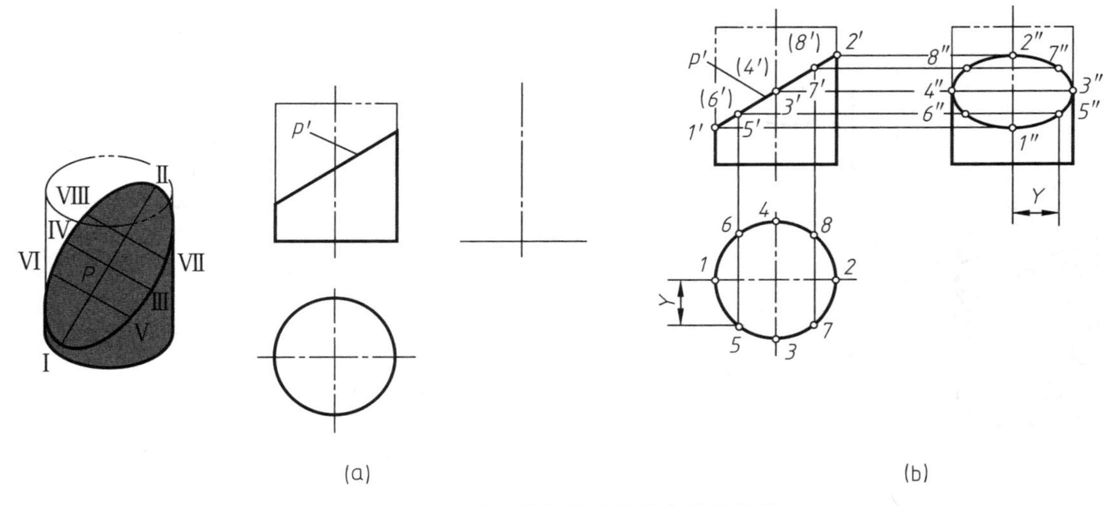

图 4-16　正垂面截切圆柱的截交线的投影

的端点。若要光滑地将椭圆画出，还需在特殊点之间选取一般位置点Ⅴ、Ⅵ、Ⅶ、Ⅷ。截交线有可见与不可见部分时，分界点一般在转向线上，其判别方法与曲面立体表面上点的可见性判别相同。

作图步骤：如图 4-16（b）所示。

① 画出截切前圆柱的侧面投影，再求截交线上特殊点的投影。在已知的正面投影和水平投影上标出特殊点的投影 1′、2′、3′、4′和 1、2、3、4，然后再求出其侧面投影 1″、2″、3″、4″，它们确定了椭圆投影的范围。

② 求适量一般位置点的投影。选取一般位置点的正面投影和水平投影为 5′、6′、7′、8′和 5、6、7、8，按投影规律求得侧面投影 5″、6″、7″、8″。

③ 判别可见性，光滑连线。椭圆上所有点的侧面投影均可见，按照水平投影上各点的顺序，光滑连接 1″、5″、3″、7″、2″、8″、4″、6″、1″各点成粗实线，即为所求截交线的侧面投影。

④ 整理轮廓线，将轮廓线加深到与截交线相交的点处，即 3″、4″处，轮廓线的上部分被截掉，不应画出。

【例 4-4】 补全圆柱被平面截切后的水平投影和侧面投影，如图 4-17（a）所示。

分析：圆柱上端开一通槽，是由两个平行于圆柱轴线的侧平面和一个垂直于圆柱轴线的水平面截切而成的。两侧平面与圆柱面的截交线均为两条铅垂直素线，与圆柱顶面的交线分别是两条正垂线；水平面与圆柱的截交线是两段圆弧；截平面的交线是两条正垂线。因为 3 个截平面的正面投影均有积聚性，所以截交线的正面投影积聚成 3 条直线；又因为圆柱的水平投影有积聚性，4 条与圆柱轴线平行的直线和两段圆弧的水平投影也积聚在圆上，4 条正垂线的水平投影反映实长；由这两个投影即可求出截交线的侧面投影。

作图步骤：如图 4-17（b）所示。

① 根据投影关系，作出截切前圆柱的侧面投影。

② 由于截切后的圆柱左右对称，所以只标注右半边的特殊点。在正面投影上标出特殊点的投影 1′、2′、3′、4′、5′、6′，按投影关系从水平投影的圆上找出对应点 1、2、3、4、5、6。

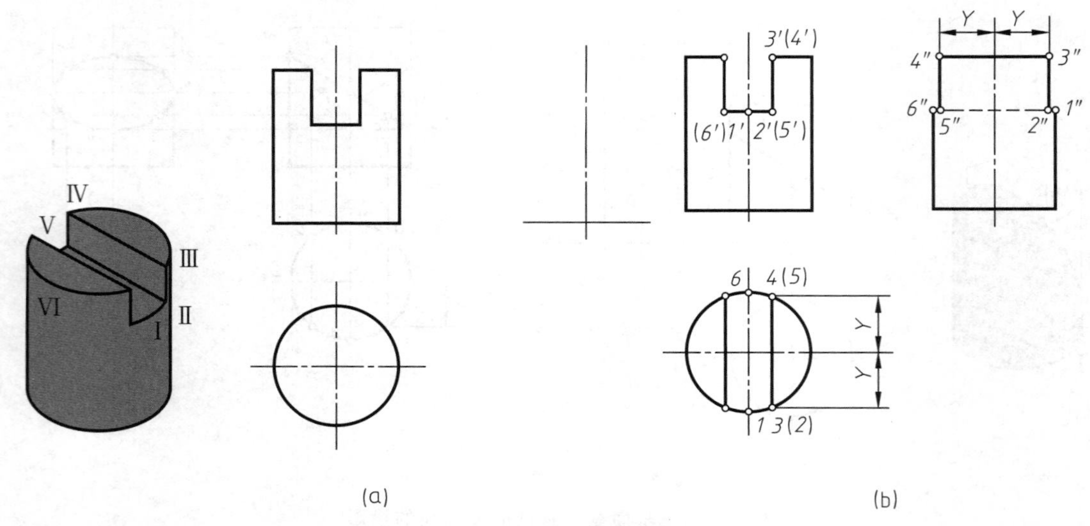

图 4-17 圆柱切槽的投影图

③ 根据特殊点的正面投影和水平投影求出其侧面投影 1″、2″、3″、4″、5″、6″。

④ 判断可见性，按顺序连线。水平投影，连接 3、4 和 2、5，其他投影积聚在圆周上。侧面投影，圆柱表面的截交线左右对称，其侧面投影重影，所以把 1″2″3″4″5″6″连接成实线，3″4″与顶面的侧面投影重合，两截平面的交线 2″5″的侧面投影不可见，应为虚线。

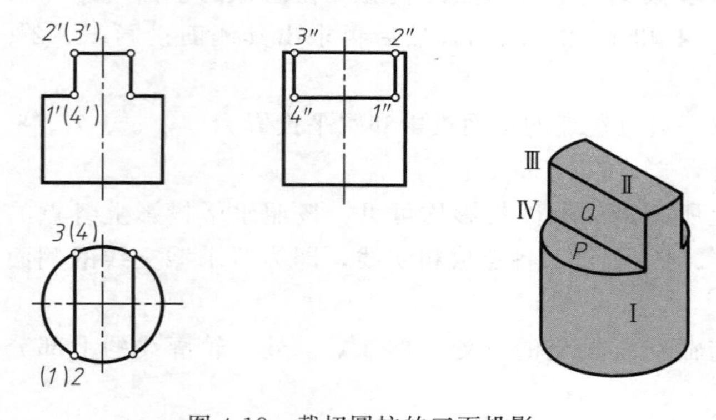

图 4-18 截切圆柱的三面投影

⑤ 加深轮廓线到与截交线的交点处，即 1″和 6″点处，上边被截掉。圆柱左边被截切部分的侧面投影与右边重合。

若圆柱上端左右两边均被一水平面 P 和侧平面 Q 所截，其截交线的形状和投影请读者自行分析，其投影见图 4-18 所示。要注意 1″到最前素线、4″到最后素线之间不应有线。

(2) 平面与圆锥相交

平面与圆锥相交，由于平面与圆锥轴线的相对位置不同，其截交线有 5 种基本形式（见表 4-2）。

表 4-2 平面与圆锥相交的截交线

截平面位置	过锥顶	垂直于轴线	倾斜于轴线 $\theta>\alpha$	倾斜于轴线 $\theta=\alpha$	平行或倾斜于轴线 $\theta<\alpha$ 或 $\theta=0$
截交线	三角形	圆	椭圆	抛物线＋直线	双曲线＋直线
立体图					

续表

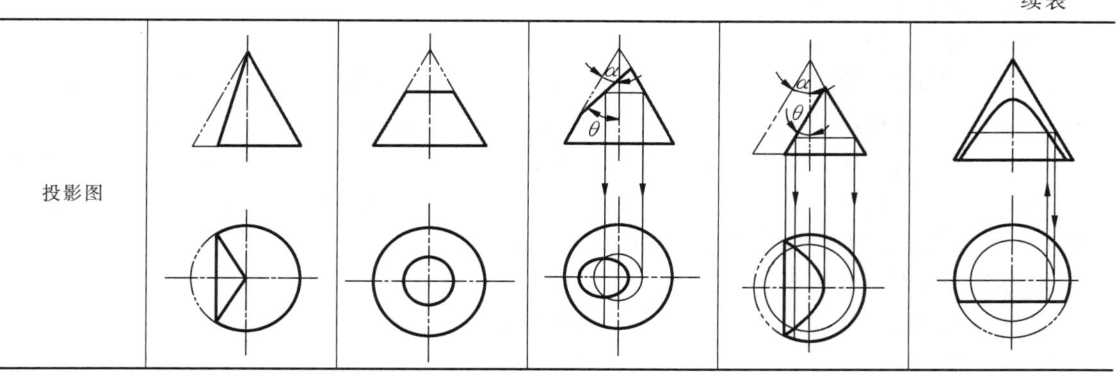

【例 4-5】 求正平面截切圆锥的投影，如图 4-19（a）所示。

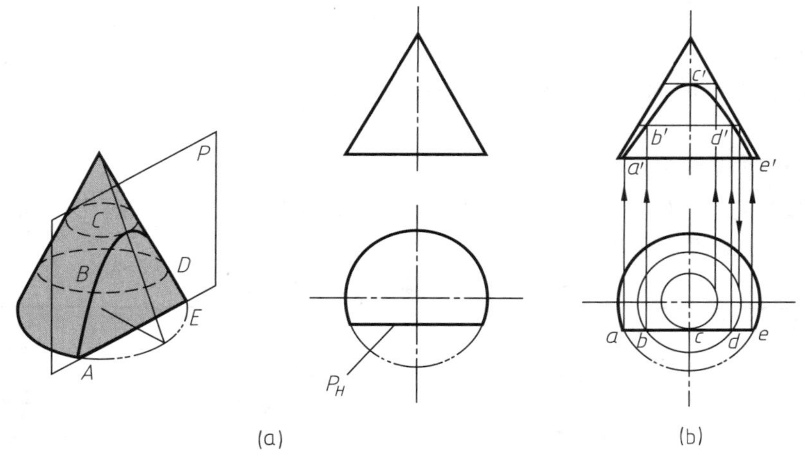

图 4-19　圆锥被正平面截切的投影

分析：由于截平面与圆锥的轴线平行，所以截交线是双曲线的一叶，其水平投影积聚在截平面的水平投影上，正面投影反映实形，左右对称。截平面与圆锥底圆的截交线是侧垂线，它的正面投影积聚在底面具有积聚性的正面投影上，它的水平投影积聚在截平面具有积聚性的水平投影上，因此不必求作。

作图步骤：如图 4-19（b）所示。

① 作截交线上的最左、最右点 A、E。在截交线与底圆的水平投影的相交处，定出 a 和 e，再由 a、e 在底圆的正面投影上作出 a'、e'。

② 作截交线上的最高点 C。在截交线水平投影的中点处，定出最高点 C（即双曲线在对称轴上的顶点）的水平投影 c，利用过 C 作辅助水平圆求出 c'。

③ 同样在截交线的适当位置过两个中间点 B、D 作辅助水平圆，由此作出其正面投影 b'、d'。

④ 按截交线水平投影的顺序，将 a'、b'、c'、d'、e' 连成所求截交线的正面投影 $a'b'c'd'e'$。由于截交线是位于圆锥的前半锥面上，所以正面投影是可见的 。

【例 4-6】 求正垂面截切圆锥的投影，如图 4-20（a）所示。

分析：正垂面倾斜于圆锥轴线，且 $\theta>\alpha$，截交线为椭圆，其长轴是 Ⅰ Ⅱ，短轴是Ⅲ Ⅳ。截交线的正面投影有积聚性，故利用积聚性可找到截交线的正面投影；水平投影和侧面投影仍为椭圆，但不反映实形。

作图步骤：如图 4-20（b）、（c）所示。

① 画出截切前圆锥的侧面投影，再求截交线上特殊点的投影。首先求椭圆长、短轴的端点：点Ⅰ、Ⅱ是椭圆长轴的端点，也是圆锥相对于正面投影的转向线上的点，其正面投影为 1′、2′，利用点线从属对应关系，直接求出 1、2 和 1″、2″；椭圆的长轴ⅠⅡ与短轴ⅢⅣ互相垂直平分，由此可求出短轴端点的正面投影 3′、4′，利用圆锥表面取点的方法求出 3、4 和 3″、4″。点Ⅴ、Ⅵ是圆锥相对于侧面投影的转向线上的点，也属于特殊点，求点Ⅴ、Ⅵ各投影的方法与Ⅰ、Ⅱ相同。

② 求截交线上一般位置点的投影。利用圆锥表面取点的方法求适当数量的一般位置点，如图中的点Ⅶ、Ⅷ。

③ 判别可见性，光滑连线。椭圆的水平投影和侧面投影均可见，分别按Ⅰ Ⅶ Ⅲ Ⅴ Ⅱ Ⅵ Ⅳ Ⅷ Ⅰ的顺序将其水平投影和侧面投影光滑连接成椭圆，并画成粗实线，即为椭圆的水平投影和侧面投影。

④ 整理轮廓线。侧面投影的轮廓线加深到与截交线的交点 5″、6″处，上部被截掉不加深。

（3）平面与圆球相交

平面与圆球相交，不论截平面位置如何，其截交线都是圆，但根据平面与投影面的相对位置不同，截交线的投影也不同（见表 4-3）。

表 4-3 平面与圆球相交的截交线

截平面的位置	与 H 面平行	与 V 面平行	与 V 面垂直
立体图	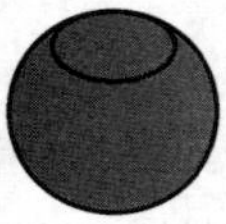	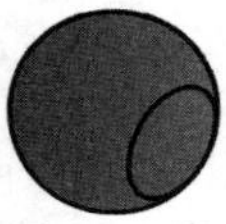	
投影图	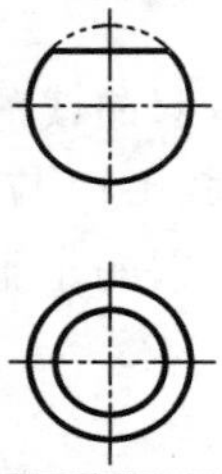	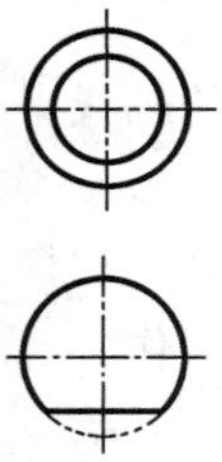	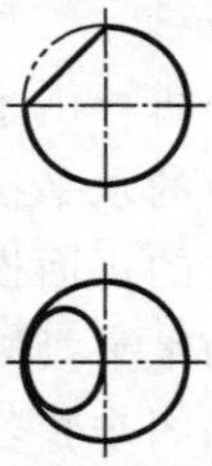
小结	当截平面平行于投影面时，截交线在该投影面上的投影为实形； 当截平面垂直于投影面时，截交线在该投影面上的投影为一直线； 当截平面倾斜于投影面时，截交线在该投影面上的投影为一椭圆		

【例 4-7】 求水平面 P 和正垂面 Q 截切后半球的投影，如图 4-21（a）所示。

分析：半球被水平面 P 截切，则正面投影和侧面投影积聚成直线，而水平投影反映圆弧的实形；被正垂面 Q 截切，则正面投影积聚成直线，而水平投影和侧面投影为椭圆。平面 P 与 Q 的交线为正垂线。两平面 P 与 Q 的正面投影都积聚，即正面投影已完成，只求半球截切后的水平投影和侧面投影。

作图步骤：如图 4-21（b）所示。

① 先画出平面 P 的投影。由正面投影 1′求水平投影 1，2′（3′）是两平面 P、Q 的交线正面投影的积聚点。水平投影 2、3 应在平面 P 截圆球所得圆周上，水平投影反映实形。确

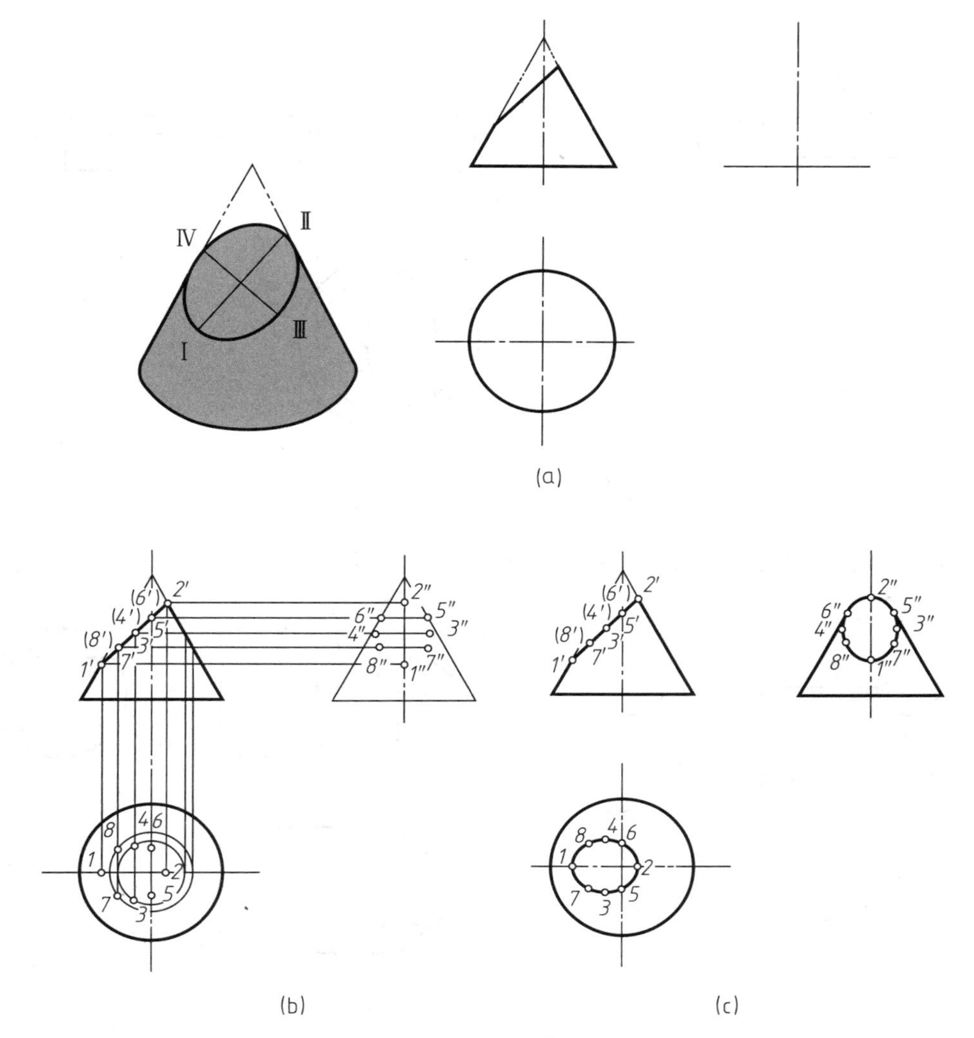

图 4-20　圆锥被正垂面截切后的投影

定圆弧半径，绘制投影圆弧 213 和直线 23。根据两面投影求出侧面投影积聚线 2″1″3″。

② 再求平面 Q 的投影。Q 为正垂面，截交线的水平投影和侧面投影均为椭圆。1′和 6′，4′和 5′分别是截交线上的正面转向线与侧面转向线上的点的正面投影，它们的侧面投影和水平投影可根据点属于直线的原理直接求出。再根据截交线上的点具有的共有性，利用纬圆法求出一般位置点的各面投影。将所求各点的同面投影依次光滑连接。

③ 判别可见性。由于半球的左上部分被截切，所以水平投影和侧面投影均可见。

④ 整理轮廓线。水平投影外轮廓线是完整的圆，侧面转向线的投影只画 4″和 5″以下的部分。

（4）平面与组合回转体相交

组合回转体由几个回转体组合而成。当平面与组合回转体相交时，截交线是由截平面与各回转表面所得交线组成的复合曲线。截交线的连接点应在相邻两回转体的分界圆处。求其截交线的投影，要首先分析回转体组成部分曲面的性质，确定各截交线的形状及结合部位的连接形式，然后再分别作出其投影。

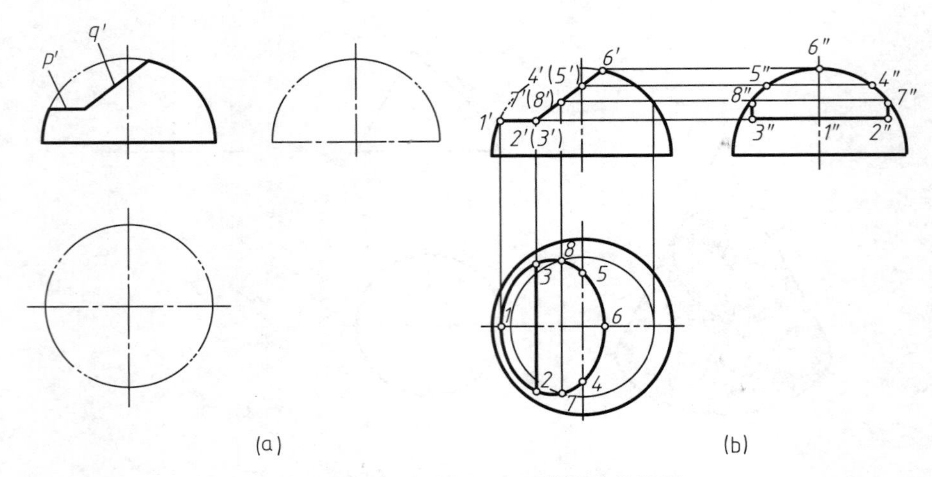

图 4-21　水平面和正垂面截切球的投影

【例 4-8】 求顶尖头部的水平投影，如图 4-22（a）所示。

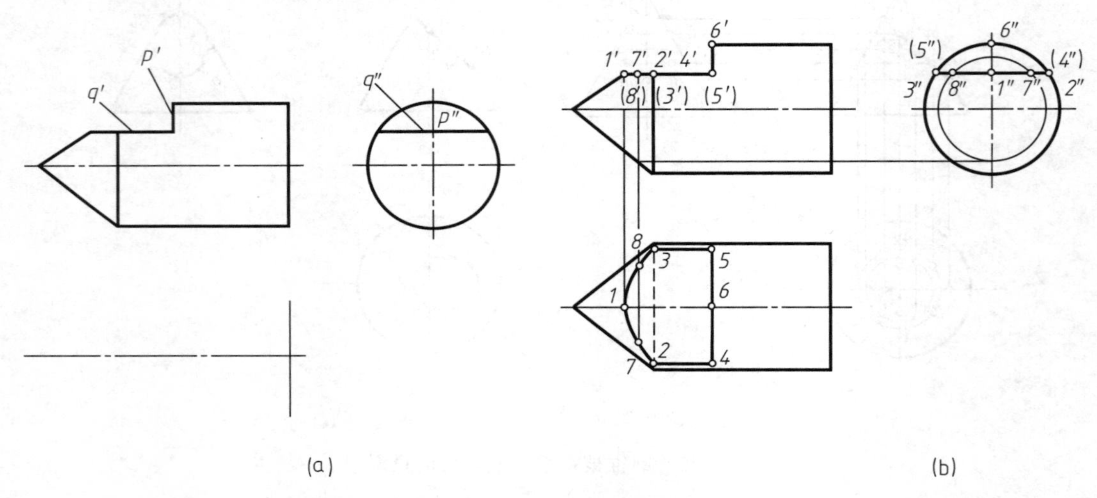

图 4-22　顶尖头部截交线的投影

分析：顶尖头部的圆锥、圆柱为同轴回转体，且圆锥底圆的直径与圆柱的直径相等。左边的圆锥和右边的圆柱同时被水平面 Q 截切；而右边的圆柱不仅被 Q 截切，还被侧平面 P 截切。Q 与圆锥面的截交线是双曲线，与圆柱的截交线是与其轴线平行的两条直线；截平面 Q 的正面、侧面投影均积聚成直线，故只需求出截交线的水平投影。侧平面 P 只截切一部分圆柱，其截交线是一段圆弧；截平面 P 的正面和水平投影积聚成直线，侧面投影积聚在圆上。两截平面的交线是正垂线。

作图步骤：如图 4-22（b）所示。

① 作出截切前顶尖头部的水平投影，求截交线上特殊点的投影。在正面投影上标出 $1'$、$2'$、$3'$、$4'$、$5'$、$6'$，利用积聚性和表面取点的方法求出其侧面投影 $1''$、$2''$、$3''$、$4''$、$5''$、$6''$和水平投影 1、2、3、4、5、6。

② 求截交线上一般位置点的投影。根据连线的需要，在 $1'2'$、$1'3'$之间确定两个一般位置点 $7'$、$8'$，利用辅助圆法求出其侧面投影 $7''$、$8''$和水平投影 7、8。

③ 判别可见性，光滑连线。截交线的水平投影可见，画成粗实线。P、Q 交线的水平投影与截平面 Q 的水平投影重影。

④ 整理轮廓线。顶尖头部水平投影的轮廓线不受影响，画成粗实线。锥、柱的交线圆在水平投影上为直线，注意：下半个顶尖上的交线在 2、3 之间的部分被 Q 面遮住，应画成虚线。

4.5　两立体表面的交线（相贯线）

两立体相交称为相贯，相贯时两立体表面相交所得的交线称为相贯线，参与相贯的立体称为相贯体，相贯线也为两立体的分界线。立体相贯有三种形式，如图 4-23 所示。由于平面立体是由平面组成，故图 4-23（a）、（b）两种情况可利用平面与立体相交求截交线的方法求出截交线，截交线连接起来即为相贯线。以下重点讨论两回转体相贯，如图 4-23（c）所示。

由于立体具有一定的大小和范围，所以相贯线一般是封闭的空间曲线，特殊情况为平面曲线或直线。相贯线是相交两立体表面的共有线，相贯线上的点是两立体表面的共有点。

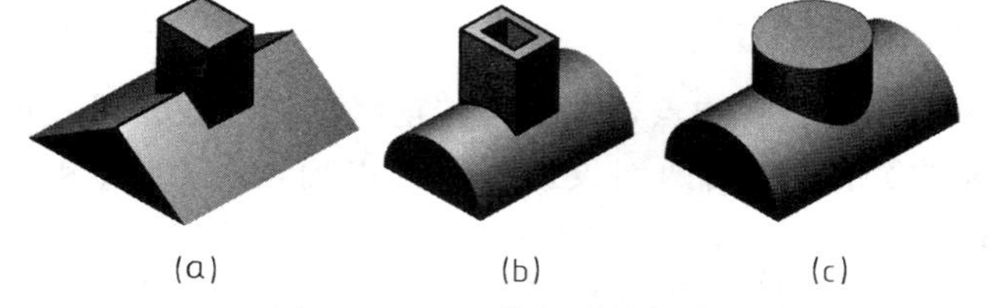

图 4-23　两立体相贯的形式

求相贯线的投影，实际上就是求适当数量共有点的投影，然后根据可见性，按顺序光滑连接各个点的同面投影。常见求相贯线上点的投影的方法有表面取点法和辅助平面法。

为了准确地画出相贯线，一般先作出相贯线上的一些特殊点，即确定相贯线投影的范围和变化趋势的点，如曲面立体转向线上的点，相贯线在其对称平面上的点以及最高、最低、最左、最右、最前、最后点等；然后按需要再作适量的一般位置点，从而较准确地连线，作出相贯线的投影，并表明可见性。只有同时位于两立体的可见表面上的相贯线才可见，否则不可见。

4.5.1　表面取点法

在相交的两立体中，如果存在轴线垂直于某一投影面的圆柱，圆柱面在这一投影面上的投影就有积聚性，因此相贯线在该投影面上的投影就在该圆柱有积聚性的投影上，即为已知。利用这个已知投影，按照曲面立体表面取点的方法，即可求出相贯线的另外两个投影。

【例 4-9】 求轴线正交两圆柱的相贯线，如图 4-24（a）所示。

分析：由图示可知，小圆柱铅垂，大圆柱侧垂，所以相贯线的水平投影必随小圆柱积聚在其圆周上；相贯线的侧面投影也必随大圆柱积聚在大圆柱侧面投影的圆周上。又根据相贯线为两曲面所共有的道理，相贯线的侧面投影必是小圆柱侧视转向轮廓线之间的圆弧部分。

相贯线两面投影已知，正面投影待求。由于两圆柱轴线正交，轴线所在的平面为正平面，相贯线前后部分正面投影重合。相贯线上各点的正面投影只要依据三面投影规律便可求出。

作图步骤［见图 4-24（b）］：

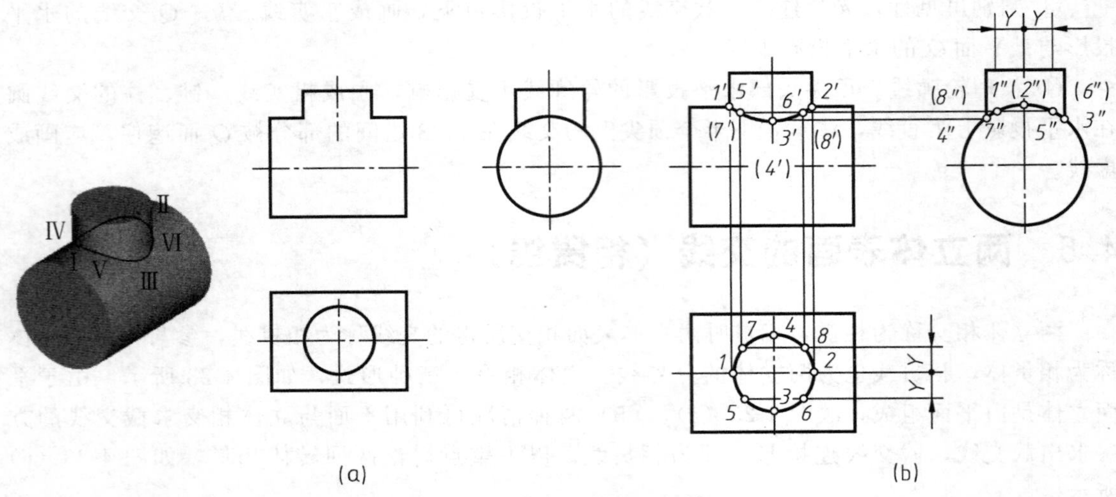

图 4-24 两正交圆柱的相贯线

① 确认特殊点，并完成其正面投影。在相贯线已知的 H 面与 W 面的两面投影中，依据“宽相等”的两面投影规律可以确认：Ⅰ(1、1″)、Ⅱ(2、2″) 两点，既是相贯线最左、最右两点，又都是最高点；Ⅲ(3、3″)、Ⅳ(4、4″) 两点既是相贯线最前、最后两点，又都是最低点。既然点的 H 面、W 面投影已经确认，便可利用“长对正”“高平齐”的投影规律来完成各点的正面投影。Ⅰ、Ⅱ两点的正面投影 1′、2′，可由 V 面投影直接确认，因为它们是两圆柱正视转向轮廓线正面投影的交点。

② 一般点的正面投影。在最高与最低点之间的适当位置上取一般点，先找到它们的 W 面投影，如一般点Ⅴ、Ⅵ、Ⅶ、Ⅷ的 W 面投影 5″、6″、7″、8″，再根据“宽相等”的投影规律找到Ⅴ、Ⅵ、Ⅶ、Ⅷ四点的 H 面投影 5、6、7、8，再完成其 V 面投影 5′、6′、7′、8′。

③ 光滑连接各相贯点的正面投影。由于两圆柱轴线正交，轴线所在的平面为正平面，相贯线前后部分正面投影重合，本题可见性无需判别。

讨论：

轴线垂直相交的圆柱是物体上常见的，它们的相贯线有三种基本形式，见表 4-4。

表 4-4 两圆柱相贯的三种形式

相交形式	两外表面相交	外表面与内表面相交	两内表面相交
立体图			
投影图			

两圆柱正交，若曲面形状及其相对位置不变，而尺寸大小相对发生变化时，相贯线的形状和位置也将随之发生变化。见图 4-25。

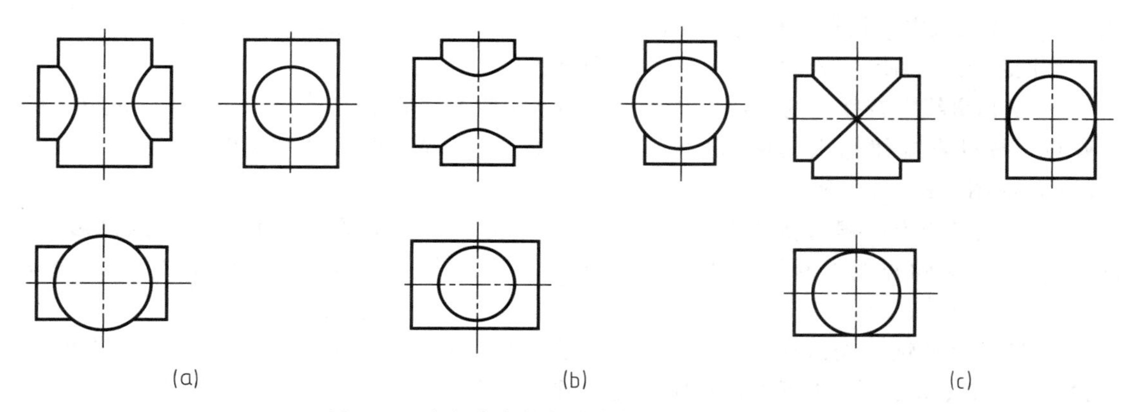

图 4-25　直径大小的相对变化对相贯线的影响

【例 4-10】 求作轴线垂直交叉的两圆柱相贯线的投影，如图 4-26（a）所示。

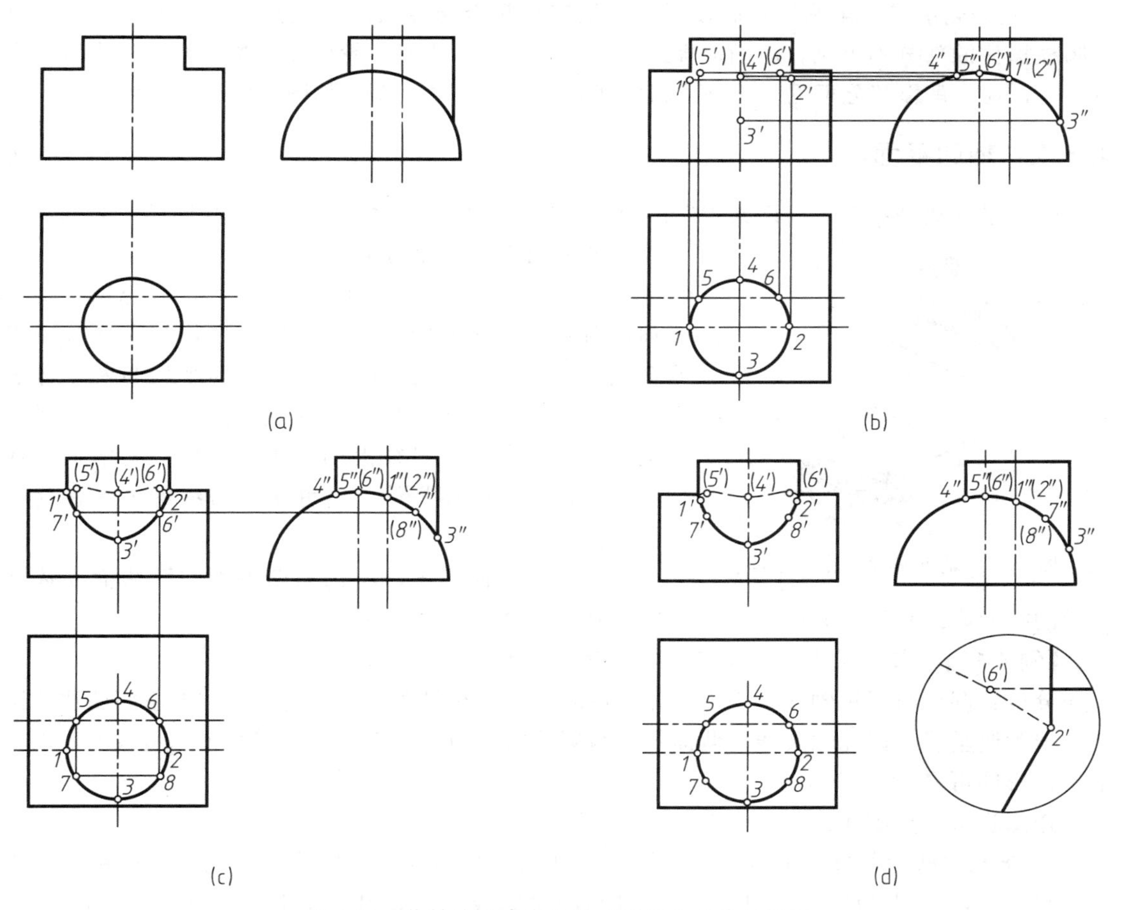

图 4-26　作轴线垂直交叉的两圆柱相贯线的投影

分析：两圆柱的轴线垂直交叉。从图中可以看出，相贯线是两圆柱表面的共有线，为一条前后不对称、但左右对称的封闭的空间曲线。直立圆柱的轴线为铅垂线，圆柱面的水平面投影积聚成圆，故相贯线的水平投影也积聚在此圆上。水平圆柱的轴线为侧垂线，圆柱面的侧面投影积聚成圆，故相贯线的侧面投影也积聚在半圆柱面的侧面投影上，且在两圆柱侧面投影的公共区域内。根据相贯线的水平投影和侧面投影，即可求出其正面投影。

作图步骤：如图 4-26（b）、（c）、（d）所示。

① 求相贯线上特殊点的投影。从相贯线的水平投影可以看出，1、2、3、4、5、6 均为特殊点，按投影规律标出其侧面投影 1″、2″、3″、4″、5″、6″，即可求出 1′、2′、3′、4′、5′、6′，如图 4-26（b）所示。

② 求相贯线上一般位置点的投影。根据连线需要，求出适量一般位置点的投影。如图 4-26（c）中的点Ⅶ、Ⅷ，由水平投影 7、8 求出 7″、8″，再由 7、8 和 7″、8″，求出 7′、8′。

③ 判别可见性，光滑连线。点Ⅰ、Ⅶ、Ⅲ、Ⅷ、Ⅱ在两圆柱正面投影的可见表面上，其投影 1′、7′、3′、8′、2′可见，按顺序光滑连接成曲线，并画成粗实线；而点Ⅰ、Ⅱ以后部分的相贯线的正面投影不可见，按 1′5′4′6′2′的顺序光滑连接成曲线，并画成虚线，如图 4-26（c）所示。

④ 整理轮廓线。半圆柱正面投影轮廓线应加深至与相贯线的交点 5′、6′处，其中被直立圆柱挡住的部分不可见，应画成虚线；直立圆柱正面投影的轮廓线应加深至与相贯线的交点 1′、2′处，重影部分可见，应画成粗实线，详见局部放大图，如图 4-26（d）所示。

4.5.2 辅助平面法

辅助平面法是利用“三面共点”的原理，用求两曲面立体表面与辅助平面的一系列共有点来求两曲面立体表面的相贯线。

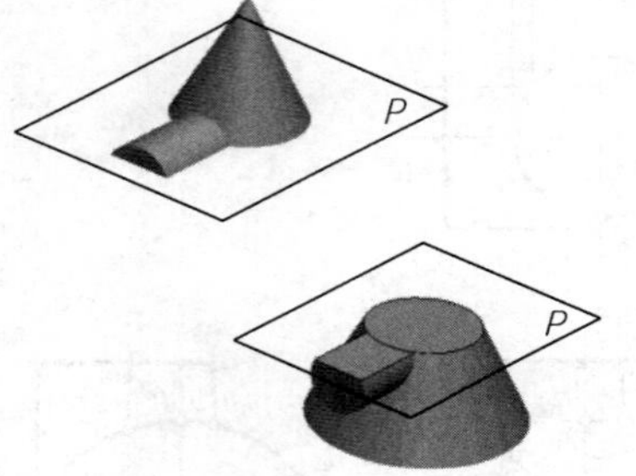

图 4-27 辅助平面法作图原理

具体的作图方法是：如图 4-27 所示，假想用一辅助平面同时截切相交的两立体，则在两立体的表面分别得到截交线，这两组截交线的交点是辅助平面与两立体表面的三面共有点，即相贯线上的点。按此方法作一系列辅助平面，可求出相贯线上的若干点，依次光滑连接成曲线，可得所求的相贯线。这种求相贯线的方法称为辅助平面法。

原则：为方便作图，所选辅助平面与两曲面立体截交线的投影应该是简单易画的直线或圆（圆弧）构成的平面图形。

【例 4-11】 求作圆柱与圆锥相贯线的投影，如图 4-28（a）所示。

分析：圆柱与圆锥轴线正交，形体前后对称，故相贯线是一条前后对称的空间曲线。圆柱轴线为侧垂线，因此相贯线的侧面投影与圆柱的侧面投影重合，只需求出相贯线的正面及水平投影即可。

作图步骤：如图 4-28（b）、（c）、（d）所示。

① 求相贯线上特殊点的投影。过锥顶作辅助正平面 P，与圆锥的交线正是圆锥正面投影的轮廓线，与圆柱的交线为圆柱正面投影的轮廓线，由此得到相贯线上点 1′、2′的投影，也是相贯线上的最高、最低点，按投影规律求出 1、2 点；过圆柱轴线作辅助水平面 Q，与圆柱的交线为圆柱水平投影的轮廓线，与圆锥的交线为水平圆，两交线的交点为 3、4，是相贯线上最前、最后点，求出 3′、4′，如图 4-28（b）所示。

② 求相贯线上一般位置点的投影。在适当位置作水平面 P_1、P_2 为辅助平面，其与圆锥的截交线为圆，与圆柱面的截交线为两条平行直线，它们的水平投影反映实形，两截交线交点的水平投影分别是 5、6 和 7、8，由 5、6 求出 5′、6′和 5″、6″，由 7、8 求出 7′、8′和 7″、8″，如图 4-28（c）所示。

③ 判别可见性，光滑连线。相贯线的正面投影中，Ⅰ、Ⅱ两点是可见与不可见的分界点，Ⅰ、Ⅴ、Ⅲ、Ⅶ、Ⅱ位于前半个圆柱和前半个圆锥面上，故前半段相贯线的投影 1′5′3′7′2′可见，应光滑连接成粗实线；而后半段相贯线的投影 1′6′4′8′2′不可见，且重合在前半段相贯线的可见投影上。相贯线的水平投影中，Ⅲ、Ⅳ两点为可见性的分界点，其上边部分在水平投影上可见，故 3、5、1、6、4 光滑连接成粗实线，3、7、2、8、4 光滑连接成虚线，如图 4-28（d）所示。

④ 整理轮廓线。正面投影中，圆柱、圆锥的轮廓线与相贯线的交点均为 1′、2′，故均加深到 1′、2′处；水平投影中，圆柱的轮廓线加深到与相贯线的交点 3、4 处，重影区域可见，应为粗实线；圆锥轮廓线（底圆）不在相贯区域，正常加深，但重影区域被圆柱遮住，应为虚线弧，如图 4-28（d）所示。

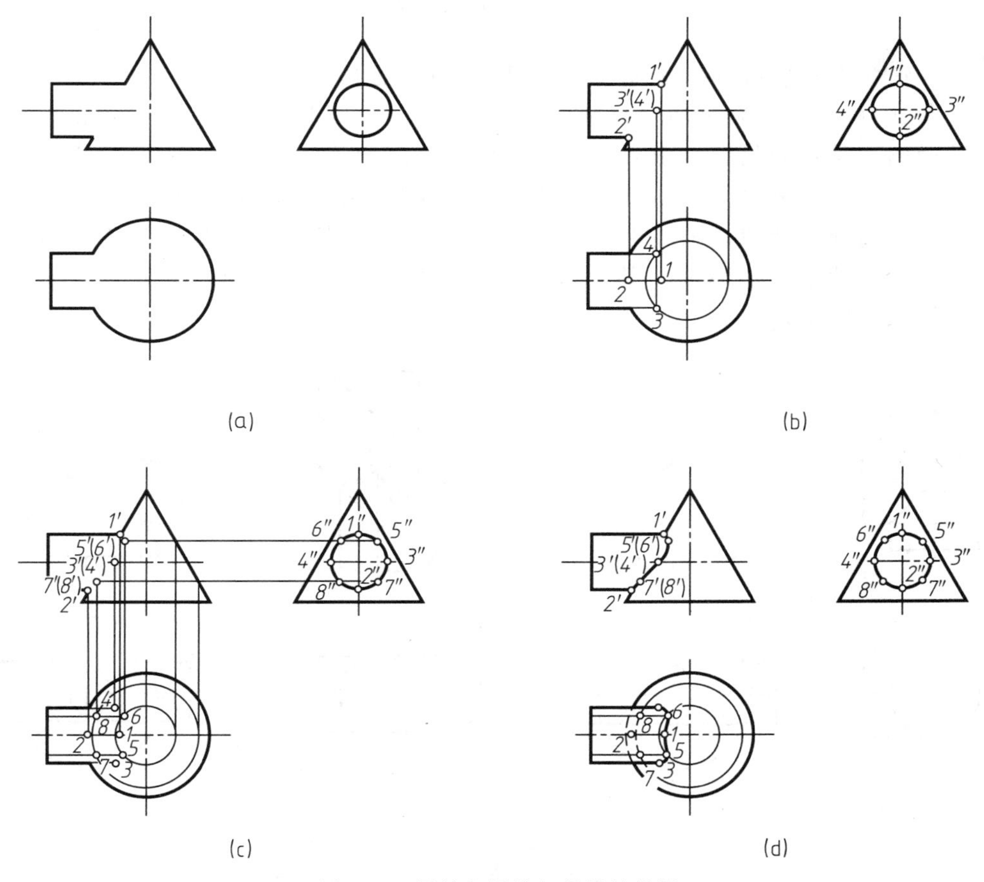

图 4-28　圆柱与圆锥相贯线的投影

4.5.3　相贯线的特殊情况

两曲面立体相交时，其相贯线一般情况下是空间封闭曲线。在特殊情况下它们的相贯线是平面曲线或直线。

（1）两同轴回转体的相贯线是垂直于轴线的圆

两同轴回转体相交时，它们的相贯线是垂直于回转体轴线的圆。当轴线平行于某一投影面时，则这些圆在该投影面上的投影是两回转体轮廓线交点间的直线。当两回转体中有一个回转体是球面时，如果另一个回转体的轴线通过球面的球心，就可以认为这两个回转体是同轴回转体。如图 4-29 所示。

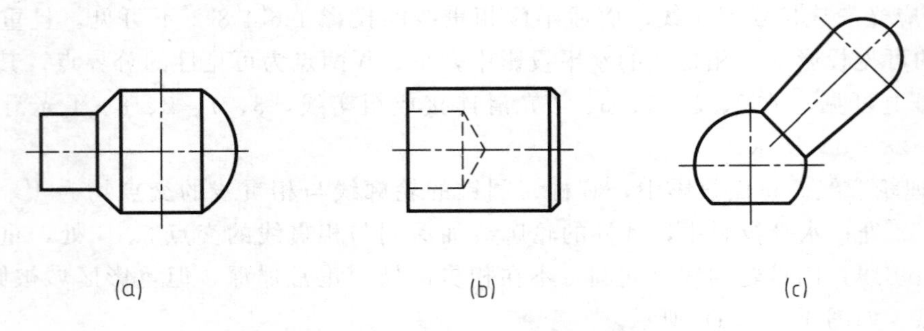

图 4-29 同轴回转体相贯线的投影

（2）两个外切于同一球面的回转体的相贯线是平面曲线

如图 4-30（a）中，表示两等径圆柱正交，两圆柱外切于同一球面，其相贯线是两个相同的椭圆，其正面投影是两回转体轮廓线交点间的连线。图 4-30（b）表示两个外切于同一球面的圆柱和圆锥正交，其相贯线也是两个相同的椭圆，正面投影也是两回转体轮廓线交点间的连线。图 4-30（c）、（d）表示圆柱与圆柱、圆柱与圆锥斜交的情况，它们分别外切于同一球面，其交线为大小不等的椭圆，椭圆的正面投影也是两回转体轮廓线交点间的连线。

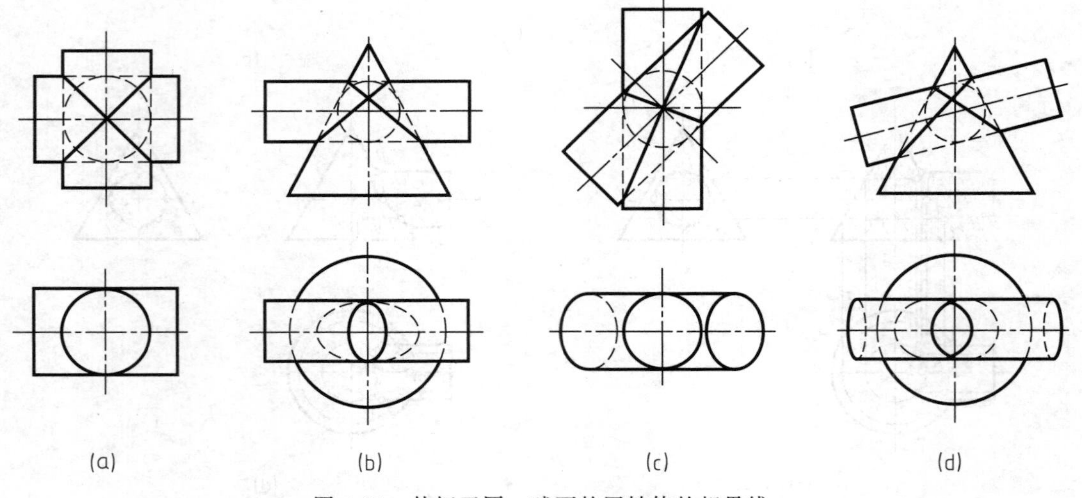

图 4-30 外切于同一球面的回转体的相贯线

（3）两轴线平行的圆柱相交及两共锥顶的圆锥相交

两轴线平行的圆柱相交时，其相贯线为平行于轴线的直线段，如图 4-31（a）所示。两共锥顶的圆锥相交时，其相贯线为过锥顶的直线段，如图 4-31（b）所示。

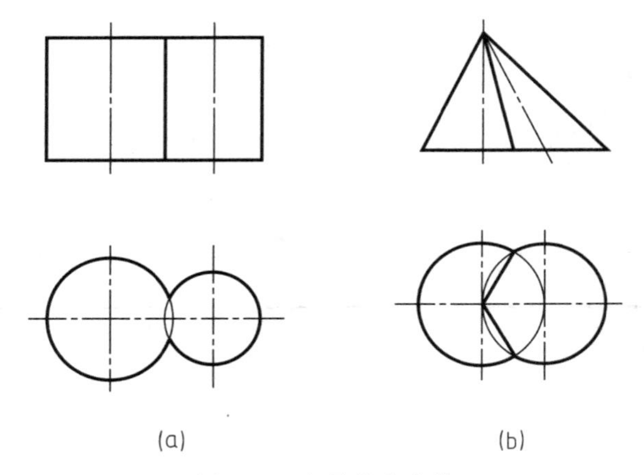

图 4-31　相贯线为直线

思 考 题

1. 试述“三视图”的投影规律及对应方位。
2. 平面立体的表面是如何组成的？
3. 怎样画平面立体的投影图？如何判别棱线投影的可见性？
4. 怎样在平面立体表面上取点、取线？
5. 平面立体投影的线、面分析应用到哪些投影性质？
6. 常见的回转体有哪些？
7. 简述回转体表面取点的方法。
8. 圆锥面上取点的作图可用哪两种方法？
9. 试述平面与平面立体相交时其截交线的形状和求截交线的方法。
10. 平面与回转体表面的截交线有何性质？
11. 什么是截交线上的特殊点？试述求截交线的步骤。
12. 试述圆柱与平面相交其截交线的三种形式。
13. 试述圆锥与平面相交其截交线的五种形式。
14. 求作相贯点根据什么原理？辅助平面选择的原则是什么？常用的辅助面有哪几种？
15. 求作相贯线的过程中，哪些特殊点应该尽量先求出？如何判别交线的可见性？
16. 试叙述完成相贯线的一般步骤（说出 5 个步骤即可）。

组合体

本章是在掌握制图的基本知识和正投影理论的基础上，进一步研究如何应用正投影基本理论，解决画和读组合体三视图，以及进行组合体的尺寸标注等问题。熟练地掌握本章节的内容，将为进一步学习零件图等后续章节打下坚实的基础。

5.1 组合体的组合方式及其表面间的连接关系

任何机械零件，从几何形体角度分析，都可以看出是由若干个基本几何形体叠加、切割组成的，这种由多个基本形体组合而成的物体称为组合体。

5.1.1 组合体的组合方式

组合体是由基本几何形体（棱柱、圆柱、棱锥、圆锥、圆球等）或简单形体（拉伸体、回转体等）按一定方式组合构成的立体。

从工程制造角度考虑，形体组合构成组合体的基本形式是叠加和挖切（切割），较复杂的组合体常常是综合运用叠加和挖切两种形式构成的，如表 5-1 所示。

表 5-1 组合体的组合形式

组合形式	图　例	说　明
叠加	Ⅱ Ⅲ Ⅰ	该组合体可以看成是由Ⅰ、Ⅱ、Ⅲ各部分叠加而成的
切割	Ⅲ Ⅱ Ⅰ	该组合体可以看成是四棱柱被切去Ⅰ、Ⅱ、Ⅲ这 3 块后所组成的

续表

组合形式	图　　例	说　　明
综合	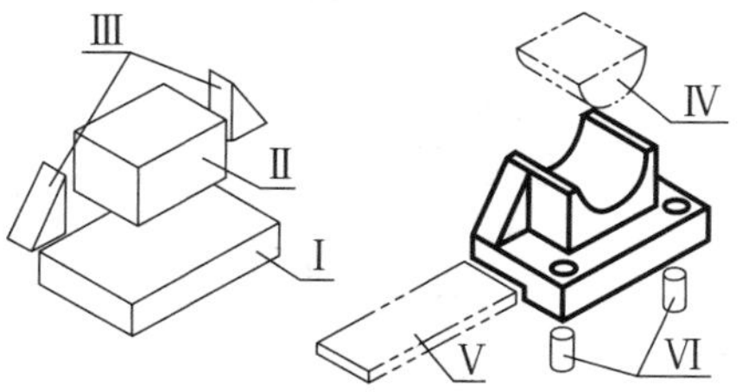 Ⅲ Ⅱ Ⅰ Ⅳ Ⅴ Ⅵ	该组合体可以看成是由Ⅰ、Ⅱ、Ⅲ各部分叠加而成之后，又被切去Ⅳ、Ⅴ、Ⅵ这几块后而形成的

5.1.2　形体间的相对位置和邻接表面关系

形体叠加、挖切组合后，构成组合体的形体之间可能处于上下、左右、前后或对称、同轴等相对位置；形体的邻接表面之间可能产生共面、相切或相交三种关系。

（1）共面

当两形体邻接表面共面时，邻接表面在共面处没有分界线，如图5-1中的共面情况。

（2）相切

当两形体邻接表面相切时，由于相切是光滑过渡，所以规定切线的投影不画，见图5-2及图5-3（a）、（b）。在某个视图上，当切线处存在回转面的转向线时，应画出该转向线的投影，如图5-3（c）、（d）所示。

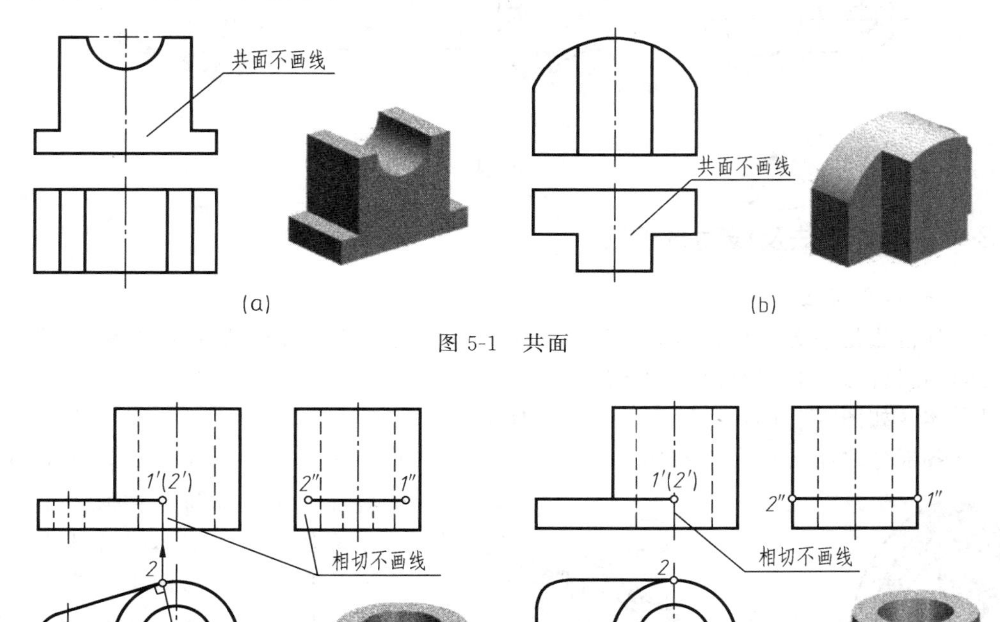

图5-1　共面

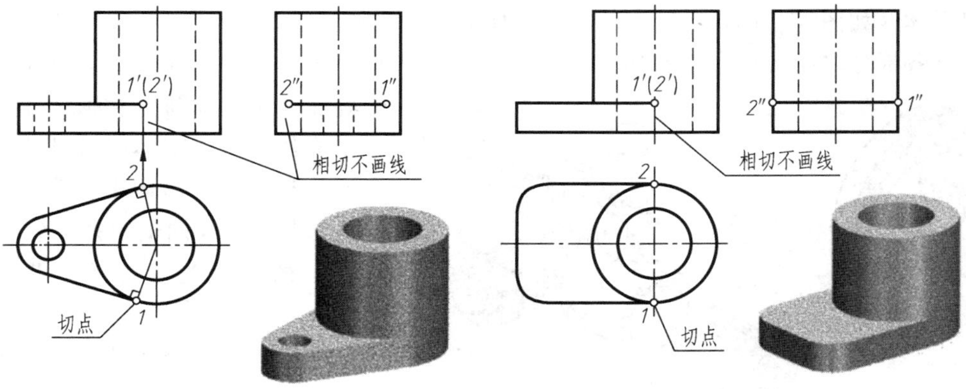

图5-2　相切

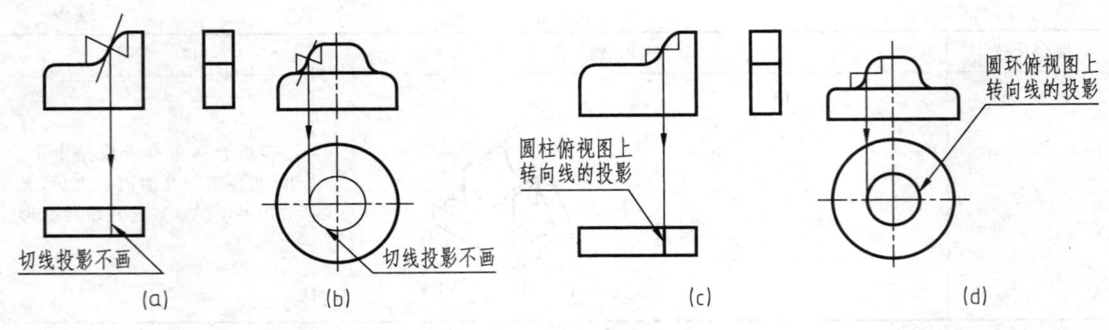

图 5-3 切线的投影不画出

(3) 相交

两形体邻接表面相交时，相交处一定产生交线，如图 5-4 中的相交情况。求交线的基本方法在第 4 章求截交线和相贯线中已讨论过。

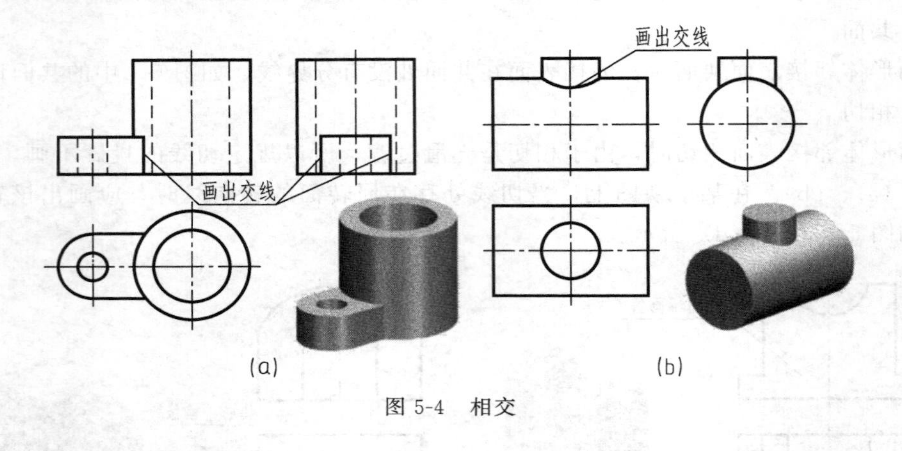

图 5-4 相交

5.1.3 形体分析法及线面分析法

5.1.3.1 形体分析法

形体分析法是假想把组合体分解为若干个形体（基本几何形体或简单形体），并确定各形体之间的组合形式和相对位置的方法。

组合体［如图 5-5（a）所示］由三个圆柱Ⅰ、Ⅱ、Ⅲ和三个圆柱（孔）Ⅳ、Ⅴ、Ⅵ组合而成，其各部分之间的组合关系如图 5-5（b）所示。形体Ⅰ和Ⅱ为同轴叠加；在形体Ⅱ上方叠加一个形体Ⅲ；在形体Ⅰ中挖去三个形体Ⅵ；在形体Ⅲ和Ⅱ中挖去一个形体Ⅳ；对于形体Ⅰ和Ⅱ叠加后的形体，与形体Ⅱ同轴挖去一个形体Ⅴ，形体Ⅴ的长度为形体Ⅰ、Ⅱ的长度之和。

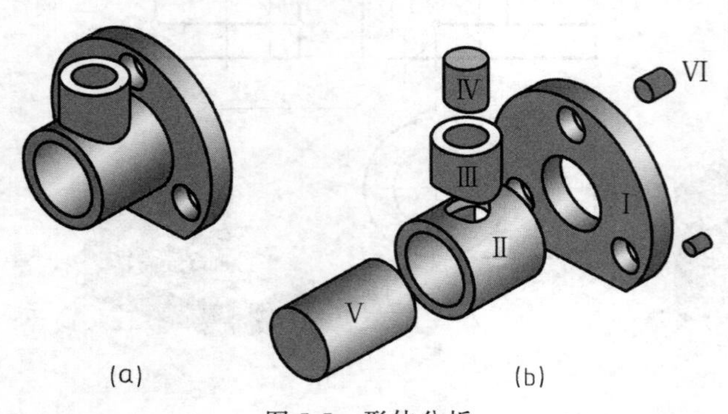

图 5-5 形体分析

注意：把组合体分解为若干个形体，仅是一种人为的分析问题的方法。实际组合体本来就是一个完整的整体。

图 5-5（b）中的形体Ⅴ是从形体Ⅰ、Ⅱ中挖出，由于形体Ⅰ和Ⅱ是一个整体，所以形体Ⅴ是完整的圆柱（孔），其长度（孔深）为形体Ⅰ与Ⅱ的长度之和。

由上述分析可知，运用形体分析法分解组合体，可以把比较复杂的画、看组合体视图的问题，转化为比较简单的画、看基本几何形体和简单组合体视图的问题。如果能理解和熟练掌握一些常见形体及其三视图，就能保证正确而迅速地画图和看图。形体分析法是学习画组合体视图和看组合体视图的基本方法。

5.1.3.2 线面分析法

线面分析法是根据面、线的空间性质和投影规律，分析形体的表面或表面间的交线与视图中的线框或图线的对应关系，进行画图、看图的方法。

构成组合体的形体可以看作是由形体各表面围成的实体。形体分析法是从“体”的角度分析组合体，线面分析法是从“面”、“线”的角度分析形体的表面或表面间的交线。

通常，视图中图线的含义为：

① 具有积聚性的表面（平面或柱面）的投影；

② 两个邻接表面（平面或曲面）交线的投影；

③ 曲面转向线的投影。

通常，视图中线框的含义为：

① 形体表面（平面或曲面）的投影（封闭线框）；

② 孔洞的投影（封闭线框）；

③ 相切表面的投影，表现为封闭线框［例如图 5-3（a）的俯视图］或含有不封闭线框［例如图 5-2（a）、（b）的主视图］。

在画图和看图过程中，一般是首先采用形体分析法。当形体的邻接表面处于共面、相切或相交关系时，或者形体的表面有投影面垂直面和一般位置平面时，常运用线面分析法。也可以用形体分析法解题后，再用线面分析法来验证所得的结果。

下面分别讨论形体邻接表面处于共面、相切和相交三种关系时的画图特点。

（1）两形体邻接表面共面

当两形体邻接表面共面时，共面处不存在形体的分界线。图 5-6（a）所示形体Ⅰ和Ⅱ进行叠加组合，图 5-6（b）、（c）都属于共面叠加，故在共面处均不画出两形体的分界线。

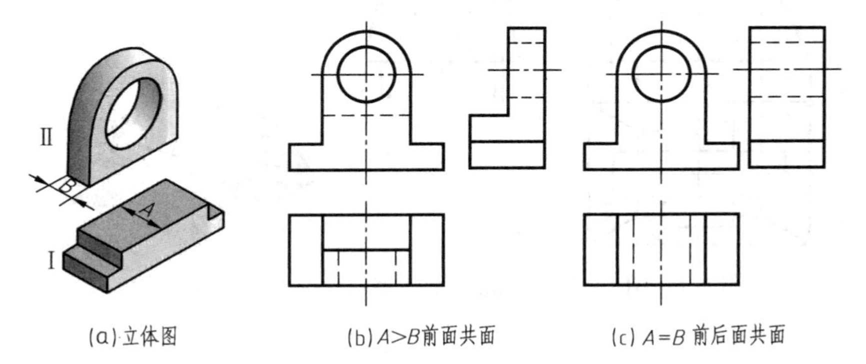

图 5-6　两形体邻接表面共面处无分界线

（2）两形体邻接表面相切

当两形体邻接表面相切时，画图要从反映相切关系的具有积聚性的视图画起。图 5-7（a）所示组合体的底板平面 Q 与圆柱面相切。因此，要先画俯视图，并找出切点的水平投

影 b、b_1，然后按投影规律求出切点的其他两面投影 b'、b'_1 和 b''、b''_1，如图 5-7（b）所示。底板顶面 P 的正面投影应画到切点的正面投影 b' 处，P 面的侧面投影必是两切点的侧面投影 b''、b''_1 的连线（连线长为 A）。由于切线在主、左视图中的投影都不画，所以底板的主、左视图均含有不封闭线框。

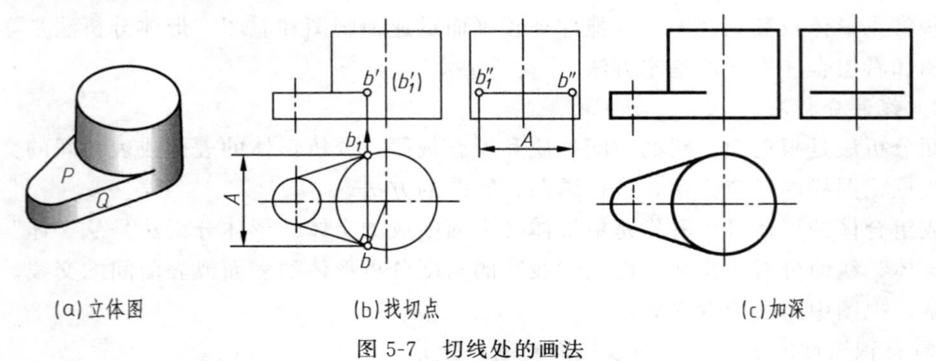

图 5-7　切线处的画法

（3）两形体邻接表面相交

当两形体邻接表面相交时，首先要分析是哪两个表面相交，产生了怎样的交线；然后正确画出交线的各投影。画交线时，需注意下列两种常见情况：

① 当两形体邻接表面是两个不同投影面的垂直平面时，两平面的交线必是一条一般位置直线。图 5-8 所示组合体的左、右两侧面为正垂面 Q、Q_1，前、后两侧面为侧垂面 P、P_1，则它们的交线一定是一般位置直线，交线的三个投影均倾斜。交线的正面投影和侧面投影可以利用平面的积聚性直接得到，再按投影规律求出交线的水平投影。从图中可见，P、P_1、Q、Q_1 平面的非积聚性投影 p、p_1、q、q_1，与空间形体各对应表面保持着类似性。

② 求两形体邻接表面产生的交线时，要充分利用有积聚性的投影，先求出交线中的特殊点的投影，再补充若干个一般位置点的投影，然后依次过点的同面投影作连线，最后判别交线的可见性和补全其他可见轮廓的投影。

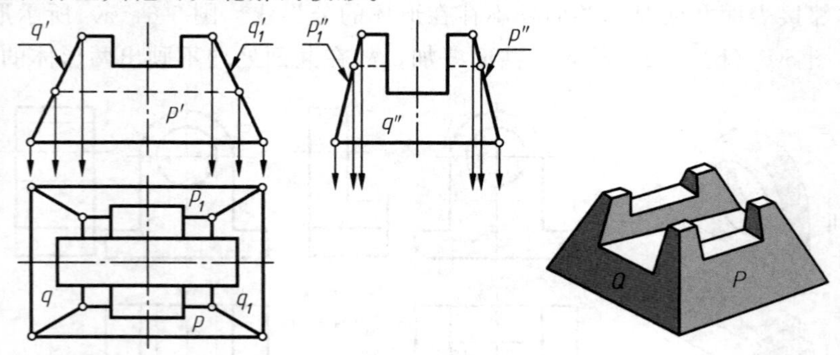

图 5-8　不同投影面的垂直面的交线是一般位置直线的情况

5.2　画组合体视图

画组合体三视图时，通常先运用形体分析法把组合体分解为若干个形体，确定它们的组合形式和相对位置，判断形体间邻接表面关系；其次逐个画出形体的三视图；必要时还应对组合体中的投影面垂直面、一般位置平面及邻接表面关系进行面、线的投影分析。当组合体中出现不完整形体相贯时，可用恢复原形法进行分析。

5.2.1　形体分析法画组合体三视图

形体分析法是画组合体视图的最基本方法，尤其对于叠加型形体更为有效。下面以图 5-9（a）所示的轴承座为例，介绍形体分析法画组合体三视图的一般步骤。

① 形体分析。把组合体分解为若干形体，并确定它们的组合形式、相对位置及邻接表面关系，如图 5-9（b）所示。

如图 5-9（a）所示轴承座，可假想地分解成九个部分，即五个实体（底板 1、竖板 2、圆筒 3、肋板 4、凸台 5）和四个虚体（6、7、8、9 四个圆柱体）。其中，底板 1 与竖板 2 的后表面平齐；竖板 2 与圆筒 3 左右方向相切；肋板 4 与底板 1、圆筒 3 均相交；凸台 5 与圆筒 3 相贯；圆柱体 9 与圆柱体 8 相贯，轴承座的总体结构左右对称。

② 确定主视图。三视图中，主视图是最主要的视图。确定主视图时，要解决组合体怎样放置和从哪个方向投射的问题。选择组合体的自然安放位置，或使组合体的表面对投影面尽可能多地处于平行或垂直的位置，作为放置位置；选择能较多地反映组合体的形体特征及其相对位置，并能减少俯、左视图上细虚线的那个方向，作为投射方向。最后，确定主视图投射方向。

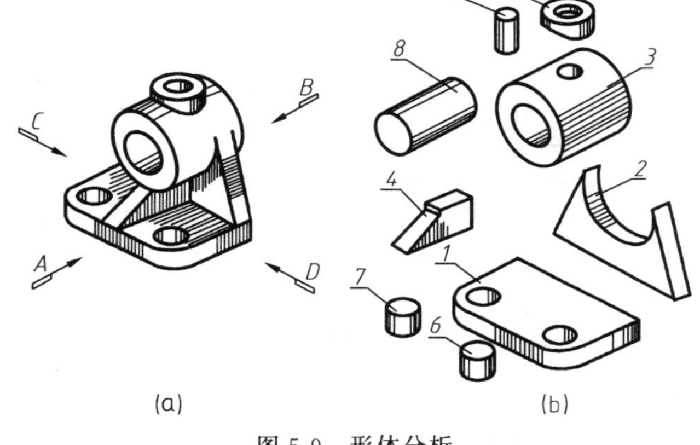

图 5-9　形体分析

轴承座的主视图方向的选择：

a. 先选择组合体的摆放位置，如图 5-10 所示。

b. 确定图 5-10 所示四个可能的投影方向，再对 *A*、*B*、*C*、*D* 四个投影方向进行比较(参见图 5-9)，确定投影方向。由图示可知，*B* 向虚线太多，不适合作主视图；*A* 向和 *C* 向进行比较，*C* 向作为主视图投影方向时，对应的左视图会出现较多的虚线，不如 *A* 向好；再比较 *A* 向和 *D* 向，*A* 向反映轴承座各部分的形状特征较多，*D* 向反映轴承座各部分的位置关系较多，二者均可以作为主视图的投影方向。

c. 考虑到合理利用图纸幅面，这里选择 *A* 向为主视图投影方向。

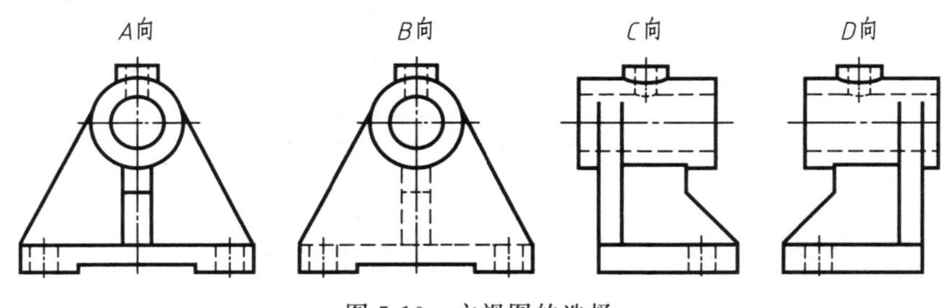

图 5-10　主视图的选择

注：*A* 向、*B* 向、*C* 向、*D* 向投影方向见图 5-9

③ 选比例、定图幅。画图时，尽量选用 1∶1 的比例。这样既便于直接估量组合体的大小，又便于画图。按选定的比例，根据组合体的长、宽、高计算出三个视图所占范围，并在视图之间留出标注尺寸的位置和适当的间距，据此选用合适的标准图幅。

④ 布图、画定位线。将图纸固定后，根据各视图的大小和位置，画出定位线。此时，视图在图纸上的位置就确定了。定位线一般是指画图时确定视图位置的直线，每个视图需要水平和竖直两个方向的定位线。一般常用对称平面（对称中心线）、轴线和较大的平面（底面、端面）的投影作为定位线，如图 5-11（a）所示。

⑤ 逐个画出各形体的三视图。根据各形体的投影规律，逐个画出形体的三视图。画形体的顺序：一般先大（大形体）后小（小形体）；先实（实形体）后空（挖去的形体）；先画主要轮廓，后画局部细节。画每个形体时，应三个视图联系起来画，要从反映形体特征的视图画起，再按投影规律画出其他两个视图，如图 5-11（b）～（e）所示。

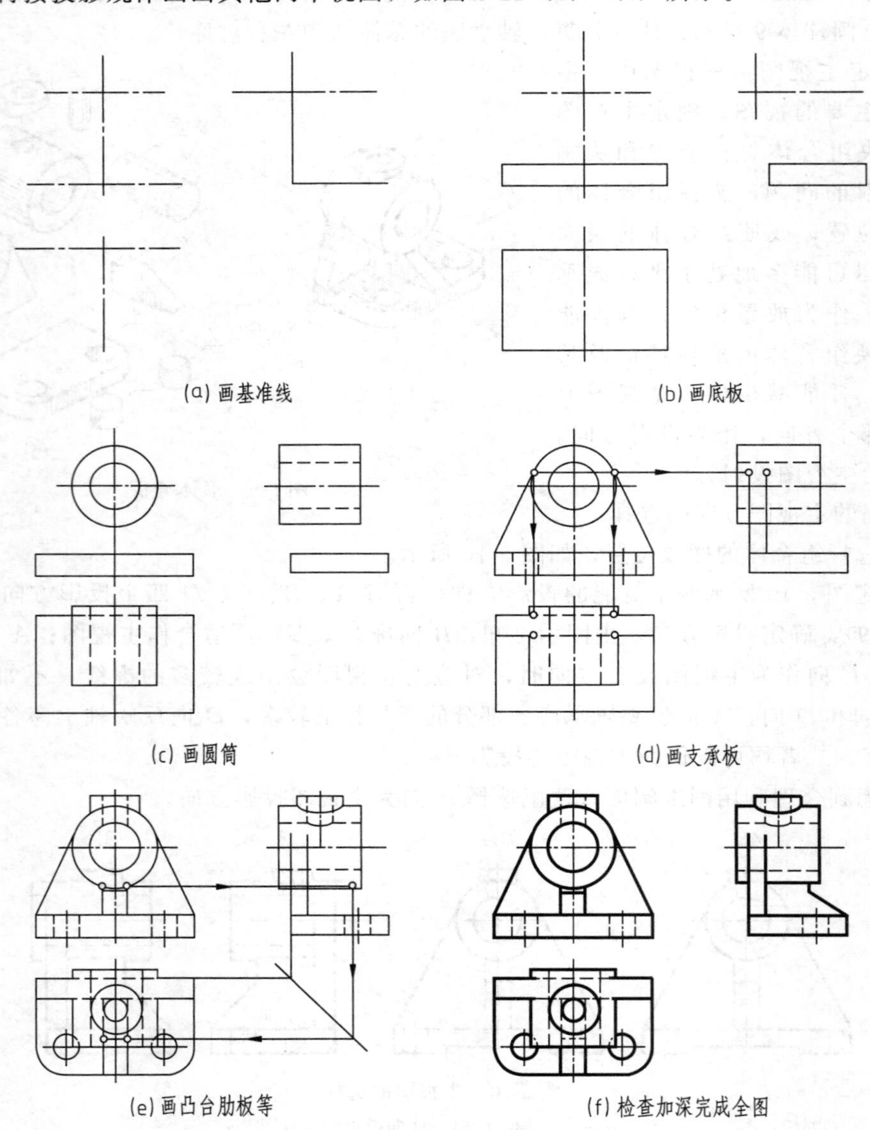

图 5-11 形体分析法画组合体三视图

⑥ 检查、描深底稿。画完后，按形体逐个仔细检查。对形体表面中的投影面垂直面、一般位置平面、形体间邻接表面处于相切、共面或相交关系的面、线，要用面、线投影规律重点校核，纠正错误和补充遗漏。按标准图线描深，可见部分用粗实线画出，不可见部分用细虚线画出。当组合体对称时，在其对称的图形上要画出对称中心线。对半圆或大于半圆的圆弧要画出对称中心线。回转体要画出轴线。对称中心线和轴线用细点画线画出。如图 5-11（f）所示。

当几种图线重合时，一般按“粗实线、细虚线、细点画线和细实线”的顺序取舍。描深后，再进行一次全面检查。

5.2.2　线面分析法画组合体三视图

对于切割体来说，其表面交线较多，形体不完整，为此一般在形体分析法的基础上，对某些线面作投影特性的分析，从而完成切割体的三视图的绘制。下面以图 5-12（a）为例介绍线面分析法画组合体三视图的作图步骤。

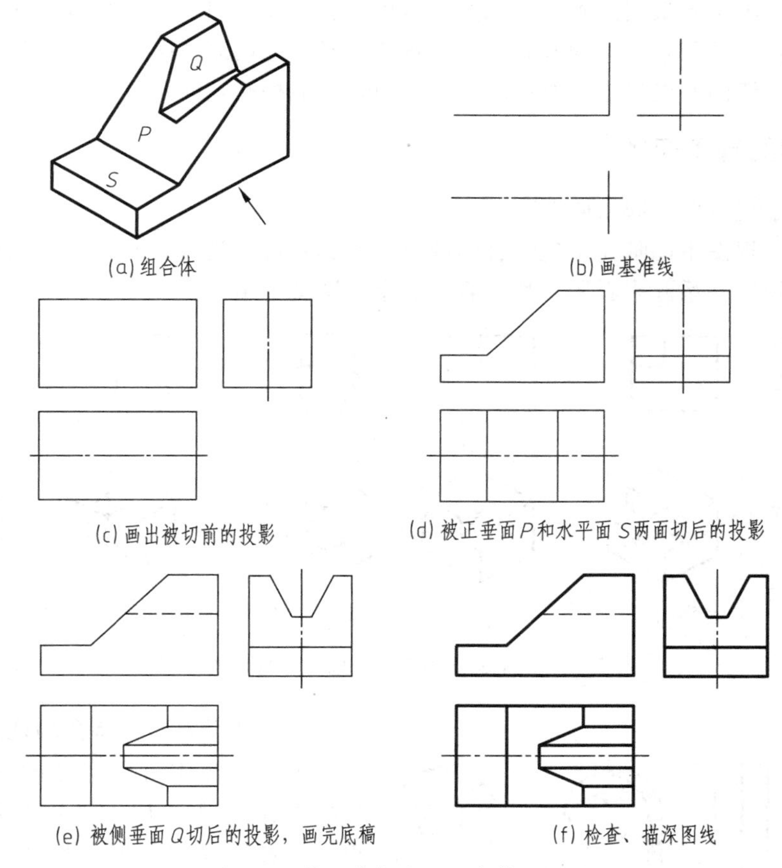

图 5-12　线面分析法画组合体三视图

① 形体分析。如图 5-12（a）所示，该组合体的原形为一四棱柱，它的左边和上边各被切去一个四棱柱。

② 线面分析。该组合体切割后，形成新的平面。P 面为正垂面，在主视图积聚成斜线，而在俯、左视图中应为类似形；Q 面为侧垂面，在左视图积聚成斜线，而在主、俯视图中

应为类似形；S 面为水平面，它在俯视图中反映实形，而在主、左视图中应积聚为水平方向的直线段。

③ 选择主视图。图 5-12（a）中箭头所指的方向为主视图投射方向。

④ 选比例、定图幅。按 1∶1 的比例，确定图幅。

⑤ 布图，画定位线。如图 5-12（b）所示，以立体的底面、右面和对称面为基准作图。

⑥ 绘制底稿。先画被切割前的四棱柱的三视图，然后运用线面分析法从其左端切掉一个四棱柱（先画主视图，正垂面 P 和水平面 S），然后在其上方切掉一梯形（先画左视图，侧垂面 Q），最后画出相应的另外两视图，如图 5-12（c）、（d）、（e）所示。

⑦ 检查、描深。如图 5-12（f）所示为描深后的该组合体的三视图。

5.3 读组合体视图的方法和步骤

画图与读图是本课程的两个主要环节。画图是把三维空间的组合体用正投影法表示在二维平面上；而读图则是根据已画出的视图，运用投影规律，想象出组合体的空间形状。读图是画图的逆过程，画图是读图的基础。要能正确、迅速地读懂视图，必须掌握读图的基本方法和基本要领，读图既能提高对投影的分析能力，又能提高空间想象能力。

5.3.1 读图的基本要领

（1）将几个视图联系起来阅读

通常，一个视图不能唯一确定组合体的形状及其各形体间的相对位置，如图 5-13 所示。因此，要几个视图联系起来看图，切忌看了一个视图就下结论。

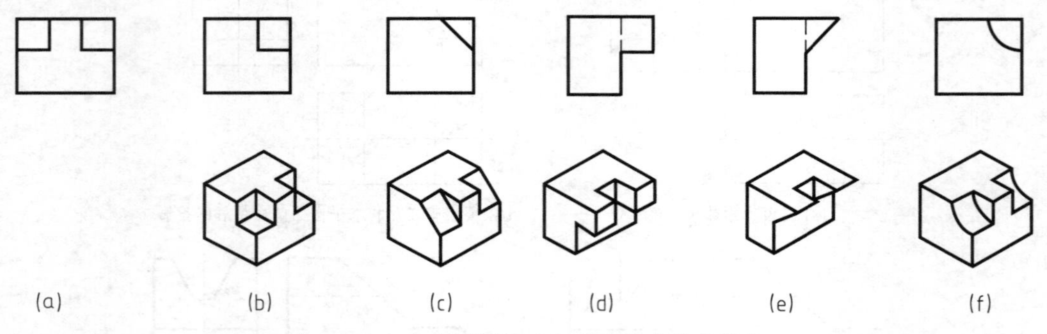

图 5-13 一个视图不能唯一确定组合体的形状

（2）从反映形体特征的视图入手

由于组合体组成部分的形体特征并不都集中在主视图上，因此要善于找出反映组合体各组成部分形状特征和位置特征的视图。一般主视图能够较多地反映组合体的形体特征，因而在看图时，常从主视图入手。如图 5-14（a）所示的组合体三视图，主视图反映形体Ⅰ、Ⅱ（圆柱、棱柱）的形体特征，左视图反映形体Ⅰ、Ⅱ的位

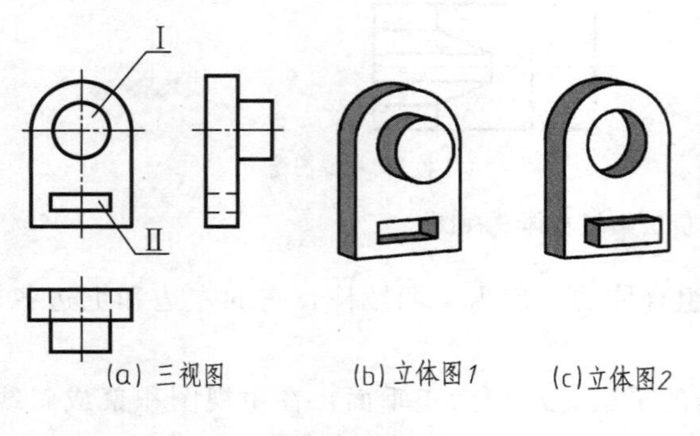

图 5-14 形体特征视图

置特征，反映Ⅰ、Ⅱ的前后（凸出、凹进）关系，如图 5-14（b）、（c）所示。

（3）认真分析视图中的线框，识别形体表面间的位置关系

一个视图中相邻或嵌套的两个线框可能表示相交的两个面，或高、低错开的两个面，也可能表示一个面与一个孔洞。在想象这几种可能后，最终要利用另一个或两个视图来确定。如图 5-15 所示。

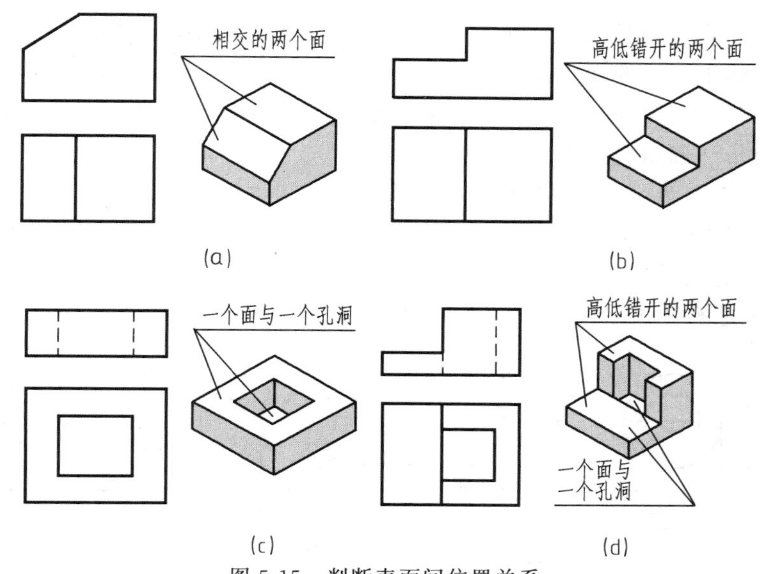

图 5-15　判断表面间位置关系

（4）善于构思物体的形状，把想象中的组合体与给定视图反复对照

为了提高读图的能力，应不断培养构思物体形状的能力，从而进一步丰富空间想象能力，能正确和迅速地读懂视图。读图的过程是把想象中的组合体与给定视图反复对照、不断修正的过程。如在读图 5-16（a）所示的组合体视图时，可先根据给定的主、俯视图构思成

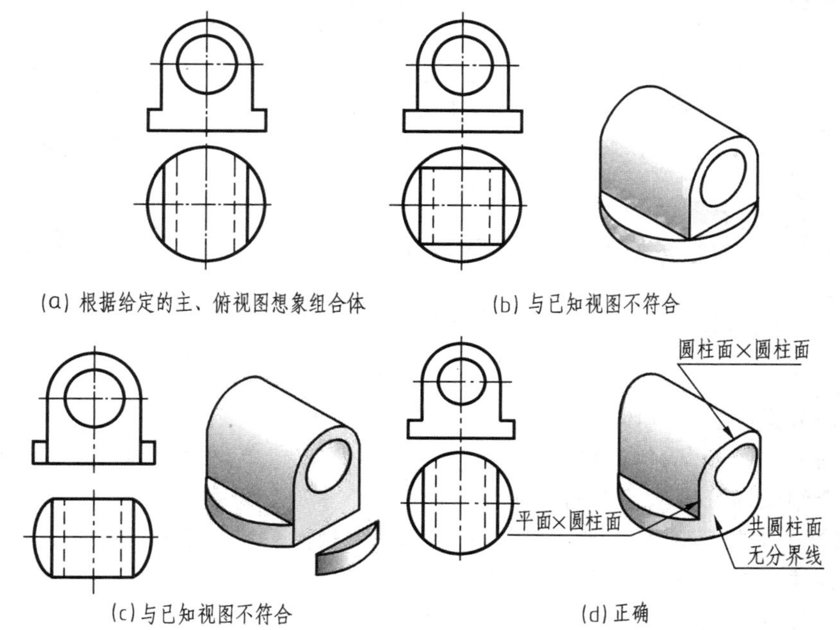

图 5-16　善于构思物体形状

图 5-16（b）、（c）所示立体，默画出想象中形体的视图，再根据视图的差异来修正所构思的形体。只有图 5-16（d）所示形状，才与图 5-16（a）所给定的视图完全相符。

5.3.2 读图的基本方法

读图一般是运用形体分析法和线面分析法，根据形体的视图，逐个识别出各个形体，并确定形体的组合形式、相对位置及邻接表面关系。初步想象出组合体后，还应验证给定的每个视图与所想象的组合体的视图是否相符。当二者不一致时，必须按照给定的视图来修正想象的形体，直至各个视图都相符为止，此时想象的组合体即为所求。

（1）形体分析法读组合体视图

下面以图 5-17 为例，介绍读图的具体步骤。

① 分线框、对投影。将主视图中的线框分成五部分，如图 5-17（a）所示。

② 识形体、定位置。如图 5-17（b）～（e）所示。

③ 综合起来想整体。将图 5-17（f）和图 5-17（a）相对照。

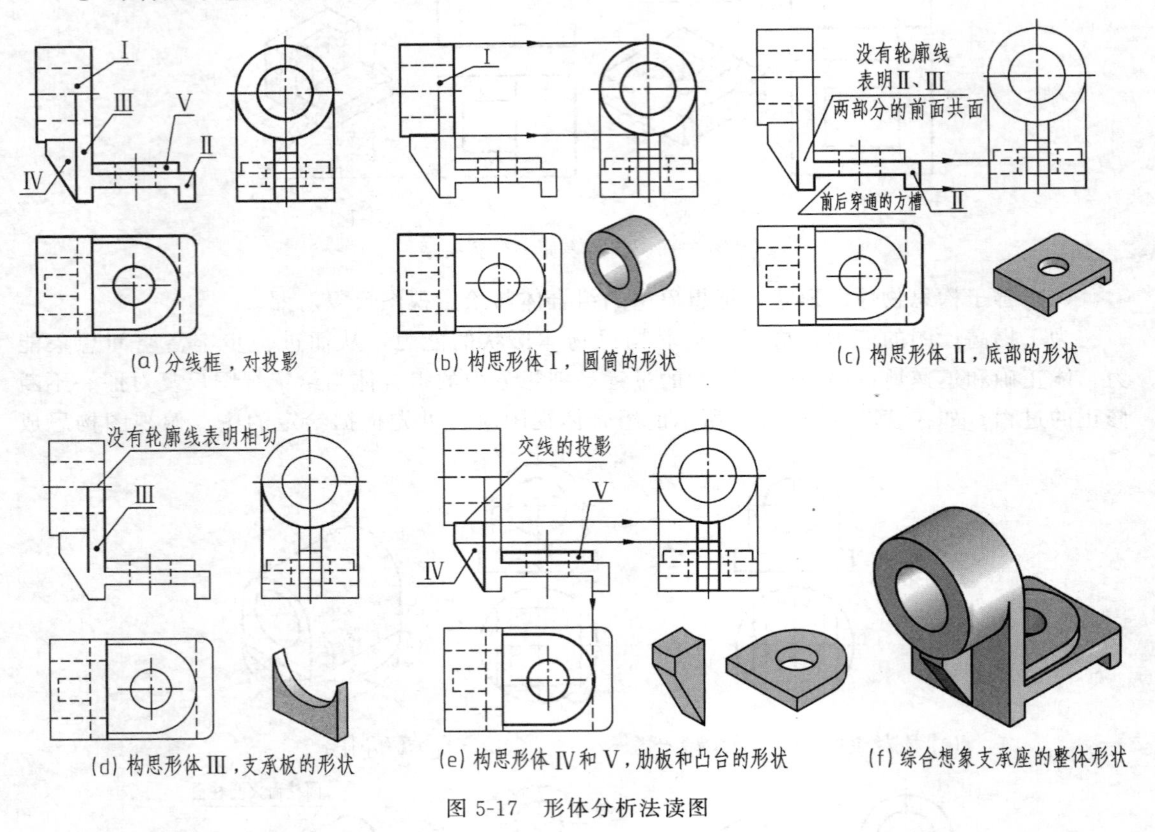

(a) 分线框，对投影　(b) 构思形体Ⅰ，圆筒的形状　(c) 构思形体Ⅱ，底部的形状

(d) 构思形体Ⅲ，支承板的形状　(e) 构思形体Ⅳ和Ⅴ，肋板和凸台的形状　(f) 综合想象支承座的整体形状

图 5-17　形体分析法读图

（2）线面分析法读组合体视图

下面以图 5-18（a）为例，根据给定的主、左视图，想象出组合体的空间形状，并补画出俯视图；介绍线面分析法读图的具体步骤。

① 分线框、对投影。根据图 5-18（a）所示，主视图只有一个封闭线框，估计是图示形状的十二棱柱体，对照投影关系从左视图可知，该十二棱柱的前、后端面被两个侧垂面 P 各切去一块，如图 5-18（b）所示。

② 识形体、定位置。按步骤①已可想象出组合体的空间形状。为正确无误地画出组合体的俯视图，还可运用线面分析法。该组合体除四个水平面和四个侧平面外，还有两个侧垂面 P 和两个正垂面 B。前、后端面的侧垂面 P 是十二边形。由类似性可知其正面投影和水平投影也应是十二边形。根据 P 平面的正面投影和侧面投影可求得水平投影。四个不同高度的水平面 C、A、D、E 与正垂面 B、侧垂面 P 和侧平面的交线都是投影面垂直线，所以这些水平面的形状都是矩形，其边长由正面投影和侧面投影确定。

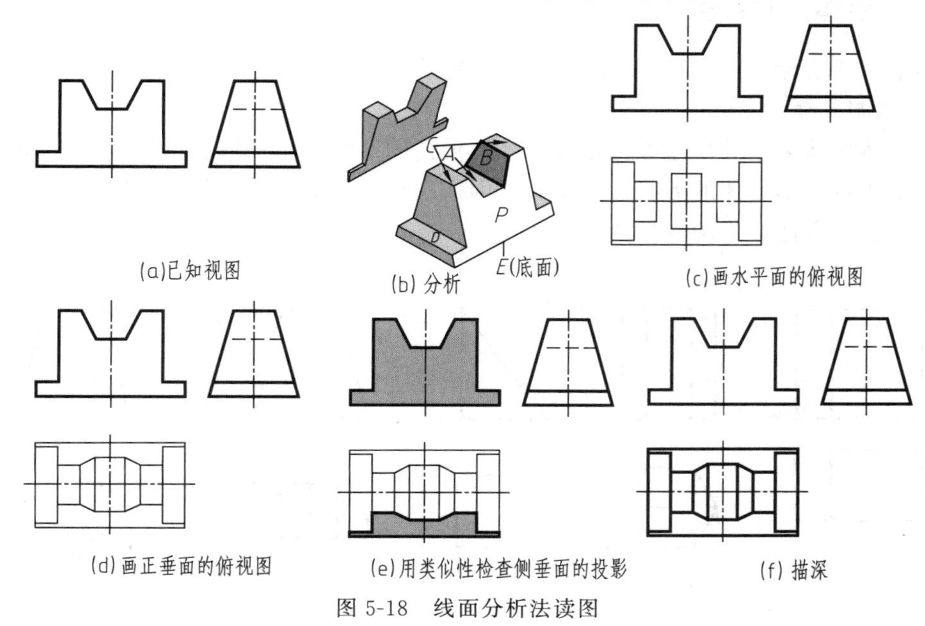

图 5-18　线面分析法读图

③ 画出俯视图。按步骤②分析的结果，先画出水平面 C、A、D、E 各面的水平投影，如图 5-18（c），再补全正垂面 B 和侧垂面 P 的水平投影，如图 5-18（d）所示。实际上，图 5-18（d）中所补画的四条一般位置直线正是侧垂面 P 和正垂面 B 的四条交线。

④ 用类似性检查 P 平面投影。图 5-18（e）中侧垂面 P 的三个投影符合投影规律，P 平面无积聚性的正面投影和水平投影都是十二边形，与想象的形体中 P 平面具有类似性。

⑤ 描深、检查。如图 5-18（f）所示。

5.4　组合体尺寸的标注

视图只能表示组合体的形状，而各形体的真实大小及其相对位置，则必须由尺寸来确定。本节主要是在平面图形尺寸标注的基础上，进一步学习组合体尺寸标注。

5.4.1　组合体尺寸标注的基本要求

组合体尺寸标注的基本要求如下。

（1）标注尺寸正确

所标注尺寸应符合《机械制图》国家标准中有关尺寸注法的规定，这部分内容已在第一章中介绍。

(2) 标注尺寸要完整

所谓完整就是要求：标注出确定组合体中每个形体形状大小的定形尺寸和确定各形体间相对位置的定位尺寸，这些尺寸应不多不少。每一个尺寸在图中只标注一次。

标注尺寸要清晰，尺寸在图中排列适当、整齐、清楚，便于看图。

5.4.2 组合体尺寸种类

图样上一般要标注三类尺寸：定形尺寸、定位尺寸和总体尺寸。

5.4.2.1 定形尺寸

确定形体形状大小的尺寸称为定形尺寸。形体的定形尺寸一般包括长、宽、高三个方向的尺寸。由于各基本形体的形状特点不同，因而定形尺寸的数量也各不相同。常见基本形体的定形尺寸标注方法，如图 5-19 所示。

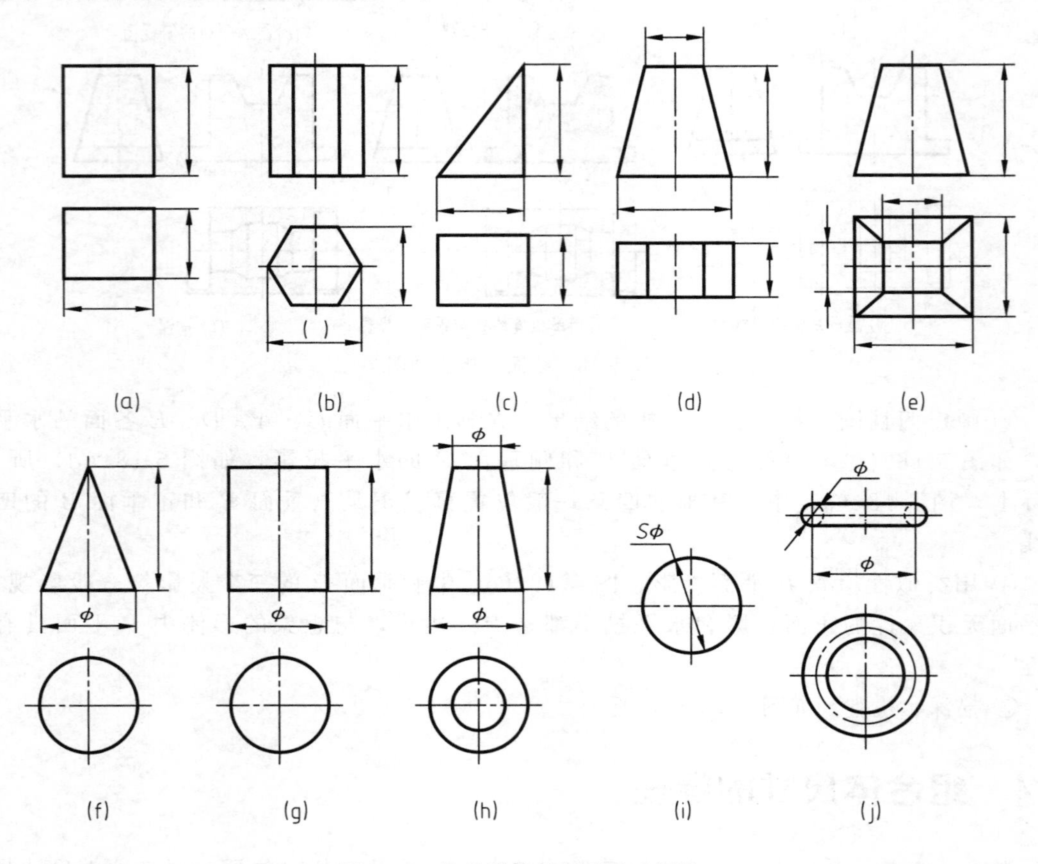

图 5-19 常见形体的定形尺寸标注

5.4.2.2 尺寸基准和定位尺寸

(1) 尺寸基准

标注和测量尺寸的起点称为尺寸基准，简称基准。组合体有长、宽、高三个方向的尺寸，每个方向上至少有一个主要基准。一般采用组合体（或形体）的对称平面（对称中心线）、主要的轴线和较大的平面（底面、端面）作为主要基准。如图 5-20 示出了所给组合体三个方向的主要基准。

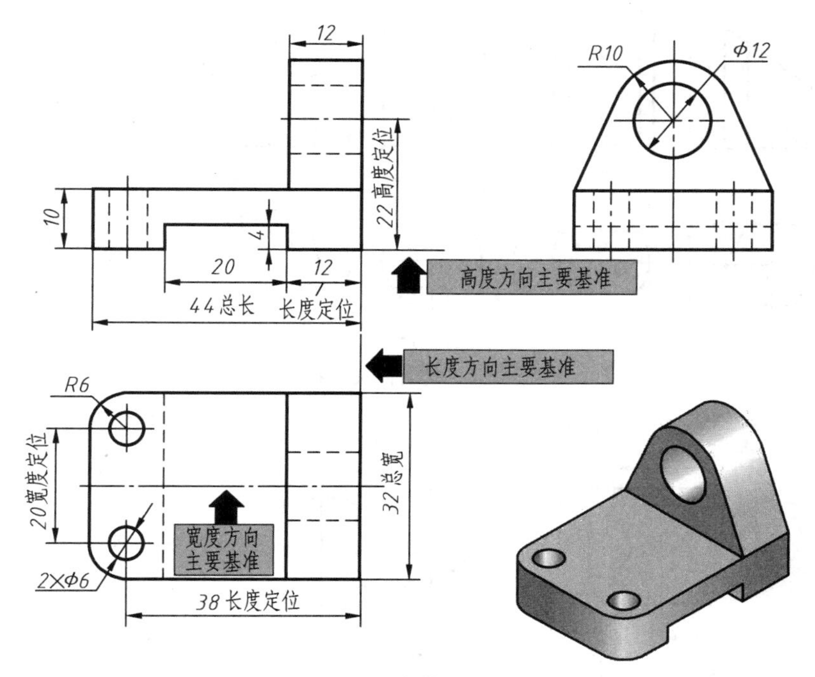

图 5-20　组合体尺寸标注

(2) 定位尺寸

定位尺寸是确定形体间相对位置的尺寸。图 5-20 中将长度方向的定位尺寸、宽度方向的定位尺寸、高度方向的定位尺寸，分别用“长度定位”、“宽度定位”、“高度定位”指出。两个形体间应该有三个方向的定位尺寸。

若两形体间在某一方向处于共面、对称、同轴时，就可省略该方向的一个定位尺寸。图 5-20 中底板上 2×ϕ6 两圆柱孔省去了高度定位尺寸。

当以对称平面（对称中心线）为基准标注定位尺寸时，一般以对称中心线为中心，直接标注对称的两形体之间的距离，如图 5-20 中 2×ϕ6 两圆柱孔的中心距 20（宽度定位尺寸）。

从上述分析可以看出，基本形体的定形尺寸的数量是一定的，两形体间的定位尺寸的数量也是一定的，所以组合体尺寸的数量是确定的。

截切体尺寸标注时，截切体应标注基本体定形尺寸、切口（截切）截平面位置的定位尺寸，而不需标注截交线形状大小的尺寸，如图 5-21 所示。标注相贯体的尺寸时，只需标注参与相贯的各回转体的定形尺寸及其相对位置的定位尺寸，不必标注相贯线的尺寸，如图 5-22 所示。

5.4.2.3　总体尺寸

表示组合体的总长、总宽和总高的尺寸，称为总体尺寸。有时，某一形体的某一尺寸就反映了组合体的总体尺寸（图 5-23 中底板的长和宽就是该组合体的总长和总宽），当然不必另外标注。有时按各形体逐步标注定形尺寸和定位尺寸后，尺寸已完整，实际上总体尺寸已隐含确定，若再加注总体尺寸就会出现多余尺寸（形成封闭尺寸链）。图 5-23 所示底板高度尺寸 10、立板高度尺寸 15、总高尺寸 25 同时标注就是这种情况。此时若加注总高尺寸，应去掉一个板的高度尺寸，如去掉立板高度尺寸 15。为避免调整尺寸，也可先注出总体尺寸，逐个形体标注时，少注该方向上形体的一个尺寸。

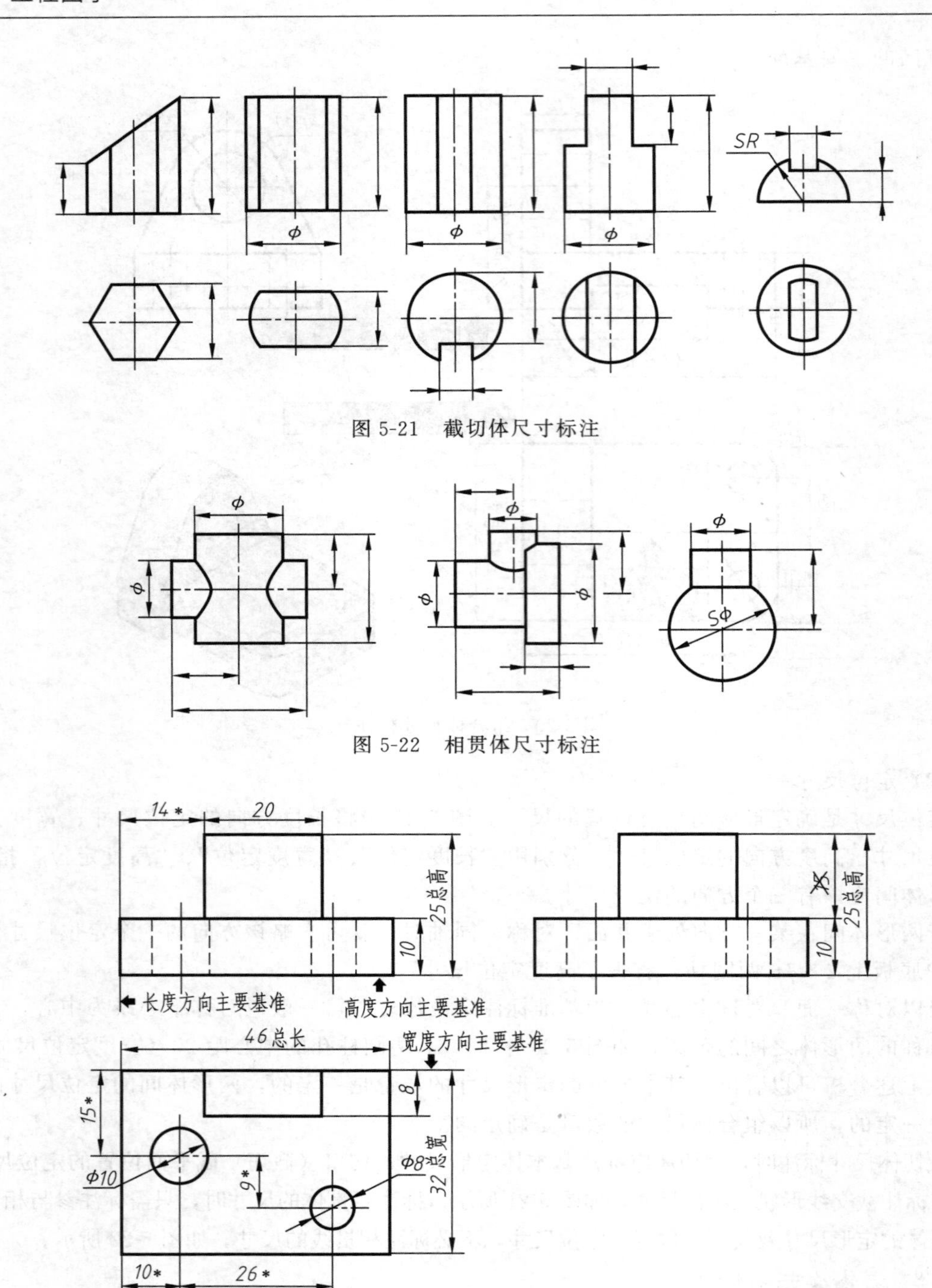

图 5-21 截切体尺寸标注

图 5-22 相贯体尺寸标注

图 5-23 组合体尺寸标注

注：图中带“*”号的尺寸是定位尺寸

有时，为了满足加工要求，既标注总体尺寸，又标注定形尺寸，如图 5-24 所示。图中底板四个角的 1/4 圆柱可能与孔同轴，如图 5-24（a）所示；也可能不同轴，如图 5-24（b）所示。但无论同轴与否，均要标注出孔的轴线间的定位尺寸和 1/4 圆柱的定形尺寸 R，还要标注出总体尺寸。当二者同轴时，应校核所标注的尺寸数值不要发生矛盾。

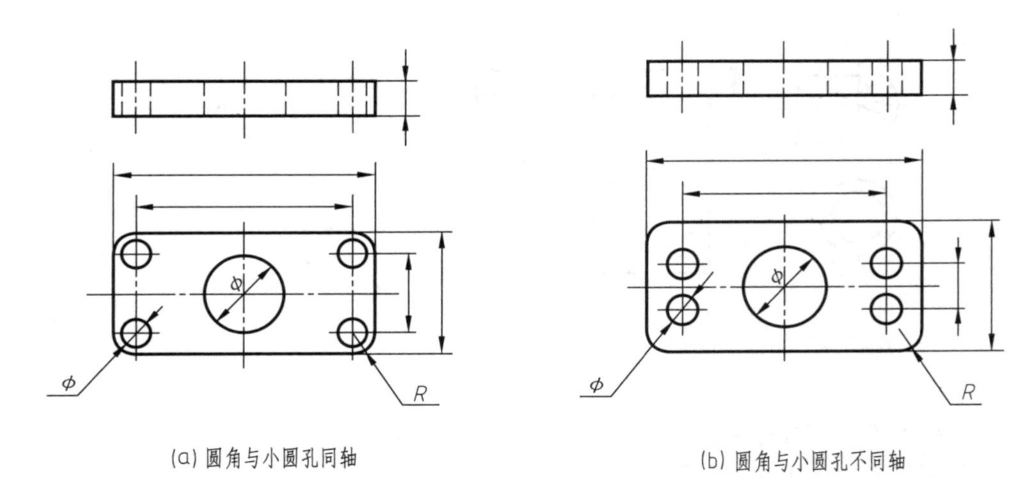

(a) 圆角与小圆孔同轴　　(b) 圆角与小圆孔不同轴

图 5-24　要标注总体尺寸

当组合体的端部不是平面而是回转面时，该方向一般不直接标注总体尺寸，而是由确定回转面轴线的定位尺寸和回转面的定形尺寸（半径或直径）来间接确定，如图 5-25（a）～(f) 所示。

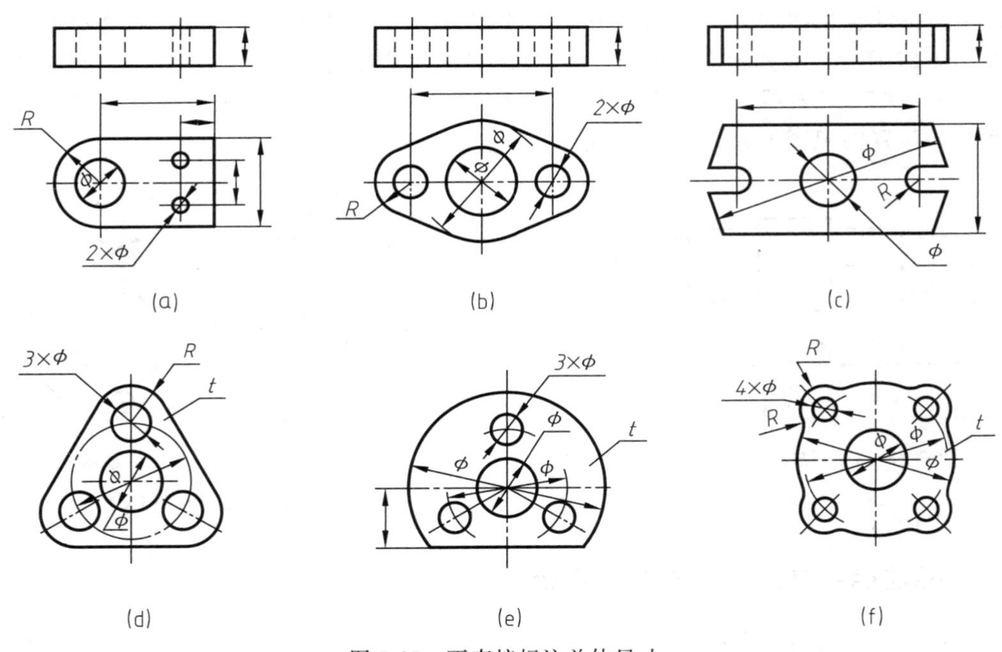

(a)　(b)　(c)　(d)　(e)　(f)

图 5-25　不直接标注总体尺寸

5.4.3　组合体尺寸标注应注意的问题

（1）尺寸尽量标注在反映形体特征的视图上

为了看图方便，应尽可能把尺寸标注在反映形体特征的视图上。如图 5-25（a）～(c) 所示，把尺寸标注在反映形体特征的俯视图上；R 值应标注在反映圆弧的视图上；ϕ 值可标注在反映圆的视图上，也可标注在非圆的视图上；为使尺寸清楚，一般标注在非圆的视图上。

（2）把有关联的尺寸尽量集中标注

为了看图方便，应把有关联的尺寸尽量集中标注，如图 5-26 所示。

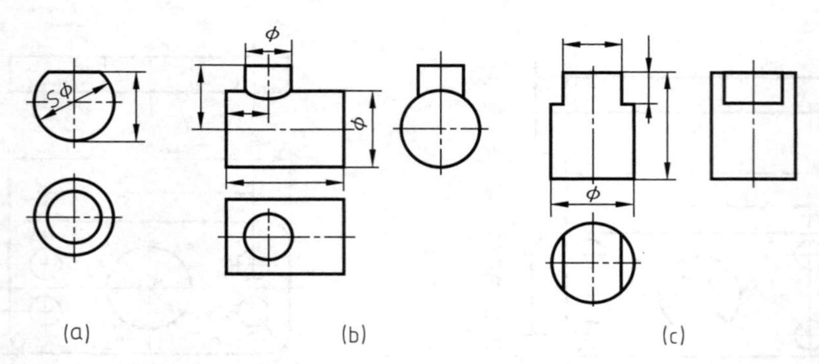

图 5-26 尽量集中标注和交线上不标注尺寸

(3) 交线上不应直接标注尺寸

形体的邻接表面处于相交位置时，自然会产生交线。由于两个形体的定形尺寸和定位尺寸已完全确定了交线的形状，因此，在交线上不应再另注尺寸，如图 5-26 所示。

(4) 尺寸排列整齐、清楚

排列整齐，除了遵守第一章中介绍的尺寸注法的规定外，尺寸尽量标注在两个相关视图之间；尽量标注在视图的外面。同一方向上连续标注的几个尺寸应尽量配置在少数几条线上，如图 5-27 所示。应根据尺寸大小，依次排列，尺寸线与尺寸线不应相交，尽量避免尺寸线与尺寸界线、轮廓线相交；按圆周均匀分布的孔的 ϕ 值和定位尺寸一般标注在反映其数量和分布位置的视图上；如图 5-28 所示。

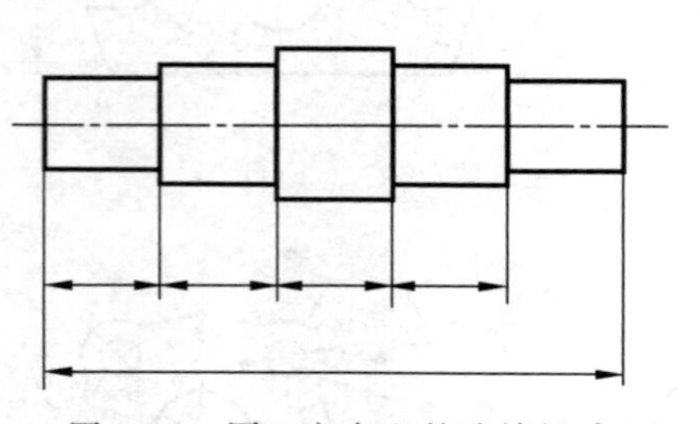

图 5-27 同一方向上的连续尺寸

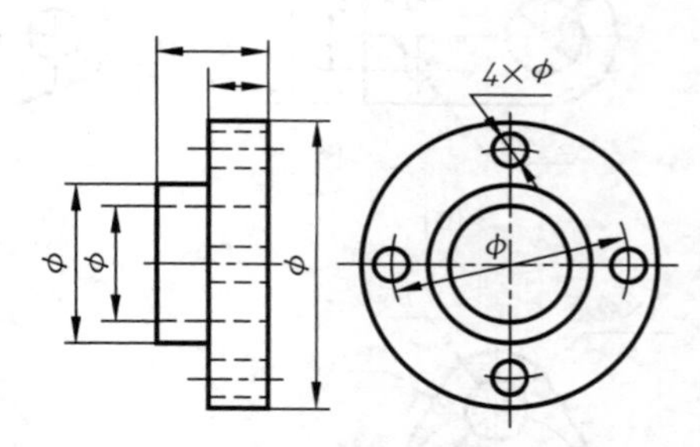

图 5-28 避免尺寸线与其他图形相交以及均布孔的标注

5.4.4 标注组合体尺寸的方法和步骤

标注尺寸时，先对组合体进行形体分析，选定长度、宽度、高度三个方向的尺寸基准，逐个形体标注其定形尺寸和定位尺寸，再标注总体尺寸，最后检查。

下面以图 5-29 (a) 所示组合体为例，介绍标注组合体尺寸的步骤。

(1) 形体分析

该组合体由形体Ⅰ（圆筒）、形体Ⅱ（底板）、形体Ⅲ（圆筒）、形体Ⅳ（肋板）组成。形体分析后，确定各形体的定形尺寸和定位尺寸，如图 5-29 (b) 所示。

(2) 尺寸基准

形体Ⅰ（圆筒）的轴线为长度方向的主要基准，选形体Ⅰ、形体Ⅱ的前后对称平面（对称中心线）为宽度方向的主要基准，选形体Ⅰ的底面为高度方向的主要基准，如图 5-29 (c) 所示。

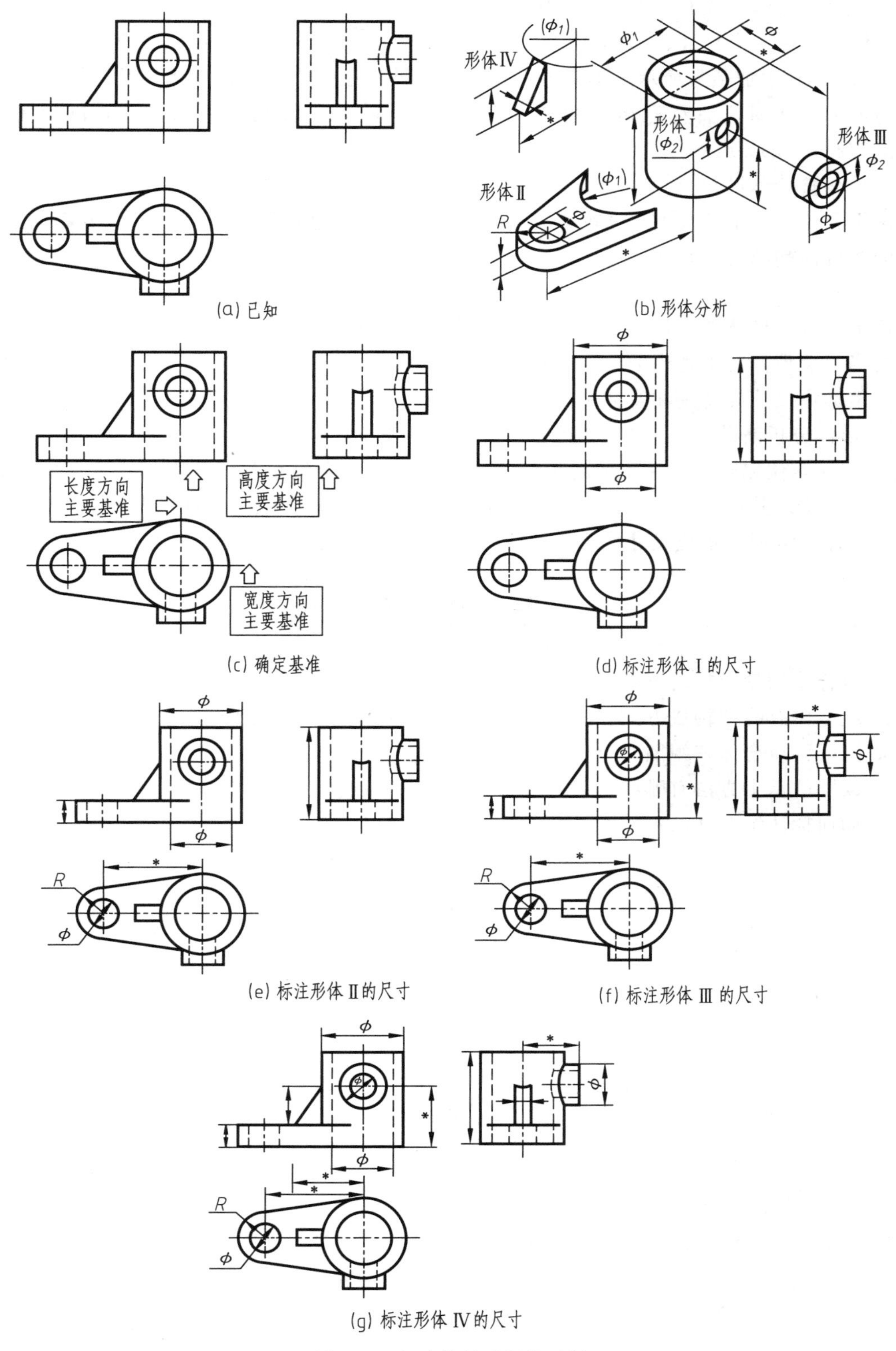

图 5-29 组合体尺寸标注示例

注：标 * 表示定位尺寸

(3) 逐个形体标注其定形尺寸和定位尺寸

形体Ⅰ标注三个尺寸；形体Ⅱ只需标注四个尺寸，与形体Ⅰ外圆柱面直径相关的 ϕ_1，如图 5-29（b）中加括号所示，不需再标注；形体Ⅲ标注四个尺寸；形体Ⅳ只需标注三个尺寸，与形体Ⅰ外圆柱面直径相关的 ϕ_1，如图 5-29（b）中加括号所示，不需再标注。如图 5-29（d）～(g) 所示。

(4) 调整总体尺寸

该组合体形体Ⅰ的高度尺寸就是组合体的总高尺寸；总长和总宽尺寸不需直接注出，因相应的组合体端部是回转面。

(5) 检查

逐个检查各形体的定形、定位尺寸，最后，检查总体尺寸。同时，检查一下尺寸的配置是否适当、清晰。对不适当的尺寸进行修改、调整。

完整标注尺寸应特别注意如下。

① 形体分析清楚　要分析清楚组成组合体的各形体。

② 定形定位完全　标注出的各形体的定形尺寸应完全确定其形状大小，各形体的定位尺寸应完全确定其在长度、宽度、高度三个方向的相对位置。标注思路要清晰：通常是标注完成一形体的定形、定位尺寸后，再标注另一形体的定形、定位尺寸。

思 考 题

1. 组合体构型设计需要考虑哪些原则？有哪些方法？
2. 组合体有哪些构成方式？各形体间的表面连接关系有哪几种情况？
3. 怎样画组合体三视图？
4. 读图的基本方法有哪些？需要注意哪些读图要点？
5. 如何标注组合体的尺寸？

轴测图

多面正投影图是工程上应用最广的图形表达方式。但是，每个视图只反映物体的两个尺寸，缺乏立体感，需要对照几个视图和运用正投影原理进行阅读，才能想象出物体的形状。如图 6-1 所示。轴测图（即轴测投影）属于单面平行投影，它能同时反映物体长、宽、高三个方向的形状，因而立体感较强，但绘制较繁琐，在工程设计和工业生产中常用作辅助图样。

本章介绍轴测图的概念、特性、常用轴测图的画法和尺寸注法。

6.1 轴测图的基础知识

6.1.1 基本概念与基本特性

(1) 轴测图的形成

将物体连同其参考直角坐标系，沿不平行于任一坐标平面的方向，用平行投影法投射到单一投影面上所得到的图形称为轴测投影图，简称为轴测图。

(2) 轴间角与轴向伸缩系数

如图 6-1 所示，投影面 P 称为轴测投影面。投射线方向 S 称为投射方向。空间坐标轴 O_0X_0、O_0Y_0、O_0Z_0 在轴测投影面上的投影 OX、OY、OZ 称为轴测轴，简称 X、Y、Z 轴。轴测轴上的单位长度与相应空间坐标轴上的单位长度之比，分别称为 X、Y、Z 轴的轴向伸缩系数，分别用 p、q、γ 表示。

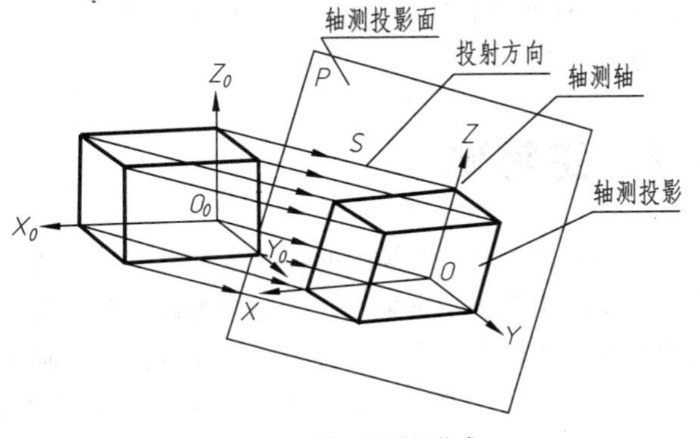

图 6-1 轴测图的形成

即：$p=\frac{OA}{O_0A_0}$，$q=\frac{OB}{O_0B_0}$，$\gamma=\frac{OC}{O_0C_0}$

轴测轴之间的夹角$\angle XOY$、$\angle XOZ$、$\angle YOZ$ 称为轴间角。

(3) 轴测图基本特性

① 物体上相互平行的两直线，在轴测图上投影仍保持平行。

② 物体上两平行线段或同一直线上的两线段长度之比，在轴测图上保持不变。

③ 物体上平行于某坐标轴的线段，在轴测图上的投影长度等于该坐标轴的轴向伸缩系数与线段长度的乘积。

根据以上性质，若已知各轴向伸缩系数，在轴测图中即可直接按比例测长度，画出平行于轴测轴的各线段，这就是轴测图中“轴测”两字的含义。

6.1.2　轴测图的种类

轴测图分为正轴测图和斜轴测图两大类。当投射线方向垂直于轴测投影面时，称为正轴测图；当投射线方向倾斜于轴测投影面时，称为斜轴测图。

正轴测图根据轴向伸缩系数是否相等，又可分为三种：当三个轴向伸缩系数都相等时，称为正等轴测图（简称正等测）；其中只有两个轴向伸缩系数相等的，称为正二轴测图（简称正二测）；当三个轴向伸缩系数各不相等时，称为正三轴测图（简称正三测）。同样，斜轴测图也相应地分为三种：斜等轴测图（简称斜等测）；斜二轴测图（简称斜二测）；斜三轴测图（简称斜三测）。工程中常用的是两种轴测图：正等测和斜二测，如图 6-2 所示。本章将重点介绍正等轴测图的画法，简要介绍斜二轴测图的画法。

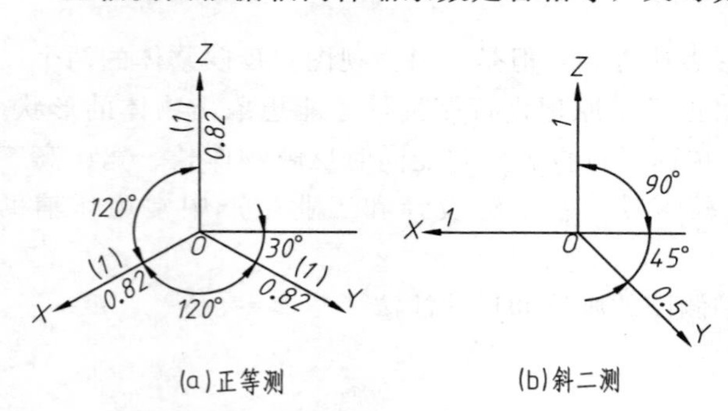

图 6-2　轴间角和轴向伸缩系数（括号内为简化轴向伸缩系数）

绘制轴测图时，应先选择画哪一种轴测图，从而确定各轴的轴向伸缩系数和轴间角。一般将 Z 轴画成竖直的，利用三角板和丁字尺画出另外两根轴测轴。在轴测图中，用粗实线画出物体的可见轮廓。通常不画出物体的不可见轮廓，但必要时，可用虚线画出物体的不可见轮廓。

6.2　正等测

如图 6-2 所示，正等测的轴间角都是 120°，轴向伸缩系数都相等，即 $p=q=\gamma\approx0.82$。为了作图方便，正等测中常采用简化轴向伸缩系数，即 $p=q=\gamma=1$。采用简化系数作图时，沿各轴向的所有尺寸都用真实长度量取，简捷方便。但画出的图形沿各轴向的长度都放大了约 1/0.82=1.22 倍。并不影响其立体感。因此，通常直接用简化轴向伸缩系数来画正等测图。

6.2.1　平面立体正等测画法

通常可按下列步骤作出物体的正等测：

① 对物体进行形体分析，确定坐标轴；

② 作轴测轴，按坐标关系画出物体上的点、线，从而连成物体的轴测图。应该注意，在确定轴测轴时，要考虑作图简便，有利于按坐标关系定位和度量，并尽可能减少作图线。

画轴测图的方法有坐标法、切割法、组合法。下面举例说明三种方法的画法。

(1) 坐标法

沿坐标轴测量线性尺寸，并按坐标利用轴测轴画出各顶点的轴测投影再连线，此法称为坐标法。

【例 6-1】 根据三棱锥的视图，画出它的正等轴测图，如图 6-3 所示。

分析：如图 6-3 所示三棱锥，底面△ABC 中的 AB 边为侧垂线，为作图方便，设 X 轴与 AB 重合，坐标原点与 B 点重合。从底面开始作图。

作图过程：

① 在视图上确定坐标轴，并标注尺寸。把锥底放在 XOY 平面内，并把坐标原点选在锥底的点 B 处，底边 AB 与 OX 轴重合，如图 6-3 (a) 所示。

② 作轴测轴，并在其上沿 OX 轴量取 $BA=X_a$、得到点 A，沿 OY 轴量取 Y_c、得一交点，过该点作 OX 轴的平行线，并由该点量取 X_c、得到点 C，如图 6-3 (b) 所示。

③ 在 OY 轴上由 O 点量取 Y_s、得一交点，过该交点作 OX 轴的平行线，并量取 X_s、得到点 S_0，过 S_0 作 OZ 轴的平行线，并向上量取 Z_s、得到点 S，S 点即为锥顶 S 的轴测投影，如图 6-3 (c) 所示。

④ 连接各顶点，擦去多余作图线，加深可见轮廓线，完成三棱锥的正等轴测图，如图 6-3 (d) 所示。

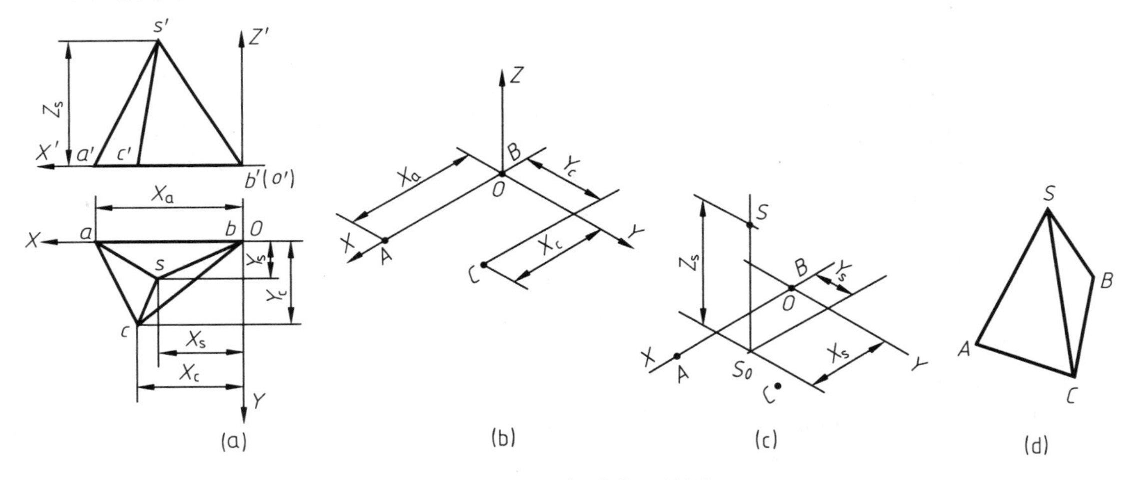

图 6-3　用坐标法作正等测

(2) 切割法

对不完整的形体，可先按完整形体画出，然后用切割的方法画出其不完整部分，此法称为切割法。

【例 6-2】 根据平面立体的三视图，画出它的正等轴测图，如图 6-4 所示。

分析：该物体由长方体被一个正垂面和一个铅垂面切割而成。所以可先画出长方体的正等轴测图，然后按切割法，把长方体上需要切割掉的部分逐个切下去，即可完成该物体的正等轴测图。

作图过程：

① 在视图上定坐标轴，坐标原点为右后下角，如图 6-4 (a) 所示。

② 画轴测轴，沿轴测量 20、12、12，画出尚未切割的长方体正等轴测图，如图 6-4

(b) 所示。

③ 根据三视图中尺寸 5、8 画出长方体左上角被正垂面切割掉的一个三棱柱的正等轴测图，如图 6-4 (c) 所示。

④ 在长方体被正垂面切割后，再根据三视图中的尺寸 4、7，画出左下角被一个铅垂面切割掉三棱柱后的正等轴测图，如图 6-4 (d) 所示。

⑤ 擦去多余的图线，加深，作图结果如图 6-4 (e) 所示。

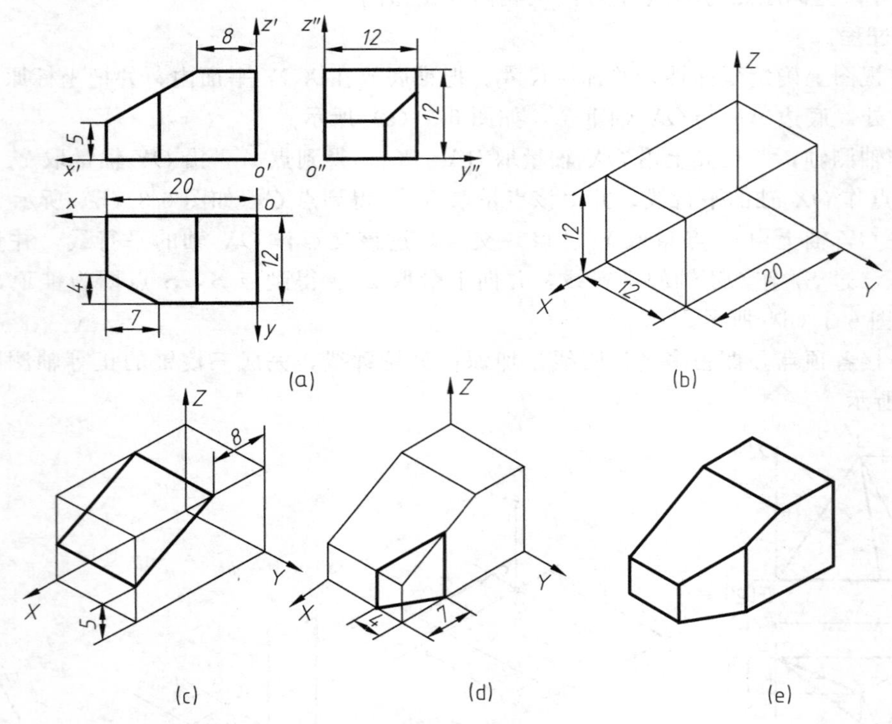

图 6-4　用切割法作正等测

(3) 组合法

对另一些平面立体则先进行形体分析，将其分成若干基本形体，然后逐个将各形体画出，并组合在一起，此法称为组合法。

【例 6-3】 根据平面立体的三视图，画出它的正等测，如图 6-5 所示。

分析：该组合体由三部分组成。根据形体分析法，形体Ⅰ在最下方，形体Ⅱ与形体Ⅰ左、右、后面共面、形体Ⅲ与形体Ⅰ和形体Ⅱ右面共面。画图时，先画出形体Ⅰ，再逐个画出其他形体。确定形体Ⅰ右后下角为原点。

作图过程：

① 在视图上定坐标，并将组合体分解成三个基本形体，如图 6-5 (a) 所示。

② 画轴测轴，沿轴量取尺寸 16、12、4，画出形体Ⅰ，如图 6-5 (b) 所示。

③ 形体Ⅱ与形体Ⅰ左、右、后面共面，沿轴量取尺寸 16、3、14，画出长方体，再量取尺寸 12、10，画出形体Ⅱ，如图 6-5 (c) 所示。

④ 形体Ⅲ与形体Ⅰ和形体Ⅱ右面共面，沿轴量取尺寸 3，画出形体Ⅲ，如图 6-5 (d) 所示。

⑤ 擦去形体间不应有的交线和被遮挡的图线，加深，如图 6-5 (e) 所示。

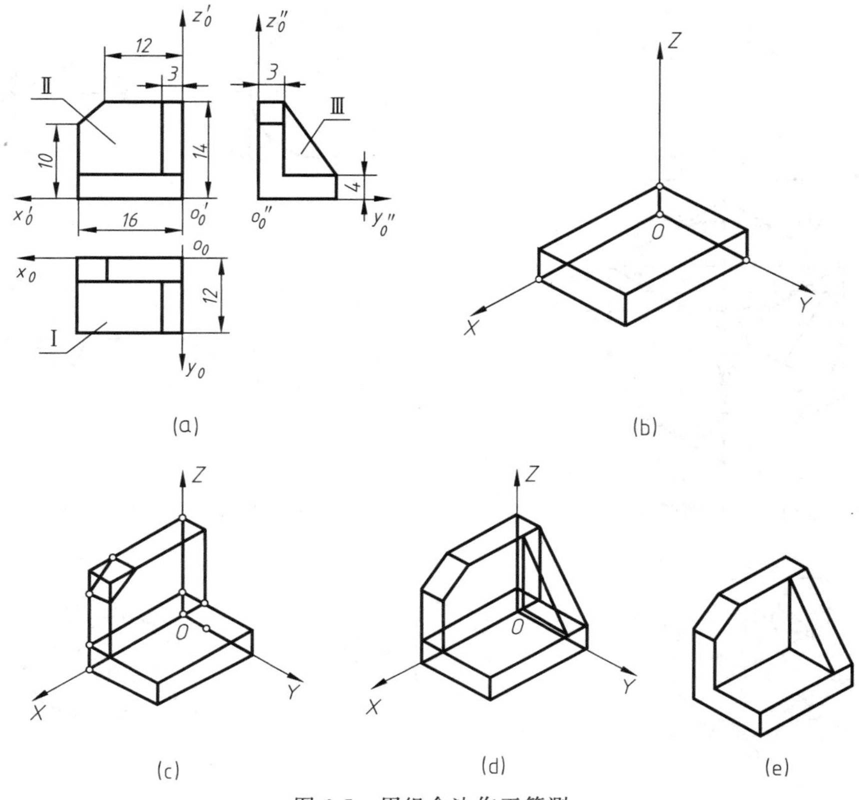

图 6-5　用组合法作正等测

6.2.2　曲面立体正等测画法

（1）平行于坐标面的圆的正等测画法

平行于坐标平面的圆，其正等轴测图为椭圆。为了简化作图，该椭圆常采用四段圆弧连接近似画出，称为菱形四心法。图 6-6 画出了正方体表面上三个内切圆的正等测椭圆，它们都可以用图 6-7 所示的菱形四心法分别画出。

从图 6-6 中可以看出，平行于坐标面的圆的正等测椭圆的长轴，垂直于与圆平面垂直的坐标轴的轴测图（轴测轴）；短轴则平行于这条轴测轴。例如，平行于坐标面 XOY 的圆的正等测椭圆的长轴垂直于 Z 轴，而短轴则平行于 Z 轴。用简化系数画出的正等测椭圆，其长轴约等于 $1.22d$，短轴约等于 $0.7d$。

从图 6-7（d）中可以看出，椭圆的长、短轴与菱形的长、短对角线重合，且△OAE 为正三角形，$OE=OA=R$，因此，椭圆的作图可以简化如图 6-8（a）、(b)、(c）所示。

同理可画出平行于 XOZ 面和 YOZ 面圆的正等轴测图，如图 6-8（d）、(e）所示。

（2）常见的曲面立体正等轴测图的画法

【例 6-4】 画圆柱的正等轴测图，如图 6-9 所示。

作图过程：

① 在视图上定坐标，选顶面圆心为坐标原点 O，并确定坐标轴 OX、OY、OZ，如图 6-9（a）所示。

② 画轴测轴，用菱形四心法画出顶面圆的正等轴测图，如图 6-9（b）所示。

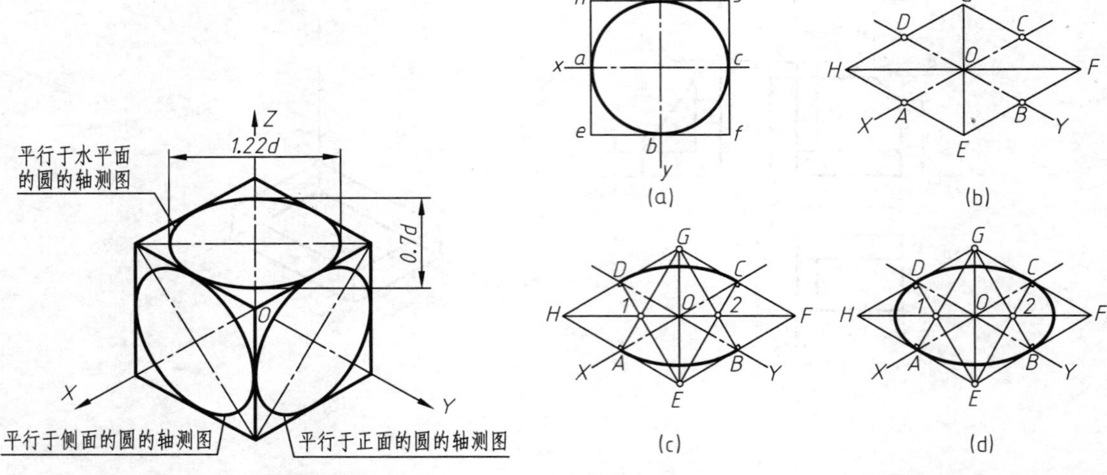

图 6-6 平行于坐标面的圆的正等测

图 6-7 平行于水平面的圆的正等测画法——菱形四心法

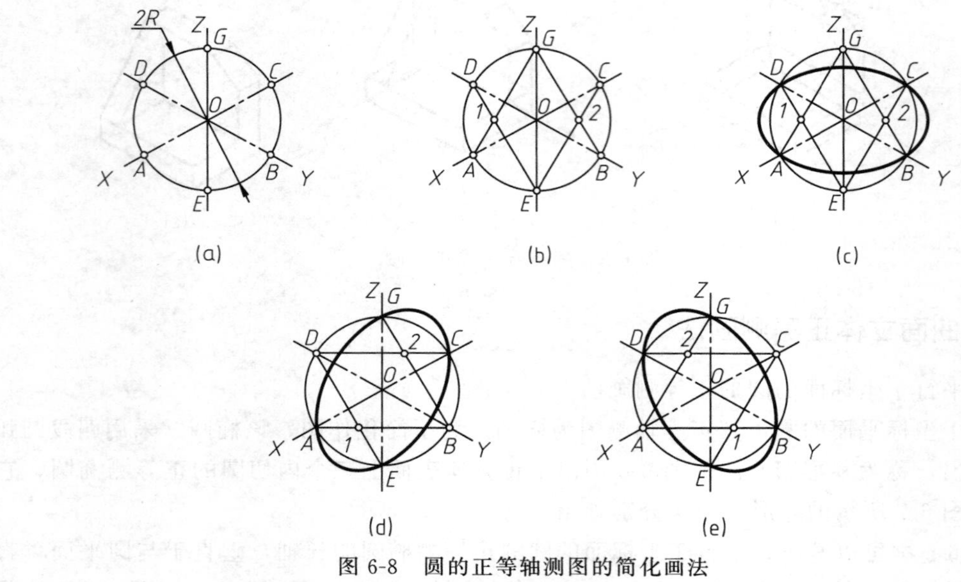

图 6-8 圆的正等轴测图的简化画法

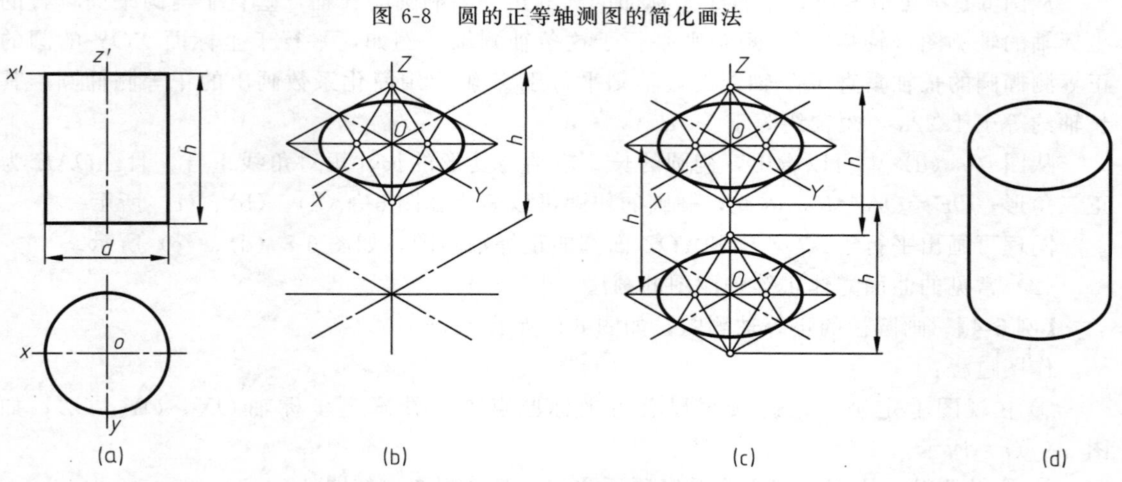

图 6-9 圆柱的正等轴测图画法

③ 将顶面四段圆弧的圆心沿 OZ 轴向下平移 h，画出底面椭圆，如图 6-9（c）所示。

④ 画出两椭圆的公切线，擦去多余作图线，加深，作图结果如图 6-9（d）所示。

【例 6-5】 根据已知视图，画被切割后圆柱的正等轴测图，如图 6-10（a）所示。

作图过程：

① 画出圆柱体顶面和底面圆的正等轴测图，根据切割高度尺寸画出椭圆，如图 6-10（b）所示。

② 根据尺寸画出切割部分轴测图，如图 6-10（c）所示。

③ 画出两椭圆的公切线，擦去多余作图线，加深，作图结果如图 6-10（d）所示。

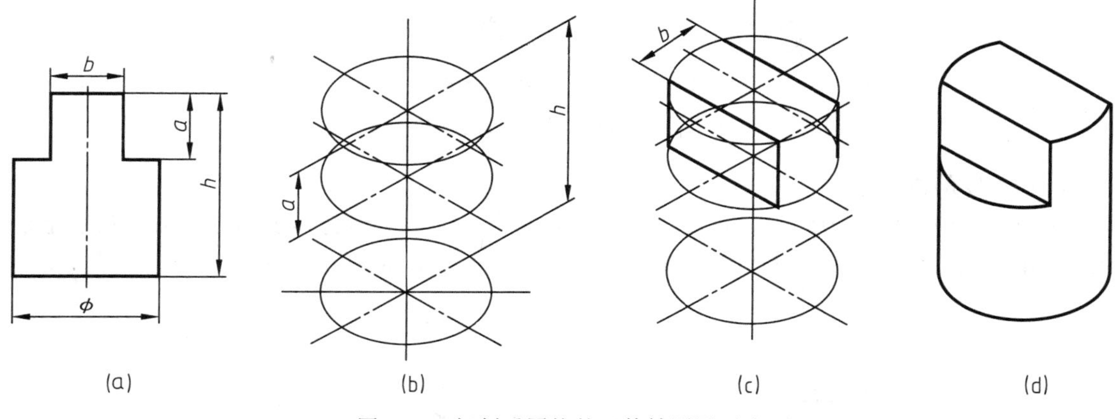

图 6-10　切割后圆柱的正等轴测图画法

6.2.3　组合体正等测画法

6.2.3.1　常见结构的画法

（1）圆角的画法

如图 6-11（a）、（b）所示，画圆角轴测图时，从要作圆角的边上量取圆角半径 R，从量得的点作边线的垂线，然后以两垂线交点为圆心，垂线长为半径画弧，所得弧即为轴测图上的圆角。也可近似取 $r_1=2R$，$r_2=R/2$，如图 6-11（c）所示。注意图中转向线的画法。

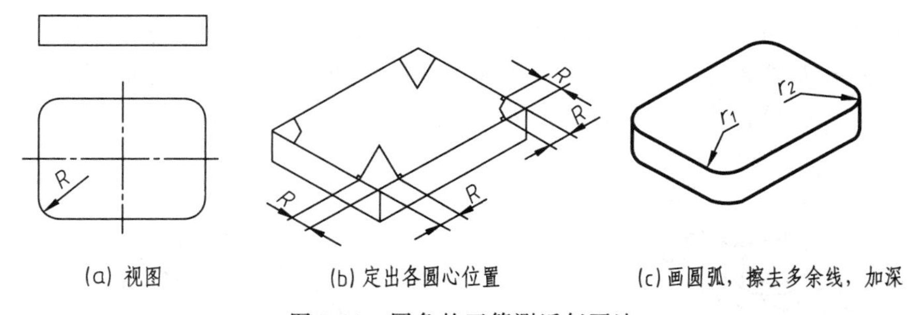

图 6-11　圆角的正等测近似画法

（2）连接线段的画法

用直线连接两圆弧时，先画出被连接圆弧的椭圆，再画出椭圆的公切线，如图 6-12 所示。

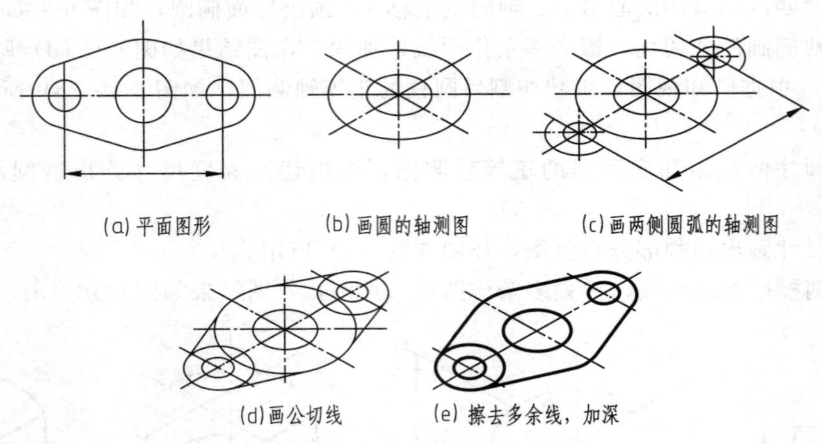

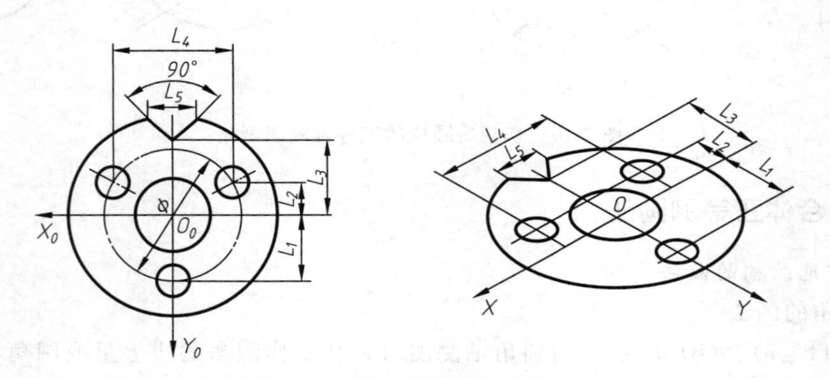

图 6-12　直线连接圆弧的画法

(3) 角度的画法

在轴测图中，圆变为椭圆，角度也不再是真实大小。因此组合体上的角度或以角度定位的结构在画轴测图时，只能采用直角坐标定位的方法画出，如图 6-13 所示。

图 6-13　角度和孔的定位画法

(4) 凸台、凹坑及长圆孔的画法

在轴测图中，凸台和凹坑都有两个平行而且大小相等的椭圆，两椭圆中心距离即它们的高或深，如图 6-14 所示。画图时，画好第一个椭圆后，可采用“移心法”画第二个椭圆的可见部分。长圆孔两端各为半个圆，故其轴测图两端各为半个椭圆大弧加小弧，画图时，采用“移心法”比较简单，不易错位，如图 6-15 所示。

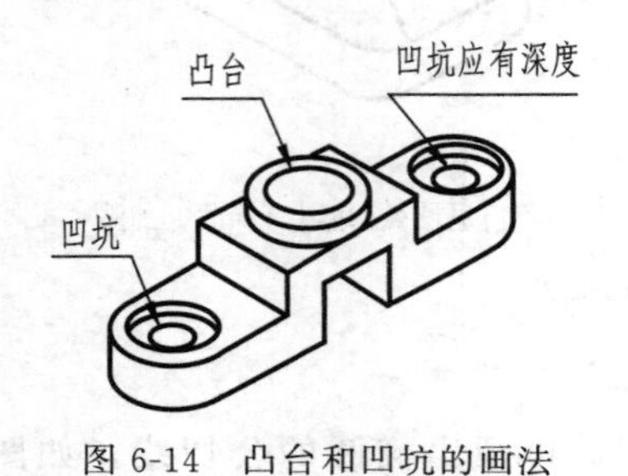

图 6-14　凸台和凹坑的画法

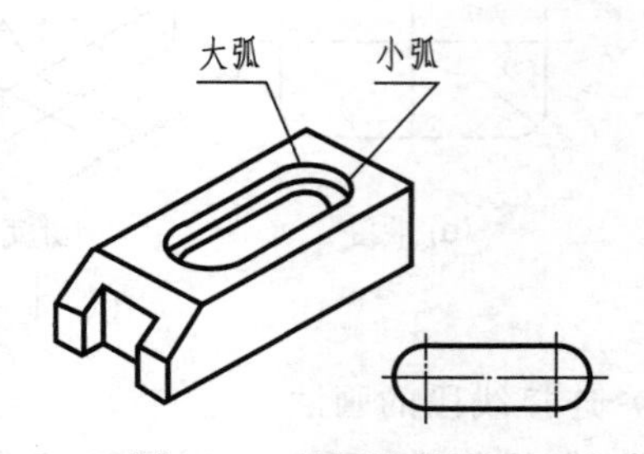

图 6-15　长圆孔的画法

6.2.3.2 组合体的画法

画组合体的轴测图是用前面提到的组合法，将基本形体从上至下，从前至后，按它们的相对位置一个一个画出，最后擦去各形体之间不应有的交线和被遮挡的线。

【例 6-6】 根据支架的三视图，画出它的正等测，如图 6-16 所示。

分析：图 6-16（a）所示支架，由底板Ⅰ和立板Ⅱ构成。可先画出下部的底板Ⅰ，后画出上部的立板Ⅱ，最后再画两板上的圆孔。

作图过程：

① 在视图上定坐标，并将支架分解成两个基本形体，如图 6-16（a）所示。

② 画出形体Ⅰ、Ⅱ的轮廓：画轴测轴，并沿轴量取尺寸 50、34、10、$R10$，画出形体Ⅰ的轮廓；形体Ⅱ与形体Ⅰ左右对称，后面共面，沿轴量取尺寸 30、$R12$、8，画出形体Ⅱ的长方体轮廓，椭圆轮廓用菱形法画出，如图 6-16（b）所示。

③ 画出形体Ⅰ、Ⅱ的细节：沿轴量取尺寸 30、24、$\phi10$，画出形体Ⅰ上的两个孔；再沿 Z 轴量取 30、$\phi12$，画出形体Ⅱ上的孔，如图 6-16（c）所示。

④ 擦去多余的图线，加深，如图 6-16（d）所示。

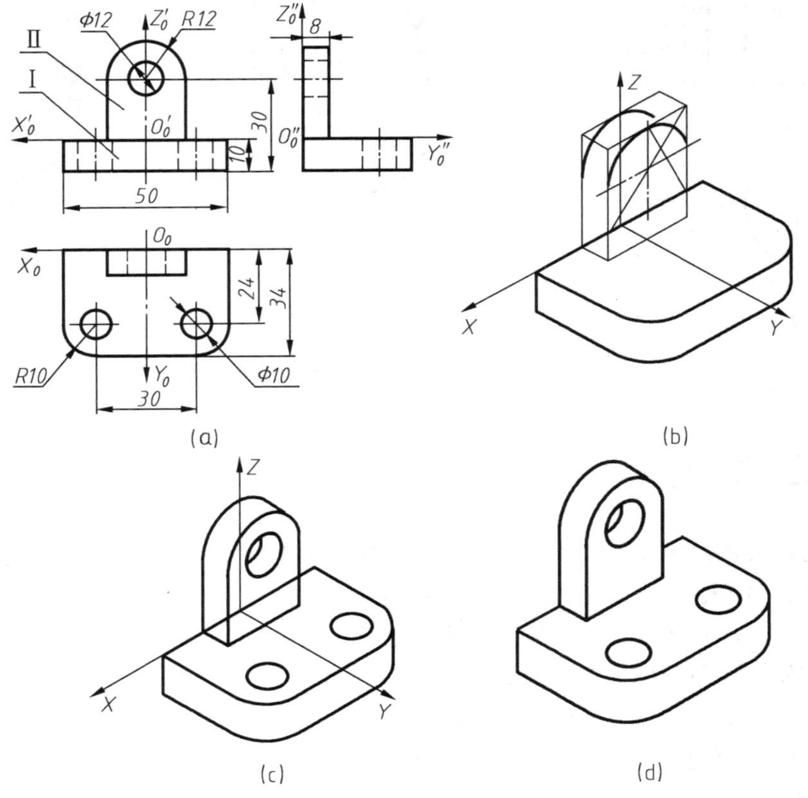

图 6-16 支架的正等测画法

6.2.3.3 组合体上交线的画法

组合体上的交线主要是指组合体表面上的截交线和相贯线。画组合体轴测图上的交线有两种方法：坐标法和辅助画法。

① 坐标法 根据三视图中截交线和相贯线上点的坐标，画出截交线和相贯线上各点的

轴测图，然后用曲线板光滑连接。

② 辅助画法　根据组合体的几何性质直接作出轴测图，如同在三视图中用辅助画法求截交线和相贯线的方法一样。为便于作图，辅助面应取平面，并尽量使它与各形体的截交线为直线。

以坐标法画截交线轴测图的方法为例，说明如下：

① 在视图上定截交线上各点的坐标，如图 6-17（a）所示。

② 以三视图上点 4 和点 5 为例，沿轴量取，在对应的轴测图上找到坐标为 x、y、z 的点Ⅳ、点Ⅴ，4 与Ⅳ、5 与Ⅴ即为对应点。其他点也用同样方法求得，如图 6-17（b）所示。

以辅助面法画截交线轴测图的方法为例，说明如下：

选择一系列平行于圆柱轴线的辅助面截圆柱，并与截平面 P 相交，得点Ⅰ、Ⅱ、Ⅲ、Ⅳ、Ⅴ、Ⅵ等，即截交线上的点，如图 6-17（c）所示。

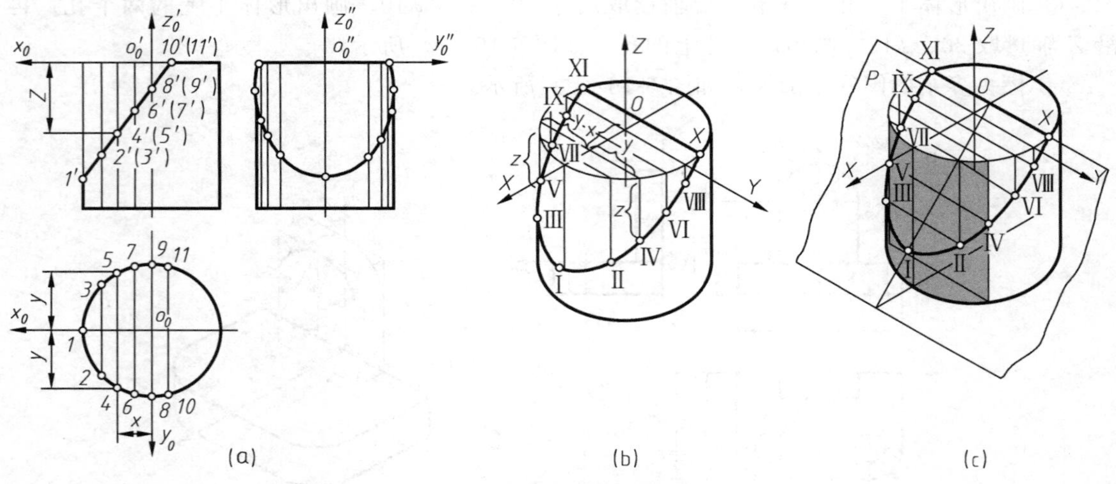

图 6-17　截交线轴测图的画法

6.3　斜二测

斜二测与正等测的主要区别在于轴间角和轴向伸缩系数不同，而在画图方法上与正等测的画法没有什么区别。为了作图方便，常用的斜二测的$\angle XOZ=90°$，$\angle XOY=\angle YOZ=135°$；$p_1=\gamma_1=1$，$q=0.5$。当物体上有若干平行于 XOZ 坐标面的圆或曲线时，选用斜二测作图较为方便。下面举例说明斜二测的画法。

【例 6-7】　如图 6-18 所示，画圆台的斜二测。

分析：如图 6-18 所示圆台，在平行于正投影面的方向上有多个圆，故采用斜二测作图较方便。

作图过程：

① 形体分析，在视图上定坐标，如图 6-18（a）所示。

② 画轴测轴，并在 Y 轴上量取 $L/2$，定出前端面圆心的位置，如图 6-18（b）所示。

③ 画出前、后两个端面的外轮廓圆，如图 6-18（c）所示。

④ 作两端面外轮廓圆的公切线以及后孔口的可见部分，如图 6-18（d）所示。

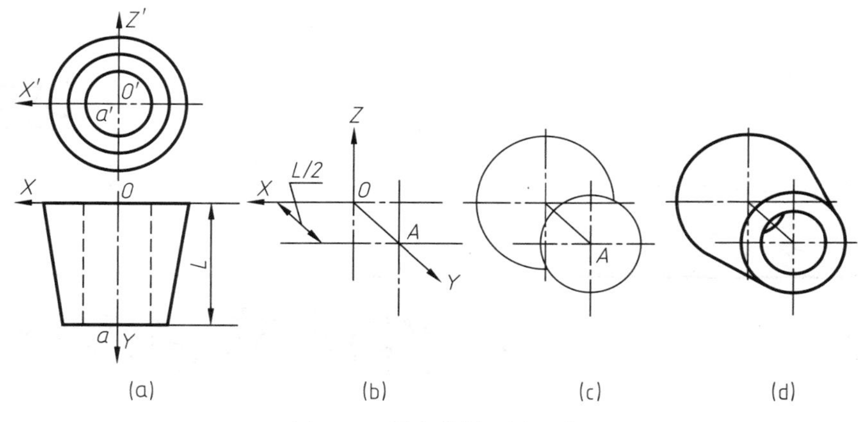

图 6-18　圆台的斜二测画法

6.4　轴测图的选择

轴测图的选择是指在画机件轴测图时根据机件的结构特点选择轴测图种类、机件摆放位置及合适的投射方向。

选择轴测图应满足以下要求：

① 机件结构表达清晰、明了；

② 立体感强；

③ 作图简便。

图形清晰是指在轴测图上要清楚地反映机件上的形状，避免其上的面和棱线有积聚或重叠现象，避免棱线共线，避免过分遮挡等。

正等测与斜二测相比，立体感较好，其三个轴向伸缩系数相等且简化为 1，度量方便；平行于各坐标面的圆的轴测投影为形状相同的椭圆，其近似画法简单，一般情况下首先考虑选用正等轴测图。特别是当表达与三个坐标面平行的平面上都有圆的复杂机件时，更应选用正等测。斜二测的最大特点是物体正面形状轴测投影不变形，最适合表达只有一个方向平面形状复杂（如有曲线或圆较多）而其他两个方向形状简单的物体时使用，此时作图简便。

思　考　题

1. 轴测投影有哪些基本特征？
2. 什么是轴测轴、轴向伸缩系数、轴间角、简化伸缩系数？
3. 试述绘制轴测图的基本原则和步骤。
4. 试述轴测图的形成、分类和国家标准规定的常用轴测图的类型。

机件图样的表示法

在生产实际中，机件的形状千变万化。当其结构比较复杂时，如果仍采用两视图或者三视图来表达，就很难把机件的内外形状和结构准确、完整、清晰地表达出来。为此，国家标准规定了机件的图样画法，包括视图、剖视图、断面图和一些其他规定画法以及简化画法等。

本章主要介绍常用的机件表达方法。根据机件的结构特点，采用适当的表示法，在完整清晰地表达机件内外结构形状的前提下，力求制图简便。

7.1 视图

视图主要用于表达机件外部结构形状，机件可见的轮廓用粗实线表示，不可见的结构形状在必要时可用细虚线画出。

视图分为：基本视图、向视图、局部视图和斜视图。

7.1.1 基本视图

在原有三个投影面的基础上，再增设三个投影面，构成一个正六面体，这六个面称为基本投影面，如图 7-1（a）所示。将机件放置在正六面体内，分别向各基本投影面投影，所得的视图称为基本视图。除了前述的三视图外，还有从右向左投影所得的右视图，从下向上投影所得的仰视图，从后向前投影所得的后视图。

六个基本投影面的展开方法和各基本视图的配置关系，如图 7-1（a）、（b）所示。

各基本视图按图 7-1（b）所示配置时，一律不标注视图的名称。

（1）投影规律

六个基本视图要保持“长对正、高平齐、宽相等”的投影规律，如主、俯、仰、后视图应长对正，主、左、右、后视图应高平齐，左、右、俯、仰视图应宽相等，如图 7-1（c）所示。

（2）位置关系

六个基本视图的配置，反映了零件的上下、左右和前后的位置关系，如图 7-1（b）所示。特别应注意，左、右视图和俯、仰视图靠近主视图的一侧，都反映零件的后面，而远离主视图的外侧，都反映零件的前面，如图 7-1（c）所示。

一般情况下，优先选用主、俯、左视图。

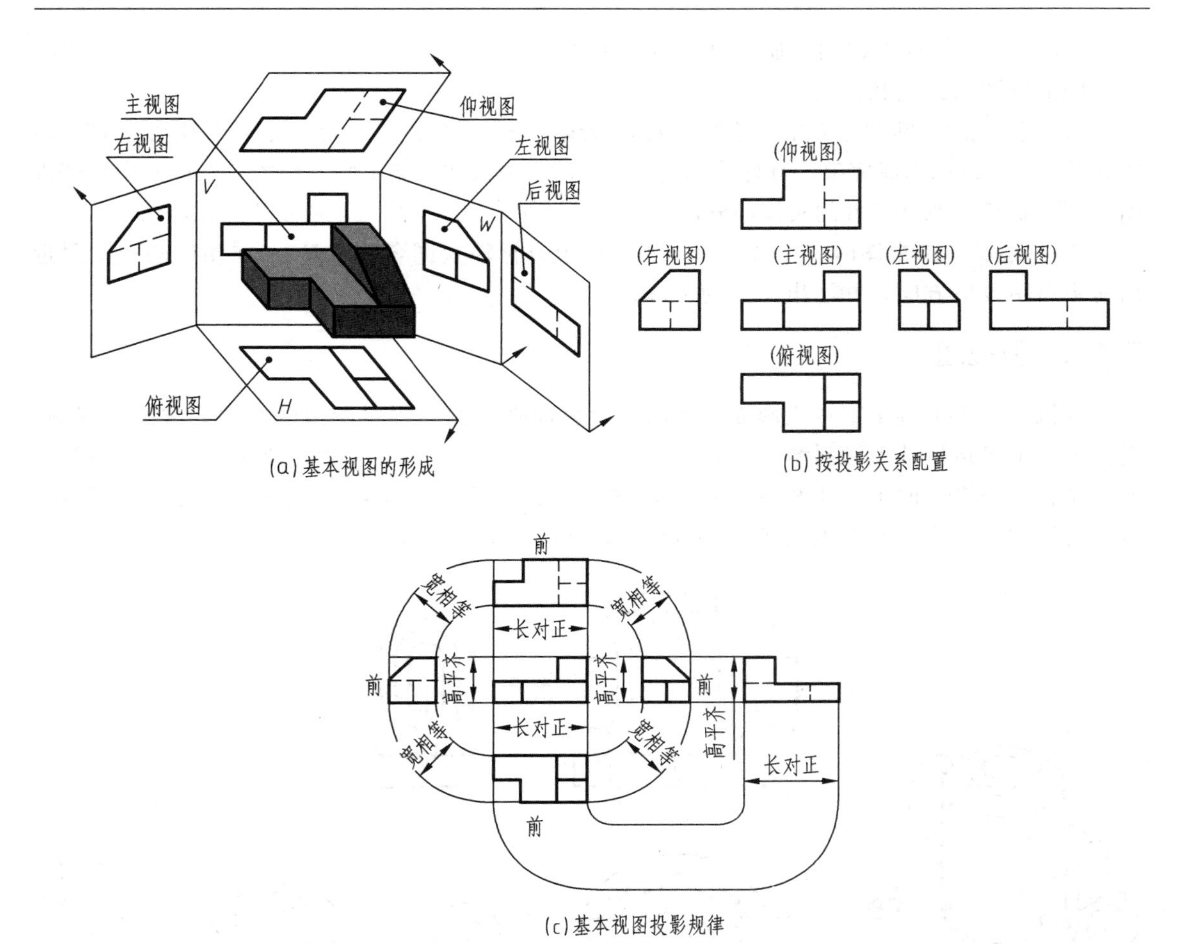

图 7-1　基本视图

7.1.2　向视图

向视图是未按投影关系配置的视图。

在实际设计中，往往不能同时将六个基本视图都放在同一张图纸上，或者不能按图 7-1（b）所示配置时，可按向视图配置，如图 7-2 所示向视图“*A*”、向视图“*B*”。

图 7-2　向视图

向视图需在图形上方标注视图名称“*X*”（*X* 为大写拉丁字母，并按 *A*、*B*、*C*……顺次使用，下同），在相应的视图附近用箭头指明投射方向，并注出相同的字母，如图 7-2 所示。

7.1.3　局部视图

将机件的某一部分向基本投影面投射所得的视图称为局部视图。它用在表达机件上的局部形状、但又没有必要画出完整的基本视图的情况下。图 7-3（a）所示机件，在画出主、俯视图后，仍有两侧的凸台形状和左下侧的肋板厚度没有表示清楚，因此需画出表示该部分的局部视图“A”和局部视图“B”，如图 7-3（b）所示。

局部视图的画法和标注：

① 局部视图的断裂边界用波浪线（或双折线）表示，如图 7-3（b）中局部视图“A”。当所表示的局部结构形状完整，且外轮廓线成封闭时，波浪线省略不画，如图 7-3（b）中局部视图“B”。波浪线画在机件的实体部分，不应超出机件，如图 7-3（c）所示为错误画法。

② 在绘制局部视图时，一般在局部视图的上方标注视图名称“X”，在相应的视图附近用箭头指明投射方向，并注出相同的字母。

7.1.4 斜视图

将机件向不平行于基本投影面的平面（投影面垂直面）投射所得的视图，称为斜视图，斜视图用来表达机件上倾斜结构的真实形状。如图 7-4 所示，为了表达该机件倾斜表面的实形，设置一新投影面平行于机件的倾斜表面，然后以垂直于倾斜表面的方向向新投影面投射，就得到反映机件倾斜表面实形的斜视图，如图 7-4（b）所示。

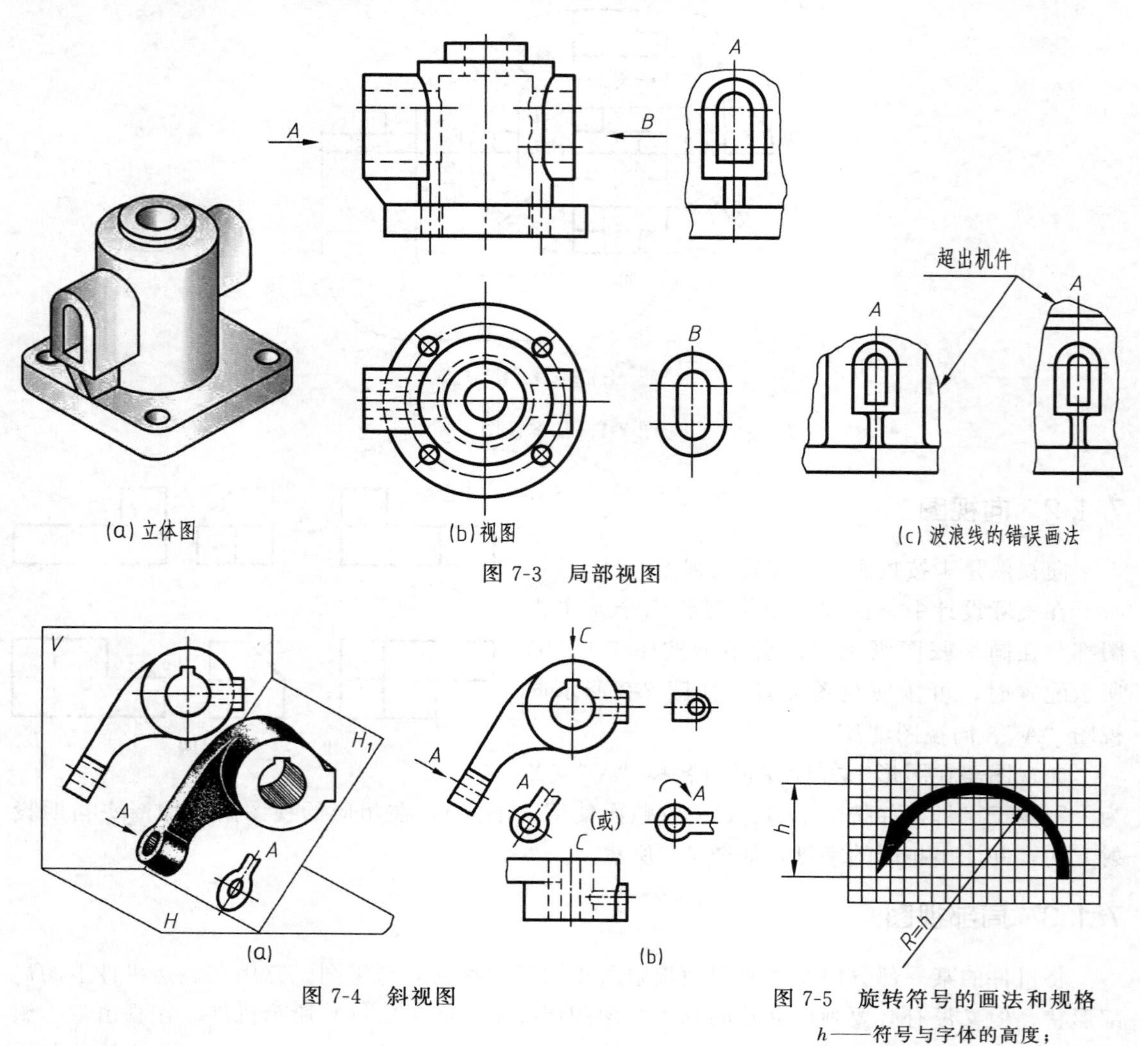

图 7-3　局部视图

图 7-4　斜视图

图 7-5　旋转符号的画法和规格

h——符号与字体的高度；

符号笔画宽度＝(1/10)h 或(1/14)h

斜视图画法和标注：

① 斜视图通常按向视图配置并标注，必要时也可配置在其他位置。在不致引起误解时，允许将图形旋转，这时用旋转符号表示旋转方向，表示视图名称的“X”写在旋转符号箭头端，如图 7-4（b）所示。允许将旋转角度注写在字母之后。

旋转符号的画法和规格，如图 7-5 所示。

② 斜视图一般只要求表达出倾斜表面的形状，因此，斜视图的断裂边界以波浪线表示，如图 7-4（b）所示的 A 向斜视图。

7.2 剖视图

视图中，机件的内部形状用虚线来表示，如图 7-6（a）所示。当机件内部形状较为复杂时，视图上就出现较多虚线，影响图形清晰，给画图、读图和标注尺寸带来困难。为此，国家标准中给出了物体内部结构及形状表达的方法：剖视图和断面图。将在本节和下一节进行介绍。

7.2.1 剖视图的概念

假想用一剖切面（平面或柱面）剖开机件，将处在观察者和剖切面之间的部分移去，而将其余部分向投影面投射所得的图形称为剖视图（简称剖视）。图 7-6（b）所示为作剖视图的过程，图 7-6（c）所示为剖面区域，原主视图［图 7-6（a）所示］中表达内形的细虚线，在剖视图［图 7-6（d）所示］中画成粗实线，这样的表示法给读图和标注尺寸带来方便。

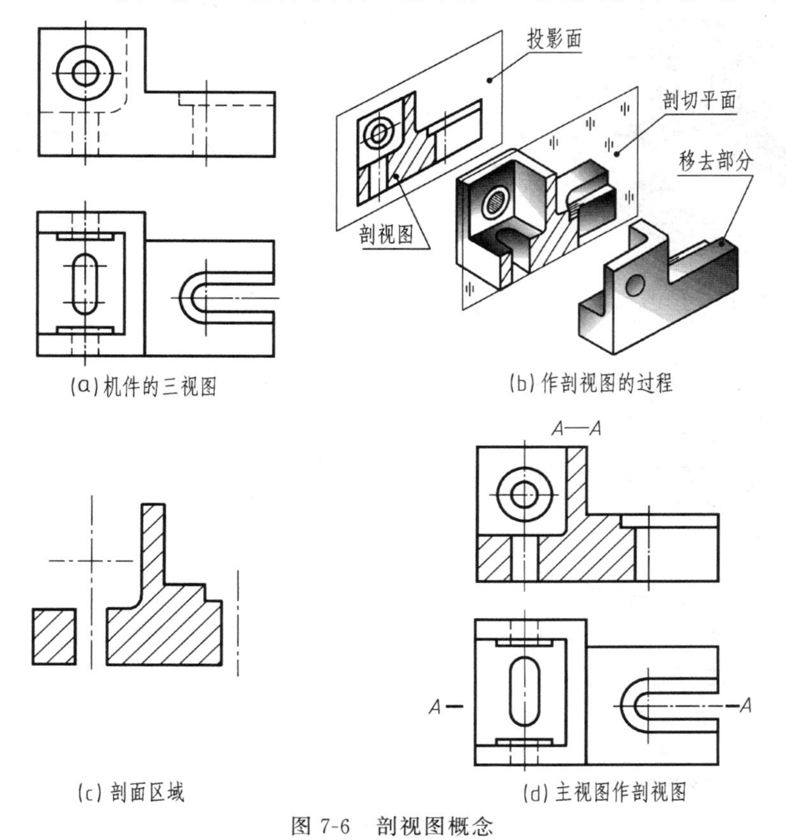

图 7-6 剖视图概念

7.2.2 剖视图画法

按照国家标准规定，画剖视图的要点如下。

（1）确定剖切平面的位置

为了清晰地表示机件内部真实形状，通常剖切面应平行于相应的投影面，并通过机件孔、槽的轴线或与机件的对称平面相重合。如图 7-7（a）所示。

（2）确定剖视图投影方向

将观察者与剖切平面之间的部分移走，将剖切平面后的部分向投影面进行投影。由于剖切是假想的，虽然机件的某个视图画成剖视图，但机件仍是完整的，机件的其他图形在绘制时不受其影响。

（3）确定剖面区域画剖面符号

在剖视图中，剖切面与机件接触的部分称为剖面区域，简称剖面，如图 7-7（c)。国家标准规定，剖面区域内要画出剖面符号。不同的材料用不同的剖面符号表示，若不需表示材料类别时可采用通用剖面线表示，见表 7-1。

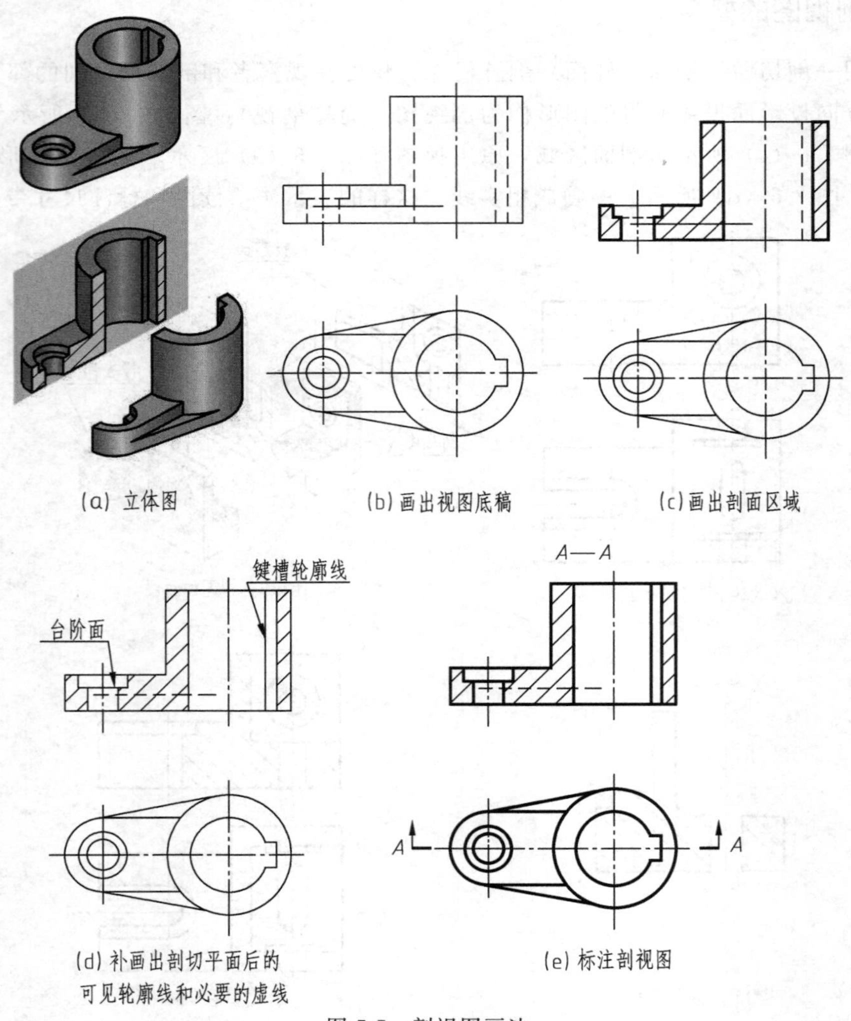

图 7-7 剖视图画法

表 7-1　剖面符号（部分）

材料		剖面符号	材料	剖面符号	材料	剖面符号
金属材料/普通砖			线圈绕组元件		混凝土	
非金属材料（除普通砖外）			转子、电枢、变压器和电抗器等的叠钢片		钢筋混凝土	
木材	纵剖面		型砂、填砂、砂轮、陶瓷及硬质合金刀片、粉末冶金		固体材料	
	横剖面		液体		基础周围的泥土	
玻璃及供观察用的其他透明材料			胶合板（不分层数）		格网（筛网、过滤网等）	

金属材料的剖面符号一般画成与图形的主要轮廓线（或剖面区域的对称线）成适宜的角度（参考角 45°）、且间隔相等的细实线，这些细实线称为剖面线。同一机件所有的剖面线的方向、间隔均应相同。当剖面线与图形主要轮廓线平行或垂直时，可将剖面线画成与主要轮廓线成 30°或 60°的平行线，其倾斜方向仍与其他图形的剖面线方向相同。

（4）剖视图的标注

标注内容包括剖切符号、剖视图名称和剖切线。剖切符号由粗短画和箭头组成，剖切符号尽可能不要与图形的轮廓线相交。粗短画（长约 5～10mm 的粗实线）表示剖切面的起、讫和转折位置，箭头（画在起、讫处粗短画的外端，且与粗短画垂直）表示投射方向。同时在剖切符号附近还要注写相同的字母“*X*”（“*X*”为大写拉丁字母，并按 *A*、*B*、*C*……顺次使用，下同），并在剖视图上方使用相同的字母注写剖视图的名称“*X*—*X*”，如图 7-7（e）所示。剖切线是表示剖切面位置的细点画线，可省略不画。

7.2.3　剖视图的种类

7.2.3.1　按剖切范围分类

按剖切范围，剖视图可分为全剖视图、半剖视图和局部剖视图三种。

（1）全剖视图

用剖切面完全地剖开机件所得的剖视图称为全剖视图。全剖视图主要用于表达机件的外形比较简单（或外形已在其他视图上表达清楚）、内部结构较复杂时。图 7-6、图 7-7、图 7-13～图 7-20 中所给出的剖视图都是全剖视图。

全剖视图的标注在下述情况下可以省略：

① 当剖视图按投影关系配置，而中间又没有其他图形隔开时，可省略箭头。图 7-6、图 7-7、图 7-12～图 7-20 中表示投射方向的箭头均可省略。

② 当单一剖切平面（平行于基本投影面）通过机件的对称平面或基本对称平面，且剖视图按投影关系配置，中间又没有其他图形隔开时，可省略标注。图 7-6、图 7-7 所示的剖视图就不必标注。

（2）半剖视图

当机件具有对称平面时，在垂直于对称平面的投影面上投射所得的图形，可以对称中心线为界，一半画成剖视图，另一半画成视图，这样的图形称为半剖视图。

半剖视图主要用于内形、外形都需表达的对称机件。图 7-8 所示机件左右对称、前后也对称，因此主视图采用剖切右半部分、俯视图采用剖切前半部分表达，这样可兼顾表达机件的内形和外形。由于未剖部分的内形已由剖开部分表达清楚，因此表达未剖都分内形的细虚线不应再画出。

半剖视图中剖与不剖两部分的分界线用细点画线画出。半剖视图的标注及省略原则与全剖视图相同。

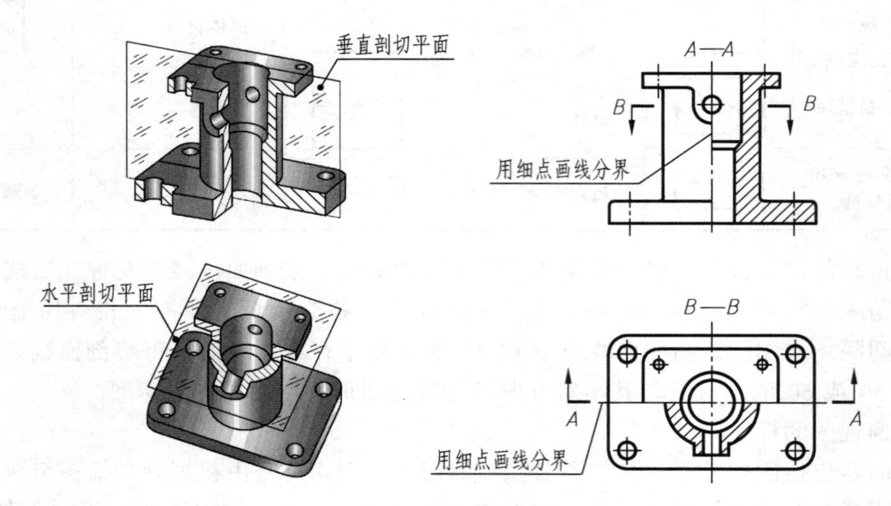

图 7-8　半剖视图

画半剖视图时应注意的问题：

① 半个剖视图与半个视图的分界线应是细点画线，不能是其他任何图线。如果机件的对称中心正好有一条轮廓线，此机件不适合使用半剖视图绘制。

② 由于机件内部结构已由半剖视图表达清楚，因此在表示机件外部结构形状的半个视图上，一般不需要再画虚线来表示内部结构。

③ 半剖视图配置时，多半画在主、俯视图的右半边，俯、左视图的前半边，主、左视图的上半边。

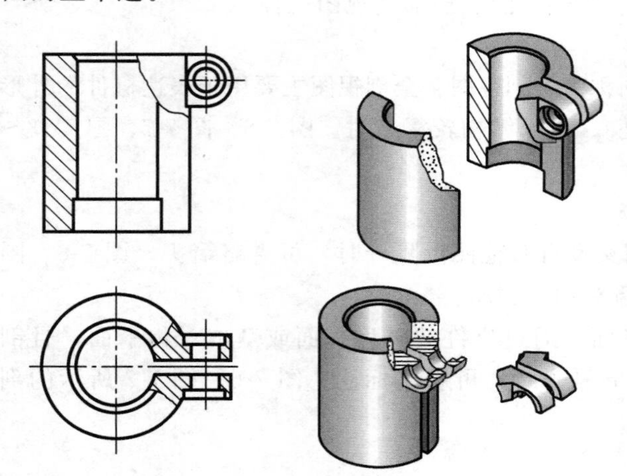

图 7-9　局部剖视图

(3) 局部剖视图

用剖切面局部地剖开机件所得的剖视图称为局部剖视图。局部剖视图一般用于表达机件局部内形，如图 7-9 所示，或用于不宜采用全、半剖视图表示的情况（如轴、连杆、螺钉等实心零件上的某些孔、槽等）。

画局部剖视图时，应注意以下几点：

① 局部剖视图中的机件，视图与剖视图的分界（断裂线）一般用波浪线（或双折线）表示，波浪线不应和其他图线或图线的延长线重合，如图 7-10（c）所示；

当遇到可见的孔、槽等空腔结构，波浪线应断开；也不允许画到轮廓线之外，如图 7-10（a）所示。

② 当被剖切结构为回转体时，允许将该结构的轴线作为局部剖视与视图的分界线，如图 7-10（b）所示。

③ 在同一个视图中，局部剖视的数量不宜过多，否则会显得零乱，以至影响图形清晰。

④ 当机件在对称中心线处有棱线，不宜用半剖视表示时，可用局部剖视表示，如图 7-11 所示。

当单一剖切平面（平行于基本投影面）的剖切位置明确时，局部剖视图不必标注。

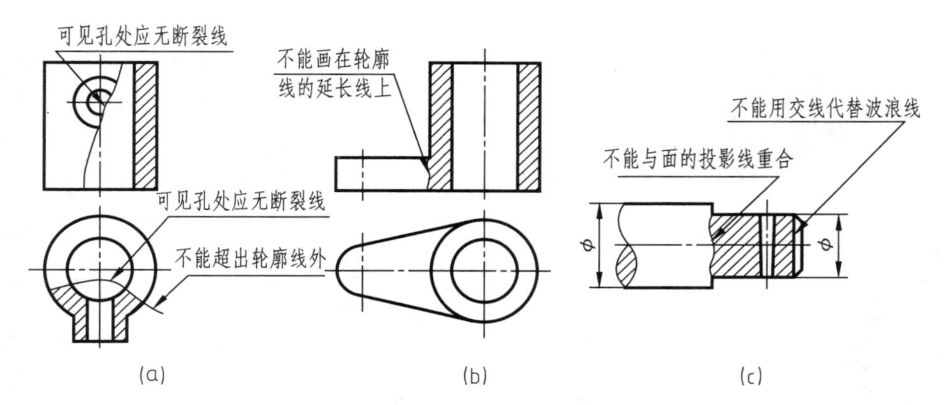

图 7-10　局部剖视图中波浪线的画法注意示例

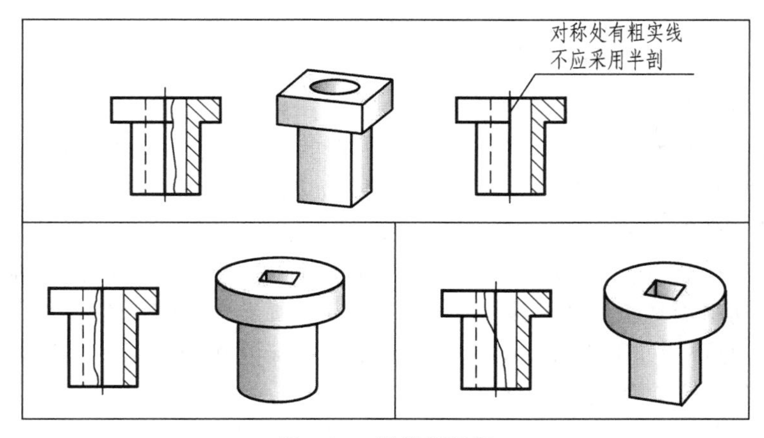

图 7-11　局部剖视图

7.2.3.2　按剖切面的种类分类

按剖切面的种类，剖视图可分为斜剖视图、阶梯剖视图、旋转剖视图。

剖视图的剖切面有三种：单一剖切面、几个平行的剖切平面和几个相交的剖切面。

（1）单一剖切面

单一剖切面包括单一剖切平面、单一斜剖切平面、单一剖切柱面。

① 用单一剖切平面（平行于基本投影面）剖切　图 7-6 和图 7-7 中的剖视图均由单一剖切平面（平行于某一基本投影面）剖得。

② 用单一斜剖切平面（投影面垂直面）剖切　机件上倾斜的内部结构形状需要表达时，可使用不平行于基本投影面的投影面垂直面作为剖切平面来剖切机件，这种剖切可称为斜

剖，如图 7-12 中 $A—A$ 剖视图。用这种平面剖得的图形是斜置的，但在图形上方标注的图名“$X—X$”与斜视图类似，必须水平书写。为看图方便，应尽量按投射关系配置。为方便画图，在不致引起误解的情况下，可将图形旋转后画出，此时必须在图形上方水平标注出旋转箭头，并在箭头端标注“$X—X$”。当需要标注出图形旋转角度时，也可将图形旋转角度标注在图名“$X—X$”后。

③ 用单一剖切柱面（其轴线垂直于基本投影面）剖切 必要时可用单一剖切柱面剖切机件。此时剖视图一般应按展开绘制，如图 7-13 所示，在图名后加注“展开”二字（此处展开是将柱面剖得的结构展成平行于投影面的平面后再投射）。

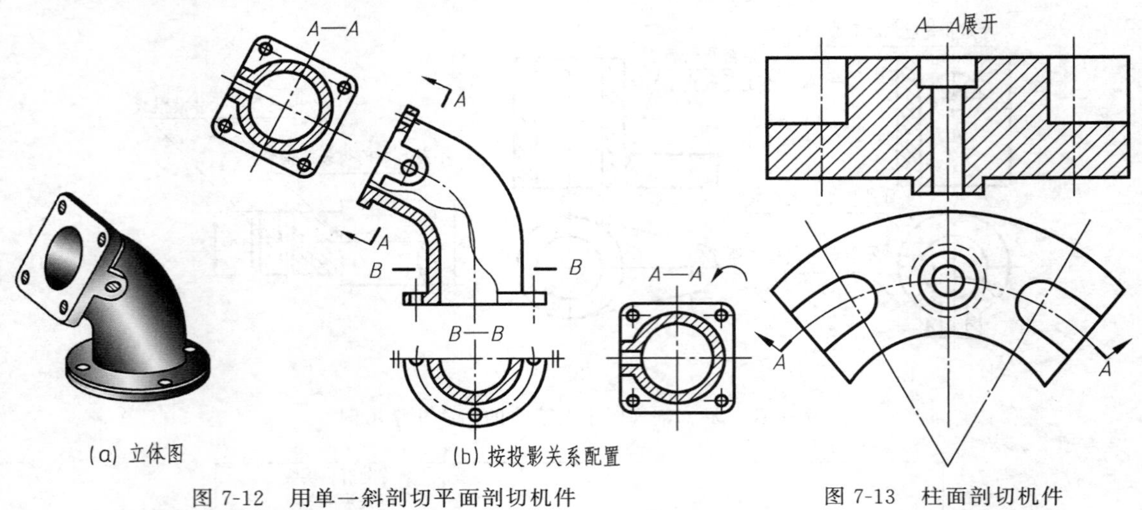

图 7-12 用单一斜剖切平面剖切机件

图 7-13 柱面剖切机件

（2）几个平行的剖切平面

机件的内部结构分布在不同层面上，用一个剖切平面无法将其都剖到时，可采用几个平行的剖切平面剖切机件，这种剖切可称为阶梯剖，如图 7-14（b）所示。

采用几个平行的剖切平面剖切时，应注意以下几点：

① 由于剖切是假想的，所以在剖视图上剖切平面的转折处不应画出分界线。在剖视图中，不应画出剖切平面转折处的界线，如图 7-14（c）所示是错误画法。

② 剖切平面的转折处不应与图中的轮廓线重合，标注在剖切平面转折处的粗短画线不应与图中的粗实线相交，如图 7-14（c）所示。

③ 在图形内，不应出现不完整要素（孔、槽等），如图 7-14（d）所示。只有当两个要素在图形上具有公共对称中心线或轴线时，才可以各画一半，此时应以对称中心线或轴线为界，如图 7-15 所示。

采用这种方法画剖视图，必须进行标注。要标注出剖切符号、剖视图名称，在剖切平面的起、讫和转折处画出粗短画线，并标注相同的字母（水平书写，当转折处位置有限又不致引起误解时，可省略字母）。

（3）几个相交的剖切面（交线垂直于某一基本投影面）

用两个相交的剖切平面（其交线垂直于某一基本投影面）剖切机件（这种剖切可称为旋转剖），如图 7-16 所示。采用这种方法画剖视图时，先假想按剖切位置剖开机件，然后将被剖切平面剖得的结构及其有关部分绕剖切平面的交线旋转到与选定的投影面平行后，再进行投射。

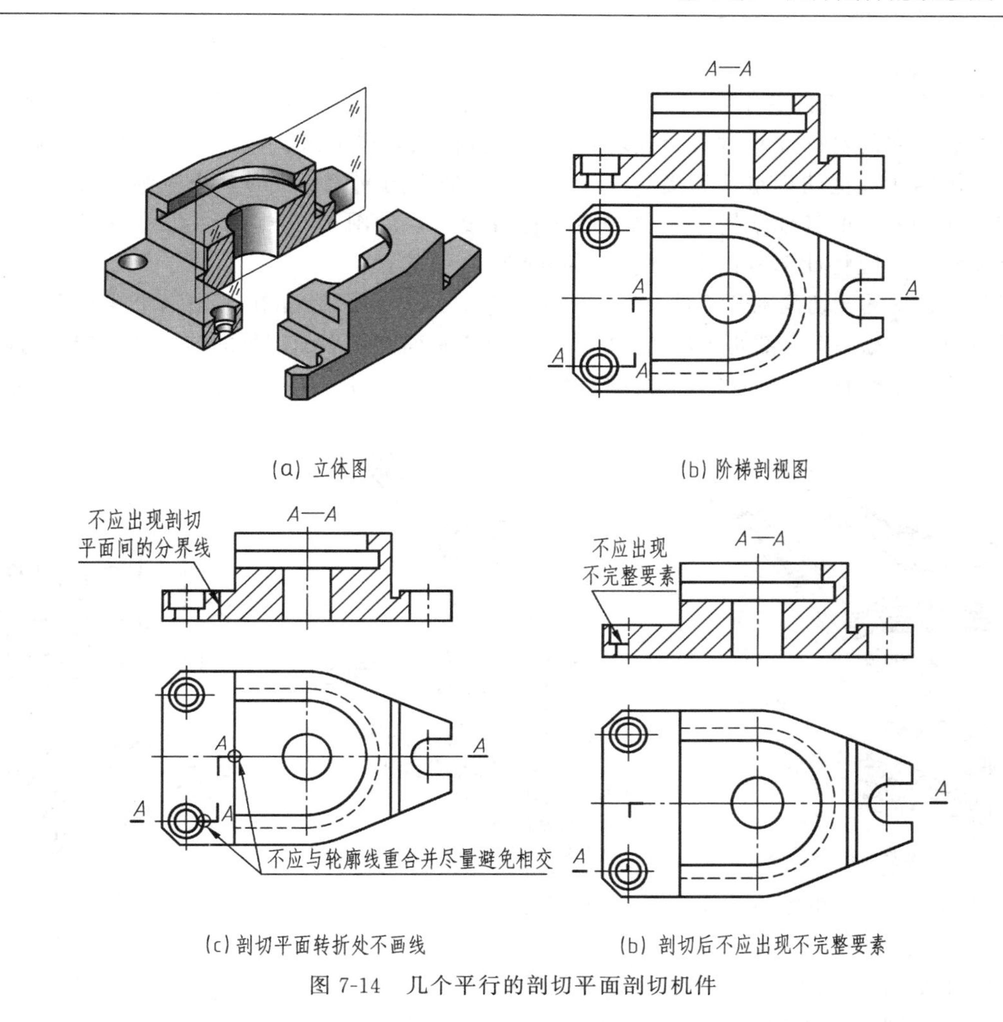

图 7-14　几个平行的剖切平面剖切机件

图 7-15　剖出不完整要素

图 7-16　两个相交平面剖切机件

图 7-16 所示的机件在整体上具有回转轴，可使用两个相交的剖切平面（其交线与机件回转轴线重合）将该机件剖开。该机件上半部分用正平面剖切，下半部分用侧垂面剖切，将侧垂面剖得的结构旋转到与正立投影面平行后再进行投射。

采用这种方法画剖视图，其标注与几个平行的剖切平面剖得的剖视图类同，如图 7-16

所示。

图 7-17 所示的机件有十字（截面）肋板，当剖切平面沿肋板纵向剖切（剖切平面平行于肋板厚度方向的对称面）时，为表现肋板的薄板特点，规定该肋板被剖到的部分不画剖面符号，且用粗实线把肋板与其邻接部分分开。按其他方向剖切肋板时，仍应画剖面符号。

在剖切平面后的其他结构一般仍按原来位置投射，如图 7-17 中的油孔。当剖切后产生不完整要素时，应将此部分按不剖绘制，如图 7-18 中的臂。

用几个相交的剖切面剖开机件可采用展开画法，图 7-19 所示给出了用四个相交平面（三个正垂面和一个侧平面）剖切机件的图例，将三个正垂面剖切平面剖得的结构都旋转至与侧立投影面平行后再投射。在剖视图上方注写“*A*—*A* 展开”。展开图中，各轴线间的距离不变。

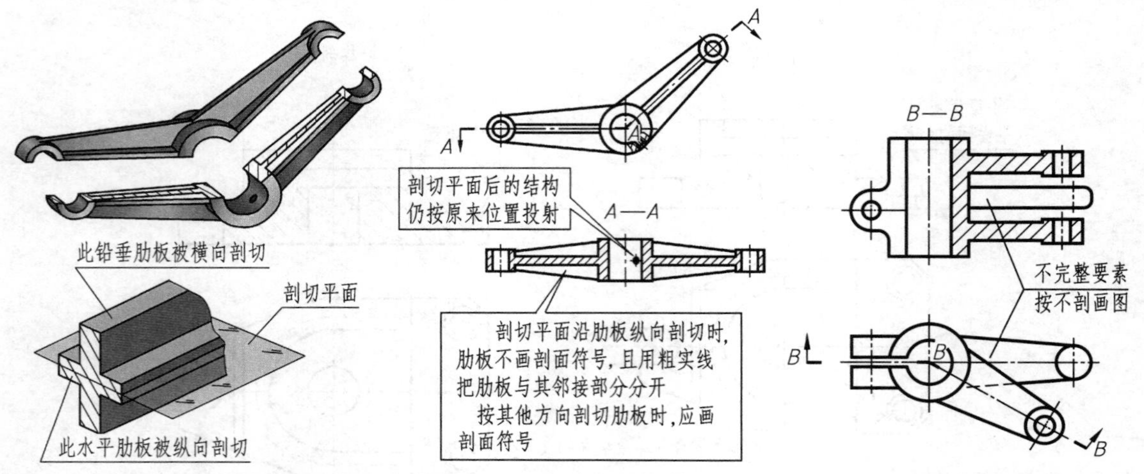

图 7-17 两个相交平面剖切带有十字肋板机件的画法

图 7-18 两个相交平面剖切产生不完整要素的画法

几个相交的剖切面可以是平面，也可以是柱面。可将几种剖切面组合起来使用，这种剖切可称为复合剖。图 7-20 所示即为用几个剖切平面组合剖切机件的图例。

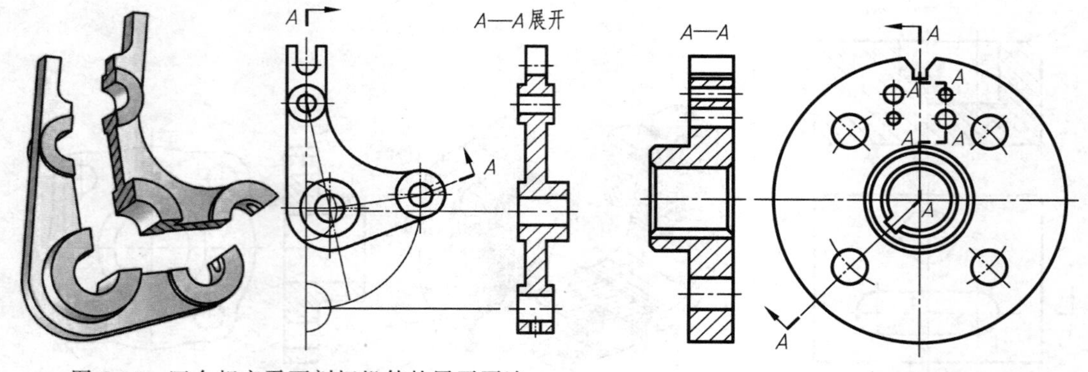

图 7-19 四个相交平面剖切机件的展开画法

图 7-20 几个剖切平面组合剖切机件

7.3 断面图

假想用剖切面把机件的某处切断，仅画出截断面的图形，这样的图形称为断面图（简称断面）。断面图主要是用来表达机件某部分截断面的形状，如图 7-21 所示表示轴上键槽处的断面形状，轴上通孔的断面形状。注意：为了表达截断面的实形，剖切平面一般应垂直于所要表达机件结构的轴线或轮廓线。

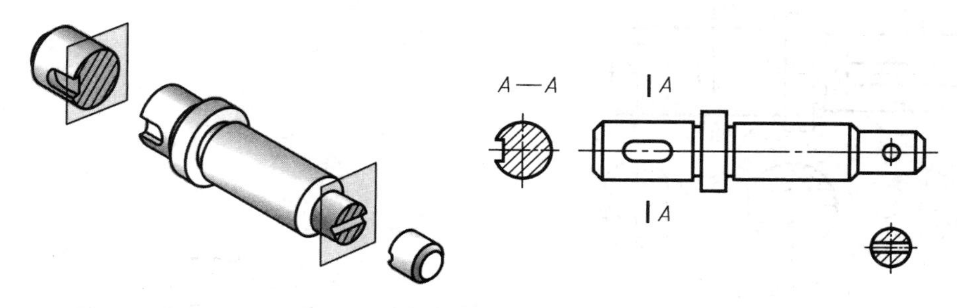

图 7-21　断面图

在断面图中，机件和剖切面接触的部分称为剖面区域。国家标准规定，在剖面区域内要画出剖面符号。断面图通常用于表达轴、杆类零件和变截面零件局部的断面形状，以及零件上肋板、轮辐的断面形状等。

断面图分为移出断面图和重合断面图。

7.3.1　移出断面图

在视图（或剖视图）之外画出的断面图称为移出断面图，如图 7-21 所示。移出断面的轮廓采用粗实线绘制。

（1）移出断面的画法和配置

① 移出断面应尽量配置在剖切符号的延长线上，必要时，可将移出断面图配置在其他适当位置，如图 7-21、图 7-22（a）所示。

② 断面图形对称时，移出断面可配置在视图的中断处，如图 7-22（b）所示。

③ 由两个或多个相交剖切平面剖切得出的移出断面，中间一般应断开，如图 7-22（c）所示。

应该注意：

① 当剖切平面通过回转面形成的孔或凹坑的轴线时，这些结构按剖视绘制，如图 7-23（a）所示。

② 当剖切平面通过非圆孔，会导致出现完全分离的两个断面时，则这些结构也应按剖视绘制，如图 7-23（b）所示。

（2）移出断面的标注

移出断面一般应标注剖切符号表示剖切位置（视图外侧粗短画线）和投射方向（用箭头表示），并在粗短画线附近标注字母“*X*”；在相应的断面图上方用相同的字母注出断面图名称“*X*—*X*”，如图 7-22 所示。

注意：

① 配置在剖切符号延长线上的不对称移出断面，可省略字母，如图 7-22（a）中左边的移出断面。

② 不配置在剖切符号延长线上的对称移出断面、已经按投射关系配置的不对称移出断面，均可省略箭头，如图 7-22（a）中 *A*—*A* 所示。

③ 配置在剖切符号延长线上的对称移出断面［如图 7-22（a）所示的右端的移出断面］和配置在视图中断处的对称移出断面［如图 7-22（b）所示］，均不必标注。

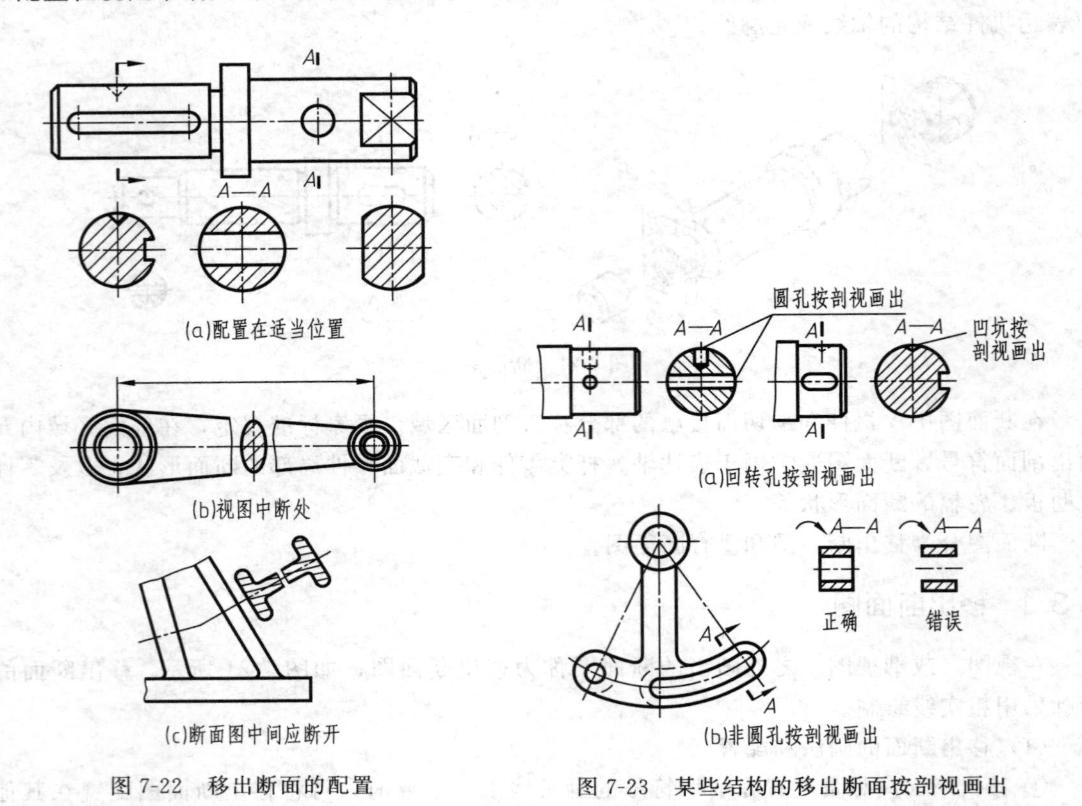

图 7-22 移出断面的配置

图 7-23 某些结构的移出断面按剖视画出

7.3.2 重合断面图

在视图（或剖视图）之内画出的断面图称为重合断面图；如图 7-24 所示。这种表示截断面的方法只在截面形状简单、且不影响图形清晰的情况下才采用。

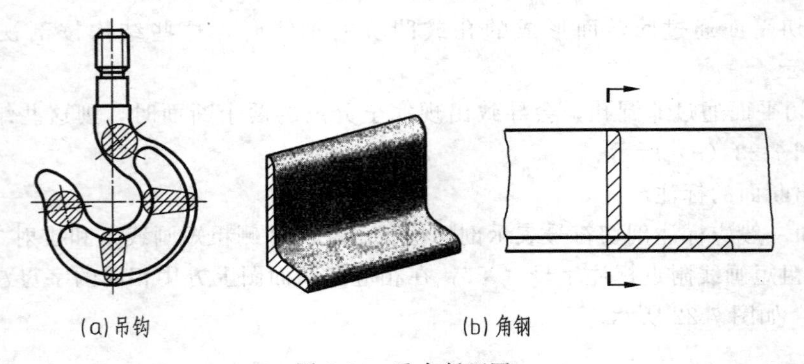

图 7-24 重合断面图

（1）重合断面图画法

重合断面图的轮廓线用细实线画出。当原图形中的轮廓线与重合断面图的图形重叠时，原视图中的轮廓线仍需完整地画出，不可间断，如图 7-24 所示。

（2）重合断面图的标注

对称的重合断面不必标注，如图 7-24（a）所示。不对称的重合断面，在不致引起误解时，可省略标注，如图 7-24（b）所示。

如图 7-25 所示为机件上肋板的移出断面图和重合断面图的不同画法。

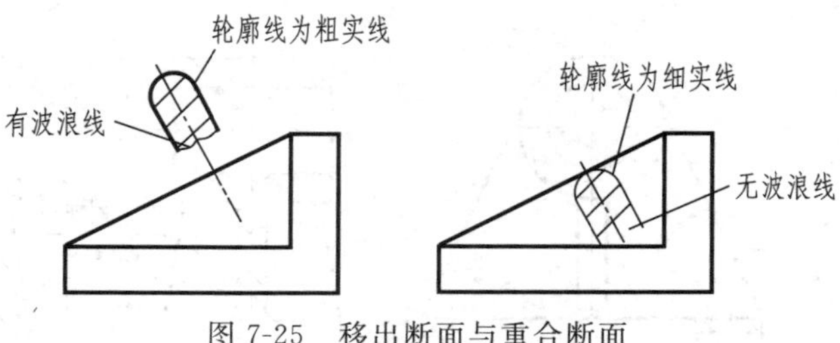

图 7-25　移出断面与重合断面

7.4　局部放大图和简化画法

为了减少绘图量、提高绘图效率，国家标准规定了技术制图中的一些简化画法，本节介绍几种简化画法和局部放大图的画法。

7.4.1　局部放大图

将零件的部分结构，用大于原图形所采用的比例画出的图形，称为局部放大图。它用来表达视图中表示不清楚或不便于标注尺寸的零件局部结构，如图 7-26 所示。

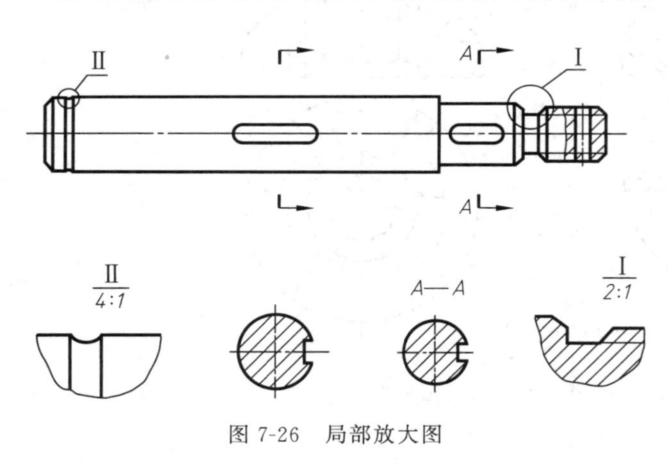

图 7-26　局部放大图

绘制局部放大图时，应在原图形上用细实线圈出被放大的部位，并尽量配置在被放大部位的附近。当零件上有几处被放大的部位时，则应将各处用罗马数字顺序地编号。在局部放大图的上方标注出相应的罗马数字和所采用的比例（实际比例，不是与原图的相对比例），如图 7-26 所示。当零件上被放大的部位仅有一处时，在局部放大图的上方只需标注所采用的比例。局部放大图可以画成视图、剖视图或断面图，与原图形被放大部分的表示方法无关。

7.4.2　简化画法

简化画法是对零件的某些结构图形表达方法进行简化，使图形既清晰又简便易懂。

① 肋板和轮辐剖切后的画法。对于零件上的肋板、轮辐及薄壁等结构，当剖切平面沿纵向剖切（剖切平面垂直于肋板和薄壁的厚度方向或通过轮辐的轴线）时，这些结构不画剖面符号，而用粗实线将其与相邻部分分开。如图 7-27 左视图中前后方向的肋板，剖切后不画剖面符号。其他方向剖切的肋板应画出剖面符号。如图 7-27 左视图中左右方向的肋板和俯视图中的肋板。

② 均布孔、肋板的画法。对于回转体零件上均匀分布的肋板、轮辐、孔等结构，不处于剖切平面上时，可将这些结构绕回转体轴线旋转到剖切平面上按对称画出，且不加任何标注，如图 7-28 所示。相同的另一侧的孔可仅画出轴线。

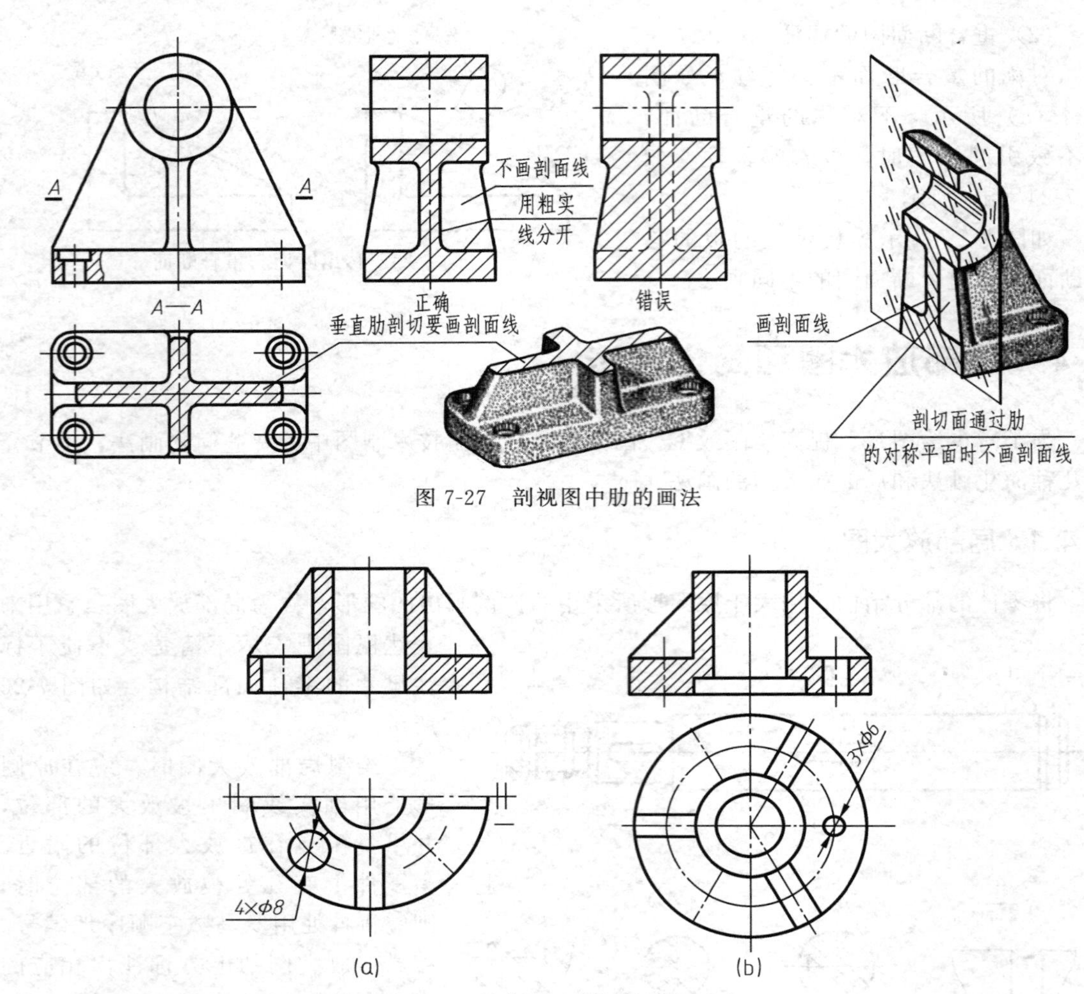

图 7-27 剖视图中肋的画法

图 7-28 均布孔、肋板的简化画法

③ 相同结构要素的画法。

a. 当机件具有若干相同结构（如齿、槽等）、并按一定规律分布时，只需画出几个完整的结构，其余用细实线连接，并注明该结构的总数，如图 7-29（a）所示。

b. 机件上按规律分布的等直径孔，可只画出一个或几个，其余用细点画线表示其中心位置，并在图中注明孔的总数，如图 7-29（b）所示。

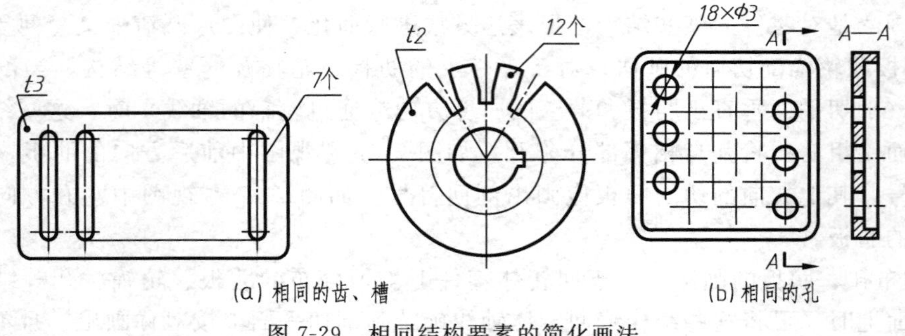

图 7-29 相同结构要素的简化画法

④ 平面画法。当回转体零件上的平面在图形中不能充分表达时，可用平面符号（相交的两条细实线）表示这些平面，如图 7-30 所示。

⑤ 折断画法。较长的机件（如轴、杆、型材、连杆等）沿长度方向的形状一致或按一定规律变化时，可断开后缩短画出，图中尺寸要按机件真实长度注出。断裂处一般采用波浪线、双点画线绘制。对于较大零件，断裂处可用双折线绘制，如图 7-31 所示。

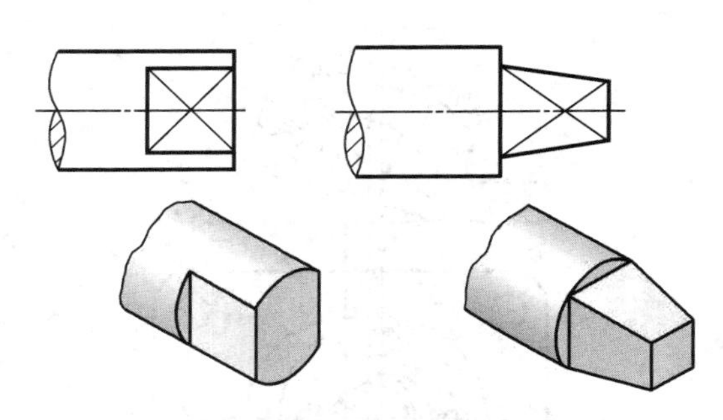

图 7-30 回转体上平面的表示法

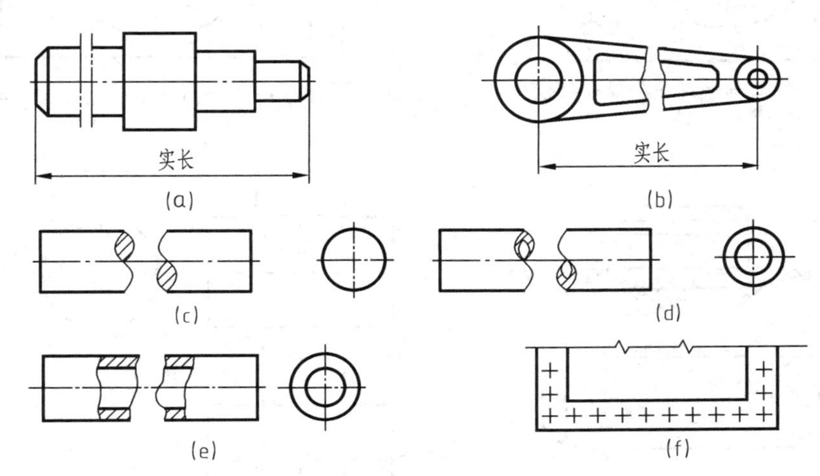

图 7-31 折断画法

⑥ 圆柱形法兰和类似零件上均匀分布的孔，可按图 7-32 所示的方法表示（由机件外向该法兰端面方向投射）。

⑦ 网状物、编织物或机件上的滚花部分，应用细实线完全或部分表示出来，并在零件图上或技术要求中注明其具体要求，如图 7-33 所示。

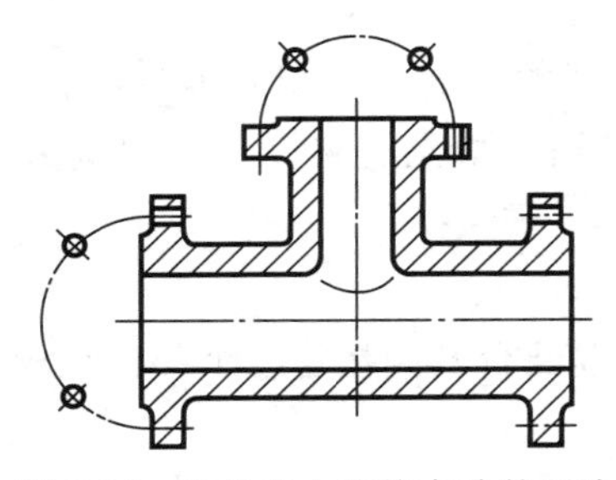

图 7-32 法兰盘上的均布孔的画法

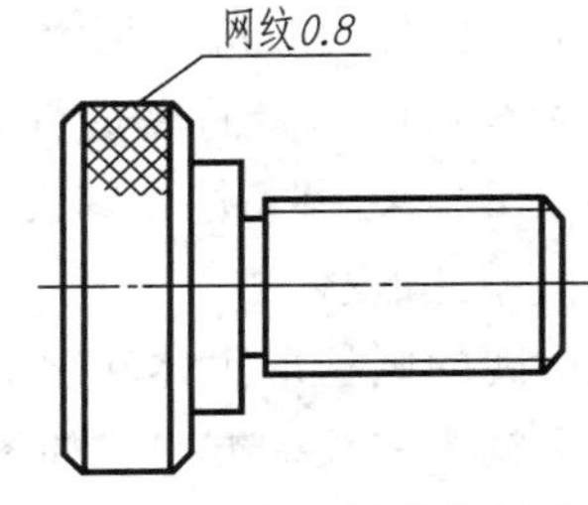

图 7-33 滚花的简化画法

⑧ 与投影面倾斜角度小于或等于 30°的圆或圆弧，其投影可用圆或圆弧代替，如图 7-34 所示。

⑨ 在剖视图的剖面区域中可再作一次局部剖视，习惯上称为“剖中剖”，如图 7-35 所示。此时，两者的剖面线应同方向、同间隔，但要相互错开；图名“$B—B$”用引出线标注。

⑩ 相贯线、截交线、过渡线在不致引起误解时，允许画成圆弧或直线，代替非圆曲线，如图 7-36 所示。

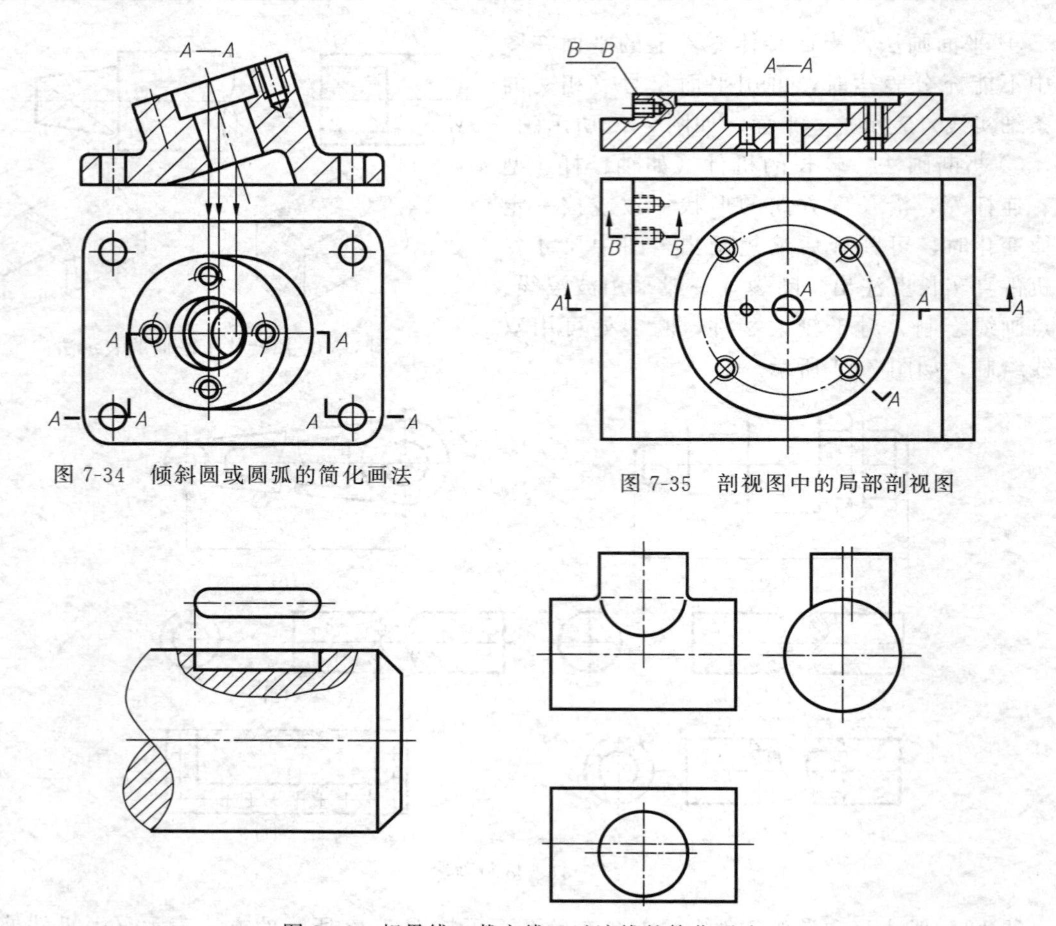

图 7-34 倾斜圆或圆弧的简化画法

图 7-35 剖视图中的局部剖视图

图 7-36 相贯线、截交线、过渡线的简化画法

7.5 机件各种表示法综合运用举例

在绘制机械图样时，应根据零件的具体情况来运用视图、剖视和断面等各种表示方法。一个零件往往有几种不同的表达方案。在确定表达方案时，应结合标注尺寸等问题一起考虑，如图 7-37 所示为一壳体，其表达方法分析如下。

(1) 分析零件形状

壳体由中间的圆柱形主体和顶部方形凸缘、底板、前凸台及侧接管五个部分组成。分析形体，选定主视图的投射方向，如图 7-37 (a) 所示。

(2) 确定表达方案，绘制图样

方案一：主视图兼顾内外形，用三个局部剖视图，主要表示空腔（内腔及与右侧接管的贯通）、顶部方形凸缘和底板上的孔。俯视图表示外形（顶部方形凸缘、底板的形状和孔的大小分布）；局部视图表示前凸台内孔与主体空腔连通。*A* 向局部视图表示右端端面形状，断面图表示加强筋，如图 7-37 (b) 所示。

方案二：与方案一相比，俯视图改为用三个视图；表示凸缘和底板外形的 *C* 向视图、*D* 向局部视图；表示前凸台上孔与主体空腔连通的 *B*—*B* 剖视图。视图多且分散，如

图 7-37（c）所示。

方案三：将方案一中的断面图和 A 向局部视图综合，改成一个局部右视图。视图较少，但底板有重复表达，加强筋截面表达不充分，如图 7-37（d）所示。

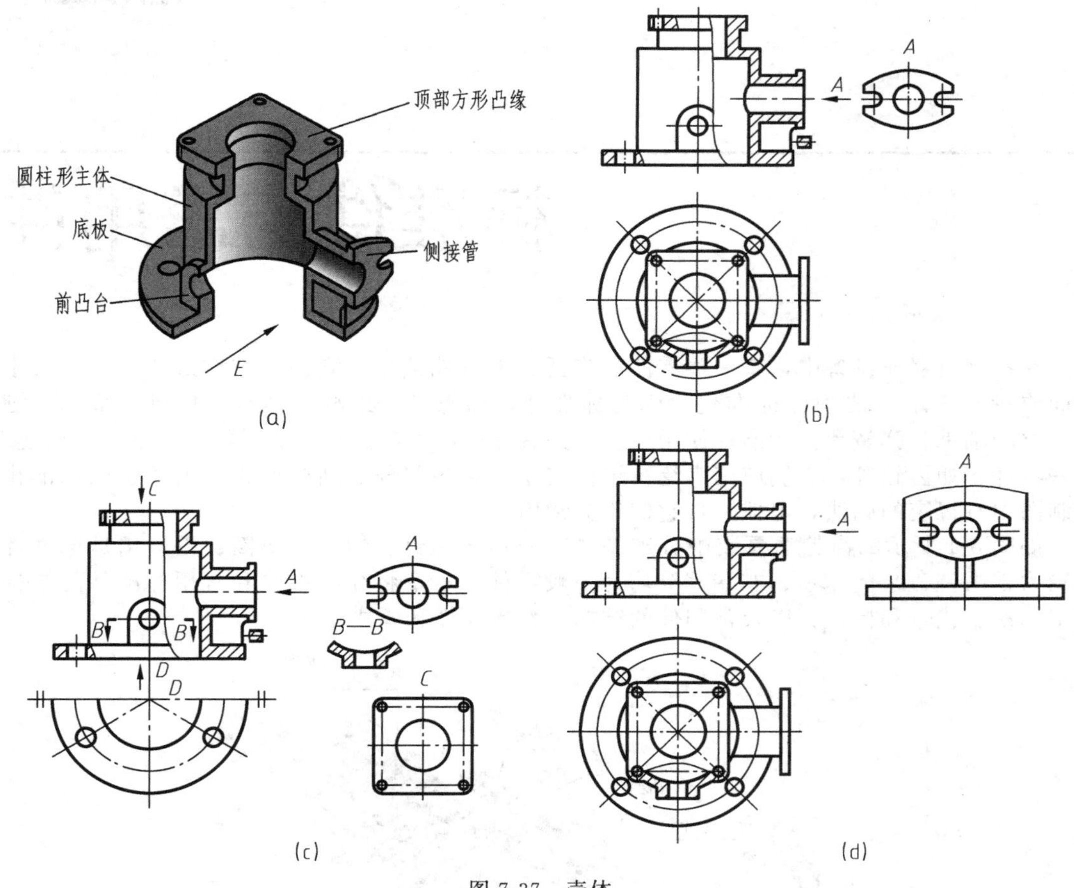

图 7-37　壳体

（3）方案比较

综上所述，“方案一”比较合适。

思　考　题

1. 机件的表达方法包括哪些？
2. 视图主要表达什么？视图分哪几种？每种视图都有什么特点？如何表达？怎样标注？
3. 局部视图和斜视图中画波浪线时要注意什么？什么情况可省略波浪线？
4. 剖视图和断面图有何区别？
5. 剖切平面纵向通过机件的肋板、轮辐及薄壁时，这些结构该如何画出？
6. 半剖视图中，剖开和未剖开部分的分界线为何种图线？能否画成粗实线？
7. 断面图应如何配置和标注？何时可省略标注？在什么情况下，截断面按剖视绘制？
8. 试述局部放大图的画法、配置和标注。

标准件与常用件

在各种机器或设备中，有一些零件被广泛、大量地使用，它们的结构形式、尺寸大小、表面质量和表示方法均已标准化，称为标准件，如螺栓、螺柱、螺钉、螺母、垫圈、键、销、滚动轴承和弹簧等。标准件使用广泛，并有专业厂生产。除一般零件和标准件外，还有一些零件，如齿轮等，它们应用广泛，结构定型，某些部分的结构形状与尺寸也已标准化，在制图中有规定的画法，习惯上将它们称为常用件。

如图 8-1 所示的齿轮油泵装配分解图中，螺栓、螺钉、螺母、垫圈、键、销是标准件，齿轮为常用件，泵体、左、右端盖等均为一般零件。本章将介绍螺纹和常用标准件的结构、规定画法、代号和标记，以及常用件的结构、参数计算和画法。

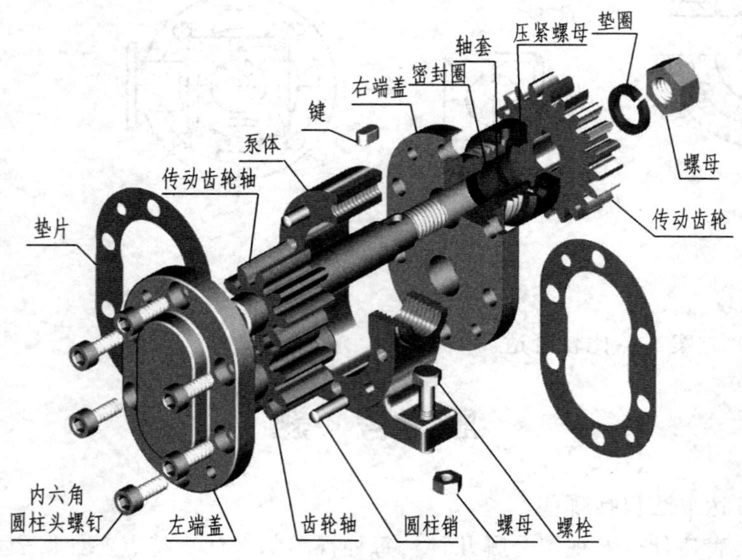

图 8-1　齿轮油泵装配分解图

8.1　螺纹

8.1.1　螺纹的形成

螺纹是机件上的一种常见结构，它是在圆柱（或圆锥）表面上的沿螺旋线形成的具有相同轴向剖面的连续凸起和沟槽。在圆柱（或圆锥）外表面上的螺纹称为外螺纹，在圆柱（或圆锥）内表面上的螺纹称为内螺纹。如图 8-2 所示为加工螺纹的各种方法和手工加工螺纹用的工具。

(a) 在车床上加工外螺纹　(b) 在车床上加工内螺纹　(c) 辗压螺纹　(d) 手工加工螺纹工具

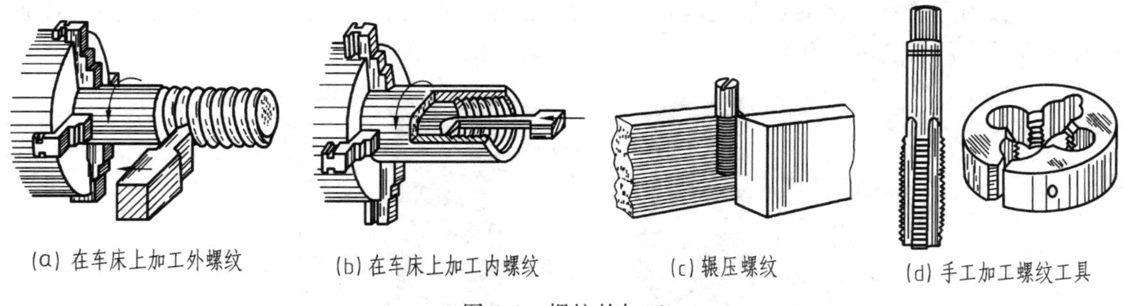

图 8-2　螺纹的加工

在螺纹加工过程中，由于刀具的切入（或压入）构成了凸起（又称牙）和沟槽两部分，凸起的顶端称为螺纹的牙顶，沟槽的底部称为螺纹的牙底。

8.1.2　螺纹的要素

螺纹由牙型、公称直径、螺距和导程、线数、旋向五个要素组成。

（1）牙型

在通过螺纹轴线的剖面上，螺纹的轮廓形状称为牙型。常见的牙型有三角形、梯形、锯齿形、矩形等。

（2）公称直径

螺纹直径有三个：大径（d、D）、中径（d_2、D_2）、小径（d_1、D_1）。与外螺纹牙顶或内螺纹牙底相切的假想圆柱（或圆锥）的直径称为大径；与外螺纹牙底或内螺纹牙顶相切的假想圆柱（或圆锥）的直径称为小径；母线通过牙型上沟槽和凸起的宽度相等的地方的假想圆柱（或圆锥）的直径称为中径，如图 8-3 所示。代表螺纹尺寸的直径称为公称直径，一般指螺纹大径。

（3）线数 n

螺纹有单线和多线之分。沿一条螺旋线形成的螺纹称为单线螺纹，沿轴向等距分布的两条或两条以上的螺旋线形成的螺纹称为多线螺纹，如图 8-4 所示。

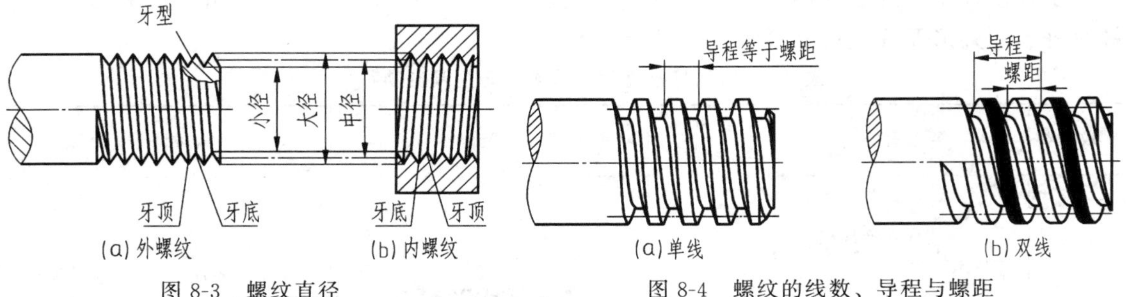

(a) 外螺纹　(b) 内螺纹

图 8-3　螺纹直径

(a) 单线　(b) 双线

图 8-4　螺纹的线数、导程与螺距

（4）螺距 P 和导程 P_h

螺距 P 是相邻两牙在中径线上对应两点间的轴向距离。导程 P_h 是同一条螺旋线上的相邻两牙在中径线上对应两点间的轴向距离。当螺纹为单线螺纹时，$P_h=P$，如图 8-4（a）

所示。当螺纹为多线螺纹时，$P_h=nP$，如图 8-4（b）所示。

（5）旋向

螺纹分为左旋螺纹和右旋螺纹两种。顺时针旋转时旋入的螺纹称为右旋螺纹，逆时针旋转时旋入的螺纹称为左旋螺纹，如图 8-5 所示。右旋螺纹用得较多。

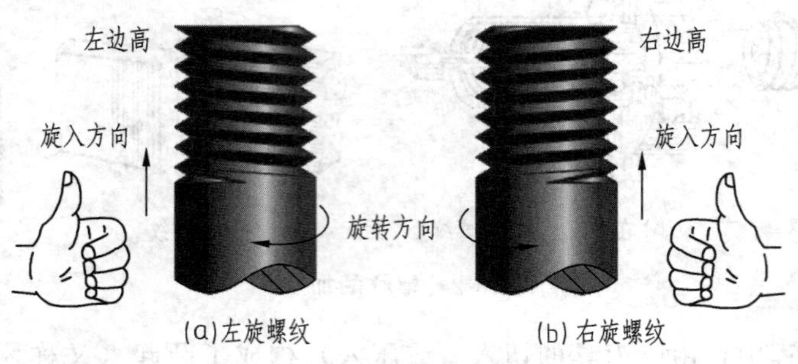

(a)左旋螺纹　(b)右旋螺纹

图 8-5　螺纹的旋向

为便于设计计算和加工制造，国家标准对螺纹要素作了规定。在螺纹的要素中，牙型、直径和螺距是决定螺纹的最基本的要素，通常称为螺纹三要素。凡螺纹三要素符合标准的螺纹称为标准螺纹。标准螺纹的公差带和螺纹标记均已标准化。螺纹的线数和旋向，如果没有特别注明，则为单线和右旋。

若要使内外螺纹正确旋合在一起构成螺纹副，那么内外螺纹的牙型、直径、旋向、线数和螺距等五个要素必须一致。

8.1.3　螺纹的种类

（1）按螺纹要素是否标准分类

按螺纹要素是否标准将螺纹分为标准螺纹、特殊螺纹、非标准螺纹 3 种。

标准螺纹：牙型、大径和螺距均符合国家标准的螺纹称为标准螺纹。

特殊螺纹：牙型符合标准、大径和螺距不符合标准的螺纹称为特殊螺纹。

非标准螺纹：牙型不符合标准的螺纹称为非标准螺纹，如方牙螺纹。

（2）按螺纹的用途分类

按螺纹的用途将螺纹分为连接螺纹和传动螺纹两大类。

工程图样中，螺纹牙型用螺纹特征代号表示，如表 8-1 所示。表 8-1 介绍了螺纹分类、螺纹种类、外形及牙型、螺纹特征代号等内容。

表 8-1　常见标准螺纹的分类、牙型及其特征代号

螺纹分类		螺纹种类	螺纹特征代号	外形及牙型	说明
连接螺纹	普通螺纹	粗牙普通螺纹	M	60°	最常用的连接螺纹，细牙螺纹的螺距较粗牙的小，切深较浅。粗牙螺纹是普通螺纹中螺距最大的
		细牙普通螺纹			

续表

螺纹分类	螺纹种类		螺纹特征代号	外形及牙型	说明
连接螺纹	管螺纹	55°非密封管螺纹	G		本身无密封能力，常用于电线管等不需要密封的管系统。非螺纹密封的管螺纹如加密封结构后，密封性能很可靠
		55°密封管螺纹	R_P R_c R_1 R_2		圆柱内螺纹 R_P，圆锥内螺纹 R_c，圆锥外螺纹 R_1 与圆柱内螺纹配合使用、圆锥外螺纹 R_2 与圆锥内螺纹配合使用
传动螺纹	梯形螺纹		Tr		双向传递运动和动力，常用于承受双向力的丝杆传动
	锯齿形螺纹		B		只能传递单向动力，如螺旋压力机的传动丝杆就采用这种螺纹

8.1.4　螺纹的规定画法

（1）圆柱外螺纹的画法

如图 8-6 所示，外螺纹不论牙型如何，螺纹的大径 d（牙顶）和螺纹终止线用粗实线表示，螺纹的小径 d_1（牙底）用细实线表示，并应画入螺杆的倒角内。在投影为圆的视图上，大径画粗实线整圆，小径画约 3/4 的细实线圆，倒角圆不画出。一般小径尺寸可按大径尺寸的 0.85 倍画出。

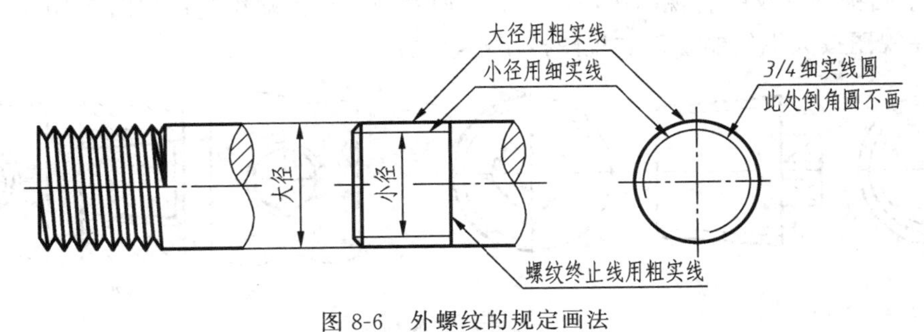

图 8-6　外螺纹的规定画法

（2）圆柱内螺纹的画法

如图 8-7 所示，当螺纹为不可见时，除螺纹轴线和垂直于螺纹轴线的投影面上的视图上圆的中心线以外，其余均用细虚线画出。在剖视图上，螺纹小径 D_1（牙顶）和螺纹终止线用粗实线表示，螺纹大径 D（牙底）用细实线表示。在投影为圆的视图上，大径画约 3/4 细实线圆，小径画粗实线整圆，倒角圆不画出。

绘制不穿通的螺纹孔时，一般应将钻孔深度与螺孔深度分别画出，两个深度相差 $0.5D$（其中 D 为螺纹孔公称直径），钻孔尖端锥角应按 120°画出，如图 8-8 所示。

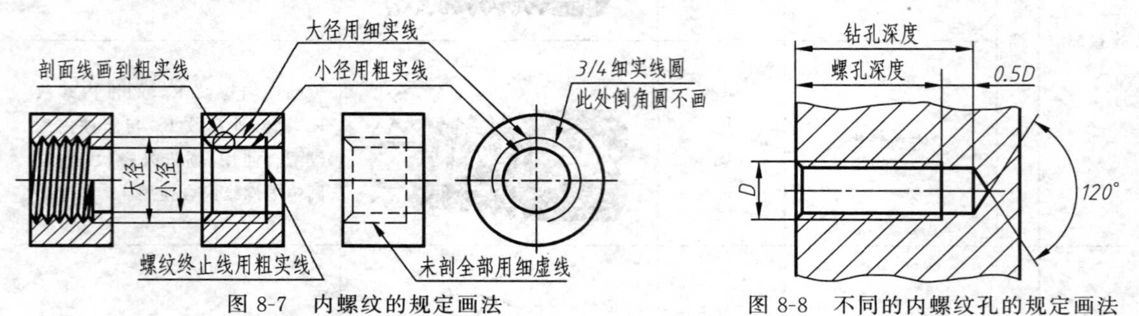

图 8-7 内螺纹的规定画法　　图 8-8 不同的内螺纹孔的规定画法

（3）内、外螺纹连接的画法

当内外螺纹连接构成螺纹副时，其旋合部分应按外螺纹绘制，其余部分仍按各自的画法表示，如图 8-9 所示。

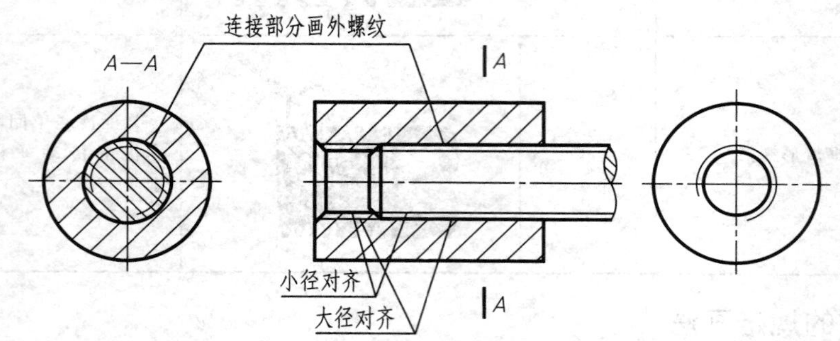

图 8-9 内外螺纹连接的规定画法

注意：外螺纹的大径（粗实线）必须与内螺纹的大径（细实线）对齐；外螺纹的小径（细实线）与内螺纹的小径（粗实线）对齐；与倒角无关。

（4）圆锥螺纹的画法

如图 8-10 所示，圆锥螺纹在投影为圆的视图中，只画出可见一端（大端或小端）。如图 8-10（a）中圆锥外螺纹的右视图按小端绘制，而左视图按大端绘制；如图 8-10（b）中圆锥内螺纹的左视图按大端绘制，而右视图按小端绘制。

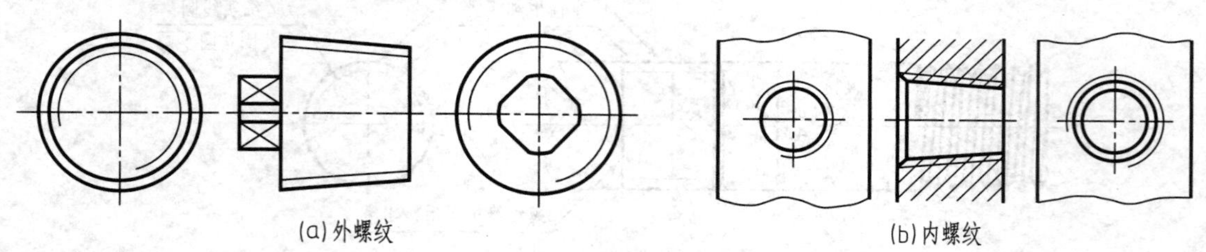

(a) 外螺纹　　(b) 内螺纹

图 8-10 圆锥螺纹的规定画法

8.1.5　螺纹的标记

国家标准规定，螺纹按规定画法画出后，还要注写标记。规定的标记在螺纹大径的尺寸线或引出线上进行标注。

（1）标注螺纹的标注格式

螺纹完整的标注格式：

[特征代号][公称直径]×[螺距或导程（*P* 螺距）][旋向]-[公差带代号]-[旋合长度代号]

标注说明如下。

① 特征代号：用拉丁字母表示螺纹种类，如表 8-1 所示。

② 公称直径：是指螺纹的大径。对应管螺纹而言，特征代号后边的数字是管子尺寸代号，管子尺寸数值等于管子内径，单位为英寸（in）。

③ 螺距：粗牙普通螺纹和圆柱管螺纹、圆锥管螺纹均不标注螺距。而细牙普通螺纹、梯形螺纹、锯齿形螺纹必须标注。多线螺纹应标注“导程（*P* 螺距）”。

④ 旋向：右旋螺纹不标注旋向，左旋螺纹必须标注旋向代号“LH”。

⑤ 公差带代号：螺纹公差带代号是用数字表示螺纹公差等级，用字母表示螺纹公差的基本偏差；公差等级在前，基本偏差在后，外螺纹的基本偏差用小写字母、内螺纹的基本偏差用大写字母表示。中径和顶径（指外螺纹大径和内螺纹小径）的公差带代号都要表示出来，中径的公差带代号在前，顶径的公差带代号在后，如果中径公差带代号与顶径公差带代号相同，则只标注一个代号。

内、外螺纹旋合在一起时，其公差带代号可用斜线分开，左边表示内螺纹公差带代号，右边表示外螺纹公差带代号。例如：M20-6H/5g。

⑥ 旋合长度代号：旋合长度是指两个相互旋合的螺纹沿螺纹轴线方向相互旋合部分的长度。普通螺纹的旋合长度分为三组：短旋合长度（S）、中等旋合长度（N）和长旋合长度（L），其中 N 省略标注。

（2）标准螺纹标注示例

部分螺纹标注示例，见表 8-2。

表 8-2　螺纹标注示例

螺纹类别、特征代号		标注示例	说明
连接螺纹	粗牙普通螺纹 M	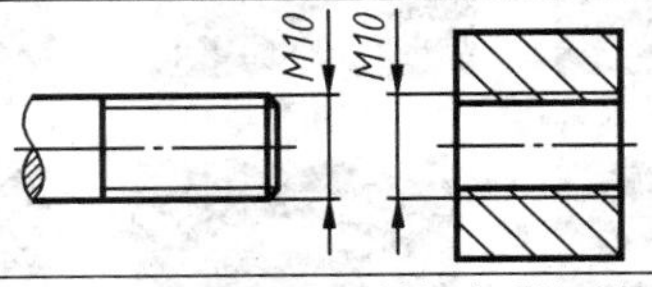 M10　M10	粗牙普通螺纹，公称直径 10，螺距 1.5（查表获得）；中等旋合长度；右旋
	细牙普通螺纹 M	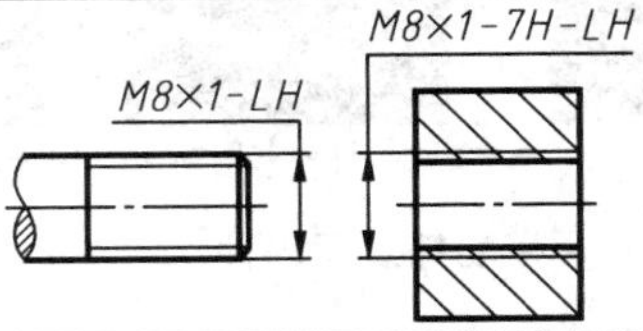 M8×1-LH　M8×1-7H-LH	细牙普通螺纹，公称直径 8，螺距 1，左旋；外螺纹中径和顶径公差带代号都是 6g（公称直径≥1.6mm、公差带代号为 6g 时不标注）；内螺纹中径和顶径公差带代号都是 7H；中等旋合长度
	非螺纹密封的管螺纹 G	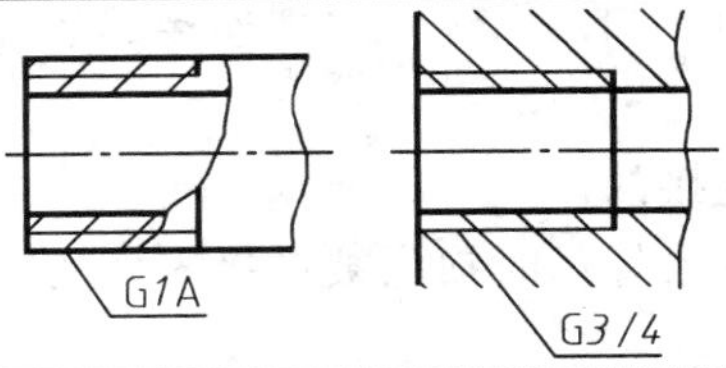 G1A　G3/4	55°非密封管螺纹，外管螺纹的尺寸代号为 1，公差等级为 A 级；内管螺纹的尺寸代号为 3/4，内管螺纹公差等级只有一种，省略不标注

续表

螺纹类别、特征代号		标注示例	说明
连接螺纹	螺纹密封的管螺纹 R_c、R_p、R_1、R_2	R_2 1/2 R_c 3/4 LH	55°密封圆锥管螺纹，与圆锥内螺纹配合的圆锥外螺纹的尺寸代号为 1/2，右旋；圆锥内螺纹的尺寸代号为 3/4，左旋；公差等级只有一种，省略不标注 R_p 是圆柱内螺纹的特征代号，R_1 是与圆柱内螺纹配合的圆锥外螺纹的特征代号
传动螺纹	梯形螺纹 Tr	Tr40×7-7e	梯形外螺纹，公称直径 40，单线，螺距 7，右旋，中径公差带代号 7e；中等旋合长度
传动螺纹	锯齿形螺纹 B	B32×6-7e	锯齿形外螺纹，公称直径 32，单线，螺距 6，右旋，中径公差带代号 7e；中等旋合长度

8.2 螺纹紧固件

8.2.1 螺纹紧固件的种类

用一对内、外螺纹的连接作用来连接和紧固一些零（部）件的零件称为螺纹紧固件。常用的螺纹紧固件有螺栓、螺柱、螺钉、螺母和垫圈等，如图 8-11 所示。

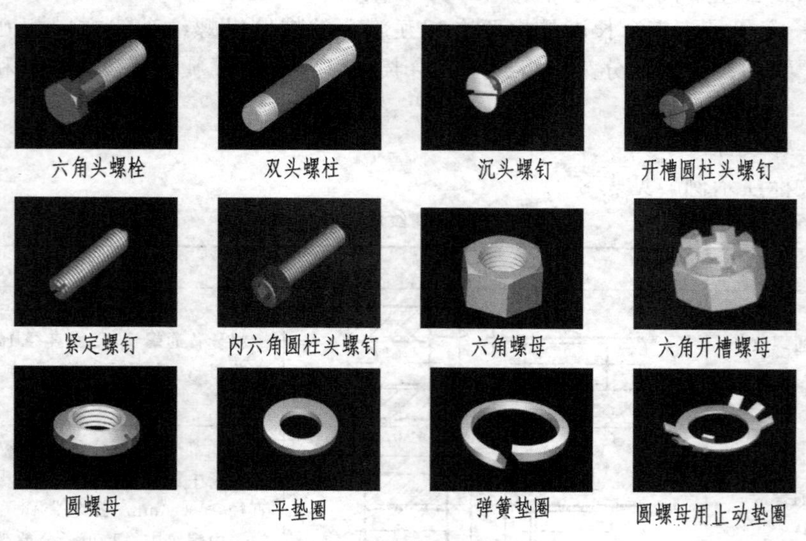

图 8-11　常用的螺纹紧固件

螺栓、螺柱和螺钉都是在圆柱表面上制出螺纹，起到连接其他零件的作用，其公称长度 l 取决于被连接零件的有关厚度。

螺母是和螺栓或螺柱等一起进行连接的。

垫圈一般放在螺母下面，可避免旋紧螺母时损伤被连接零件的表面。弹簧垫圈可防止螺母松动脱落。

8.2.2 螺纹紧固件的标记

根据规定，紧固件的标记方法分完整标记和简化标记两种。螺纹紧固件的完整标记与简化标记见表 8-3。螺纹紧固件各部分尺寸见附录。

8.2.3 螺纹紧固件的画法

螺纹紧固件的画法如下：

① 查表画法　是从附表中查出螺纹紧固件各部分尺寸，均按国标规定的数据画图。

② 比例画法　为提高画图速度，工程实践中常采用比例画法，即将螺纹紧固件各部分的尺寸（公称长度除外）都与规格尺寸 d（或 D）建立一定的比例关系，并按此比例画图。螺纹紧固件的比例画法如图 8-12 所示。

表 8-3　螺纹紧固件的图例及标记

名称及标准编号	图例	标记示例
六角头螺栓 GB/T 5782—2016	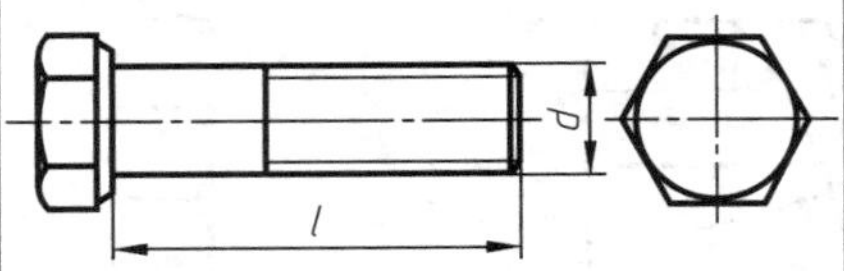	螺纹规格 d=M12、公称长度 l=80mm、性能等级为常用的 8.8 级、表面氧化、产品等级为 A 级的六角头螺栓 完整标记：螺栓　GB/T 5782—2016-M12×80-8.8-A-O 简化标记：螺栓　GB/T 5782　M12×80
双头螺柱 GB/T 898—1988 （b_m=1.25d）	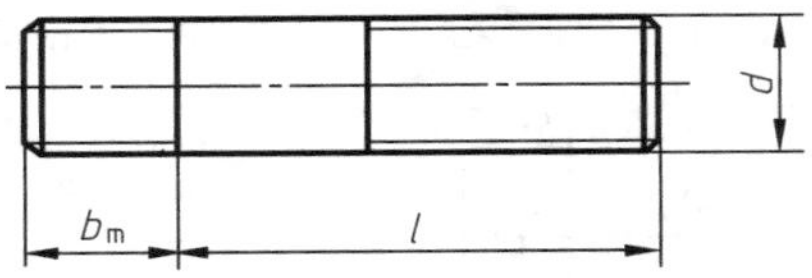	螺纹规格 d=M12、公称长度 l=60mm、性能等级为常用的 4.8 级、不经表面处理、b_m=1.25d、两端均为粗牙普通螺纹的 B 型双头螺柱 完整标记：螺柱　GB/T 898—1988-M12×60-B-4.8 简化标记：螺柱　GB/T 898　M12×60
开槽圆柱头螺钉 GB/T 65—2000	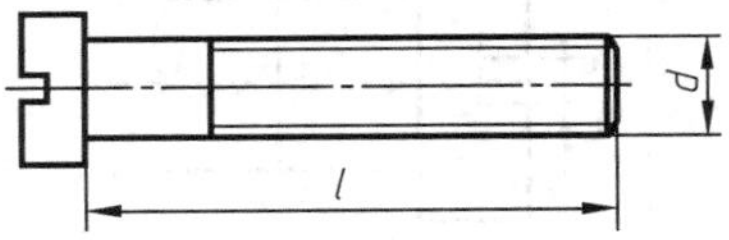	螺纹规格 d=M10、公称长度 l=60mm、性能等级为常用的 4.8 级、不经表面处理、产品等级为 A 级的开槽圆柱头螺钉 完整标记：螺钉　GB/T 65—2000-M10×60-4.8-A 简化标记：螺钉　GB/T 65　M10×60
开槽长圆柱端紧定螺钉 GB/T 75—1985	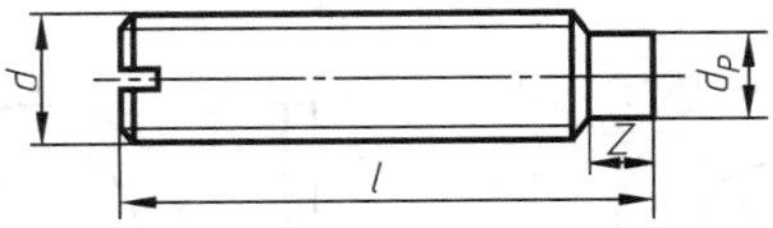	螺纹规格 d=M5、公称长度 l=12mm、性能等级为常用的 14H 级、表面氧化的开槽长圆柱端紧定螺钉 完整标记：螺钉　GB/T 75—1985-M5×12-14H-O 简化标记：螺钉　GB/T 75　M5×12
Ⅰ型六角螺母 GB/T 6170—2015	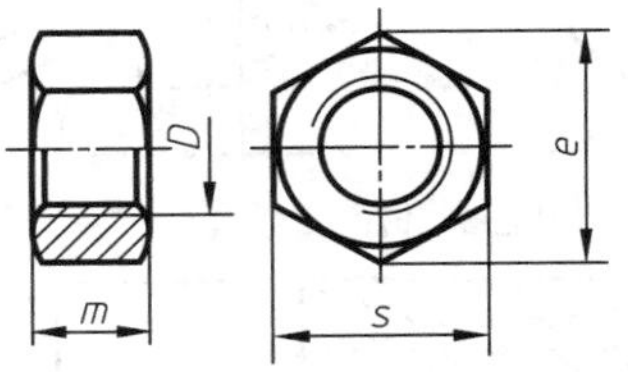	螺纹规格 D=M16、性能等级为常用的 8 级、不经表面处理、产品等级为 A 级的Ⅰ型六角螺母 完整标记：螺母　GB/T 6170—2000-M16-8-A 简化标记：螺母　GB/T 6170　M16
平垫圈 GB/T 97.1—2002	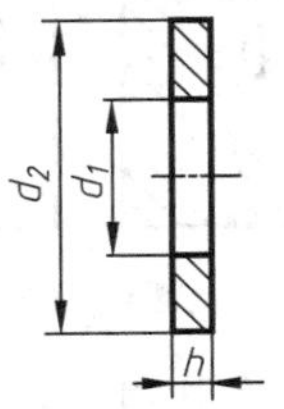	标准系列、规格为 10mm、性能等级为常用的 200HV 级、表面氧化、产品等级为 A 级的平垫圈 完整标记：垫圈　GB/T 97.1—2002-10-200HV-A-O 简化标记：垫圈　GB/T 97.1　10 （从标准中查得，该垫圈内径 d_1 为 ϕ10.5mm）

续表

名称及标准编号	图例	标记示例
标准型弹簧垫圈 GB/T 93—1987	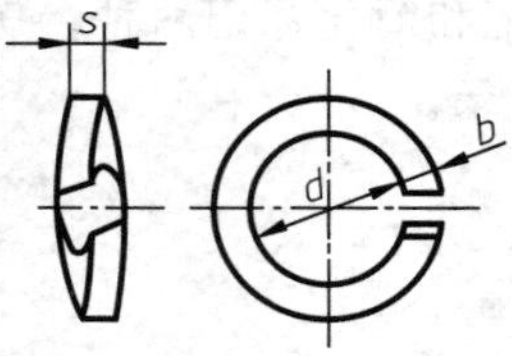 s b d	规格为 16mm、材料为 65Mn、表面氧化的标准型弹簧垫圈 完整标记：垫圈 GB/T 93—1987-16-65Mn-O 简化标记：垫圈 GB/T 93 16 （从标准中查得，该垫圈的 d 最小为 ϕ16.2mm）

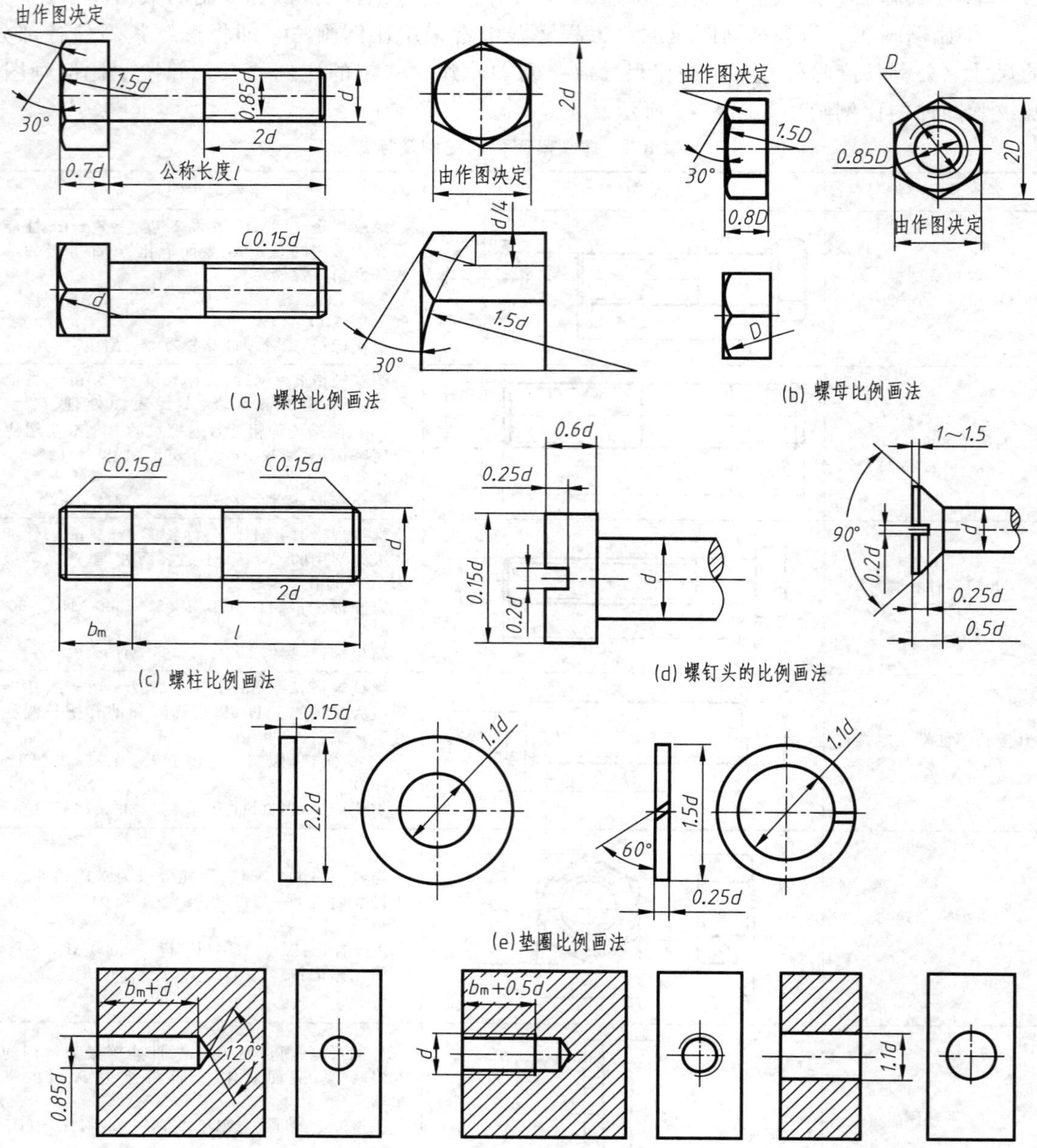

(a) 螺栓比例画法

(b) 螺母比例画法

(c) 螺柱比例画法

(d) 螺钉头的比例画法

(e) 垫圈比例画法

(f) 钻孔

(g) 螺孔

(h) 光孔

图 8-12 螺纹紧固件的比例画法

8.2.4　螺纹紧固件连接的画法

由于螺纹紧固件是标准件，因此只需在装配图中画出连接图即可。画连接图时，在保证投影正确的前提下，必须符合装配图的规定画法。螺栓、螺柱、螺钉连接的比例画法如图 8-12 所示。

（1）规定画法

① 两零件接触面处画一条粗实线，非接触面处画两条粗实线。

② 当剖切平面沿实心零件或标准件（螺栓、螺柱、螺钉、螺母、垫圈、挡圈等）的轴线（或对称线）剖切时，这些零件均按不剖绘制，即仍画其外形。

③ 在剖视图中，相互接触的两零件的剖面线方向应相反或间隔不同；而同一个零件在各剖视图中，剖面线的方向和间隔应相同。

（2）各种螺纹紧固件连接画法及公称尺寸计算

螺纹紧固件的尺寸参见图 8-12。

① 螺栓连接　螺栓连接一般用于被连接件不太厚，适合钻成通孔的情况，如图 8-13（a）所示。螺栓公称长度 l 的确定：螺栓连接时，为了确保连接的可靠性，一般螺栓末端应伸出螺母约 $0.3d$。由图 8-13（b）可知，螺栓 l 的大小可近似按下式计算

$$l=\delta_1+\delta_2+0.15d(\text{平垫圈厚})+0.8d(\text{螺母厚})+0.3d$$

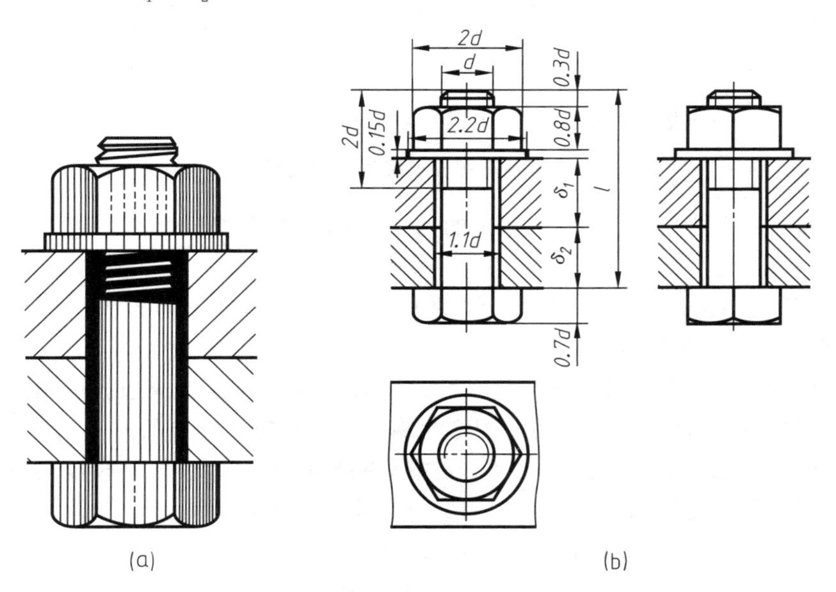

图 8-13　螺栓连接

例如，设 $d=20\text{mm}$，$\delta_1=32\text{mm}$，$\delta_2=30\text{mm}$，则 $l\approx 87\text{mm}$。从附录中查出与其相近的数值为：$l=90\text{mm}$。

画图过程：

a. 画出定位线，如图 8-14（a）所示；

b. 画出螺栓连接的俯视图，如图 8- 14（b）所示；

c. 根据投影关系及尺寸画出螺栓的主、左视图（螺栓按不剖画），如图 8-14（c）所示；

d. 画出被连接两板的两个视图（两金属板接触面要画至螺栓处），如图 8-14（d）所示；

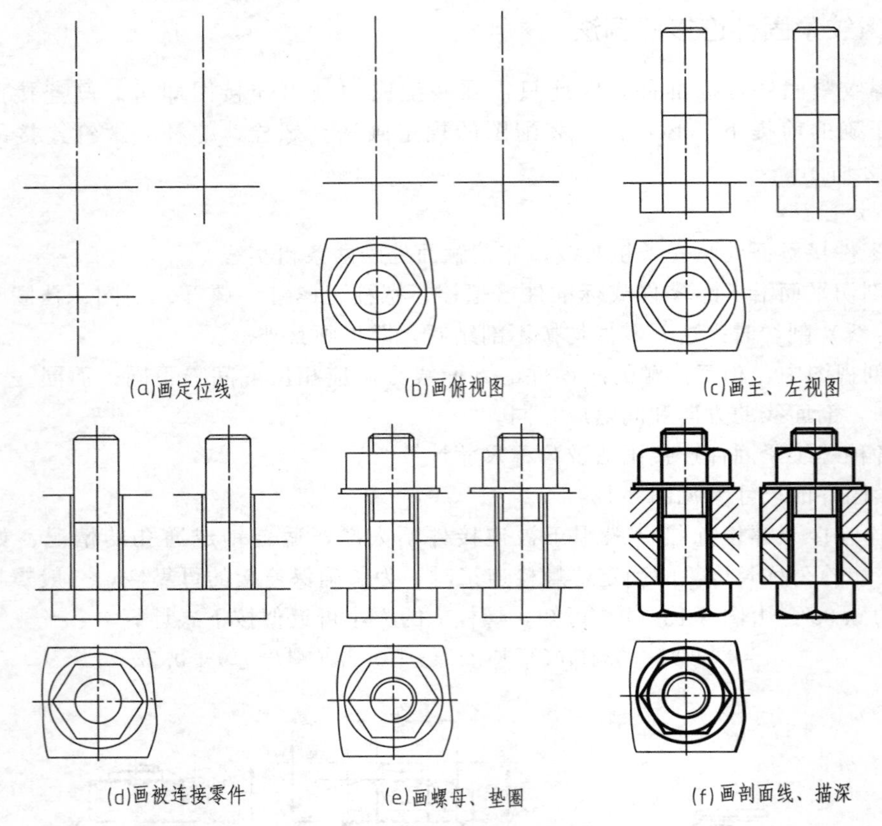

图 8-14　螺栓连接的画图过程

e. 画出螺母（不剖）、垫圈（不剖）的两个视图，补全螺栓上小径线，如图 8-14（e）所示；

f. 画出剖开处的剖面线（注意剖面线的方向和间距），补全螺栓头、螺母表面上的交线，全面检查、描深，如图 8-14（f）所示。

② 螺柱连接　螺柱连接用于被连接零件之一较厚或不允许钻成通孔的情况，故两端都有螺纹。旋入被连接零件螺纹孔内的一端称为旋入端，与螺母连接的另一端称为紧固端，如图 8-15（a）所示。双头螺柱的公称长度 l 是指双头螺柱上无螺纹部分长度与螺柱紧固端长度之和，而不是双头螺柱的总长。由图 8-15（b）中可看出：

$$l=\delta+0.25d(\text{弹簧垫圈厚})+0.8d(\text{螺母厚})+0.3d$$

计算出 l 值后，从附录中可查出与其相近的 l 值。

③ 螺钉连接　螺钉连接用于不经常拆卸和受力较小的连接中，按用途可分为连接螺钉（图 8-16）和紧定螺钉（起定位和固定作用，图 8-17）等。螺钉公称长度 l 的确定，由图 8-16（b）、（c）中可看出：开槽圆柱头螺钉的公称长度 $l=\delta+b_m$；沉头螺钉的公称长度是螺钉的全长。其中 b_m 是螺钉旋入螺纹孔的长度，它与被旋入零件的材料有关，见图 8-16 中“旋入长度”表所示。计算出 l 值后，从附录中可查出与其相近的 l 值。

双头螺柱、螺钉连接时，较厚的被连接件要加工出螺孔，螺孔深度一般为 $b_m+0.5d$，钻孔深度一般取 b_m+d，画法见图 8-15（b）、图 8-16（b）所示。双头螺柱连接时，由于螺柱旋入端的螺纹要全部旋入螺孔内，因此旋入端螺纹终止线要与被连接的两零件的接合面平

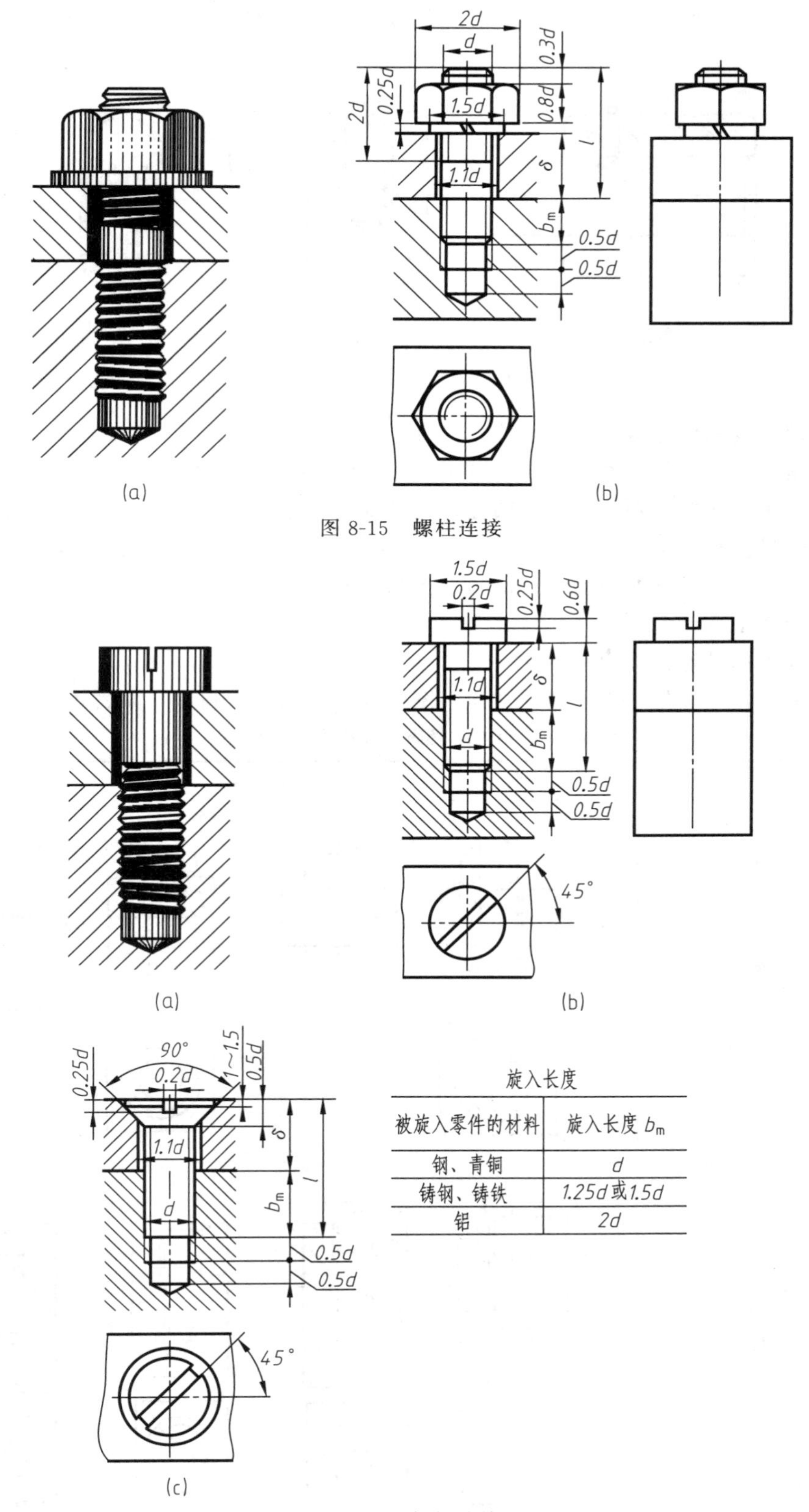

图 8-15　螺柱连接

旋入长度

被旋入零件的材料	旋入长度 b_m
钢、青铜	d
铸钢、铸铁	$1.25d$ 或 $1.5d$
铝	$2d$

图 8-16　螺钉连接

齐，如图 8-15（b）所示。螺钉的螺纹终止线要画在高于被连接两零件的接触面处，如图 8-16（b）、（c）所示。

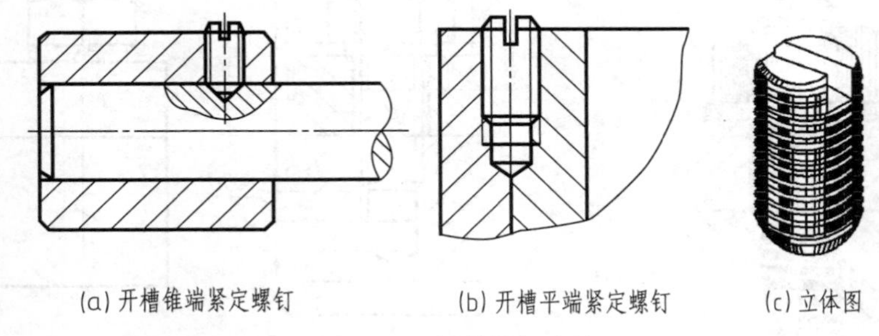

(a) 开槽锥端紧定螺钉　　(b) 开槽平端紧定螺钉　　(c) 立体图

图 8-17　紧定螺钉连接

（3）画螺纹紧固件连接的注意事项

画螺纹紧固件连接的注意事项为：①钻孔锥角应为 120°；②通孔孔径为 1.1d；③内、外螺纹的大、小径线要分别对齐；④圆柱伸出端应有螺纹小径（细实线）；⑤左、俯视图宽应相等；⑥螺母上棱线的投影要画出；⑦同一零件在不同视图上剖面线方向、间隔都应相同；⑧小径应画 3/4 圈圆的细实线、倒角圆不画；⑨螺柱旋入端的螺纹终止线要与被连接的两零件的接合面平齐。

（4）螺纹紧固件连接的简化画法

工程中为了作图简便，螺纹紧固件连接图一般都采用简化画法，如表 8-4 中所示。

表 8-4　常用螺纹紧固件连接图的简化画法

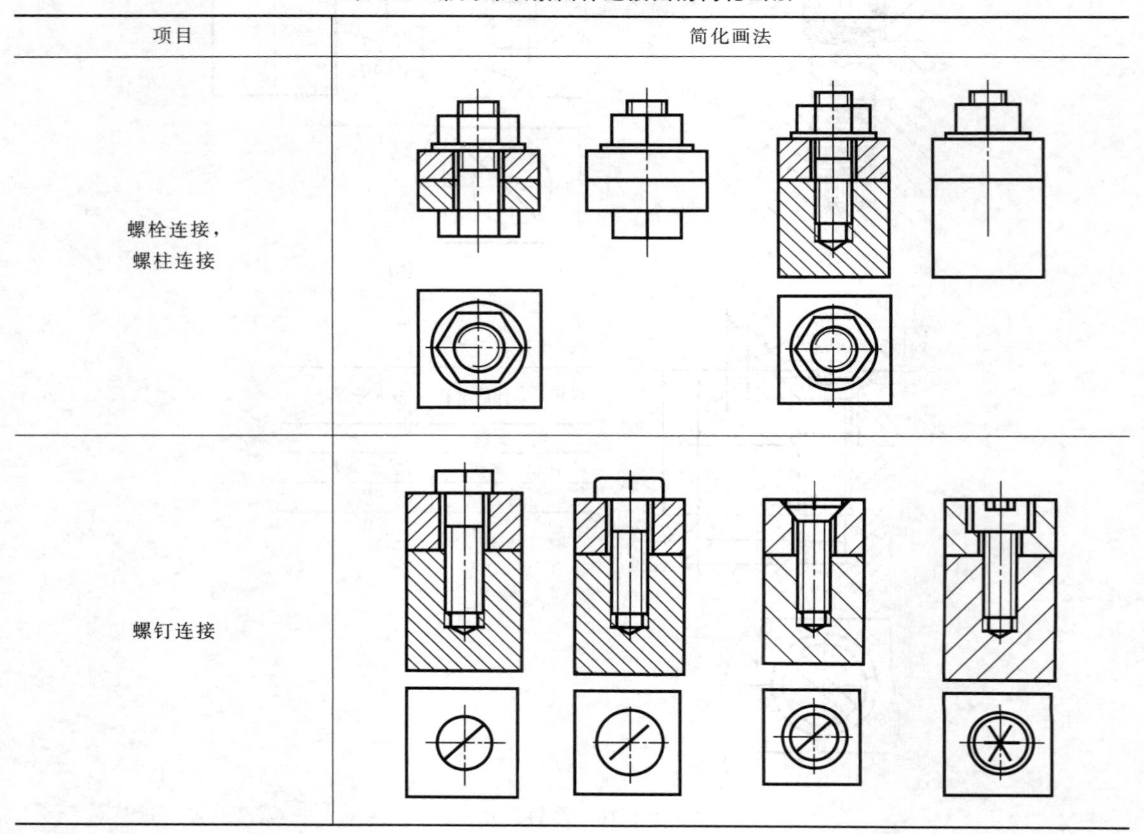

项目	简化画法
螺栓连接，螺柱连接	
螺钉连接	

8.3　键

8.3.1　概述

键用于连接轴和轴上的传动件（齿轮、带轮等），使轴和传动件一起转动以传递扭矩。在轴和轴孔的连接处（孔所在的部位称为轮毂）制有键槽，可将键嵌入，如图 8-18 所示。

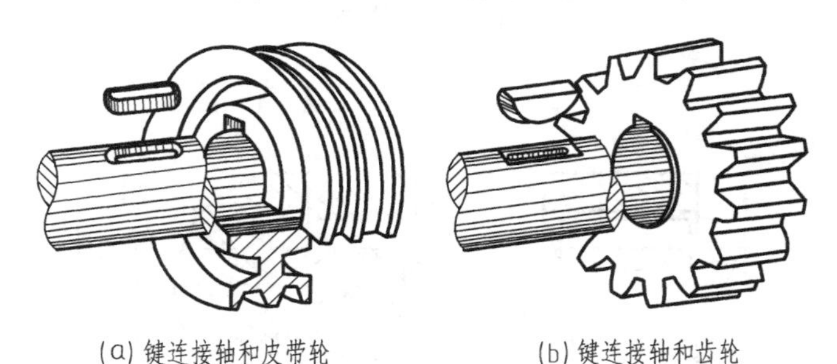

(a) 键连接轴和皮带轮　　(b) 键连接轴和齿轮

图 8-18　键连接

常用的键有普通（型）平键、普通型半圆键和钩头型楔键，如图 8-19 所示。

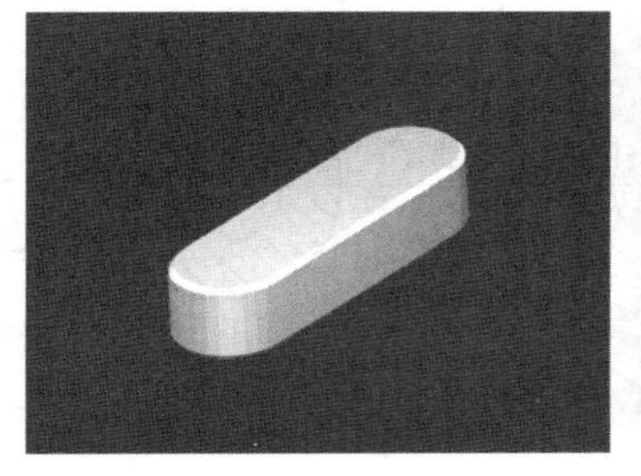

(a) 普通平键

(b) 普通型半圆键

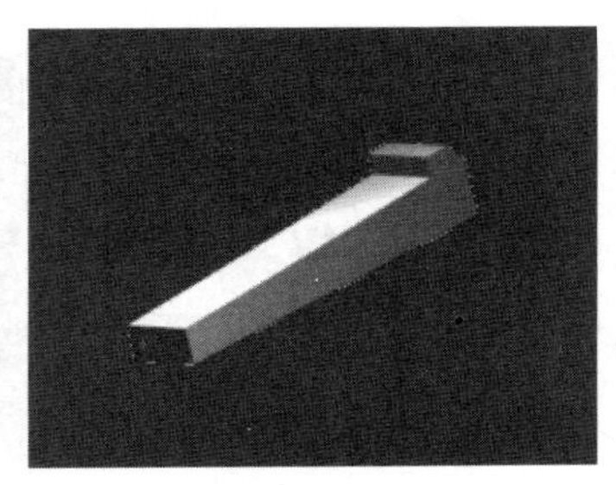

(c) 钩头型楔键

图 8-19　键

8.3.2　键的画法和标记

键的大小由被连接的轴、孔所传递的扭矩大小决定。附录中给出普通平键及键槽的尺寸。以普通平键为例简单介绍键的画法和标记。

普通平键有 A 型（圆头）、B 型（方头）和 C 型（单圆头）三种形式，其形状如图 8-20 所示。

① 键的标记　由标准编号、名称、形式与尺寸三部分组成。例如 A 型（圆头）普通平键，$b=12$mm、$h=8$mm、$l=50$mm，其标记为：

GB/T 1096　键　12×8×50

标记中 A 型键的“A”字省略不注，而 B 型和 C 型要在尺寸前标注“B”和“C”。

② 键连接的画法　用于轴、孔连接时，键的两侧面是工作面，其与轴上的键槽、轮毂上的键槽两侧均接触，应画一条线；键的底面与轴上键槽的底面也接触，也应画一条线；而键的顶面与轮毂键槽之间有空隙，应画两条线。如图 8-21 所示。具体画法，如图 8-22 所示。

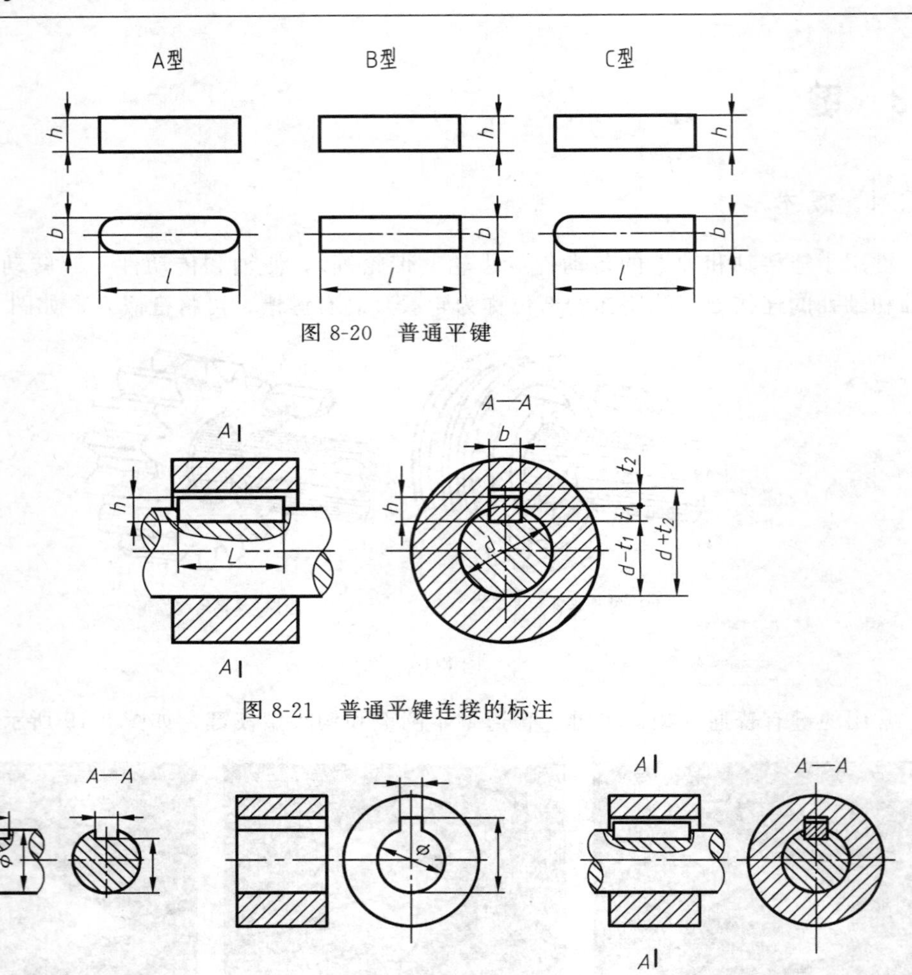

图 8-20 普通平键

图 8-21 普通平键连接的标注

(a) 轴上的键槽 (b) 轮毂上的键槽 (c) 键连接

图 8-22 普通平键连接的画法

8.4 销

8.4.1 概述

常用的销有圆柱销、圆锥销和开口销等，如图 8-23 所示。

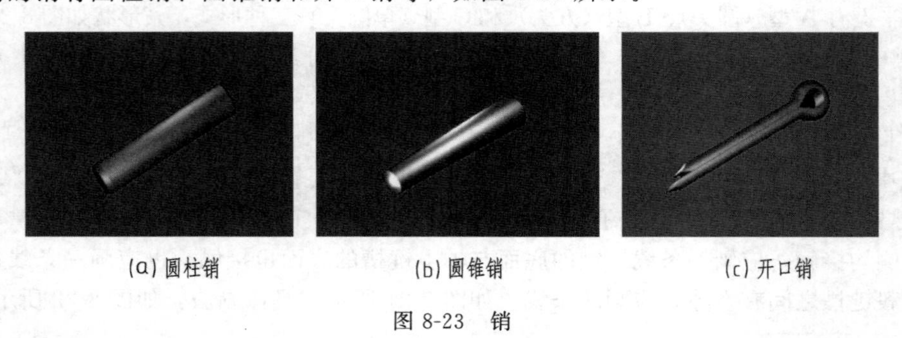

(a) 圆柱销 (b) 圆锥销 (c) 开口销

图 8-23 销

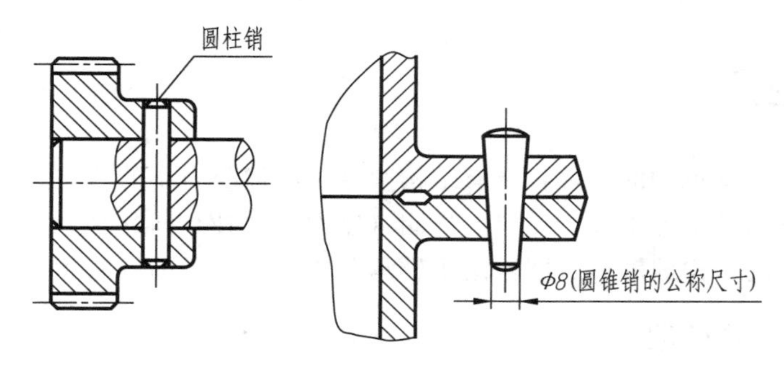

图 8-24　圆柱销和圆锥销连接

圆柱销和圆锥销可起定位和连接作用，如图 8-24 所示。开口销常与六角开槽螺母配合使用，以防止螺母松动或限定其他零件在装配体中的位置，如图 8-25 所示。

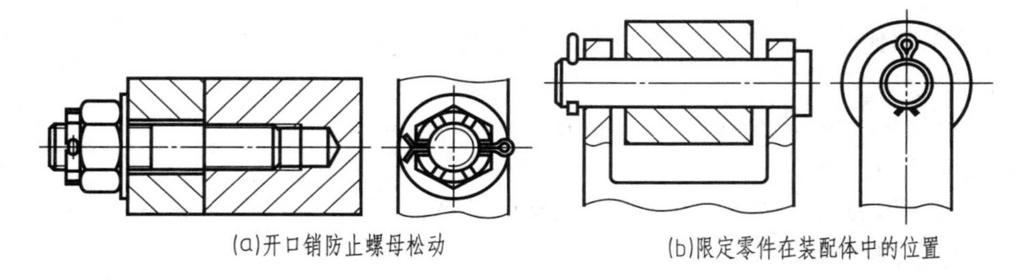

图 8-25　开口销连接

8.4.2　销的画法和标记

销的标记分为完整标记和简化标记两种。完整标记的内容和顺序与螺纹紧固件相同（见表 8-3）。

销的标记见表 8-5，其各部分尺寸可见附录。

表 8-5　销的标记

名称及标准编号	图例	标记示例
圆柱销 GB/T 119.1—2000	d、l	公称直径 d=8mm，公差为 m6，公称长度 l=30mm，材料为钢，不经淬火、不经表面处理的不淬硬钢圆柱销 完整标记： 销　GB/T 119.1—2000-8m6×30 简化标记： 销　GB/T 119.1　8m6×30
圆锥销 GB/T 117—2000	1:50、d、l	公称直径 d=6mm，公称长度 l=30mm，材料为 35 钢，热处理硬度 28～38HRC，表面氧化处理，不淬硬的 A 型圆锥销 完整标记：销　GB/T 117—2000-6×30-35 钢-热处理(28-38)HRC-O 简化标记：销　GB/T 117　6×30
开口销 GB/T 91—2000	l、d	公称规格为 5mm，公称长度 l=50mm，材料为 Q215 或 Q235，不经热处理的开口销 完整标记：销　GB/T 91—2000-5×50-Q215 或 Q235 简化标记：销　GB/T 91　5×50

8.5 滚动轴承

滚动轴承是用来支承轴的部件，具有结构紧凑，摩擦阻力小的特点，因此在机器中得到广泛使用。滚动轴承的类型很多，一般由外圈（座圈）、内圈（轴圈）、滚动体和保持架等组成。下面简介常见的深沟球轴承、圆锥滚子轴承和推力球轴承的画法和标记。

8.5.1 滚动轴承的标记

滚动轴承的标记由名称、代号和标准编号三部分组成。轴承的代号有基本代号和补充代号，基本代号表示轴承的基本结构、尺寸、公差等级、技术性能等特征。滚动轴承的基本代号（滚针轴承除外）由轴承类型代号、尺寸系列代号、内径代号三部分组成。滚动轴承的标记示例如下

滚动轴承 6206 GB/T 276—2013

6：类型代号，深沟球轴承；

2：尺寸系列代号，（02）宽度系列代号 0 省略，直径系列代号为 2；

06：内径代号，内径 $d=6\times5=20$mm。

（1）轴承类型代号

用数字或字母表示，表 8-6 给出部分轴承的类型代号。

表 8-6 部分轴承类型代号

代号	轴承类型
3	圆锥滚子轴承
5	推力球轴承
6	深沟球轴承
N	圆柱滚子轴承

（2）尺寸系列代号

为适应不同的工作（受力）情况，在内径一定的情况下，轴承有不同的宽（高）度和不同的外径大小，它们成一定的系列，称为轴承的尺寸系列。尺寸系列代号由轴承的宽（高）度系列代号和直径系列代号组合而成，用数字表示。

（3）内径代号

表示滚动轴承的公称内径，它们的含义是：当 $10\text{mm}<d<495\text{mm}$，代号数字<04 时，即 00、01、02、03 分别表示内径为：10mm、12mm、15mm、17mm；代号数字为 04～99 时，代号数字乘以 5，即为轴承内径。附录中分别给出深沟球轴承、圆锥滚子轴承和推力球轴承的各部分尺寸。

当轴承在形状结构、尺寸、公差、技术要求等有改变时，可使用补充代号。在基本代号前面添加的补充代号（字母）称为前置代号，在基本代号后面添加的补充代号（字母或字母加数字）称为后置代号。前置代号和后置代号的有关规定可查阅有关手册。

8.5.2 滚动轴承的画法

（1）规定画法和特征画法

滚动轴承是标准部件，不必画出它的零件图，只需在装配图中根据给定的轴承代号，从轴承标准中查出外径 D、内径 d、宽度 B（T）3 个主要尺寸，按规定画法或特征画法画出即可。其具体画法见表 8-7。

（2）通用画法

当不需要确切表示轴承的外形轮廓、载荷特性、结构特征时，可将轴承按通用画法画出，如图 8-26 所示。图 8-27 中的圆锥滚子轴承上一半按规定画法画出，轴承的内圈和外圈的剖面线方向和间隔均要相同，而另一半按通用画法画出，即用粗实线画出正十字。

表 8-7　常用滚动轴承的规定画法和特征画法

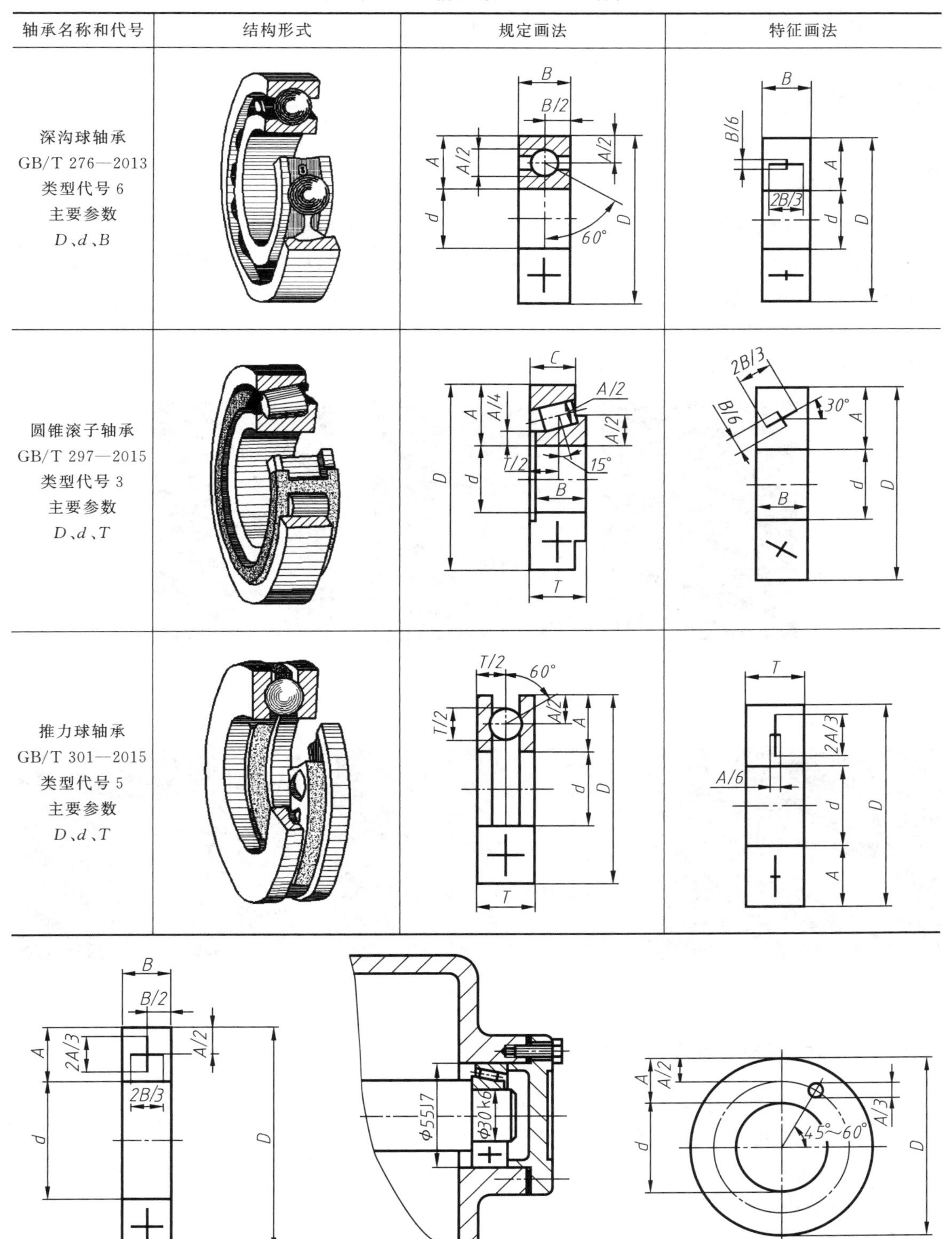

轴承名称和代号	结构形式	规定画法	特征画法
深沟球轴承 GB/T 276—2013 类型代号 6 主要参数 D、d、B			
圆锥滚子轴承 GB/T 297—2015 类型代号 3 主要参数 D、d、T			
推力球轴承 GB/T 301—2015 类型代号 5 主要参数 D、d、T			

图 8-26　滚动轴承的通用画法

图 8-27　装配图中滚动轴承的画法

图 8-28　垂直于滚动轴承轴线方向的视图

在垂直于滚动轴承轴线的投影面上的视图上，无论滚动体的形状（球、柱、锥、针等）和尺寸如何，一般均按图 8-28 所示的方法绘制。

8.6 弹簧

8.6.1 概述

弹簧是一种标准件，是利用材料的弹性和结构特点，通过变形和储存能量进行工作的一种机械零（部）件，可用于减震、夹紧、测力等。弹簧因其结构和受力状态可分为螺旋弹簧（图 8-29）、板弹簧（图 8-30）、平面涡卷弹簧（图 8-31）和碟形弹簧（图 8-32）等。图 8-29 所示圆柱螺旋弹簧根据受力方向不同，又分为压缩弹簧、拉伸弹簧和扭转弹簧三种。下面以圆柱螺旋压缩弹簧为例，介绍弹簧的基本知识。

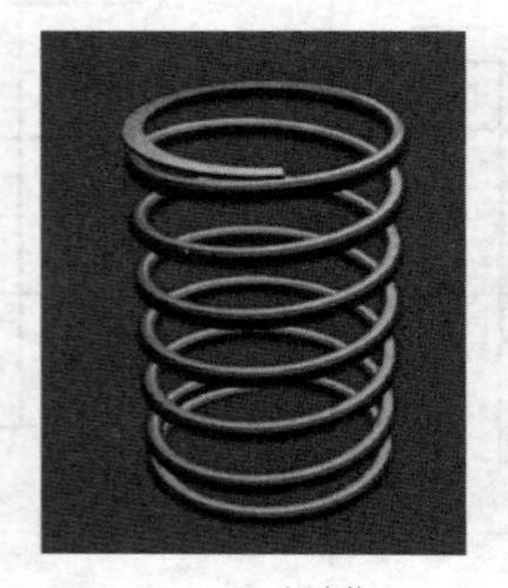

(a)压缩弹簧

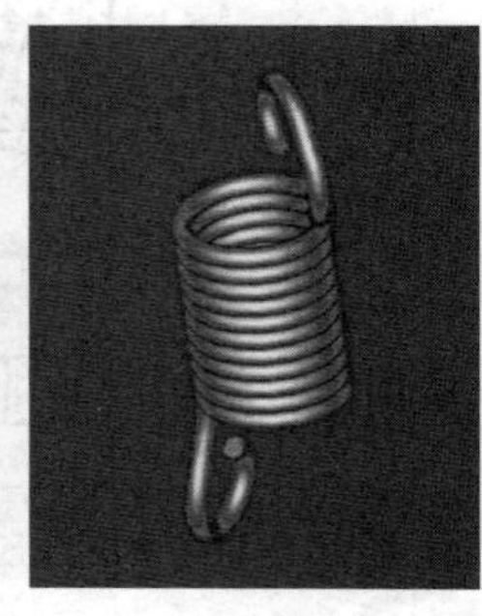

(b)拉伸弹簧

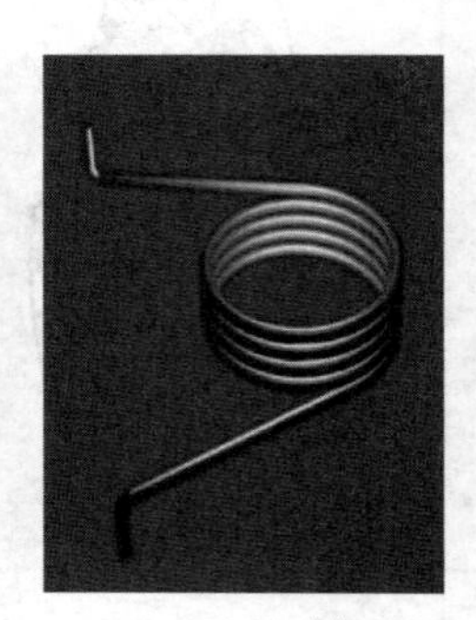

(c)扭转弹簧

图 8-29 圆柱螺旋弹簧

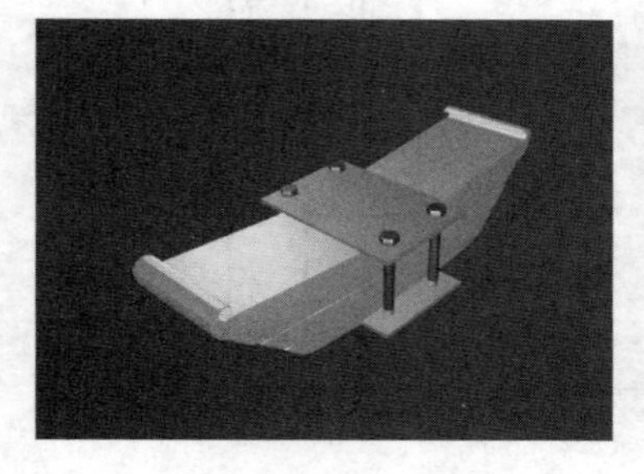

图 8-30 板弹簧

图 8-31 平面涡卷弹簧

图 8-32 碟形弹簧

8.6.2 圆柱螺旋压缩弹簧的参数

图 8-33 所示为圆柱螺旋压缩弹簧的基本参数。

① 线径 d：用于缠绕弹簧的钢丝直径。

② 弹簧的内径 D_1、外径 D_2 和中径 D：弹簧的内圈直径称为内径；弹簧的外圈直径称为外径；弹簧内径和外径的平均值称为中径，$D=(D_1+D_2)/2$。

③ 弹簧的节距 t：除两端的支承圈以外，相邻两圈截面中心线的轴向距离。

④ 支承圈数 n_2、有效圈数 n 和总圈数 n_1：为使压缩弹簧工作平稳、受力均匀，两端并紧且磨平（或锻平）。并紧磨平的各圈仅起支承和定位作用，称为支承圈。弹簧支承圈有

1.5 圈、2 圈及 2.5 圈三种，常见为 2.5 圈。除支承圈以外，其余各圈均参加受力变形，并保持相等的节距，称为有效圈数。它是计算弹簧受力的主要依据。

有效圈数 n＝总圈数 n_1－支承圈数 n_2。

⑤ 自由高度（长度）H_0：弹簧无负荷作用时的高度（长度）。

$$H_0=\begin{cases} nt+2d\ （支承圈数为\ 2.5\ 时） \\ nt+1.5d\ （支承圈数为\ 2\ 时） \\ nt+d\ （支承圈数为\ 1.5\ 时） \end{cases}$$

⑥ 弹簧丝展开长度 L：用于缠绕弹簧的钢丝长度。

圆柱螺旋压缩弹簧的参数值可见附录。

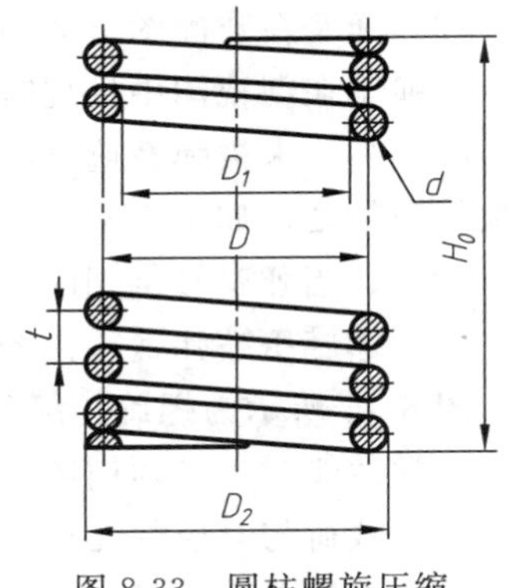

图 8-33　圆柱螺旋压缩弹簧的基本参数

8.6.3　圆柱螺旋压缩弹簧的标记

圆柱螺旋压缩弹簧标记的组成，规定如下：

名称代号 类型代号 $d\times D\times H_0$-精度代号 旋向 标准代号 材料牌号-表面处理

国家标准规定圆柱螺旋压缩弹簧的名称代号为 Y；弹簧在端圈形式上分为 A 型（两端圈并紧磨平）和 B 型（两端圈并紧锻平）两种；它的制造精度分为 2 级、3 级，3 级精度的右旋弹簧使用最多，精度代号 3 和右旋代号可省略，左旋弹簧的旋向代号需标注“LH”，右旋不标注；表面处理一般不标注。如要求镀锌、镀铬、磷化等及化学处理时，应在标记中注明。

例如，YA 型弹簧，线径为 1.2mm，弹簧中径 8mm，自由高度 40mm，制造精度为 2 级，材料为 B 级碳素弹簧钢丝，表面镀锌处理的左旋弹簧。

标记为：YA　1.2×8×40-2 LH　GB/T 2089—2009　B 级-D-Zn

8.6.4　圆柱螺旋压缩弹簧的画法

（1）单个弹簧的画法

表 8-8 给出圆柱螺旋压缩弹簧的画图步骤。国家标准规定，不论弹簧的支承圈是多少，均可按支承圈为 2.5 圈时的画法绘制。左旋弹簧和右旋弹簧均可画成右旋，但左旋要注明“LH”。

表 8-8　圆柱螺旋压缩弹簧的画图步骤

画图	a　b　H_0　c　D　d	d　d/2　d/2　d	t　t/2　t/2　t	
步骤	①根据弹簧的自由高度 H_0、弹簧中径 D，作出矩形 $abcd$	②画出支承圈部分，d 为线径	③画出部分有效圈，t 为节距	④按右旋旋向（或实际旋向）作相应圆的公切线，画成剖视图

(2) 弹簧在装配图上的画法

当弹簧在剖视图中出现时，按表 8-8 中的画法表示。在装配图中，机件被弹簧遮挡的轮廓一般不画，未被弹簧遮挡的部分画到弹簧的外轮廓线处，当其在弹簧的省略部分时，画到弹簧的中径处，如图 8-34 (a) 所示；当簧丝直径≤2mm 时，允许用示意图表示，如图 8-34 (b) 所示；当弹簧被剖切时，钢丝剖面区域可涂黑，如图 8-34 (c) 所示。

(3) 螺旋压缩弹簧零件图的画法

图 8-35 所示为螺旋压缩弹簧零件图。弹簧的参数应直接标注在图形上。当需要表明弹簧的力学性能时，必须用图解的方法将弹簧所受载荷与对应的弹簧变形表示出来。螺旋压缩弹簧所受载荷与对应的变形成直线关系。

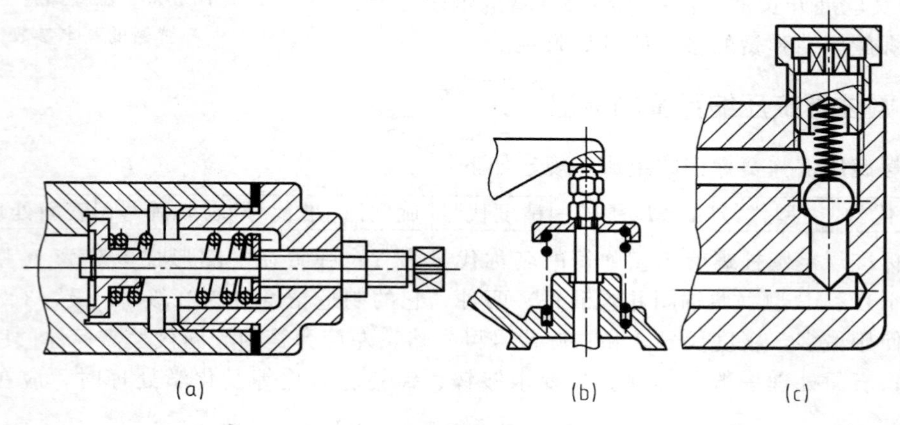

图 8-34 弹簧在装配图中的画法

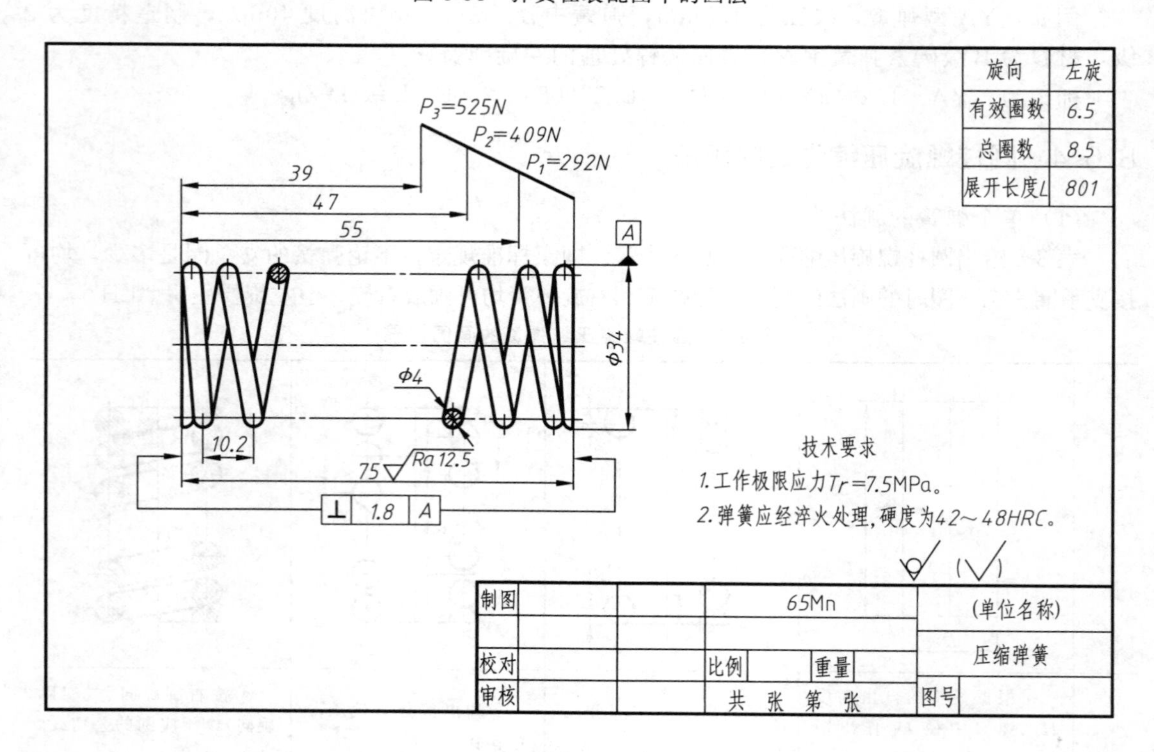

图 8-35 螺旋压缩弹簧零件图

8.7　齿轮

齿轮是机械传动中应用最为广泛的传递动力和运动的零件，齿轮传动可以达到减速、增速、换向等功能。齿轮的参数中只有模数、压力角已经标准化，因此，它属于常用件。

按其传动情况，齿轮传动可分为以下四大类。

① 圆柱齿轮传动：一般用于两平行轴之间的传动，如图 8-36（a）所示。

② 锥齿轮传动：用于两相交轴之间的传动，如图 8-36（b）所示。

③ 蜗杆和蜗轮传动：常用于两交叉轴之间的传动，如图 8-36（c）所示。

④ 齿轮与齿条传动：将回转运动转换成直线运动，如图 8-36（d）所示。

直齿

斜齿

(a) 圆柱齿轮传动

(b) 圆锥齿轮传动

(c) 蜗轮蜗杆传动

(d) 齿轮齿条传动

图 8-36　常见的齿轮传动

8.7.1　圆柱齿轮的基本参数和公称尺寸间的关系

圆柱齿轮的轮齿有直齿、斜齿和人字齿 3 种。下面以直齿圆柱齿轮为例介绍几何要素名称、尺寸计算及规定画法。

直齿圆柱齿轮简称直齿轮。图 8-37（a）所示为互相啮合的两个齿轮的一部分。

（1）名词术语及代号

① 节圆直径 d'（分度圆直径 d）　如图 8-37（a）所示中，连心线 O_1O_2 上两相切的圆称为节圆，其直径用 d' 表示。加工齿轮时，作为齿轮轮齿分度的圆称为分度圆，其直径用 d 表示。在标准齿轮中，$d'=d$。

② 节点 C　在一对啮合齿轮上，两节圆的切点，位于两齿轮的中心连线上。

③ 齿顶圆直径 d_a、齿根圆直径 d_f　轮齿顶部所在的圆称齿顶圆，其直径用 d_a 表示。齿槽根部所在的圆称齿根圆，其直径用 d_f 表示。

④ 齿距 p、齿厚 s、槽宽 e　在节圆或分度圆上，两个相邻的同侧齿面间的弧长称齿距，用 p 表示；一个轮齿齿廓间的弧长称齿厚，用 s 表示；一个齿槽齿廓间的弧长称槽宽，用 e 表示。在标准齿轮中，$s=e$，$p=e+s$。

⑤ 齿高 h、齿顶高 h_a、齿根高 h_f　齿顶圆与齿根圆的径向距离称齿高，用 h 表示；齿顶圆与分度圆的径向距离称齿顶高，用 h_a 表示；分度圆与齿根圆的径向距离称齿根高，用 h_f 表示。$h=h_a+h_f$。

⑥ 压力角 α（啮合角、齿形角）、传动比 i　两相啮合轮齿齿廓在 C 点的公法线与两节圆的公切线所夹的锐角称啮合角，也称压力角；加工齿轮的原始基本齿条的法向压力角称齿

形角，用 α 表示。一对标准齿轮啮合时，啮合角＝压力角＝齿形角＝α。

如图 8-37 所示，设 n_1、z_1 代表主动齿轮每分钟的转速及齿数；n_2、z_2 代表从动齿轮每分钟的转速及齿数；符号下角的 1 和 2，分别代表第一个齿轮和第二个齿轮。

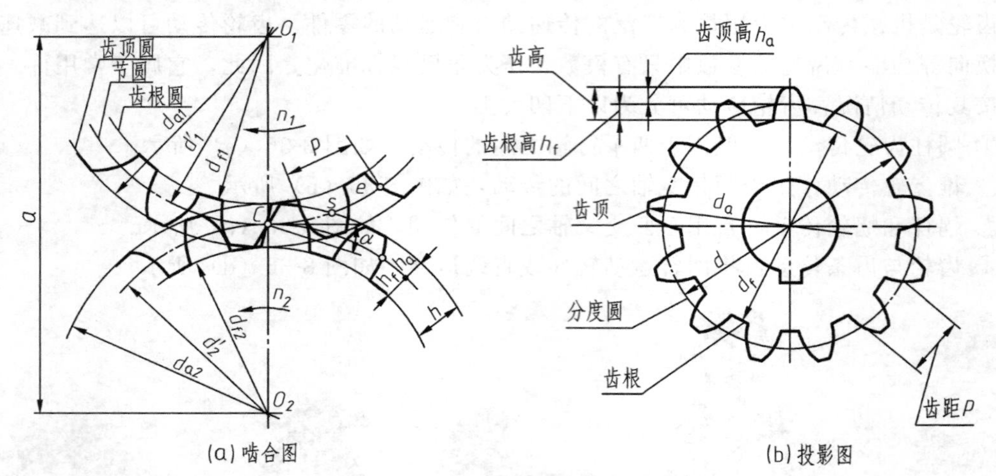

图 8-37 直齿轮各部分名称及其代号

传动比为主动齿轮转速 n_1（r/min）与从动齿轮转速 n_2（r/min）之比。由于转速与齿数成反比，因此传动比亦等于从动齿轮齿数 z_2 与主动齿轮齿数 z_1 之比，即 $i=n_1/n_2=z_2/z_1$。

⑦ 齿数 z 和模数 m 由图 8-37（b）可知，用 z 表示齿数，则齿轮分度圆圆周长为：$\pi d=zp$，因此，分度圆直径 $d=\frac{p}{\pi}z$。故将 $\frac{p}{\pi}$ 称为齿轮的模数，以 m 表示，即 $d=mz$。模数 m 是设计、制造齿轮的重要参数。模数愈大，轮齿就愈大；模数愈小，轮齿就愈小。互相啮合的两齿轮，其齿距 p 应相等，因此它们的模数 m 亦应相等。为了减少加工齿轮刀具的数量，国家标准对齿轮的模数作了统一的规定，如表 8-9 所示。

表 8-9 标准模数（GB/T 1359—2008）

第一系列	1,1.25,1.5,2.5,3,4,5,6,8,10,12,16,20,25,32,40
第二系列	1.125,1.375,1.75,2.25,2.75,3.5,4.5,5.5,(6.5),7,9,11,14,18,22,28,35

注：应优先采用第一系列，括号内的模数尽可能不用。

⑧ 中心距 a 两圆柱齿轮轴线间最短距离称为中心距，用 a 表示。

(2) 尺寸计算

齿轮的模数 m 确定后，按照与 m 的关系可算出轮齿的各公称尺寸，见表 8-10 所示。

表 8-10 标准直齿轮各公称尺寸的计算公式

基本参数：模数 m，齿数 z		
名 称	符 号	计算公式
齿距	p	$p=\pi m$
齿顶高	h_a	$h_a=m$
齿根高	h_f	$h_f=1.25m$
齿高	h	$h=2.25m$
分度圆直径	d	$d=mz$
齿顶圆直径	d_a	$d_a=m(z+2)$
齿根圆直径	d_f	$d_f=m(z-2.5)$
中心距	a	$a=m(z_1+z_2)/2$

8.7.2 圆柱齿轮的规定画法

(1) 单个圆柱齿轮的画法

国家标准规定圆柱齿轮画法如图 8-38 (a) 所示，齿顶圆（线）用粗实线表示，分度圆（线）用细点画线表示，齿根圆（线）用细实线表示，其中齿根圆和齿根线可省略。在剖视图中，当剖切平面通过齿轮的轴线时，轮齿一律按不剖处理，并将齿根线用粗实线绘制，如图 8-38 (b) 所示。当轮齿有倒角时，在垂直于齿轮轴线的投影面上的视图上倒角圆规定不画。若齿轮为斜齿或人字齿，则平行于齿轮轴线的投影面上的视图可画成半剖视图或局部剖视图，并用三条细实线表示轮齿的方向，如图 8-38 (c)、(d) 所示。

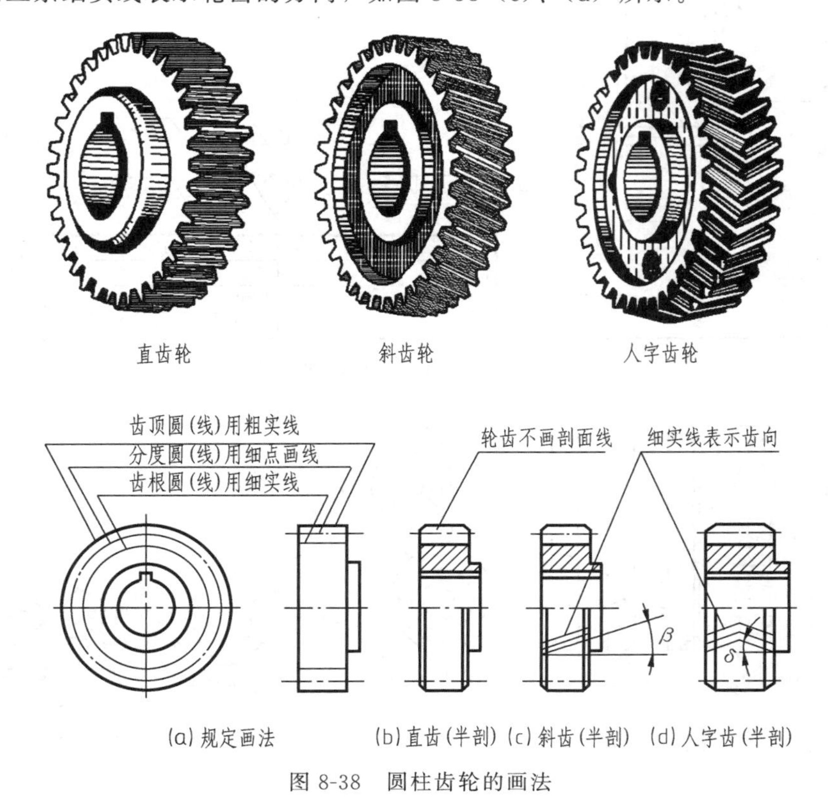

图 8-38 圆柱齿轮的画法

图 8-39 为直齿轮零件图。在齿轮零件图中，应包括足够的视图及制造时所需要的尺寸和技术要求。在齿轮零件图中，除具有一般零件图的内容外，齿顶圆直径、分度圆直径及有关齿轮的公称尺寸必须直接在图形中注出（有特殊规定者除外），齿根圆直径规定不注；并在图样右上角的参数表中，注写模数、齿数等基本参数。

(2) 圆柱齿轮的啮合画法

两个相互啮合的圆柱齿轮，在垂直于圆柱齿轮轴线的投影面上的视图中，啮合区内的齿顶圆均用粗实线绘制，如图 8-40 (a)。有时也可省略，如图 8-40 (d)。用细点画线画出相切的两节圆。两齿根圆用细实线画出，也可省略。

在平行于圆柱齿轮轴线的投影面上的视图中，若取剖视，则如图 8-40 (b) 所示，其中有一齿顶线画成细虚线，其投影关系如图 8-41 所示。若画外轮廓形状图时，如图 8- 40 (c) 所示，啮合区的齿顶线不画，节线用粗实线绘制，其他处的节线仍用细点画线绘制。

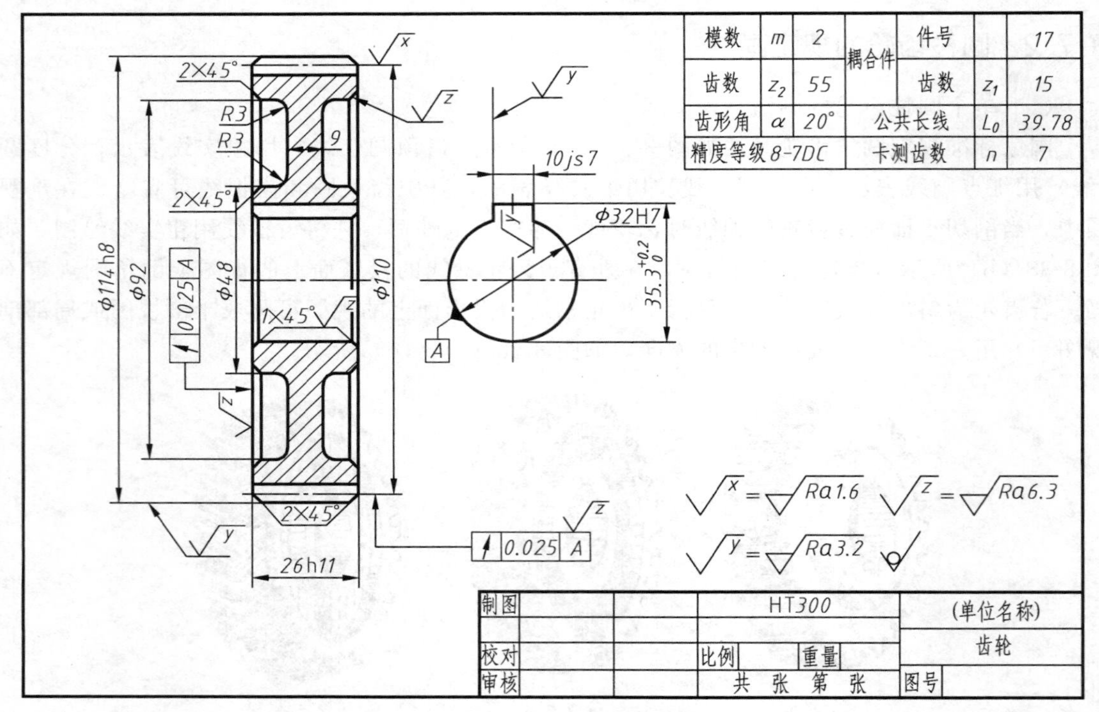

图 8-39 直齿轮零件图

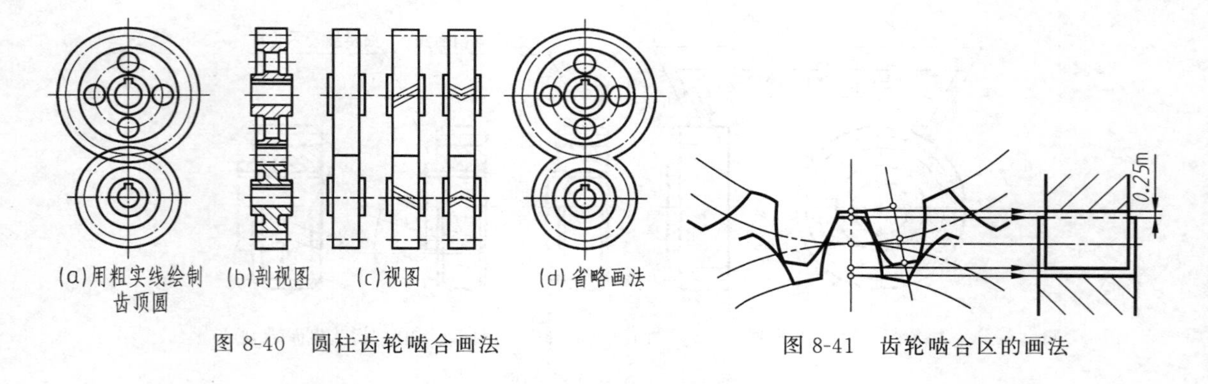

图 8-40 圆柱齿轮啮合画法

图 8-41 齿轮啮合区的画法

思 考 题

1. 标准螺纹有几种？对于构成螺纹副的内、外螺纹有什么要求？

2. 说明螺纹连接的画法，如何画外螺纹、内螺纹和螺纹连接？

3. 螺纹紧固件有哪些？如何根据使用要求选用？

4. 绘制螺纹紧固件的连接图时，如何计算螺栓、螺柱和螺钉的公称长度？

5. 根据模数 $m=2$ 和齿数 $z=40$，计算直齿圆柱齿轮的基本尺寸。

6. 说明齿轮轮齿的规定画法。如何绘制单个直齿圆柱齿轮和两啮合直齿圆柱齿轮的两视图？

零件图

机器或部件都是由若干零件按一定的装配关系和技术要求组装起来的。零件是组成机器或部件的基本单元。表达单个零件结构、形状大小及技术要求的图样称为零件图。它是设计部门提交给生产部门的重要技术文件。它要反映出设计者的意图，是制造和检验零件的依据。本章主要介绍零件图的内容、视图选择、尺寸标注、技术要求、零件图的读图等。

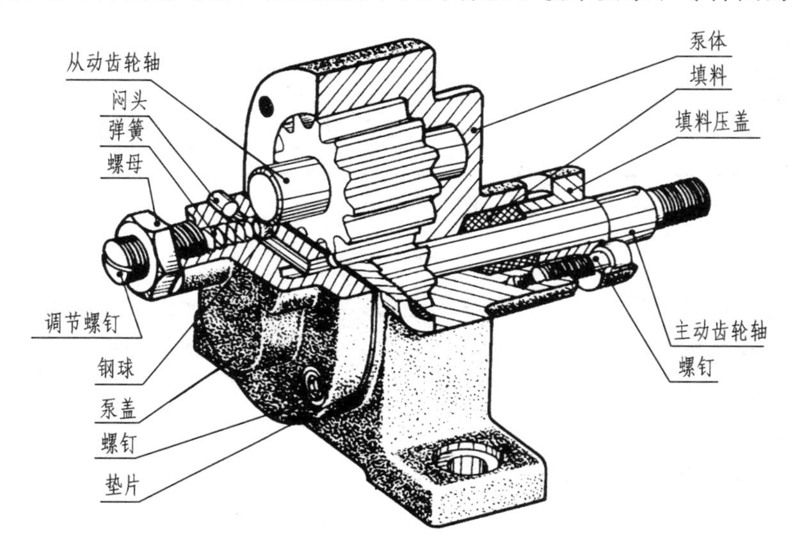

图 9-1　齿轮油泵装配体轴剖视图

9.1　零件图的内容

零件图是用来制造和检验零件的图样。因此，图样中应包括必要的图形、尺寸和技术要求。如图 9-1 所示的齿轮油泵是将机械能转换为液压能的装置，它由一些标准件、常用件及一般零件等装配而成。如图 9-2 所示为齿轮油泵中泵盖的零件图，其具体内容如下。

(1) 图形

用一组图形（其中包括视图、剖视图、断面图、局部放大图等），完整、清晰和简洁地表达出零件的结构形状。

(2) 尺寸

用一组尺寸，完整、清晰和合理地标注出零件的结构形状及其相对位置的大小。

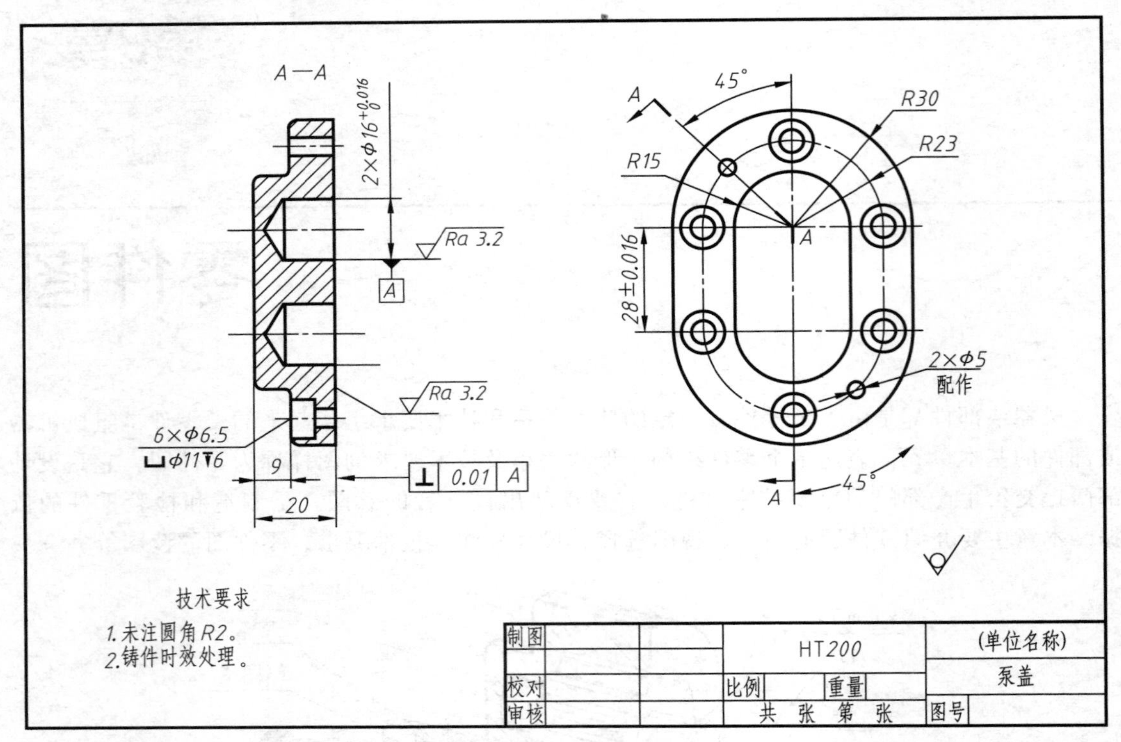

图 9-2 零件图

(3) 技术要求

用一些规定的符号、数字、字母和汉字注解，简明、准确地给出零件在使用、制造和检验时应达到的一些技术要求（包括表面结构要求、尺寸公差、几何公差、表面处理和材料热处理的要求等）。

(4) 标题栏

在标题栏内明确地填写出零件的名称、材料、图样的编号、比例、制图人与审核人的姓名和日期等。

9.2 零件的结构

零件的结构形状，主要是由它在机器或部件中的功能决定的。但零件的毛坯制造和机械加工对零件的结构也有一定的要求，这些结构称为工艺结构。因此，在设计零件时，既要考虑功能方面的要求，又要考虑便于加工制造。

(1) 零件上的铸造工艺结构

① 拔模斜度　在铸造工艺过程中，为了在铸造时便于将样模从砂型中取出，一般沿模样拔模方向设计出约 1∶20 的斜度，称为拔模斜度，如图 9-3 所示。

② 铸造圆角　铸件在铸造过程中，为了防止砂型在浇铸时落砂，以及铸件在冷却时产生裂纹和缩孔，在铸件各表面相交处都做成圆角而不做成尖角，该结构称为铸造圆角，如

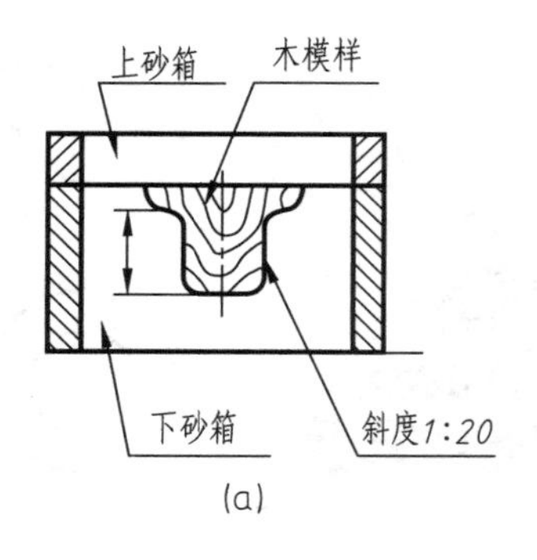

(a)

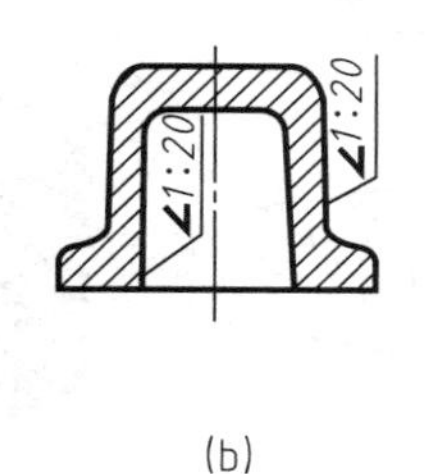

(b)

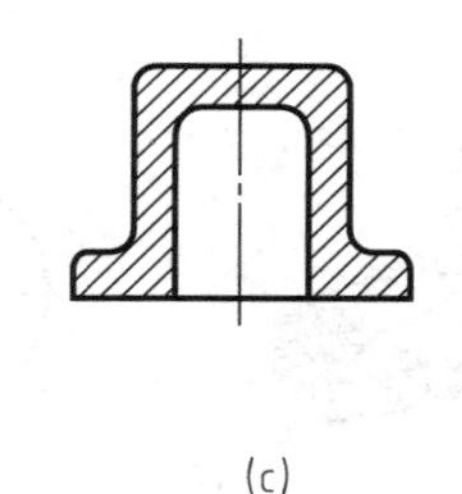
(c)

图 9-3 拔模斜度

图 9-4 所示。

圆角半径一般取壁厚的 0.2～0.4 倍。在同一铸件上圆角的半径应尽可能相同，图上一般不注圆角半径，而在技术要求中写出。

③ 铸件壁厚要均匀 为了保证铸件质量，防止产生缩孔和裂纹，铸件壁厚要均匀，并要避免突然改变壁厚和局部肥大现象，如图 9-5 所示。

④ 过渡线的画法 由于铸件上圆角、拔模斜度的存在，使得铸件上的形体表面交线不十分明显，这种线称为过渡线。过渡线的画法和相贯线的画法一样，按没有圆角的情况求出相贯线的投影，画到理论上的交点处为止，如图 9-6 所示。

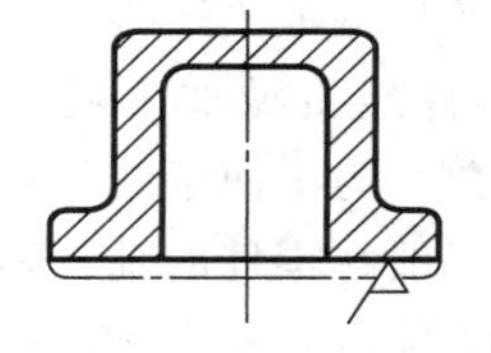
(a) 铸造圆角加工后成尖角

(b) 铸造圆角

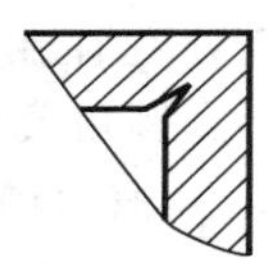
(c) 没有圆角产生缩孔和裂纹

图 9-4 铸造圆角

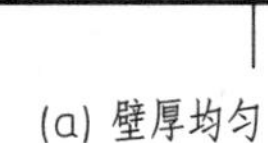
(a) 壁厚均匀

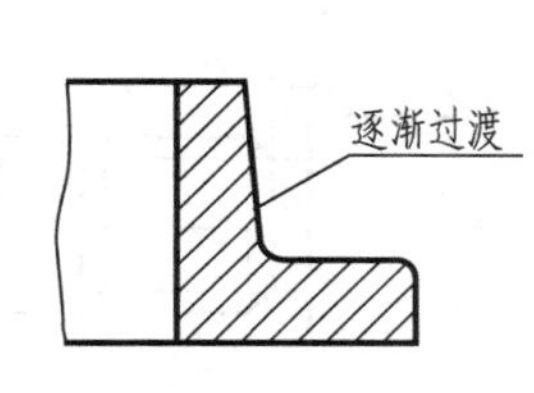

(b) 逐渐过渡

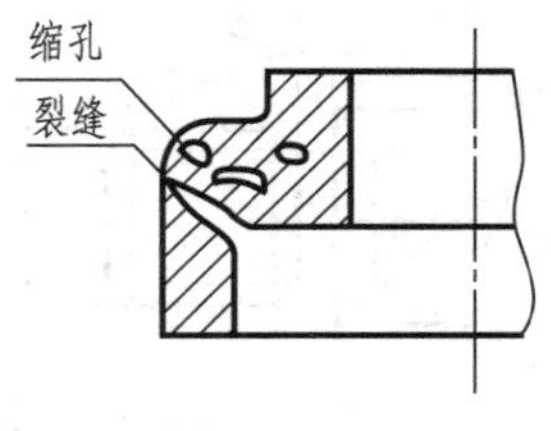

(c) 产生缩孔和裂缝

图 9-5 铸件壁厚

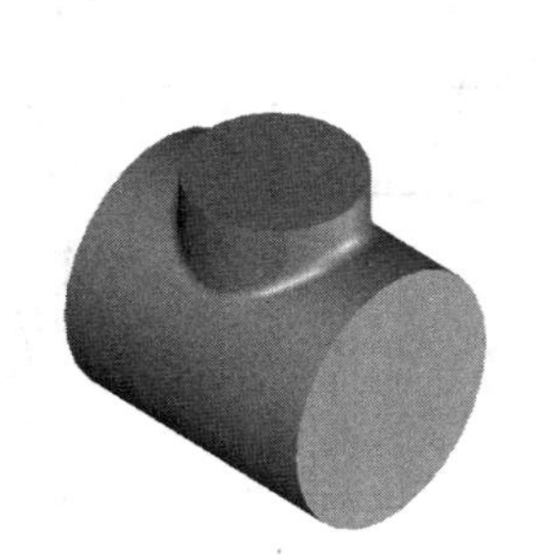
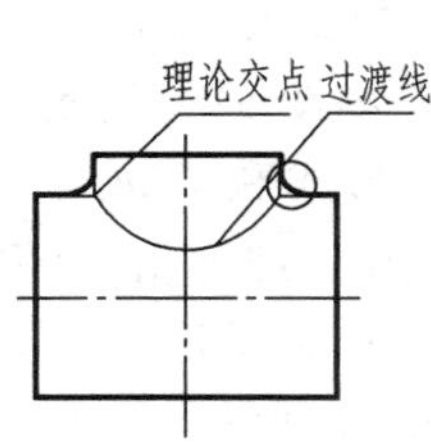

图 9-6 过渡线的画法

其他形式的过渡线的画法，如图 9-7 所示。

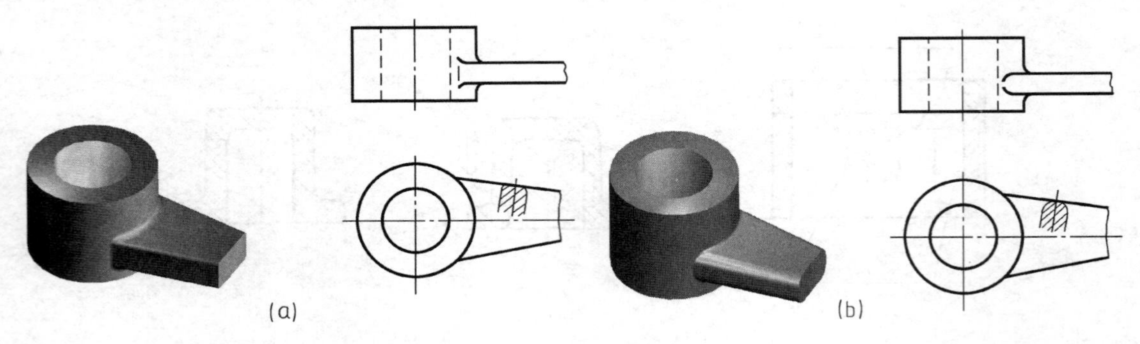

图 9-7 过渡线的画法

(2) 零件上的机械加工结构

① 倒角 铸件经机械加工后，圆角被切去，出现了尖角。为了便于装配和保护装配面不受损伤，一般在零件的轴孔端部加工一圆台面，称为倒角。一般倾斜角度为45°。为了避免因应力集中而产生裂纹，在轴肩处往往用圆角过渡（圆角），如图 9-8 所示。倒角尺寸大小可以查阅附录。

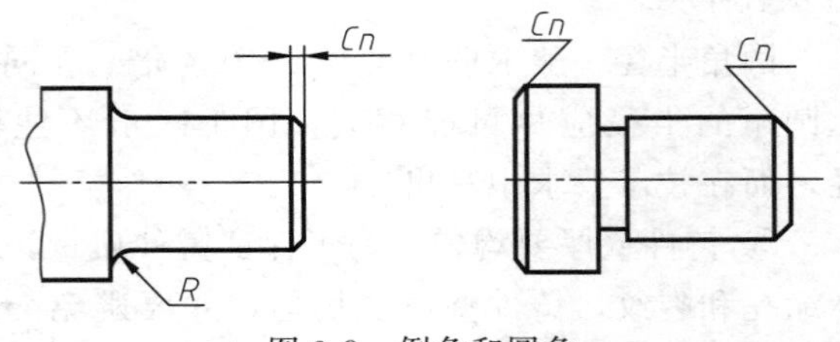

图 9-8 倒角和圆角

② 退刀槽 在切削加工中，为了便于退出刀具且不致使刀具损坏，以及保证零件在装配时与相邻零件轴向靠紧，常在加工表面的台肩处预先加工出退刀槽。如图 9-9 所示，螺纹退刀槽的尺寸大小可以查阅附录。砂轮退刀槽又称为砂轮越程槽，如图 9-10 所示，其尺寸大小可查阅附录。

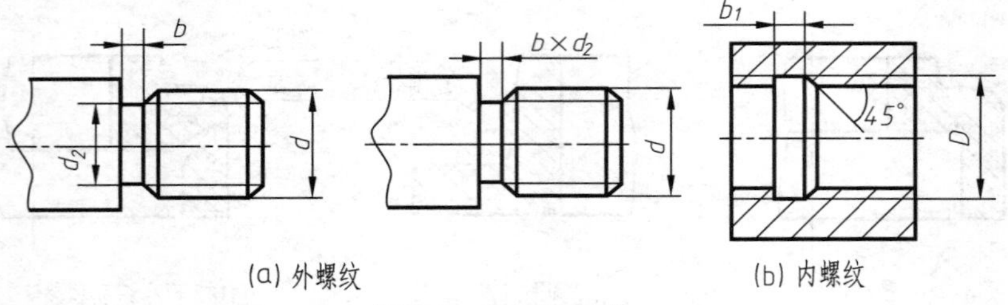

图 9-9 螺纹退刀槽

③ 凸台和沉孔 为了保证零件间接触良好，零件上凡与其他零件接触的表面一般都要加工。为了降低零件的制造费用，在设计零件时应尽量减少加工面。因此，在零件上常有凸台、凹坑等结构，如图 9-11 所示。

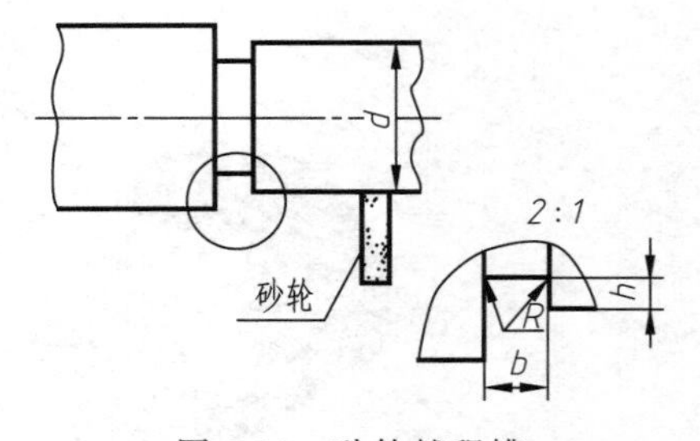

图 9-10 砂轮越程槽

④ 钻孔结构 零件上有各种不同形式和不同用途的孔，多数是用钻头加工而成的，如图 9-12 所示为用两个直径不同的钻头钻出孔。用钻头钻孔时，要求钻头垂直于被钻孔的零件表面，以避免钻头横向受力不均而弯曲，保证钻孔准确和避免钻头折断，如图 9-13 所示。

有时也在零件的表面上加工出沉孔，以保证两零件接触良好。图 9-14 所示为螺栓连接用锪平孔的锪平加工方法及其尺寸注法。

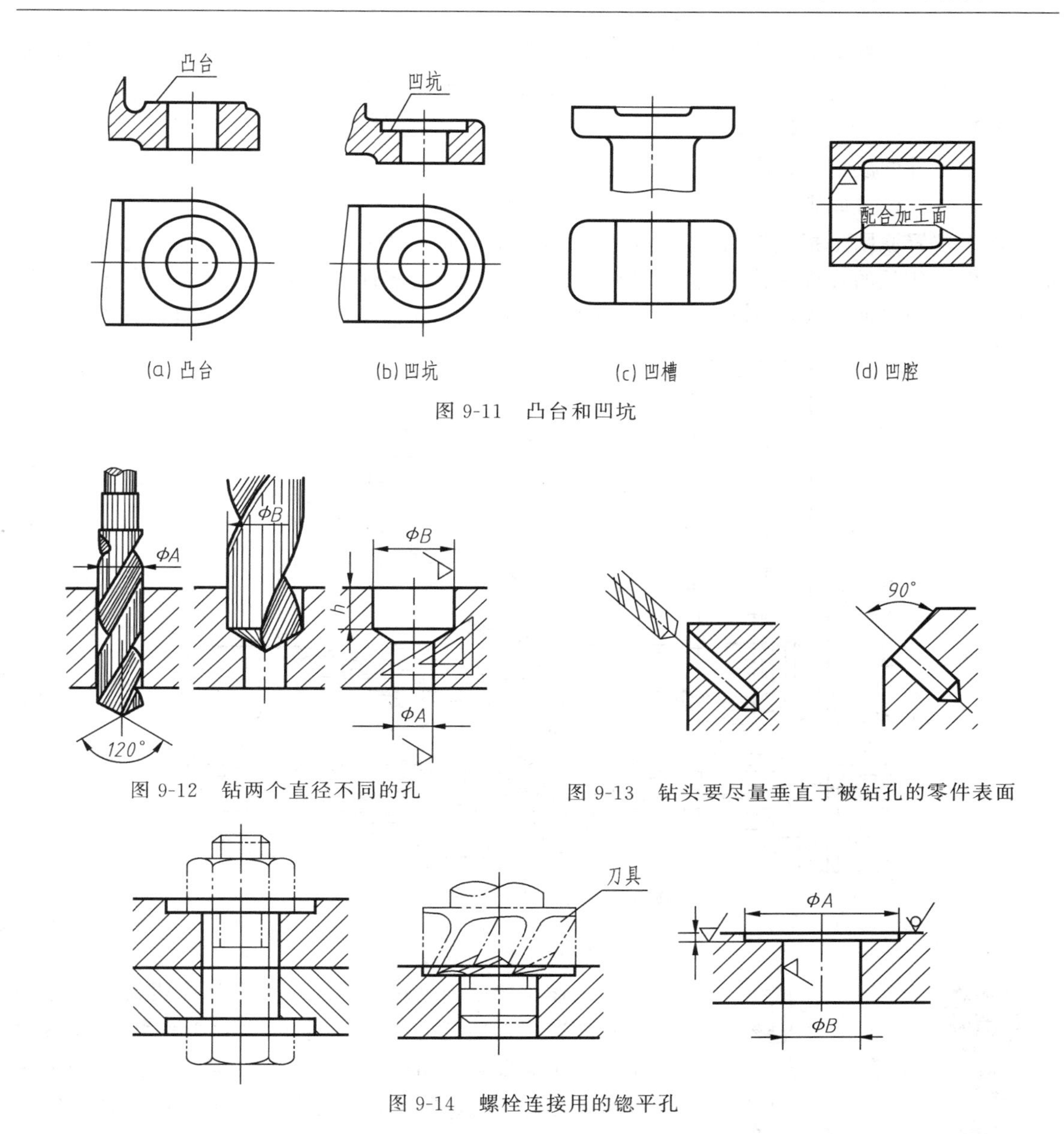

图 9-11 凸台和凹坑

图 9-12 钻两个直径不同的孔

图 9-13 钻头要尽量垂直于被钻孔的零件表面

图 9-14 螺栓连接用的锪平孔

9.3 零件的视图的选择

9.3.1 零件图的视图选择

不同的零件，其结构形状也不同，零件图的视图选择，就是根据零件的结构特点恰当地选用视图、剖视图、断面图等各种表达方法，将零件的结构形状正确、完整、清晰地表达出来。并考虑看图方便，便于加工，同时力求制图简便。

9.3.2 主视图的选择

主视图是一组图形的核心，是表达零件结构形状特征最多的一个视图。主视图选择的是否恰当将直接影响整个表达方法和其他视图的选择。因此，确定零件的表达方案，首先应选择主视图，主视图的选择应从零件的安装位置和投射方向两个方面来考虑。

9.3.2.1 安装位置原则

确定零件的放置位置应考虑以下原则。

(1) 加工位置原则

加工位置原则是指主视图按照零件在机床上加工时的装夹位置放置，应尽量与零件主要加工工序中所处的位置一致。例如，加工轴、套、圆盘类零件，大部分工序是在车床和磨床上进行的，为了使工人在加工时读图方便，主视图应将其轴线水平放置，如图 9-15 所示。

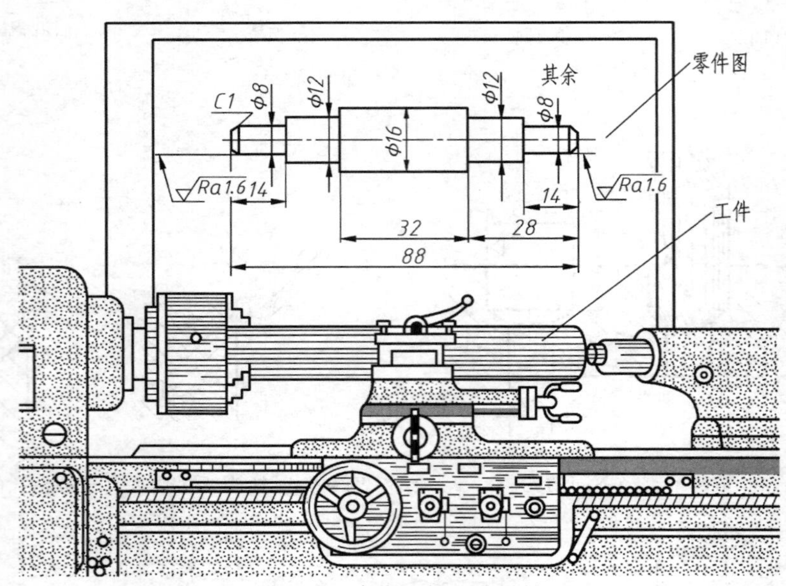

图 9-15 车床上加工阶梯轴

(2) 工作位置原则

工作位置原则是指主视图按照零件在机器中工作的位置放置，以便把零件和整个机器的工作状态联系起来。对于叉架类、箱体类零件，因为常需经过多种工序加工，且各工序的加工位置也往往不同，故主视图应选择工作位置，以便与装配图对照起来读图，想象出零件在部件中的位置和作用，如图 9-16 所示。

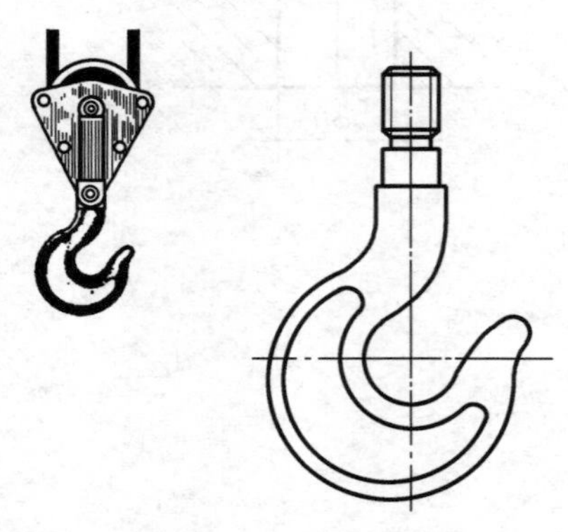

图 9-16 吊钩工作位置

(3) 自然安放位置原则

如果零件的工作位置是斜的，不便按工作位置放置，而加工位置较多，又不便按加工位置放置。这时可将它们的主要部分放正，按自然安放位置放置，以利于布图和标注尺寸。

9.3.2.2 投射方向原则

应将最能反映零件的主要结构形状和各部相对位置的方向，作为主视图的投射方向。如图 9-17 (a) 所示的零件，选择 A 向作为主视图的投射方向，较 B 向好，因为由 A 向画出的主视图能将零件的形状特征充分地显示出来。

9.3.3 其他视图的选择

主视图确定以后，应根据零件内外结构形状的特点及复杂程度，来决定其他视图的数量及其表达方法。

① 分析零件在主视图中尚未表达清楚的结构形状，首先考虑选用基本视图并采用恰当的表达方法，力求视图简洁、读图方便。

② 注意使每一个图形都具有独立存在的意义和明确的表达重点，并考虑合理布置视图的位置。

③ 在完整、清晰地表达零件结构形状的前提下，所选用的视图数量要少。

视图表达方案往往不是唯一的，需按选择原则考虑多种方案，比较后择优选用。

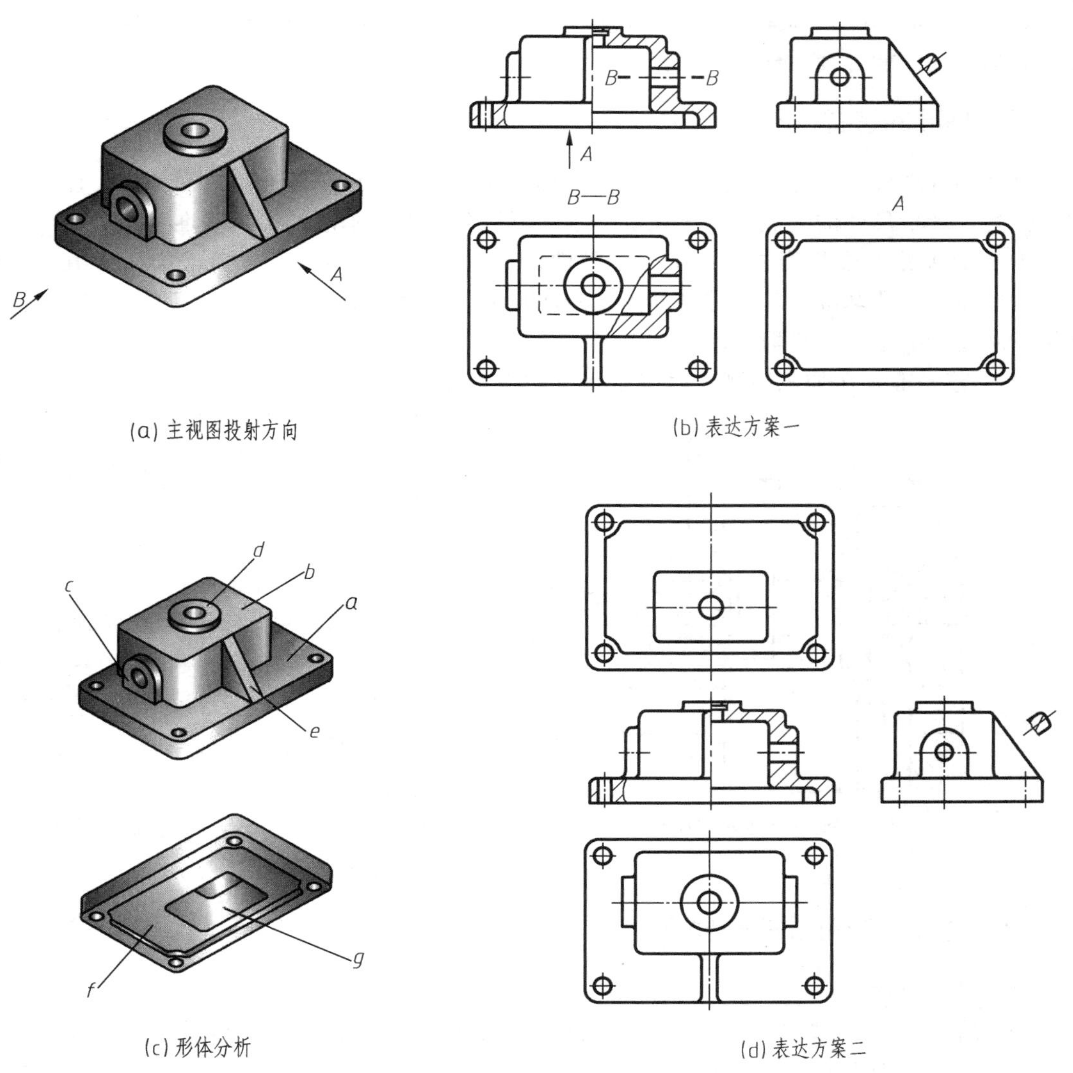

图 9-17　主视图的选择及表达方案选择

如图 9-17（c）所示，该零件既有外部结构，又有内部结构。主视图具有对称性，所以选用半剖视图，为了表达板底的通孔，采用局部剖视；俯视图、仰视图和左视图都可选用视图表达它的外部结构形状；用一个移出断面图（使用重合断面图也可）表达肋的截断面形状，如图 9-17（d）所示。当然，也可选用图 9-17（b）所示方案，将仰视图中孔的结构在俯视图中表达，利用局部剖视清楚地表示小孔和矩形孔的位置和结构，与图 9-17（d）比较，A 向局部视图更简洁明了。

9.4 零件图中尺寸的合理标注

零件图上的尺寸是制造、检验零件的重要依据。因此，零件图上的尺寸标注，除要求正确、完整和清晰外，还应考虑合理性，既满足零件在机器中所承担的工作要求，又满足零件的制造、加工、测量和检验方便的要求。在标注尺寸时，只有对零件进行结构分析和工艺分析，确定零件的基准，选择合理的标注形式，并结合生产实际经验和有关机械设计、加工等方面的知识，才能合理地标注尺寸。

9.4.1 基准的选择

要做到合理标注零件尺寸，首先必须选择好尺寸基准。尺寸基准是指零件在设计、制造和检验时，计量尺寸的起点。一般来讲，基准可以分为设计基准和工艺基准两大类。

① 设计基准是在机器或部件中确定零件位置的一些面、线或点，通常选择其中之一作为尺寸标注的主要基准。从设计基准出发标注尺寸，其优点是所标注尺寸反映了设计要求，能保证所设计的零件在机器上的工作性能。

② 工艺基准是在加工或测量时确定零件位置的一些面、线或点，通常作为尺寸标注的辅助基准。从工艺基准出发标注尺寸，其优点是把尺寸的标注与零件的加工制造联系起来，所标注的尺寸反映了工艺要求，使零件便于制造、加工和测量。

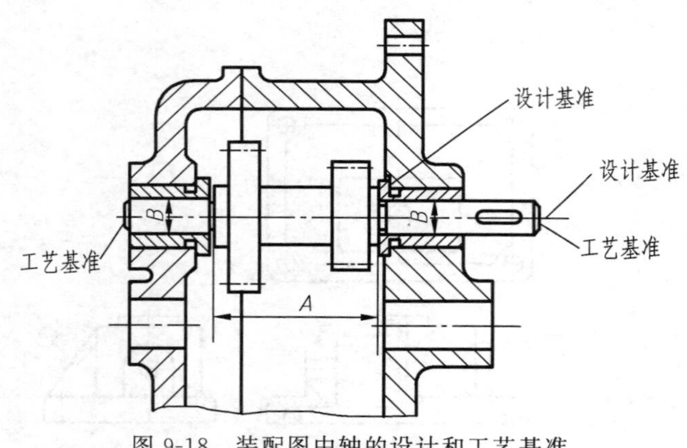

图 9-18　装配图中轴的设计和工艺基准

在标注尺寸时，最好把设计基准和工艺基准统一起来。这样，既能满足设计要求，又能满足工艺要求。如两者不能统一时，应以保证设计要求为主。

图 9-18 所示为装配图中轴的设计和工艺基准。

9.4.2 合理标注尺寸的一些原则

(1) 满足设计要求

① 功能尺寸要直接注出。功能尺寸是指那些影响产品工作性能、精度及互换性的重要尺寸。从设计基准出发，直接标注出功能尺寸，能够直接提出尺寸公差、几何公差的要求，以保证设计要求。如孔的中心距、中心高都是功能尺寸，必须直接标注出来。

② 互相联系的尺寸必须注出。一台机器由许多零件装配而成，各零件间总有一个或几个表面相联系，联系尺寸就是在数量上表达这种联系的。如图 9-19 所示，尺寸 42、尺寸

R32为联系尺寸。常见的联系有轴向联系（直线配合尺寸）、径向联系（轴孔配合尺寸）和一般联系（确定位置的定位尺寸）。

③ 不要注成封闭尺寸链。在图样中每一个度量方向上，若所有的环都标注尺寸，就形成了封闭尺寸链。这种尺寸标注会出现误差累积，而且可能恰好累积在某一重要的尺寸上，从而导致零件成次品或废品。因此，实际标注尺寸时，应在尺寸链中选一个不重要的环不注尺寸，将其他各环尺寸误差累积到该环中，如图9-20所示。

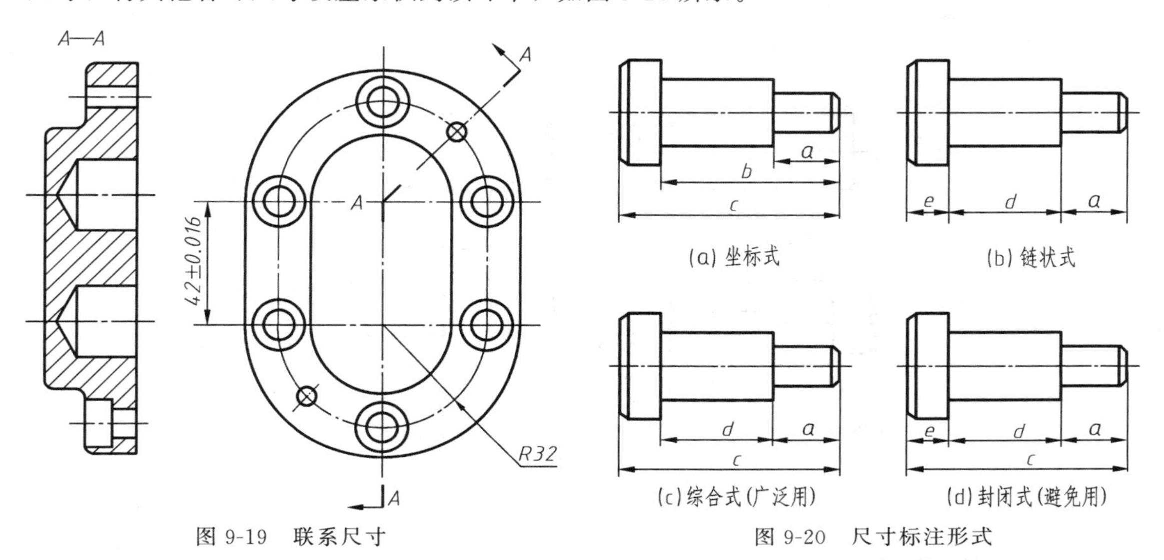

图9-19　联系尺寸

图9-20　尺寸标注形式

（2）满足工艺要求

标注非功能尺寸时，应考虑加工顺序和测量方便。非功能尺寸是指那些不影响产品的工作性能，也不影响零件的配合性质和精度的尺寸。

① 按加工顺序标注尺寸。按加工顺序标注尺寸，符合加工过程，便于加工和测量。图9-21所示的小轴，长度方向尺寸51是功能尺寸，要直接注出，其余都按加工顺序标注。为了便于备料，注出了轴的总长128；为了加工左端$\phi 35$的轴颈，直接注出了尺寸23。掉头加工$\phi 40$的轴颈，应直接注出尺寸74；在加工右端$\phi 35$时，应保证功能尺寸51。这样既保证设计要求，又符合加工顺序。

② 同一种加工方法的相关尺寸尽量集中标注尺寸。一个零件，一般经过几种加工方法（如车、刨、铣、钻、磨）才能制成。在标注尺寸时，最好将同一加工方法的有关尺寸集中标注。图9-21所示轴上的键槽是在铣床上加工的，因此，这部分的尺寸集中在两处（3、45和12、35.5）标注，看起来就比较方便。

③ 毛面与加工面的尺寸标注法。零件图上毛坯面尺寸和加工面尺寸要分别标注，各个方向要有一个尺寸把它们联系起来。如图9-22所示的铸件，全部毛面之间用一组尺寸互相联系着，只有一个尺寸B使这组尺寸与底面发生联系。这样在加工零件的底面时，尺寸B的精度要求是容易满足的。所有其他尺寸仍然保持着它们在毛坯时所得到的精度和相互关系。因此，制造和加工都很方便，同时还保证了设计要求。

④ 便于测量的尺寸注法。图9-23（b）所示的一些图例，是由设计基准注出圆心或对称面至某面的尺寸，但不易测量。如果这些尺寸对设计要求影响不大时，应考虑测量方便，按图9-23（a）标注。

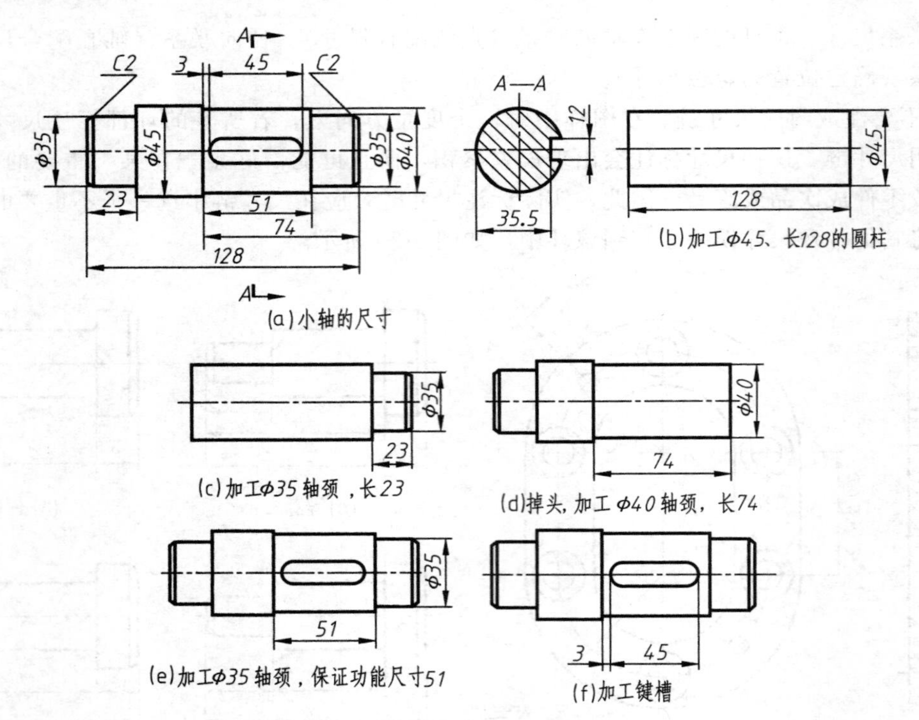

(a)小轴的尺寸 (b)加工φ45、长128的圆柱

(c)加工φ35轴颈，长23 (d)掉头，加工φ40轴颈，长74

(e)加工φ35轴颈，保证功能尺寸51 (f)加工键槽

图 9-21 轴的加工顺序与标注尺寸的关系

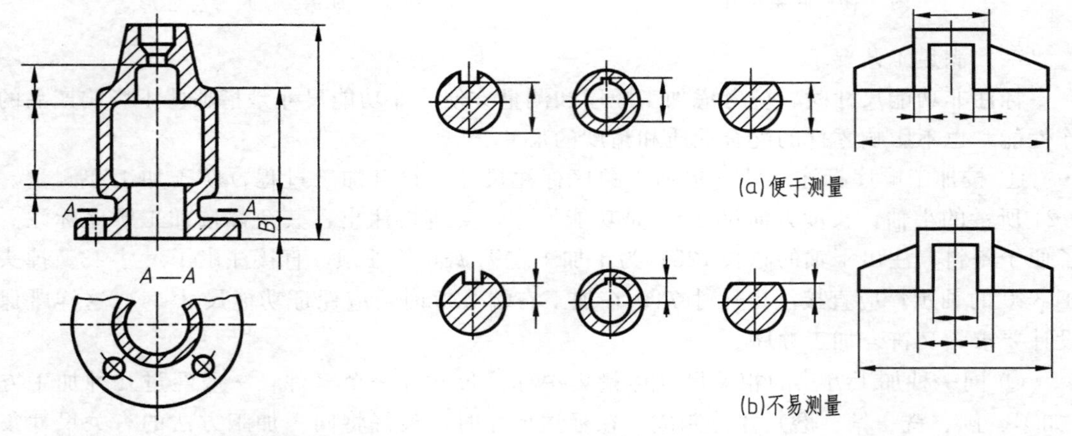

(a)便于测量

(b)不易测量

图 9-22 毛面与加工面间的尺寸标注　　图 9-23 便于测量的尺寸标注

⑤ 零件上常见典型结构的尺寸注法。如表 9-1 所示。

表 9-1 零件上常见结构的尺寸标注

序号	类型	旁注法		普通注法
1	光孔	3×φ8↧10	3×φ8↧10	3×φ8 10

续表

序号	类型	旁注法		普通注法
2	光孔	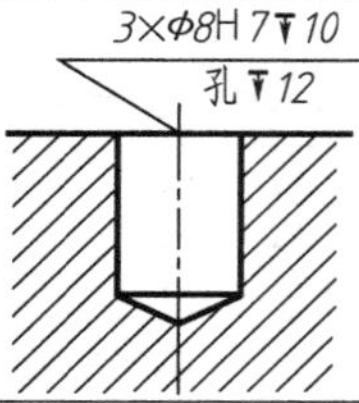 3×ϕ8H7↧10 孔↧12	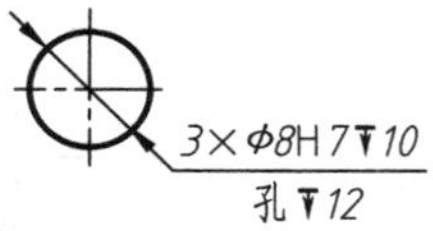 3×ϕ8H7↧10 孔↧12	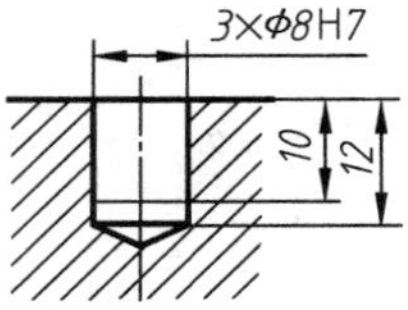 3×ϕ8H7 10 12
3	螺纹孔	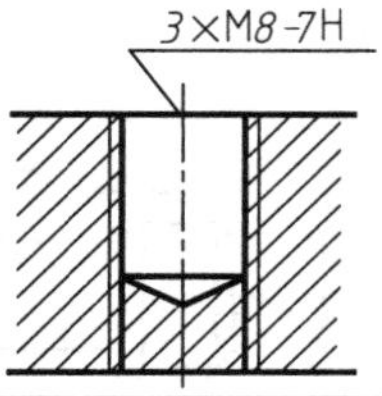 3×M8-7H	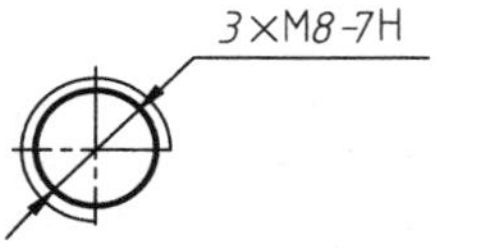 3×M8-7H	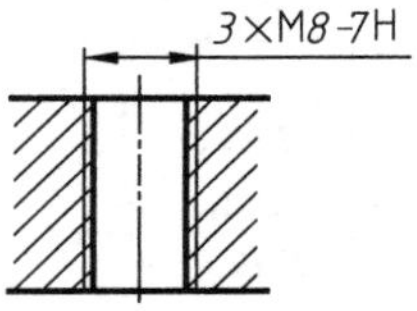 3×M8-7H
4		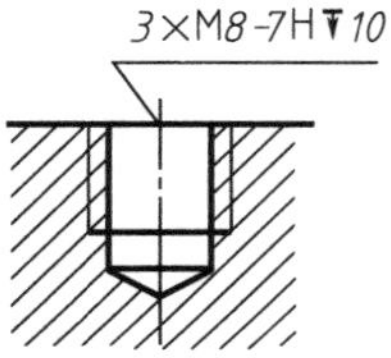 3×M8-7H↧10	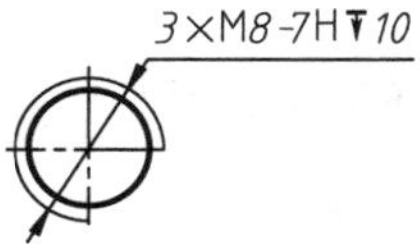 3×M8-7H↧10	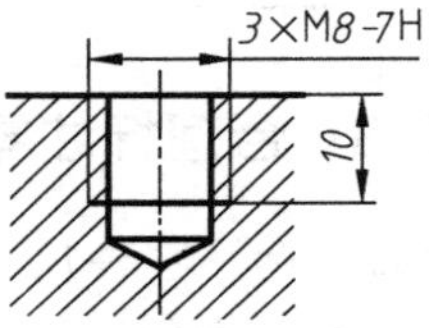 3×M8-7H 10
5		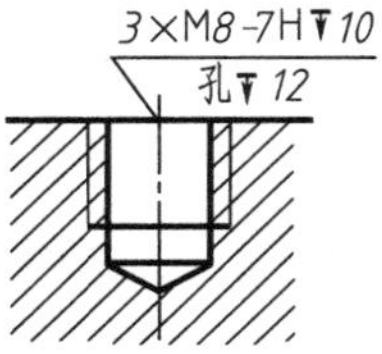 3×M8-7H↧10 孔↧12	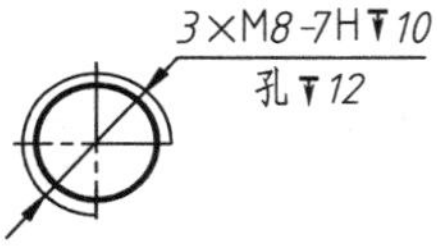 3×M8-7H↧10 孔↧12	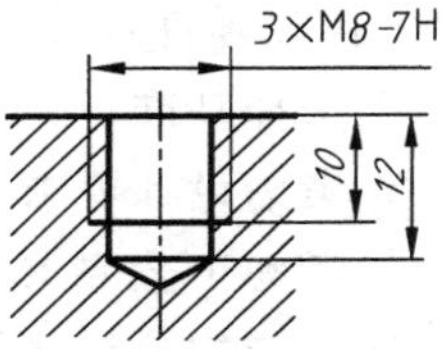 3×M8-7H 10 12
6	沉孔	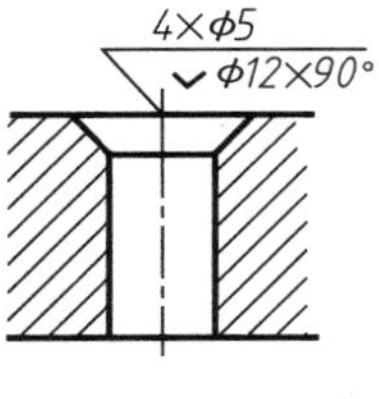 4×ϕ5 ⌵ϕ12×90°	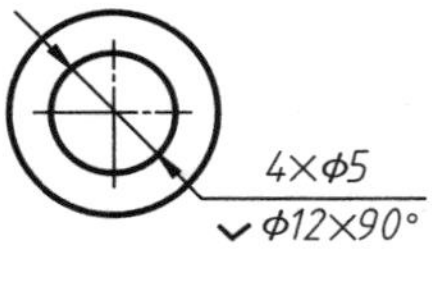 4×ϕ5 ⌵ϕ12×90°	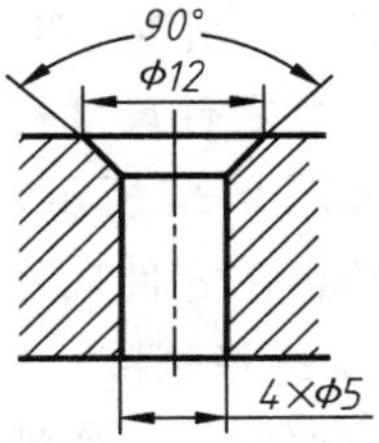 90° ϕ12 4×ϕ5
7		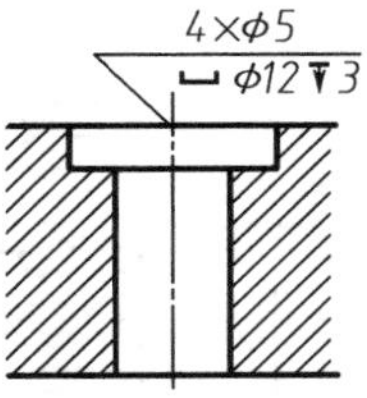 4×ϕ5 ⌴ϕ12↧3	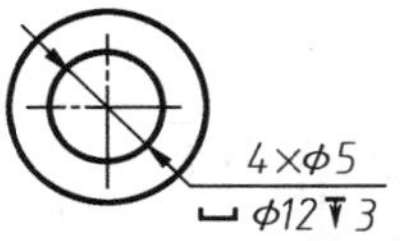 4×ϕ5 ⌴ϕ12↧3	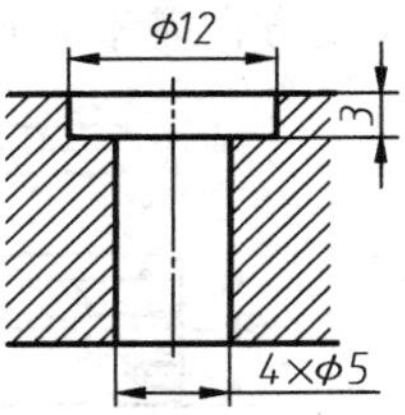 ϕ12 3 4×ϕ5
8		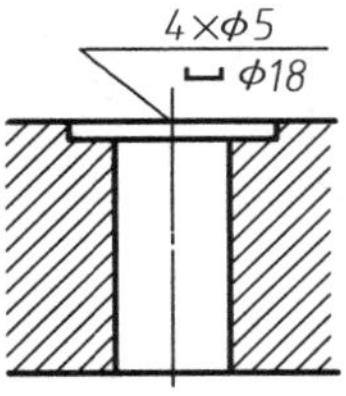 4×ϕ5 ⌴ϕ18	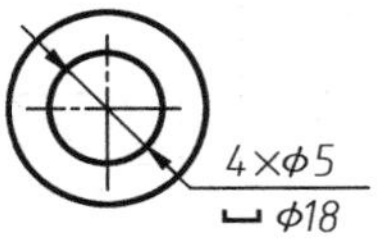 4×ϕ5 ⌴ϕ18	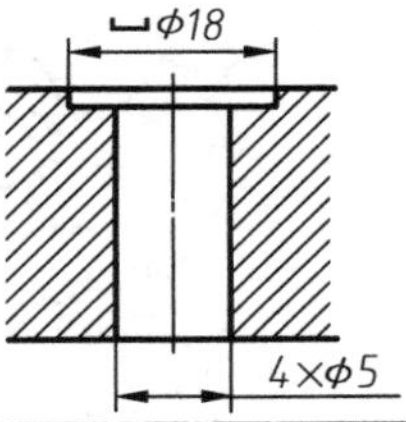 ⌴ϕ18 4×ϕ5

续表

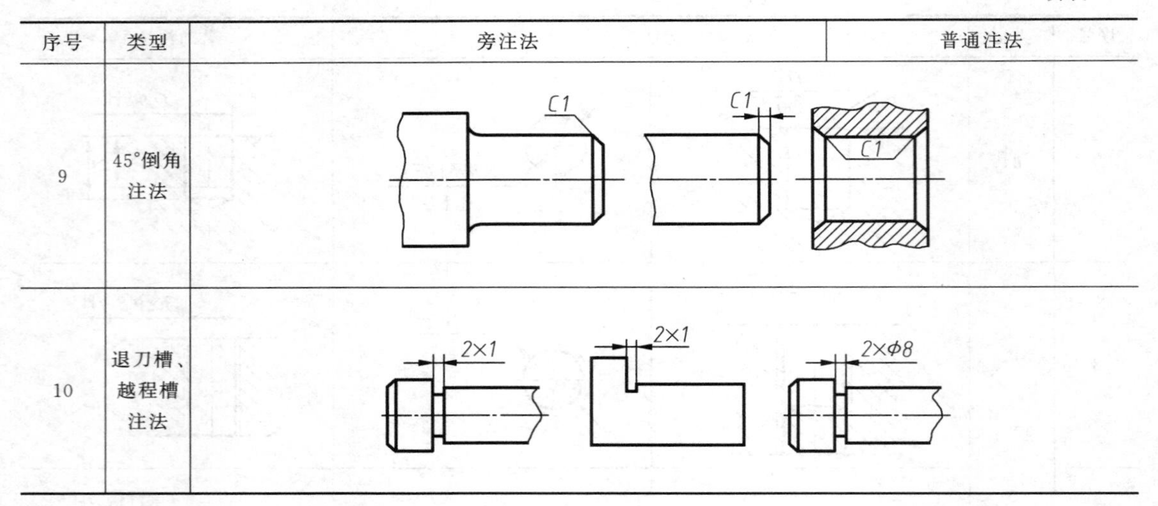

序号	类型	旁注法	普通注法
9	45°倒角注法		
10	退刀槽、越程槽注法		

9.4.3 合理标注零件尺寸的方法步骤

(1) 标注零件尺寸的方法步骤

通过结构分析、表达方案的确定，在对零件的工作性能和加工、测量方法充分理解的基础上，标注零件尺寸的方法步骤如下：

① 选择基准；

② 考虑设计要求，标注功能尺寸；

③ 考虑工艺要求，标注出非功能尺寸；

④ 用结构分析法补全尺寸和检查尺寸，同时计算三个方向（长、宽和高）的尺寸链是否正确、尺寸数值是否符合标准数系。

(2) 零件尺寸标注举例

如图 9-24 所示，试标注出轴的尺寸。

按标注零件尺寸的方法步骤标注如下。

① 选择基准。

按照轴的工作情况特点和加工特点，径向的设计基准和工艺基准选择轴线；台肩的右端面为长度方向基准，如图 9-24 所示。

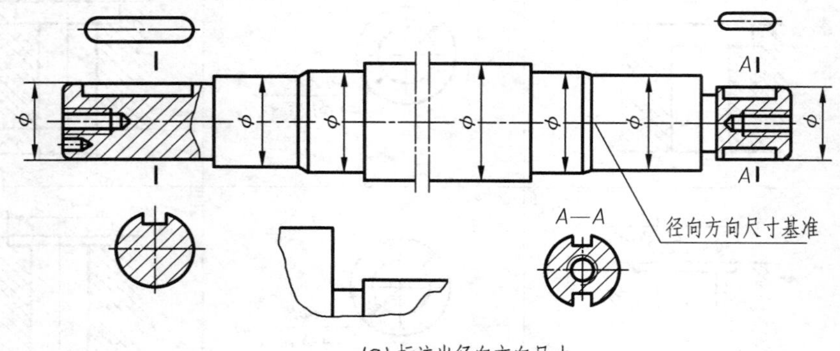

(a) 标注出径向方向尺寸

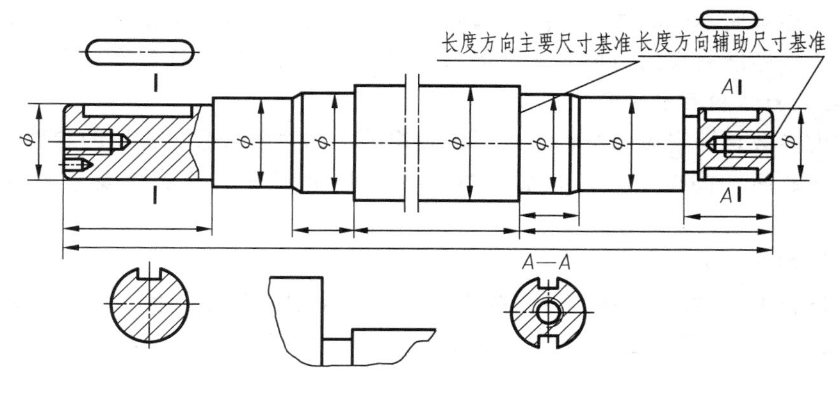

(b)标注出长度方向尺寸

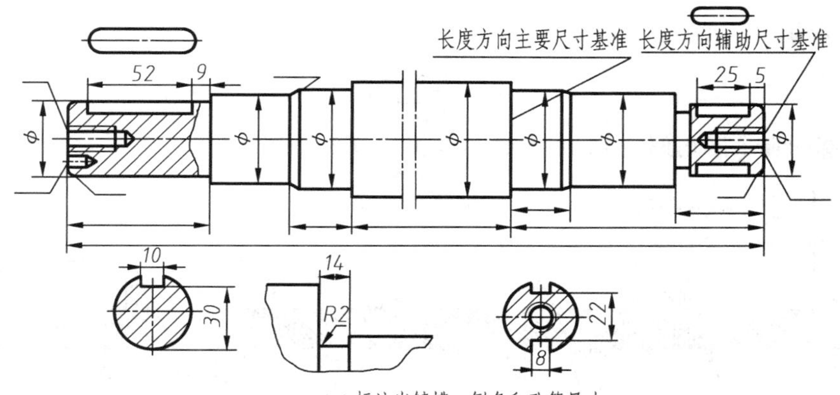

(c)标注出键槽、倒角和孔等尺寸

图 9-24　轴的尺寸标注

② 标注出各部分功能尺寸，如图 9-24（a）、（b）所示。

③ 标注出非功能尺寸，如图 9-24（c）所示。

④ 检查。

9.5　零件图上的技术要求

零件图除了表达零件形状和标注尺寸外，还必须标注和说明制造该零件时应该达到的一些制造要求，一般称为技术要求。零件图上的技术要求主要包括表面粗糙度、极限与配合、几何公差、材料及其热处理和表面处理。

9.5.1　表面粗糙度

经过加工的零件表面，无论看起来多么光滑，只要从放大镜（或显微镜）下观察，就可见表面具有微小的峰、谷，如图 9-25 所示。这种加工表面上具有的由较小的间距和峰谷所组成的微观几何形状特征，称为表面粗糙度。

图 9-25　零件表面微观几何形状

表面粗糙度反映了零件表面的质量，它对零件的配合、耐磨性、抗腐蚀性、密封性、外观等都有影响。对于不同的表面粗糙度需要采用不同的加工方法，因此零件的表面粗糙度应根据零件表面的功用恰当选择，在保证机器性能要求的前提下，尽量选择较大的数值，以降低生产成本。

9.5.1.1 评定表面结构要求的参数及数值

表面粗糙度参数是评定表面结构要求时的普遍采用的主要参数。常用的参数是轮廓参数 R，包含 Ra、Rz 两个高度参数。轮廓参数既能满足常用表面的功能要求，检测也比较方便。

（1）算术平均偏差 Ra

在一个取样长度 l_r 内，被评定轮廓在任一位置至 X 轴的纵坐标值 $Z(x)$ 绝对值的算术平均值，用 Ra 表示，如图 9-26 所示。用公式表示为：

$$Ra=\frac{1}{l_r}\int_0^{l_r}|Z(x)|\,\mathrm{d}x$$

近似表示为：

$$Ra=\frac{1}{n}\sum_{i=1}^{n}|Z_i|$$

评定轮廓的算术平均偏差 Ra 的数值，参见表 9-2。

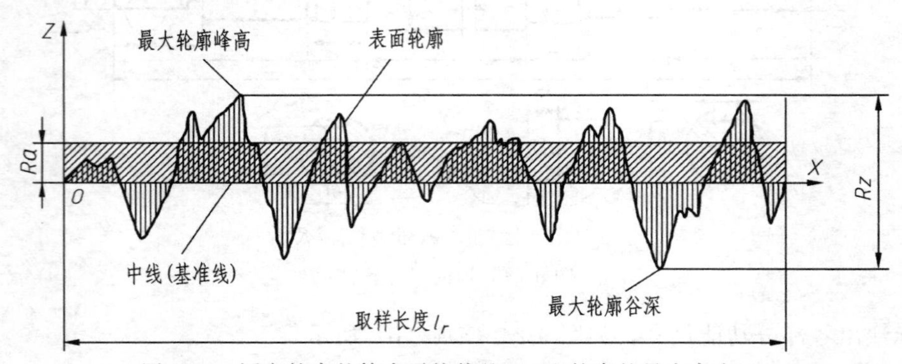

图 9-26 评定轮廓的算术平均偏差 Ra 和轮廓的最大高度 Rz

表 9-2 Ra 值与加工方法和应用举例

Ra/μm	表面特征	主要加工方法	应用举例
50,100	明显可见刀痕	粗车、粗铣、粗刨、钻、粗纹锉刀和粗砂轮加工	粗糙度最低的加工面，一般很少使用
25	可见刀痕		
12.5	微见刀痕	粗车、刨、立铣、平铣钻	不接触表面，不重要的接触面，如螺钉孔、倒角、机座底面等
6.3	可见加工痕迹	精车、精铣、精刨、铰、镗、粗磨等	没有相对运动的零件接触面，如箱、盖、套筒等要求紧贴的表面，键和键槽工作表面；相对运动速度不高的接触面，如支架孔、衬套、带轮轴孔的工作表面等
3.2	微见加工痕迹		
1.6	看不见加工痕迹		
0.8	可辨加工痕迹方向	精车、精铰、精拉、精镗、精磨等	要求很好密合的接触面，如与滚动轴承配合的表面、锥销孔等；相对运动速度较高的接触面，如滑动轴承的配合表面、齿轮的工作表面等
0.4	微辨加工痕迹方向		
0.2	不可辨加工痕迹方向		
0.1	暗光泽面	研磨、抛光、超级精细研磨等	精密量具的表面、极重要零件的摩擦面，如气缸的内表面、精密机床的主轴颈、坐标镗床的主轴颈等
0.05	亮光泽面		
0.025	镜状光泽面		
0.012	雾状镜面		

（2）轮廓的最大高度 Rz

Rz 为在评定长度内最大轮廓峰高和最大轮廓谷深之和，如图 9-26 所示。它在评定某些不允许出现较多的加工痕迹的零件表面时有实用意义。

9.5.1.2　*表面粗糙度的符号、代号及其标注*

（1）表面粗糙度的图形符号

在图样上标注表面粗糙度的图形符号，如表 9-3 所示，其基本符号和完整符号的画法如图 9-27 所示，尺寸见表 9-4。

（2）表面粗糙度要求在图形符号上的注写位置

表面粗糙度数值及其有关规定在符号中注写的位置，如图 9-28 所示。

表 9-3　表面粗糙度的图形符号意义

符号	意义及说明
	基本符号，表示表面可用任何方法获得。当不加注粗糙度参数值或有关说明时，仅适用于简化代号标注
	基本符号加一横线，表示表面是用去除材料的方法获得的。例如，车、铣、钻、刨、磨等
	基本符号加一圆，表示表面是用不去除材料的方法获得的。例如，铸、锻轧、冲压等

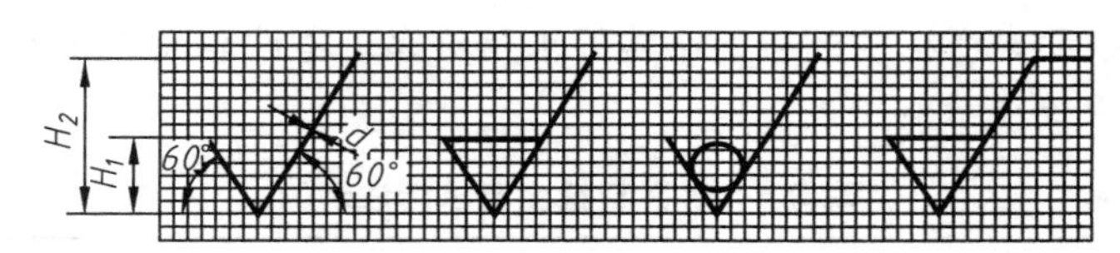

图 9-27　表面粗糙度图形符号的画法

表 9-4　图形符号的尺寸　　mm

数字和字母高度 h	2.5	3.5	5	7	10	14	20
符号线宽 d' 和字母线宽	0.25	0.35	0.5	0.7	1	1.4	2
高度 H_1	3.5	5	7	10	14	20	28
高度 H_2（最小值）	7.5	10.5	15	21	30	42	60

注：H_2 取决于标注内容。

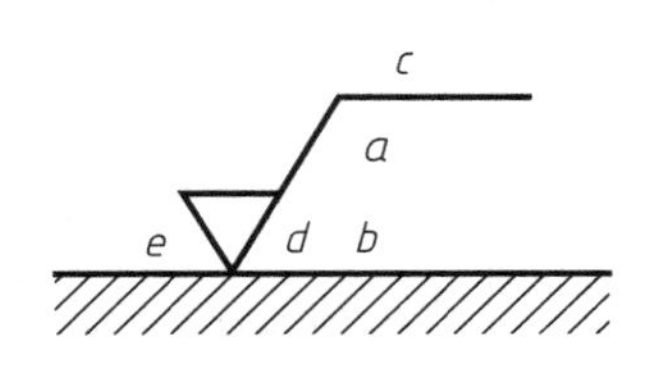

a ——注写表面粗糙度的单一要求或第一个表面粗糙度要求；

b ——注写第二个表面粗糙度的要求；

c ——注写加工方法，如“车”、“铣”、“磨”等；

d —— 注写表面纹理方向符号，如“ = ”、“×”、“ M ”；

e ——加工余量（单位 mm）

图 9-28　补充要求的标注位置

（3）表面粗糙度代号及其标注

表面粗糙度符号中注写了具体参数代号及参数数值等要求后，称为表面粗糙度代号，其含义示例见表 9-5。

表 9-5　表面粗糙度代号及含义示例

代号	含义	补充说明
Ra 3.2	表示去除材料，单向上限值，R 轮廓，算术平均值为 3.2μm	默认传输带，评定长度为 5 个取样长度，16%规则，表面纹理没有要求

续表

代号	含义	补充说明
Rzmax 6.3	表示不允许去除材料，单向上限值，*R* 轮廓，粗糙度最大高度的最大值为 6.3μm	同上
Ra 3 3.2	表示去除材料，单向上限值，*R* 轮廓，算术平均值为 3.2μm	评定长度为 3 个取样长度，其他内容同上
U Rz 0.8 L Ra 0.2	表示去除材料，双向极限值，上限值 *Rz*0.8，下限值 *Ra*0.2，算术平均值为 3.2μm	两个极限值均使用默认的传输带，评定长度为 5 个取样长度，"U"和"L"分别表示上限值和下限值，在不引起误解时，可以不加注"U"和"L"
磨 Ra 1.6 -2.5/Rzmax 6.3	表示去除材料，单向上限值和单向极限值，单向上限值 *Ra*1.6，单向极限值 *Rz*6.3，取样长度 2.5mm，加工方法为磨削	默认传输带，评定长度为 5 个取样长度，16%规则

(4) 表面粗糙度要求在图样上的标注方法

表面粗糙度要求对每一表面一般只标注一次，并尽可能注在相应的尺寸及其公差的同一视图上。除非另有说明，所标注的表面结构要求是对完工零件表面的要求。

表面粗糙度要求标注示例见表 9-6。

表 9-6 表面粗糙度要求标注示例

标注示例	说明
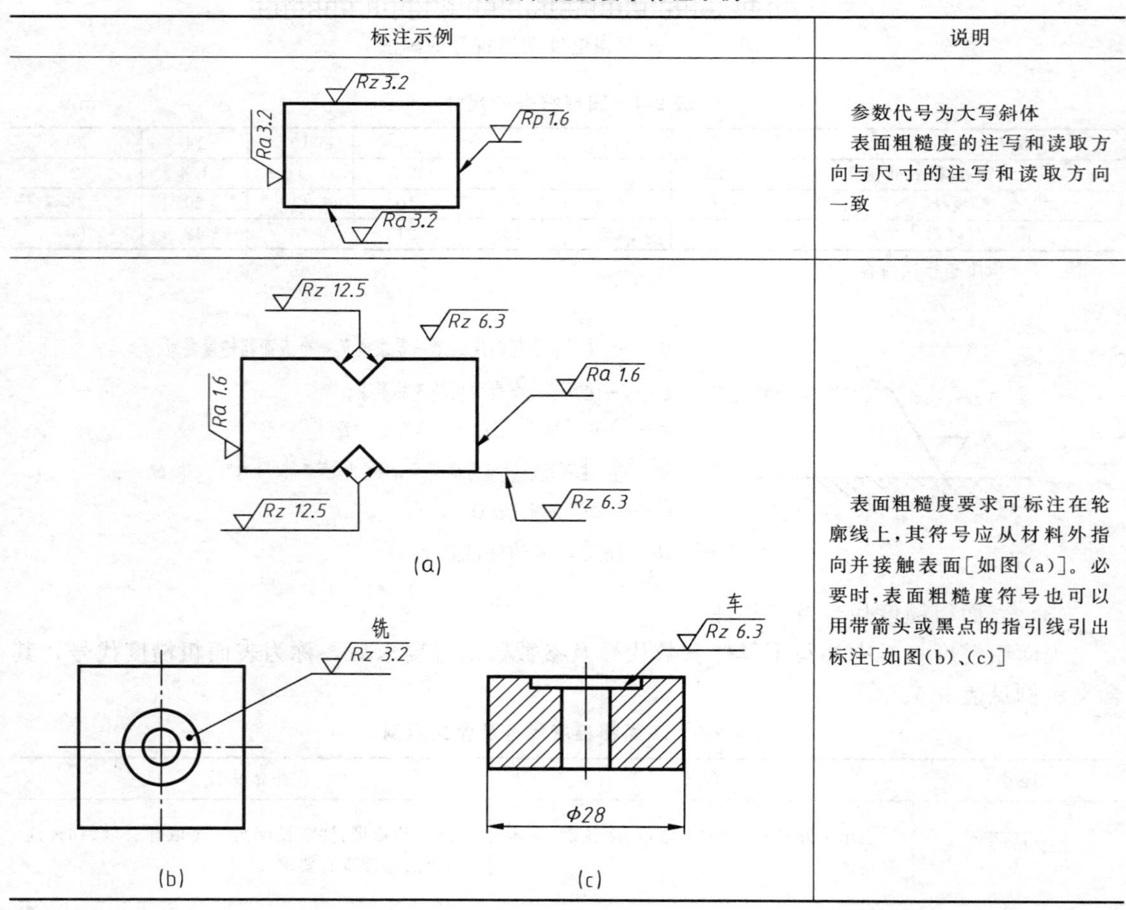	参数代号为大写斜体 表面粗糙度的注写和读取方向与尺寸的注写和读取方向一致
	表面粗糙度要求可标注在轮廓线上，其符号应从材料外指向并接触表面[如图(a)]。必要时，表面粗糙度符号也可以用带箭头或黑点的指引线引出标注[如图(b)、(c)]

续表

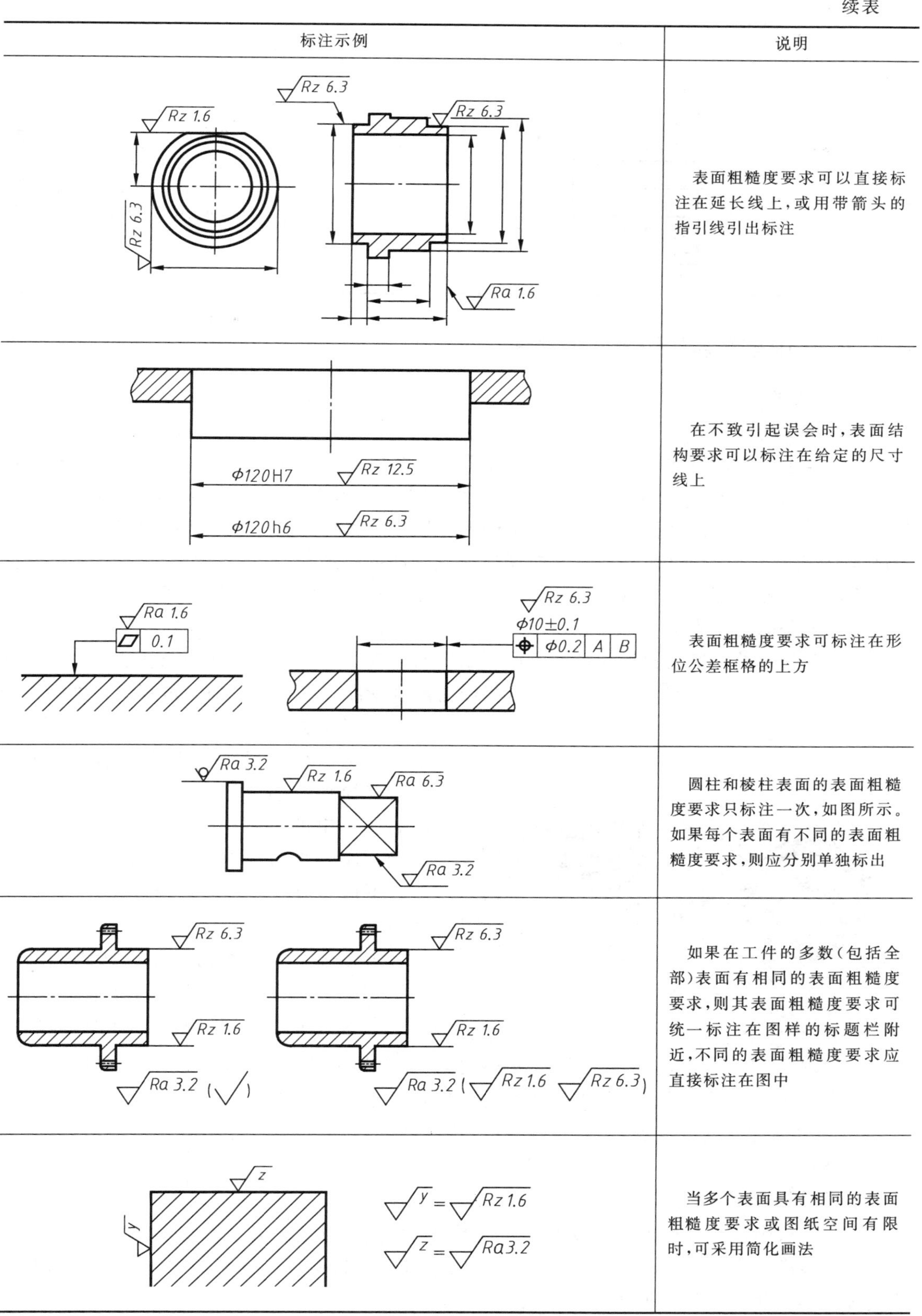

标注示例	说明
Rz 1.6　Rz 6.3　Rz 6.3　Rz 6.3　Ra 1.6	表面粗糙度要求可以直接标注在延长线上，或用带箭头的指引线引出标注
Φ120H7　Rz 12.5　Φ120h6　Rz 6.3	在不致引起误会时，表面结构要求可以标注在给定的尺寸线上
Ra 1.6　0.1　Rz 6.3　Φ10±0.1　Φ0.2　A　B	表面粗糙度要求可标注在形位公差框格的上方
Ra 3.2　Rz 1.6　Ra 6.3　Ra 3.2	圆柱和棱柱表面的表面粗糙度要求只标注一次，如图所示。如果每个表面有不同的表面粗糙度要求，则应分别单独标出
Rz 6.3　Rz 1.6　Ra 3.2 (√)　Rz 6.3　Rz 1.6　Ra 3.2 (Rz 1.6　Rz 6.3)	如果在工件的多数（包括全部）表面有相同的表面粗糙度要求，则其表面粗糙度要求可统一标注在图样的标题栏附近，不同的表面粗糙度要求应直接标注在图中
z　y　y = Rz 1.6　z = Ra3.2	当多个表面具有相同的表面粗糙度要求或图纸空间有限时，可采用简化画法

续表

标注示例	说明
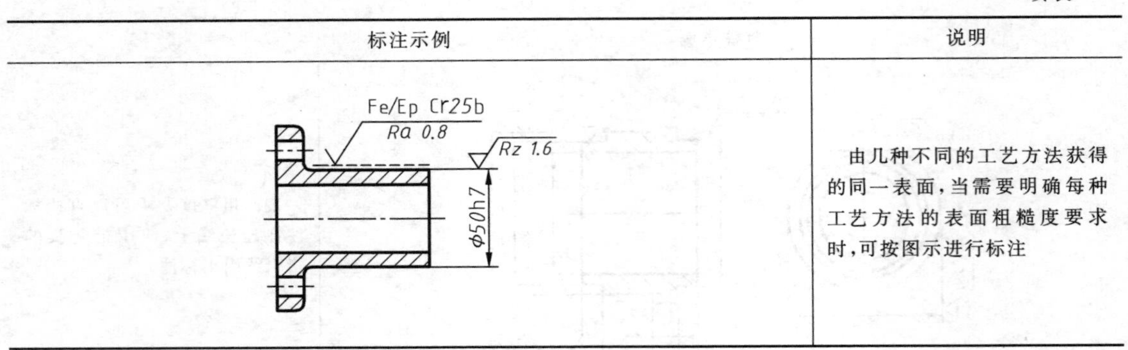	由几种不同的工艺方法获得的同一表面，当需要明确每种工艺方法的表面粗糙度要求时，可按图示进行标注

9.5.2 极限与配合的概念及其注法

9.5.2.1 极限与配合的概念

(1) 零件的互换性

在日常生活中，例如灯泡坏了，在市场上买一个换上去，灯就亮了；在装配机器时，把同样零件中的任一零件，不经挑选或修配，便可装到机器上，机器就能正常运转；在修配时，把任一同样规格的零件配换上去，仍能保持机器的原有性能。这些“在相同零件中，不经挑选或修配就能装配（或更换）并能保持原有性能的性质”，称为互换性。零件具有互换性，不但给机器装配、修理带来方便，更重要的是为机器的现代化大量生产提供可能性。

(2) 公差的有关术语

极限与配合的标准是根据互换性的原则制定的。为了加工的可能性和经济性，零件的每个尺寸都必须给定公差，该公差应当符合极限与配合标准。在零件的加工过程中，由于机床精度、刀具磨损、测量误差等因素的影响，不可能把零件的尺寸做得绝对准确。为了保证互换性，必须将零件尺寸的加工误差限制在一定的范围内，规定尺寸允许的变动量，这个变动量就是尺寸公差，简称公差。下面以图 9-29 为例说明公差的有关术语。

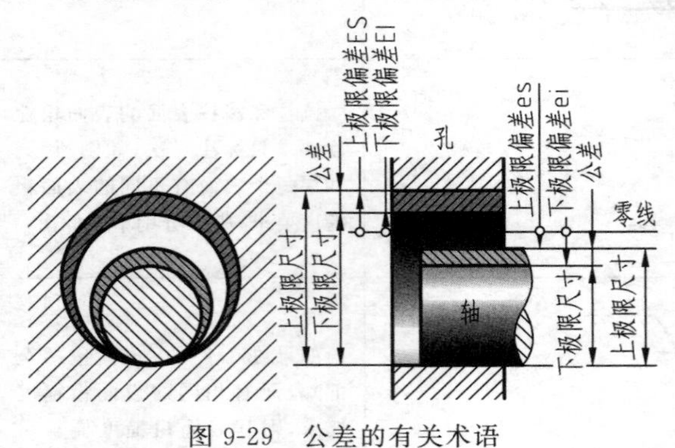

图 9-29 公差的有关术语

① 公称尺寸：根据零件的功能、强度、结构和工艺要求，设计确定的尺寸。

② 实际尺寸：通过测量所得到的尺寸。

③ 极限尺寸：允许尺寸变化的两个界限值，以公称尺寸为基数确定。两个界限值中较大的一个称为上极限尺寸；较小的一个称为下极限尺寸。

④ 尺寸偏差（简称偏差）：某一极限尺寸减其公称尺寸所得的代数值。尺寸偏差有：

上极限偏差＝上极限尺寸－公称尺寸

下极限偏差＝下极限尺寸－公称尺寸

上、下极限偏差统称为极限偏差。上、下极限偏差可以是正值、负值或零。

国家标准规定：孔的上极限偏差代号为 ES、孔的下极限偏差代号为 EI；轴的上极限偏差代号为 es、轴的下极限偏差代号为 ei。

⑤ 尺寸公差（简称公差）：允许尺寸的变动量。

尺寸公差＝上极限尺寸－下极限尺寸

＝上极限偏差－下极限偏差

因为上极限尺寸总是大于下极限尺寸，所以，尺寸公差一定为正值。

⑥ 公差带和公差带图：公差带是表示公差大小和相对于零线位置的一个区域。为了便于分析，一般将尺寸公差与公称尺寸的关系，按放大比例画成简图，称为公差带图，如图 9-30 所示。在公差带图中，上、下极限偏差的距离应成比例，公差带方框的左右长度根据需要任意确定。规定用左低右高斜线表示孔的公差带；用左高右低的斜线表示轴的公差带。

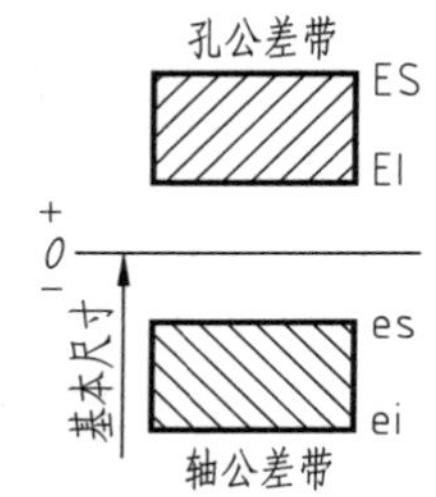

图 9-30　公差带图

⑦ 公差等级：确定尺寸精确程度的等级。国家标准将公差等级分为 20 级：IT01、IT0、IT1～IT18。“IT”表示标准公差，公差等级的代号用阿拉伯数字表示，从 IT01 至 IT18 等级尺寸的精确程度依次降低。

⑧ 标准公差：用以确定公差带大小的公差。标准公差是公称尺寸和公差等级的函数。对于一定的公称尺寸，公差等级愈高，标准公差值愈小，尺寸的精确程度愈高。公称尺寸和公差等级相同的孔与轴，它们的标准公差值相等。国家标准把≤500mm 的公称尺寸范围分成 13 段，按不同的公差等级列出了各段公称尺寸的公差值，表 9-7 中列出部分标准公差数值。

表 9-7　部分标准公差数值

公称尺寸/mm		标准公差等级						
		IT5	IT6	IT7	IT8	IT9	IT10	IT11
大于	至	μm						
—	3	4	6	10	14	25	40	60
3	6	5	8	12	18	30	48	75
6	10	6	9	15	22	36	58	90
10	18	8	11	18	27	43	70	110
18	30	9	13	21	33	52	84	130

⑨ 基本偏差：用以确定公差带相对于零线位置的上极限偏差或下极限偏差。一般是指靠近零线的那个极限偏差。根据实际需要，国家标准分别对孔和轴各规定了 28 个不同的基本偏差，如图 9-31 所示。从图中可知：

a. 基本偏差用拉丁字母（一个或两个）表示，大写字母代表孔，小写字母代表轴。

b. 轴的基本偏差中 a～h 为上极限偏差，j～zc 为下极限偏差。js 的上下极限偏差分别为$+\frac{IT}{2}$和$-\frac{IT}{2}$。

c. 孔的基本偏差中 A～H 为下极限偏差，J～ZC 为上极限偏差。JS 的上下极限偏差分别为$+\frac{IT}{2}$和$-\frac{IT}{2}$。

d. 轴和孔的另一极限偏差根据轴和孔的基本偏差和标准公差确定，按以下代数式计算轴的另一极限偏差（上极限偏差或下极限偏差）：ei＝es－IT 或 es＝ei＋IT；

孔的另一极限偏差（上级限偏差或下极限偏差）：ES＝EI＋IT 或 EI＝ES－IT

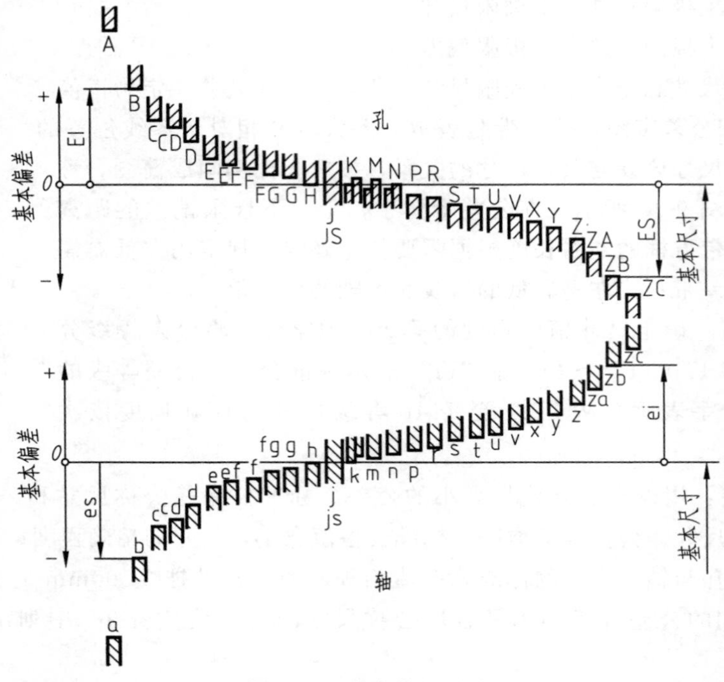

图 9-31 基本偏差系列

⑩ 孔、轴的公差带代号：由基本偏差代号和公差等级代号组成，并且要用同一号字母和数字书写。举例如下。

【例 9-1】 说明 ϕ35H8 的含义。

ϕ35H8 的含义是：公称尺寸是 ϕ35，公差等级为 8 级，基本偏差为 H 的孔的公差带。

【例 9-2】 说明 ϕ35f7 的含义。

ϕ35f7 的含义是：公称尺寸是 ϕ35，公差等级为 7 级，基本偏差为 f 的轴的公差带。

上述两例说明详见如下：

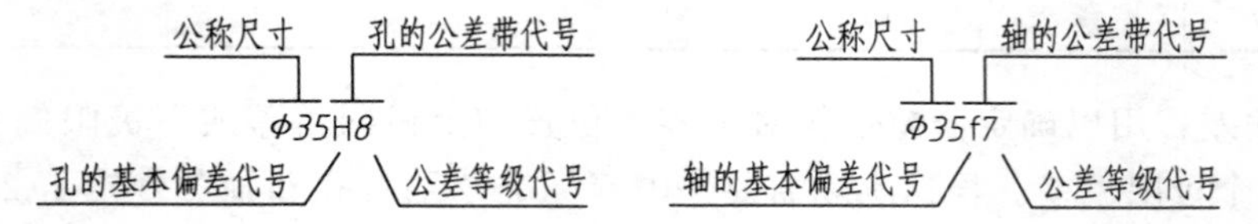

(3) 配合

在机器装配中，一般将公称尺寸相同、相互结合的孔和轴公差带之间的关系，称为配合。

① 配合种类　根据机器的设计要求、工艺要求和实际生产的需要，国家标准将配合分为以下三大类。

a. 间隙配合：孔的公差带完全在轴的公差带之上，任取其中一对孔和轴相配合都成为具有间隙的配合（包括最小间隙为零），如图 9-32 (a) 所示。

b. 过盈配合：孔的公差带完全在轴的公差带之下，任取其中一对孔和轴相配合都成为具有过盈的配合（包括最小过盈为零），如图 9-32 (b) 所示。

c. 过渡配合：孔和轴的公差带相互交叠，任取其中一对孔和轴相配合，可能具有间隙、也可能具有过盈的配合，如图 9-32 (c) 所示。

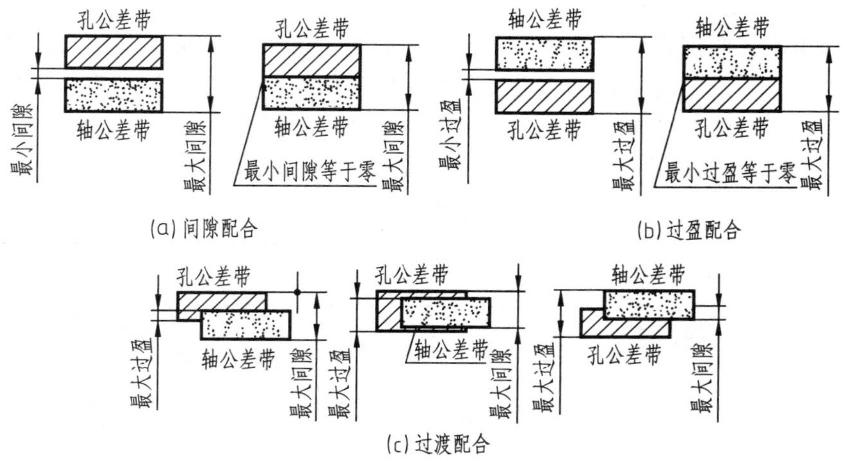

图 9-32 配合种类

② 配合的基准制 国家标准规定了以下两种常用的基准制。

a. 基孔制。基本偏差为一定的孔的公差带，与不同基本偏差的轴的公差带构成各种配合的一种制度称为基孔制。这种制度在同一公称尺寸的配合中，是将孔的公差带位置固定，通过变动轴的公差带位置，得到各种不同的配合，如图 9-33（a）所示。

基孔制的孔称为基准孔，其基本偏差代号为“H”，国家标准规定基准孔的下极限偏差为零。

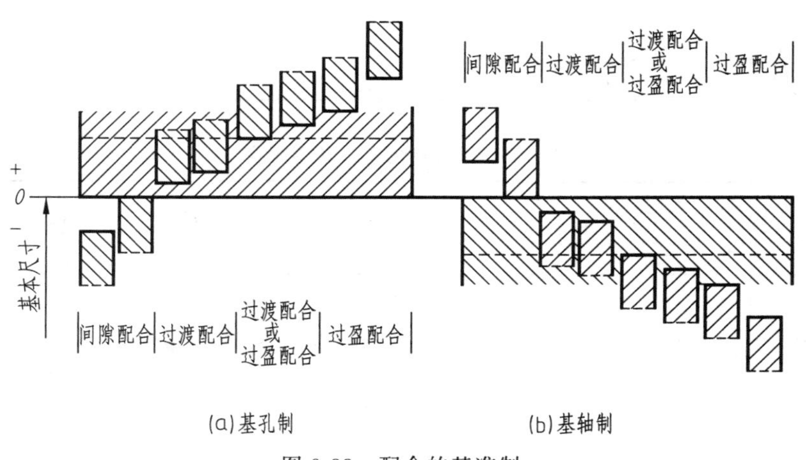

图 9-33 配合的基准制

b. 基轴制。基本偏差为一定的轴的公差带，与不同基本偏差的孔的公差带构成各种配合的一种制度称为基轴制。这种制度在同一公称尺寸的配合中，是将轴的公差带位置固定，通过变动孔的公差带位置，得到各种不同的配合，如图 9-33（b）所示。

基轴制的轴称为基准轴，其基本偏差代号为“h”，国家标准规定基准轴的上极限偏差为零。

从基本偏差系列图 9-31 中，不难看出：

基孔制（基轴制）中，a～h（A～H）用于间隙配合；j～zc（J～ZC）用于过渡配合和过盈配合。

9.5.2.2 基准制的选择

应优先选用基孔制配合。虽然基孔制与基轴制完全等效，但从工艺性及经济性上考虑，通常孔较难加工，一般情况下优先选用基孔制，以降低生产成本，达到较好的经济效益。

当然并不是所有配合都是基孔制，如零件与标准件形成配合时，应按标准件确定基准制配合，表 9-8、表 9-9 为国家标准规定的基孔制、基轴制优先、常用配合。

表 9-8 基孔制优先、常用配合

基准孔	轴																				
	a	b	c	d	e	f	g	h	js	k	m	n	p	r	s	t	u	v	x	y	z
	间隙配合								过渡配合			过盈配合									
H6						$\frac{H6}{f5}$	$\frac{H6}{g5}$	$\frac{H6}{h5}$	$\frac{H6}{js5}$	$\frac{H6}{k5}$	$\frac{H6}{m5}$	$\frac{H6}{n5}$	$\frac{H6}{p5}$	$\frac{H6}{r5}$	$\frac{H6}{s5}$	$\frac{H6}{t5}$					
H7						$\frac{H7}{f6}$	◤$\frac{H7}{g6}$	◤$\frac{H7}{h6}$	$\frac{H7}{js6}$	◤$\frac{H7}{k6}$	$\frac{H7}{m6}$	◤$\frac{H7}{n6}$	◤$\frac{H7}{p6}$	$\frac{H7}{r6}$	◤$\frac{H7}{s6}$	$\frac{H7}{t6}$	◤$\frac{H7}{u6}$	$\frac{H7}{v6}$	$\frac{H7}{x6}$	$\frac{H7}{y6}$	$\frac{H7}{z6}$
H8					$\frac{H8}{e7}$	◤$\frac{H8}{f7}$	$\frac{H8}{g7}$	◤$\frac{H8}{h7}$	$\frac{H8}{js7}$	$\frac{H8}{k7}$	$\frac{H8}{m7}$	$\frac{H8}{n7}$	$\frac{H8}{p7}$	$\frac{H8}{r7}$	$\frac{H8}{s7}$	$\frac{H8}{t7}$	$\frac{H8}{u7}$				
				$\frac{H8}{d8}$	$\frac{H8}{e8}$	$\frac{H8}{f8}$		$\frac{H8}{h8}$													
H9			$\frac{H9}{c9}$	◤$\frac{H9}{d9}$	$\frac{H9}{e9}$	$\frac{H9}{f9}$		◤$\frac{H9}{h9}$													
H10			$\frac{H10}{c10}$	$\frac{H10}{d10}$				$\frac{H10}{h10}$													
H11	$\frac{H11}{a11}$	$\frac{H11}{b11}$	◤$\frac{H11}{c11}$	$\frac{H11}{d11}$				◤$\frac{H11}{h11}$													
H12		$\frac{H12}{b12}$						$\frac{H12}{h12}$													

注：标注◤的配合为优先配合。

表 9-9 基轴制优先、常用配合

基准轴	孔																				
	A	B	C	D	E	F	G	H	Js	K	M	N	P	R	S	T	U	V	X	Y	Z
	间隙配合								过渡配合			过盈配合									
h5						$\frac{F6}{h5}$	$\frac{G6}{h5}$	$\frac{H6}{h5}$	$\frac{Js6}{h5}$	$\frac{K6}{h5}$	$\frac{M6}{h5}$	$\frac{N6}{h5}$	$\frac{P6}{h5}$	$\frac{R6}{h5}$	$\frac{S6}{h5}$	$\frac{T6}{h5}$					
h6						$\frac{F7}{h6}$	◤$\frac{G7}{h6}$	◤$\frac{H7}{h6}$	$\frac{Js7}{h6}$	◤$\frac{K7}{h6}$	$\frac{M7}{h6}$	◤$\frac{N7}{h6}$	◤$\frac{P7}{h6}$	$\frac{R7}{h6}$	◤$\frac{S7}{h6}$	$\frac{T7}{h6}$	◤$\frac{U7}{h6}$				
h7					$\frac{E8}{h7}$	◤$\frac{F8}{h7}$		◤$\frac{H8}{h7}$	$\frac{Js8}{h7}$	$\frac{K8}{h7}$	$\frac{M8}{h7}$	$\frac{N8}{h7}$									
h8				$\frac{D8}{h8}$	$\frac{E8}{h8}$	$\frac{F8}{h8}$		$\frac{H8}{h8}$													
h9				◤$\frac{D9}{h9}$	$\frac{E9}{h9}$	$\frac{F9}{h9}$		◤$\frac{H9}{h9}$													
h10				$\frac{D10}{h10}$				$\frac{H10}{h10}$													
h11	$\frac{A11}{h11}$	$\frac{B11}{h11}$	◤$\frac{C11}{h11}$	$\frac{D11}{h11}$				◤$\frac{H11}{h11}$													
h12		$\frac{B12}{h12}$						$\frac{H12}{h12}$													

注：标注◤的配合为优先配合。

9.5.2.3 极限与配合的标注

（1）在装配图中的标注方法

配合的代号由两个相互结合的孔和轴的公差带代号组成，用分数形式表示，分子为孔的公差带代号，分母为轴的公差带代号，标注的通用形式如下：

$$\text{公称尺寸}\frac{\text{孔的公差带代号}}{\text{轴的公差带代号}}$$

或

公称尺寸 孔的公差带代号/轴的公差带代号

具体的标注方法，如图 9-34（a）所示。

（2）在零件图中的标注方法

在零件图上标注公差有以下三种形式：

① 标注公差带的代号，如图 9-34（b）所示。这种标注法和采用专用量具检验零件统一起来，以适应大批量生产的需要，因此不需标注偏差数值。

② 标注极限偏差数值，如图 9-34（c）所示。上极限偏差注在公称尺寸的右上方，下极限偏差注在公称尺寸的右下方，偏差的数字应比公称尺寸数字小一号，并使下极限偏差与公称尺寸在同一底线上。上极限偏差或下极限偏差数值为零时，“0”与另一极限偏差的个位数字“0”对齐。如果上、下极限偏差的绝对值相等，则在公称尺寸之后标注“±”符号，再填写一个偏差数值，数值的字体高度与公称尺寸字体的高度相同。这种注法主要用于小批量或单件生产，以便加工和检验时减少辅助时间。

③ 标注公差带代号和极限偏差数值，如图 9-34（d）所示。在生产批量不明、检测工具未定的情况下，可将极限偏差数值和公差带代号同时标注，此时应注意极限偏差数值要放到后面的括号中。

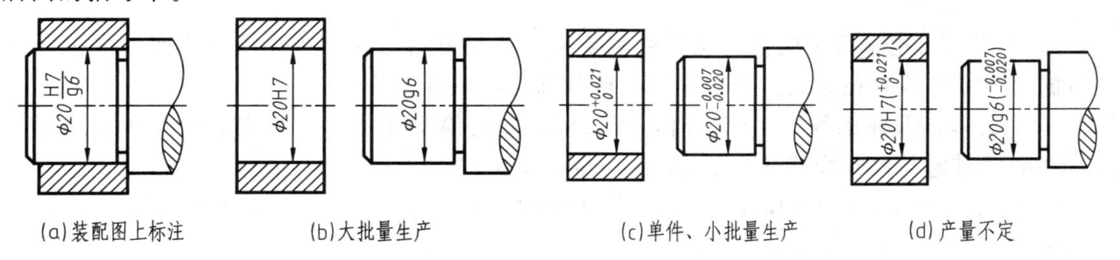

图 9-34 极限与配合标注

9.5.3 几何公差

在实际生产中，要加工出一个尺寸绝对准确的零件是不可能的，同样，要加工出一个形状和零件要素间的相对位置绝对准确的零件也是不可能的。为了满足使用要求，零件的尺寸由尺寸公差加以限制，而零件的形状和零件要素间的相对位置则由几何公差加以限制。

几何公差是指对零件的实际形状和实际位置与零件理想形状和理想位置之间的误差规定的一个允许变动量。几何公差包括形状公差、方向公差、位置公差、跳动公差。

形状误差是指实际形状对理想形状的变动量。

方向误差是指实际相对方向对理想相对方向的变动量。

位置误差是指实际位置对理想位置的变动量。理想位置是指相对于基准的理想形状的位置而言。

跳动公差是指工件的表面对于理想轴线在径向间或轴向间的距离变化。

（1）几何公差的几何特征和符号

几何公差的几何特征和符号如表 9-10 所示。

表 9-10 几何公差的几何特征和符号

公差类型	几何特征	符号	有或无基准	公差类型	几何特征	符号	有或无基准
形状公差	直线度	—	无	位置公差	位置度	⌖	有
	平面度	⏥			同心度（用于中心点）	◎	
	圆度	○					
	圆柱度	⌭			同轴度（用于轴线）	◎	
	线轮廓度	⌒					
	面轮廓度	⌓					
方向公差	平行度	//	有		对称度	⌯	
	垂直度	⊥			线轮廓度	⌒	
	倾斜度	∠			面轮廓度	⌓	
	线轮廓度	⌒		跳动公差	圆跳动	↗	
	面轮廓度	⌓			全跳动	⌰	

（2）几何公差的标注

几何公差用框格标注。

① 公差框格 用细实线画出，可画成水平的或竖直的，框格高度是图样中尺寸数字高度的 2 倍，框格总长度视需要而定。框格中的数字、字母和符号与图样中的数字等高，如图 9-35（a）所示。

② 指引线 用带箭头的指引线将被测要素与公差框格一端相连，指引线箭头应指向公差带的宽度方向或直径方向。指引线箭头所指部位，可有：

a. 当公差涉及轮廓线或轮廓面时，指引线终端的箭头要指向该要素的轮廓线或其延长线，并应明显地与尺寸线错开，如图 9-36（a）所示。

b. 当公差涉及要素的中心线、中心面或中心点时，指引线终端的箭头应位于相应尺寸线的延长线上，如图 9-36（b）所示。

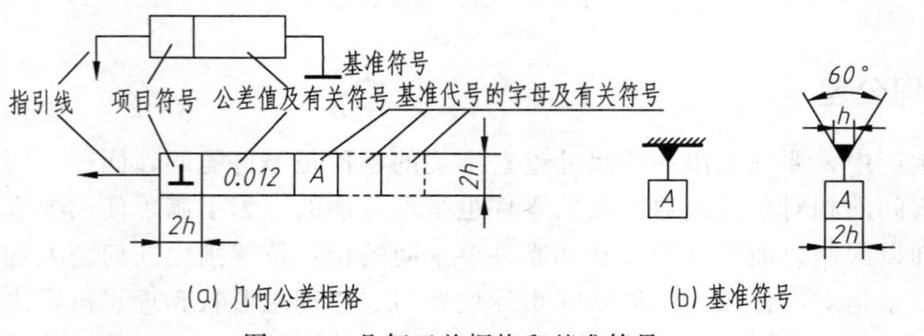

(a) 几何公差框格　　(b) 基准符号

图 9-35 几何工差框格和基准符号

③ 基准 基准要素用基准符号标注，图 9-35（b）给出基准符号，符号中正方形线框与三角形间的连线用细实线绘制，且与基准要素垂直。基准符号所接触的部位，有以下几种情况：

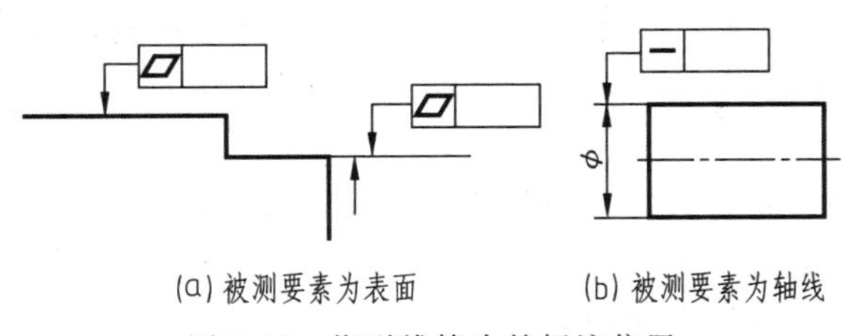

(a) 被测要素为表面　　(b) 被测要素为轴线

图 9-36　指引线箭头的标注位置

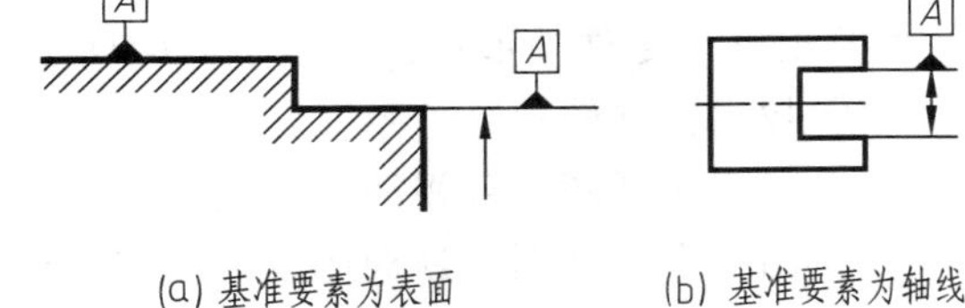

(a) 基准要素为表面　　(b) 基准要素为轴线

图 9-37　基准符号标注位置

当基准要素为轮廓线或轮廓面时，基准符号应接触该要素的轮廓线或其引出线标注，并应明显地与尺寸线箭头错开，如图 9-37（a）所示。

当基准是尺寸要素确定的轴线、中心平面或中心点时，基准符号放置在该尺寸线的延长线上，如图 9-37（b）所示。

（3）几何公差标注示例

如图 9-38 所示为气门阀杆零件图上几何公差标注的示例，从图中几何公差的标注可知：

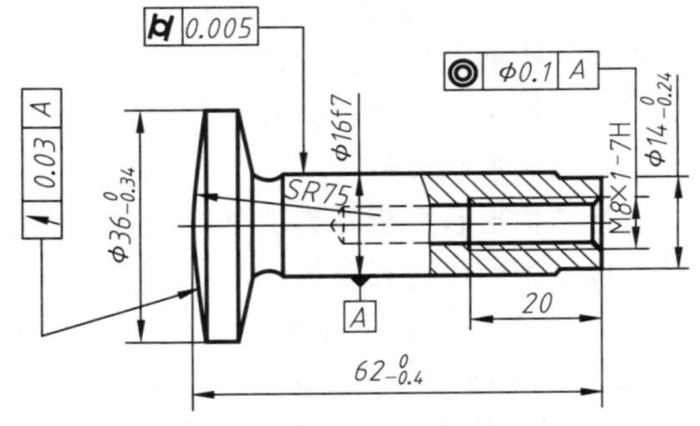

图 9-38　在零件图上标注几何公差的示例

① 球面 $SR75$ 对于 $\phi16$ 轴线的圆跳动公差是 0.03。

② $\phi16$ 杆身的圆柱度公差是 0.005。

③ 螺孔 M8×1 的轴线对于 $\phi16$ 轴线的同轴度公差是 $\phi0.1$。

9.6　读零件图

读零件图的目的就是要根据零件图想象出零件的结构形状，了解零件的尺寸和技术要求，以便在制造时采用适当的加工方法，或者在此基础上进一步研究零件结构的合理性，以使零件得到不断改进和创新。

9.6.1　读零件图的要求

读零件图时，应该达到如下要求：

① 了解零件的名称、材料和用途；

② 了解零件各部分结构形状、尺寸、功能，以及它们之间的相对位置；

③ 了解零件的制造方法和技术要求。

9.6.2　读零件图的方法和步骤

（1）读标题栏

从标题栏可以了解到零件的名称、材料、质量、图样的比例等。从名称可判断该零件属于哪一类零件，从而初步设想其可能的结构和作用，从材料可大致了解其加工方法。

（2）表达方案的分析

先了解零件图上各个视图的配置以及各视图之间的关系，从主视图入手，应用投影规律，结合形体分析法和线面分析法，以及对零件常见结构的了解，逐个弄清各部分结构，然后想象出整个零件的形状。可按下列顺序进行分析：

① 找出主视图；

② 有多少视图、剖视图、断面图等，找出它们的名称、相对位置和投影关系；

③ 图中有剖视图、断面图时，要找到剖切面的位置；

④ 图中有局部视图、斜视图时，要找到表达投射方向的箭头和字母；

⑤ 有无局部放大图和简化画法。

在读图时分析绘图者画每一个视图或采用某一表达方法的目的，这对分析零件的形状常常有很大帮助，因为每一个视图和每一种表达方法的采用都有一定的作用。例如常采用剖视表达零件的内部结构，而剖切平面的位置很明显地表达了绘图者的意图；又如斜视图、局部视图可以从箭头所指的部位看出其表达目的。

（3）结构形状分析

进行结构形状分析是为了更好地搞清楚投影关系和便于综合想象出整个零件的形状。在这里可按下列顺序进行分析：

① 先看大致轮廓，再将其分为几个较大的独立部分进行结构分析，逐个看懂；

② 对主体结构进行分析，逐个看懂；

③ 对局部结构进行分析，逐个看懂。

读图时还可以与有关的零件图联系起来一起看，这样更容易搞清零件上每个结构的作用和要求。

（4）尺寸分析

通过对零件的结构分析，了解在长度、宽度和高度方向的主要尺寸基准，找出零件的主要尺寸；根据对零件的形状分析，了解零件各部分的定形、定位尺寸，以及零件的总体尺寸。

（5）工艺和技术要求的分析

① 根据零件的特点可以确定零件的加工制造方法。

② 根据图形内、外的符号和文字注解，可以更清楚地了解技术要求。

综合上述五个方面的分析，就可以了解到该零件的完整信息，真正看懂这张零件图。

9.6.3 典型零件图例分析

零件的形状各异，综合考虑，按其功能、结构特点、视图特点可将零件归纳为轴套类、轮盘类、叉架类和箱体类四类零件。下面将从用途、表达方案、尺寸标注和技术要求等几个方面对这四类零件图例进行一些重点分析。

9.6.3.1 轴套类零件

（1）用途

轴一般是用来支承传动零件和传递动力的。套一般是装在轴上，起轴向定位、传动或连接等作用的。如图 9-39 所示为齿轮轴零件图。

（2）表达方案

① 轴套类零件一般在车床上加工，所以应按形状特征和加工位置确定主视图，轴线水平放置，大头在右，小头在左，键槽、孔等结构可以朝前；轴套类零件的主要结构形状是回转体，一般只需一个主视图。

② 轴套类零件的其他结构，如键槽、螺纹退刀槽、砂轮越程槽和螺纹孔等可以用剖视、

断面、局部视图和局部放大图等加以补充。对断面形状不变或按一定规律变化且较长的零件还可以采用断裂表示法。

③ 实心轴没有剖开的必要，轴上个别需表达的内部结构形状可以采用局部剖视。对空心套则需要剖开表达它的内部结构形状，外部结构形状简单可采用全剖视，外部较复杂则用半剖视或局部剖视；内部简单也可不剖或采用局部剖视。

（3）尺寸标注

① 宽度方向和高度方向的主要基准是回转轴线，长度方向的主要基准是端面或台阶面（此例中是右端面，如图 9-39 所示）。

② 主要形体由同轴回转体组成，因而省略了两个方向（宽度和高度）的定位尺寸。

③ 功能尺寸必须直接标注出来，其余尺寸按加工顺序标注。

④ 为了图面清晰和便于测量，在剖视图上，内外结构形状的尺寸分开标注。

⑤ 零件上的标准结构（倒角、退刀槽、越程槽、键槽）较多，应按标准规定标注。

（4）技术要求

① 有配合要求的表面，其表面粗糙度参数值较小。ϕ30r6、ϕ40k6 两段轴颈都是要和其他零件配合的表面，其表面粗糙度参数值较小。其他无配合要求表面的表面粗糙度参数值较大（见图 9-39）。

② 有配合要求的轴颈尺寸公差等级较高、公差较小。无配合要求的轴颈尺寸公差等级低、或不需标注。

③ 有配合要求的轴颈和重要的端面应有几何公差的要求。

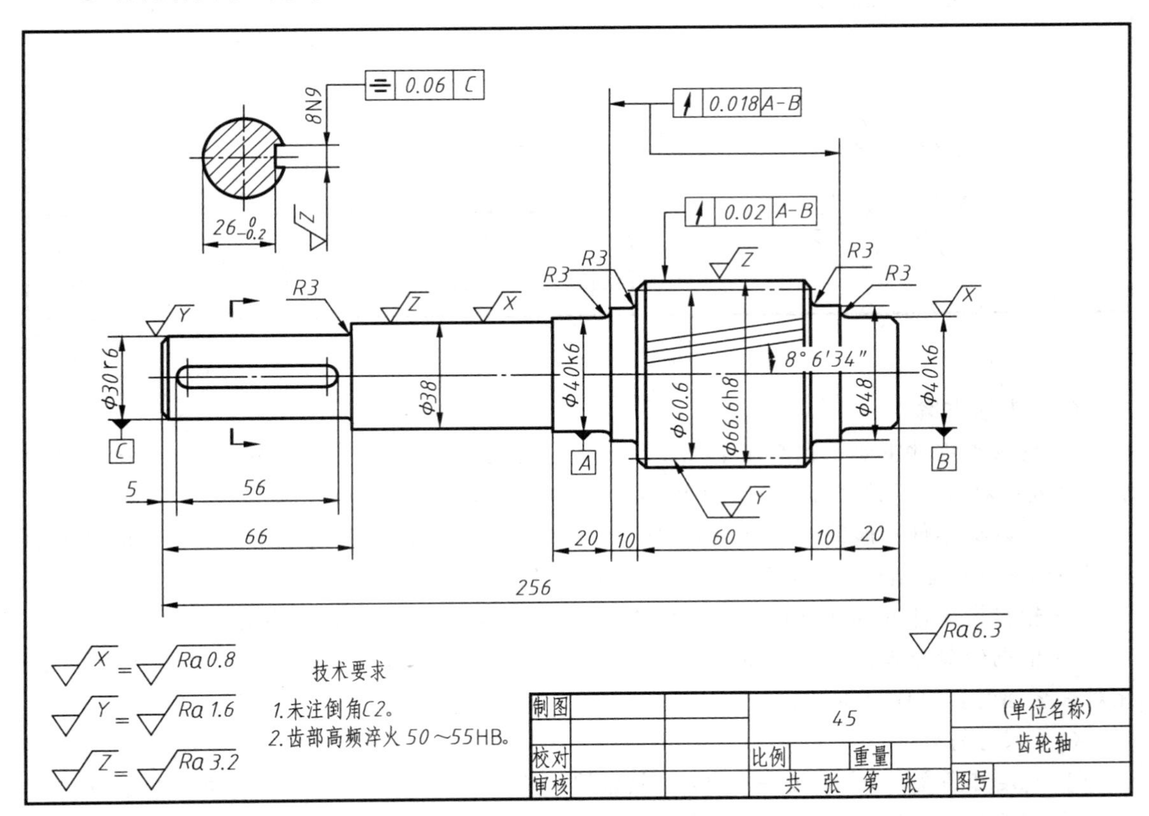

图 9-39 齿轮轴零件图

9.6.3.2　轮盘类零件

（1）用途

轮盘类零件包括手轮、胶带轮、端盖、盘座等。轮一般用来传递动力和扭矩，盘主要起支承、轴向定位以及密封等作用。如图 9-40 所示为连接盘零件图。

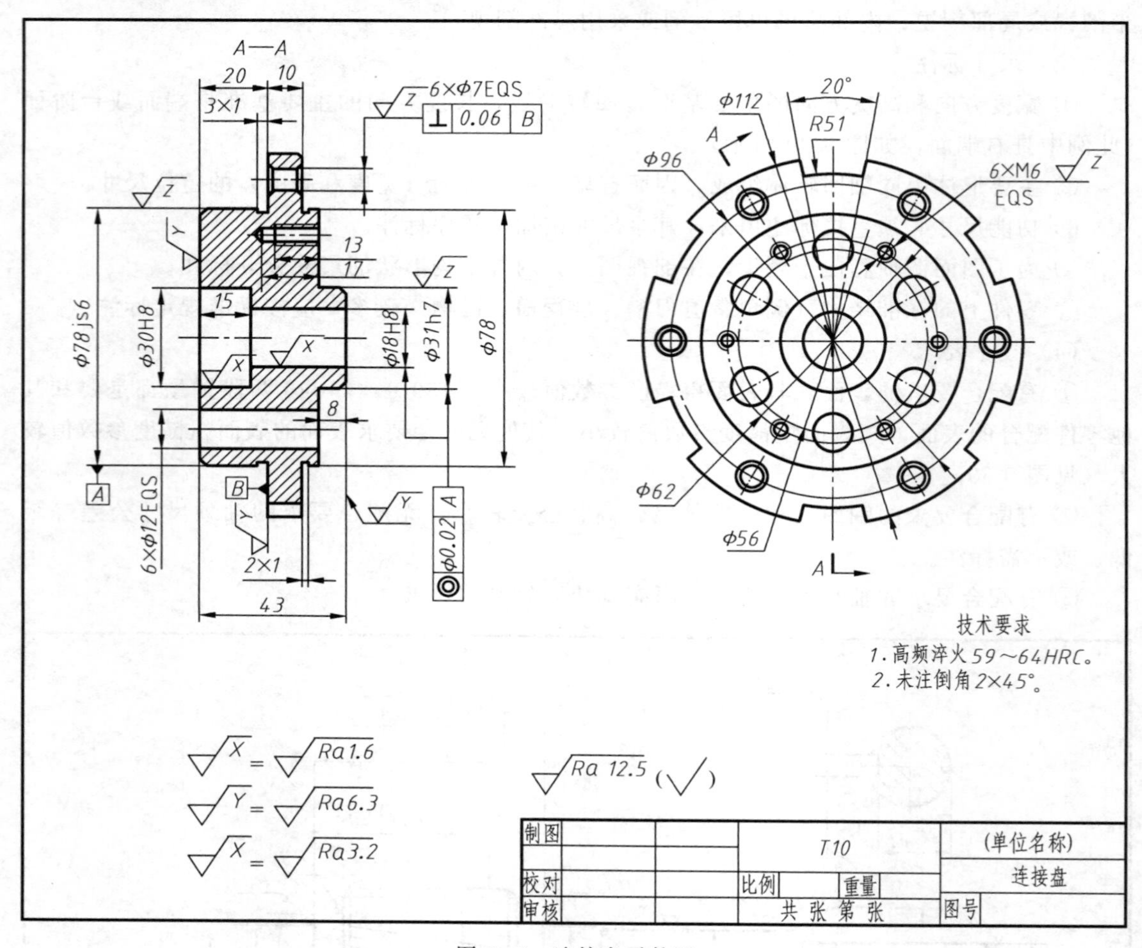

图 9-40　连接盘零件图

（2）表达方案

① 轮盘类零件主要是在车床上加工，所以应按形状特征和加工位置选择主视图，轴线水平放置；对有些不以车床加工为主的零件可按形状特征和工作位置确定。

② 轮盘类零件一般需要两个主要视图。如图 9-40 中主视图采用两相交剖切平面剖得的全剖视图表达内部结构，左视图用于表达外形结构。

③ 轮盘类零件的其他结构形状，如轮辐可用移出断面或重合断面表示。

④ 根据轮盘类零件的结构特点（空心的），各个视图均具有对称平面时，可作半剖视；无对称平面时，可作全剖视。

（3）尺寸标注

① 宽度和高度方向的主要基准也是回转轴线，长度方向的主要基准是经过加工的大端面。

② 定形尺寸和定位尺寸都比较明显，尤其是在圆周上分布的小孔的定位圆直径是这类

零件的典型定位尺寸，多个小孔一般采用如“6×ϕ12EQS”形式标注，EQS（均布）就意味着等分圆周，角度定位尺寸不必标注，如果均布很明显，EQS 也可不加标注。

③ 内外结构形状仍应分开标注。

（4）技术要求

① 有配合的内、外表面粗糙度参数较小，起轴向定位的端面，表面粗糙度参数值也较小。ϕ78js6、ϕ30H8、ϕ31h7、ϕ18H8 是有配合要求的表面，ϕ78js6 圆柱的右端面是起轴向定位的端面，这些表面粗糙度参数较小（见图 9-40）。

② 有配合的孔和轴的尺寸公差较小并有同轴度要求，与其他运动零件相接触的表面有垂直度的要求。

9.6.3.3 叉架类零件

（1）用途

叉架类零件包括各种用途的拨叉和支架。拨叉主要用在机床等各种机器上的操纵机构上，用以操纵机器、调节速度。支架主要起支承和连接的作用。如图 9-41 所示为连接杆零件图。

（2）表达方案

① 叉架类零件一般都是铸件，形状较为复杂，需经不同的机械加工，且加工位置各异。所以，在选主视图时，主要按形状特征和工作位置（或自然位置）确定。图 9-41 中，主视图的拨叉形状特征就比较明显。

② 叉架类零件的结构形状较为复杂，一般需要两个以上的视图。由于其某些结构形状不平行于基本投影面，所以常常采用斜视图、斜剖视和断面表示法，如图 9-41 的断面图。对零件上的一些内部结构形状可采用局部剖视；对某些较小的结构形状，也可采用局部放大图。

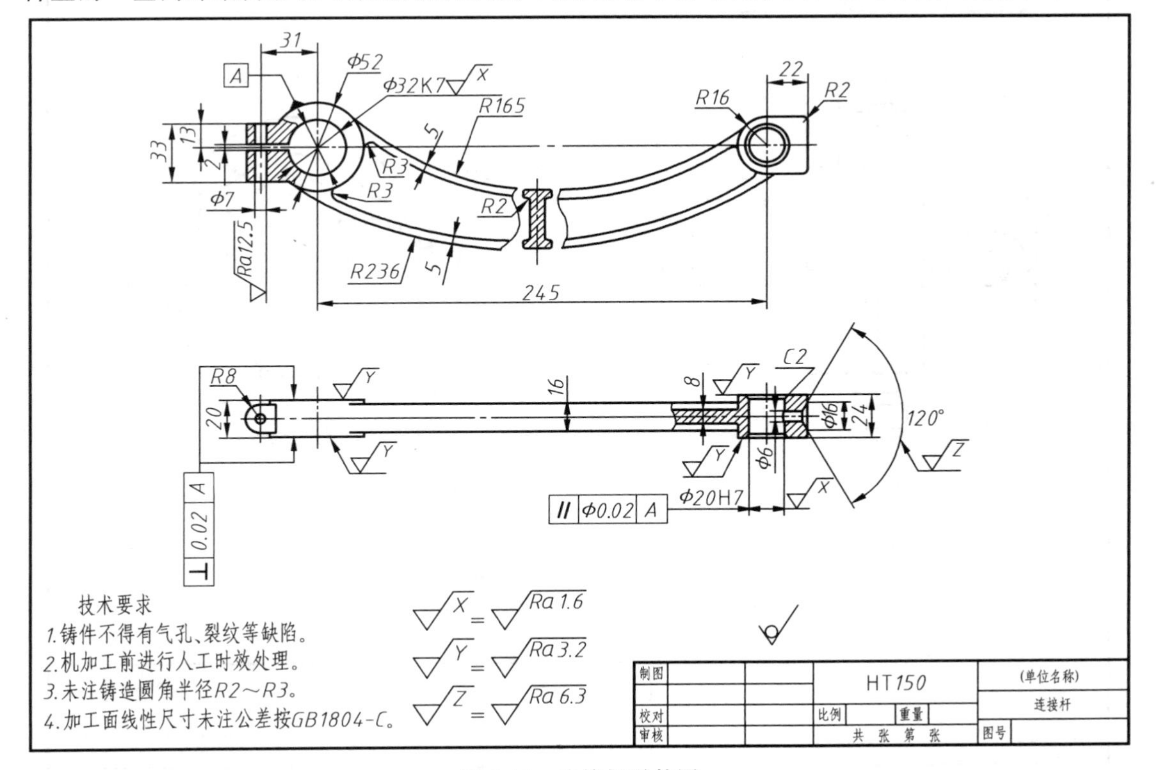

图 9-41　连接杆零件图

（3）尺寸标注

① 长度方向、宽度方向、高度方向的主要基准一般为孔的中心线（轴线）、对称平面和较大的加工平面。

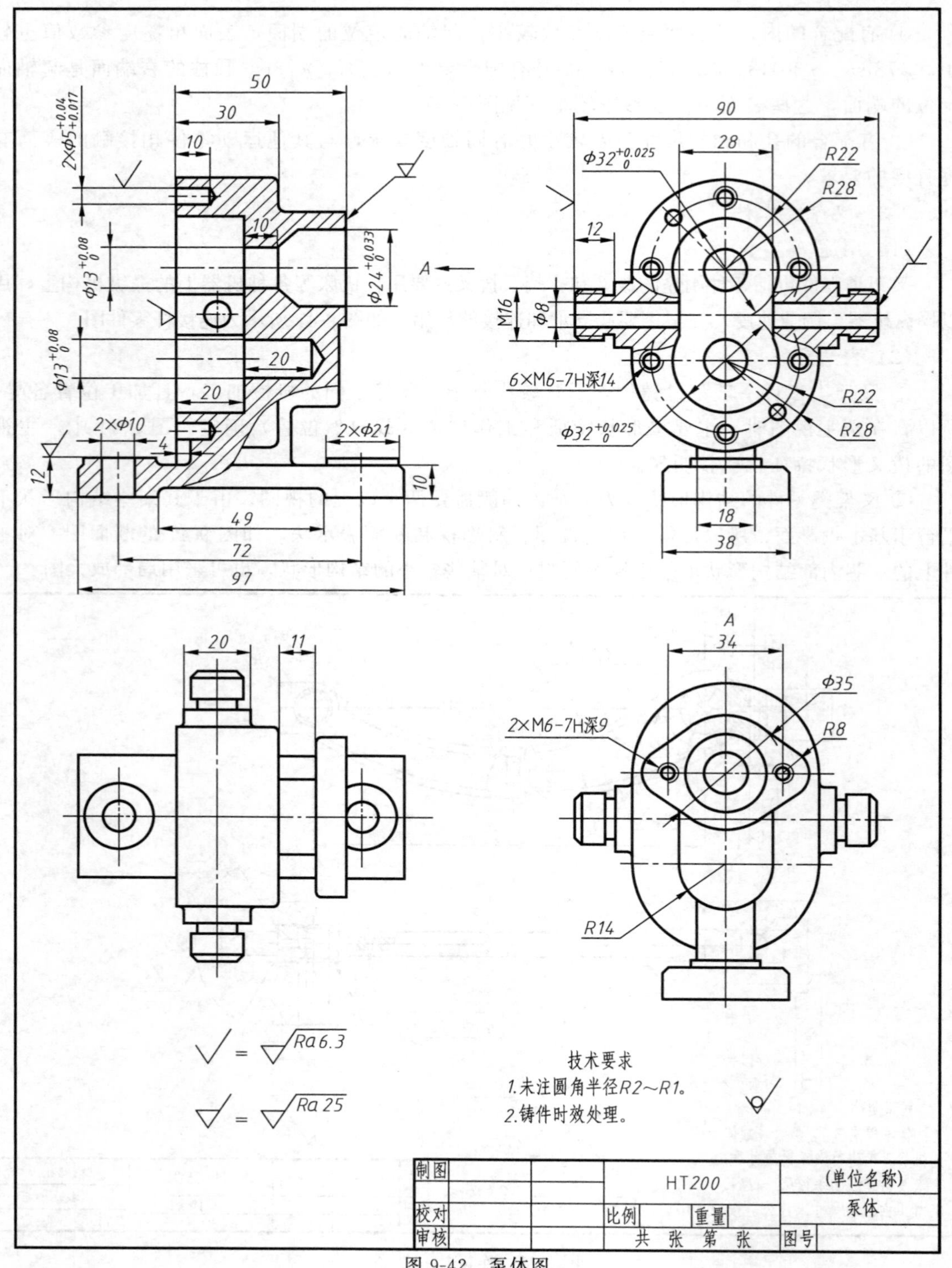

图 9-42 泵体图

② 定位尺寸较多，要注意能否保证定位的精度。一般要标注出孔中心线（或轴线）间的距离，或孔中心线（轴线）到平面的距离、平面到平面的距离。

③ 定形尺寸一般都采用形体分析法标注，便于制作模样。一般情况下，内、外结构形状要注意保持一致。起模斜度、圆角也要标注出来。

（4）技术要求

表面粗糙度、尺寸公差、几何公差没有什么特殊要求。

9.6.3.4 箱体类零件

（1）用途

箱体类零件多为铸造件，一般可起支承、容纳、定位和密封等作用。如图 9-42 所示为一减速器箱盖零件（泵体）图。

（2）表达方案

① 箱体类零件多数经过较多工序制造而成，各工序的加工位置不尽相同，因而主视图主要按形状特征和工作位置确定。

② 箱体类零件结构形状一般较复杂，常需用三个以上的基本视图进行表达。对内部结构形状采用剖视图表示。如果外部结构形状简单，内部结构形状复杂，且具有对称平面时，可采用半剖视；如果外部结构形状复杂，内部结构形状简单，且具有对称平面时，可采用局部剖视或用细虚线表示；如果外、内部结构形状都较复杂，且投影并不重叠时，也可采用局部剖视；重叠时，外部结构形状和内部结构形状应分别表达；对局部的外、内部结构形状可采用局部视图、局部剖视和断面来表示。

③ 箱体类零件的视图一般投影关系复杂，常会出现截交线和相贯线；由于它们是铸件毛坯，所以经常会遇到过渡线，要认真分析。

（3）尺寸标注

① 它们的长度方向、宽度方向、高度方向的主要基准也是采用孔的中心线（轴线）、对称平面和较大的加工平面。

② 它们的定位尺寸更多，各孔中心线（或轴线）间的距离一定要直接标注出来。

③ 定形尺寸仍用形体分析法标注。

（4）技术要求

① 箱体重要的孔和重要的表面，其表面粗糙度参数值较小。

② 箱体重要的孔和重要的表面应该有尺寸公差和几何公差的要求。

9.7 零件的测绘

零件的测绘就是依据实际零件画出它的图形，测量出它的尺寸和确定出它的技术要求。测绘的过程是先画出零件草图（徒手图），整理后根据零件草图画出零件图。正确的零件测绘为设计机器、修配零件和准备配件创造条件。

9.7.1 画零件草图的方法步骤

（1）画零件草图的准备工作

徒手画图的方法在第一章中已经讨论过，熟练地掌握它，对今后的学习和工作都非常重要。在着手画零件草图之前，应该对零件进行详细分析，分析的内容如下：

① 了解该零件的名称和用途。

② 鉴定该零件是由什么材料制成的。

③ 对该零件进行结构分析。零件结构都由功能决定，因此必须弄清其功能。这项工作对破旧、磨损和带有某些缺陷的零件测绘尤为重要。在分析的基础上修正缺陷，再完整、清晰、简洁地表达零件结构形状，并且完整、合理、清晰地标注尺寸。

④ 对该零件进行工艺分析。因为同一零件可以按不同的加工顺序制造，故其结构形状的表达、基准的选择和尺寸的标注也不一样。

⑤ 拟定该零件的表达方案。通过上述分析，对该零件有了深刻的认识，在此基础上再来确定主视图、视图数量和表示方法。

（2）画零件草图的步骤

经过分析以后，可以开始画图，其具体步骤如下：

① 在图纸上定出各视图的位置。画出各视图的定位线，如图 9-43（a）所示。安排各个视图的位置时，要考虑到各视图间应有标注尺寸的地方，留出右下角标题栏的位置。

② 详细地画出零件的外部及内部的结构形状，如图 9-43（b）所示。

③ 注出零件各表面结构要求，选择基准和画尺寸界限、尺寸线及箭头。经过仔细校核后，将全部轮廓线描深，画出剖面符号。熟练时，也可一次画好，如图 9-43（c）所示。

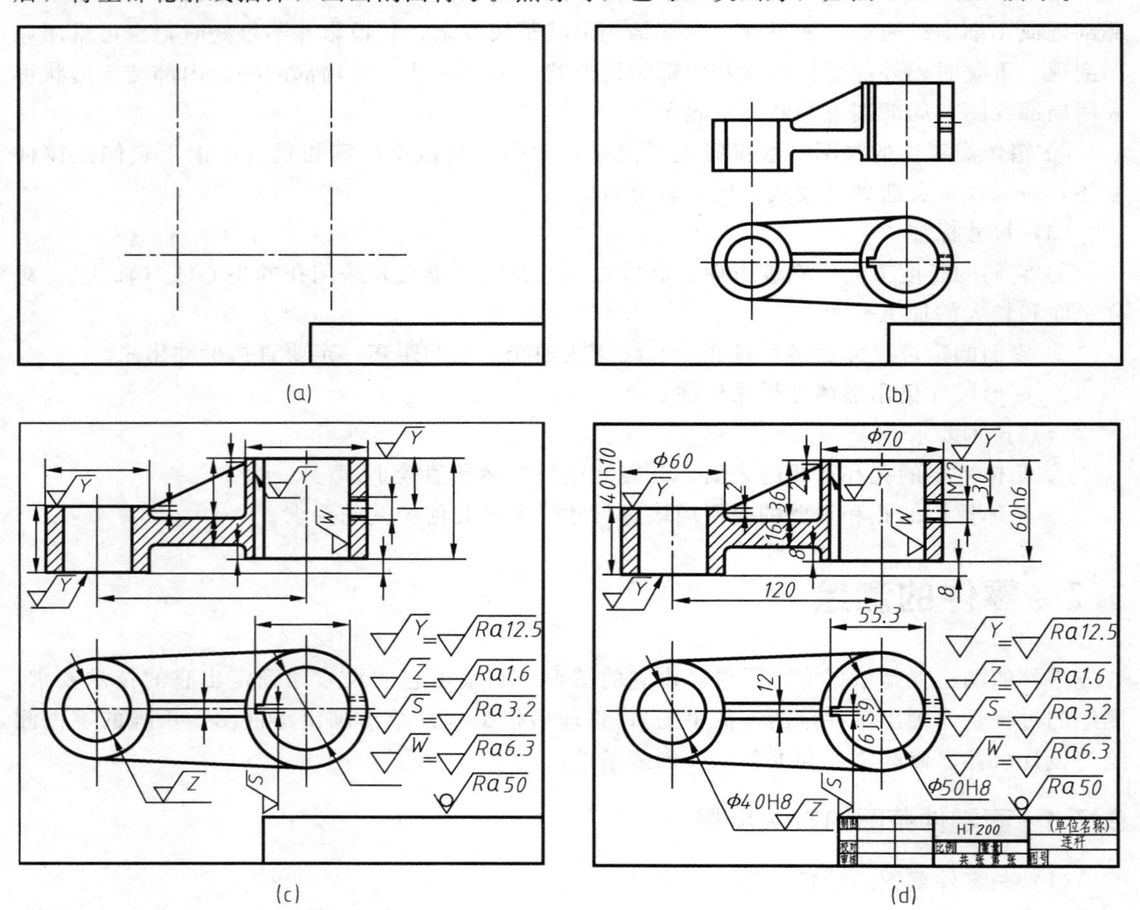

图 9-43 连杆零件草图的绘制步骤

④ 测量尺寸，定出技术要求，并将尺寸数字、技术要求记入图中，如图 9-43（d）所示。把零件上全部尺寸集中一起测量，使有关联的尺寸能够联系起来，既提高了工作效率，又可避免错误和遗漏尺寸。

9.7.2　画零件图的方法步骤

这里主要讨论根据测绘的零件草图来整理并绘制零件图的方法和步骤。零件草图是现场（车间）测绘的，测绘的时间不允许太长，有些问题只要表达清楚即可，不一定最完善。因此，在绘制零件图时，需要对零件草图再进行审查校核。有些问题需要设计、计算和选用，如表面结构要求、尺寸公差、几何公差、材料及表面处理等；有些问题需要重新加以考虑，如表达方案的选择、尺寸的标注等，经过复查、补充、修改后，开始画零件图。画零件图的具体方法步骤如下。

（1）对零件草图进行审查校核

① 表达方案是否完整、清晰和简洁。

② 零件上的结构形状是否有多、少、损坏、疵病等情况。

③ 尺寸标注是否完整、合理和清晰。

④ 技术要求是否满足零件的性能要求，而且在满足使用要求的前提下力求降低制造成本。

（2）画零件图的方法步骤

① 选择比例。根据确定的表达方案选择比例（尽量用 1∶1）。

② 选择幅面。根据表达方案、比例，留出标注尺寸和技术要求的位置，选择标准图幅。

③ 画底稿：

a. 画各视图的定位线；

b. 画出图形；

c. 标注尺寸；

d. 注写技术要求；

e. 填写标题栏。

④ 校核。

⑤ 描深。

⑥ 审核。

9.7.3　测量尺寸的工具和方法

（1）测量工具

测量尺寸用的简单工具有：直尺、外卡钳和内卡钳；测量较精密的零件时，要用游标卡尺、千分尺或其他工具。直尺、游标卡尺和千分尺上有尺寸刻度，测量零件时可直接从刻度上读出零件的尺寸。用内、外卡钳测量时，必须借助直尺才能读出零件的尺寸。

（2）几种常用的测量方法

① 测量直线尺寸（长、宽、高）　一般可用直尺或游标卡尺直接量得尺寸的数值，如图 9-44 所示。

② 测量回转面的直径　一般可用卡钳、游标卡尺或千分尺测量，如图 9-45 所示。

③ 测量阶梯孔的直径　测量阶梯孔的直径时，会遇到外面孔小，里面孔大的情况，用游标卡尺无法测量。这时，可用内卡钳测量，如图 9-46 所示。

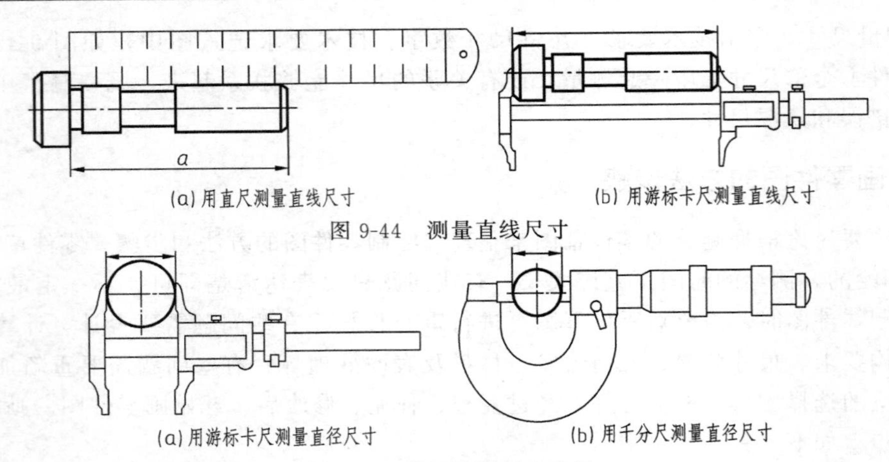

(a) 用直尺测量直线尺寸　(b) 用游标卡尺测量直线尺寸

图 9-44　测量直线尺寸

(a) 用游标卡尺测量直径尺寸　(b) 用千分尺测量直径尺寸

图 9-45　测量回转面的直径

④ 测量壁厚　一般可用直尺测量，如图 9-47（a）所示。有时也会遇到用直尺或游标卡尺都无法测量的壁厚，则需用卡钳来测量，如图 9-47（b）所示。

⑤ 测量孔间距　可用游标卡尺、卡钳或直尺测量，如图 9-48 所示。

⑥ 测量中心高　一般可用直尺和卡钳或游标卡尺测量，如图 9-49 所示。

⑦ 测量曲线或曲面　曲线和曲面要求测得很准确时，必须用专门测量仪或量具进行测量。要求不太准确时，常采用下面三种方法测量。

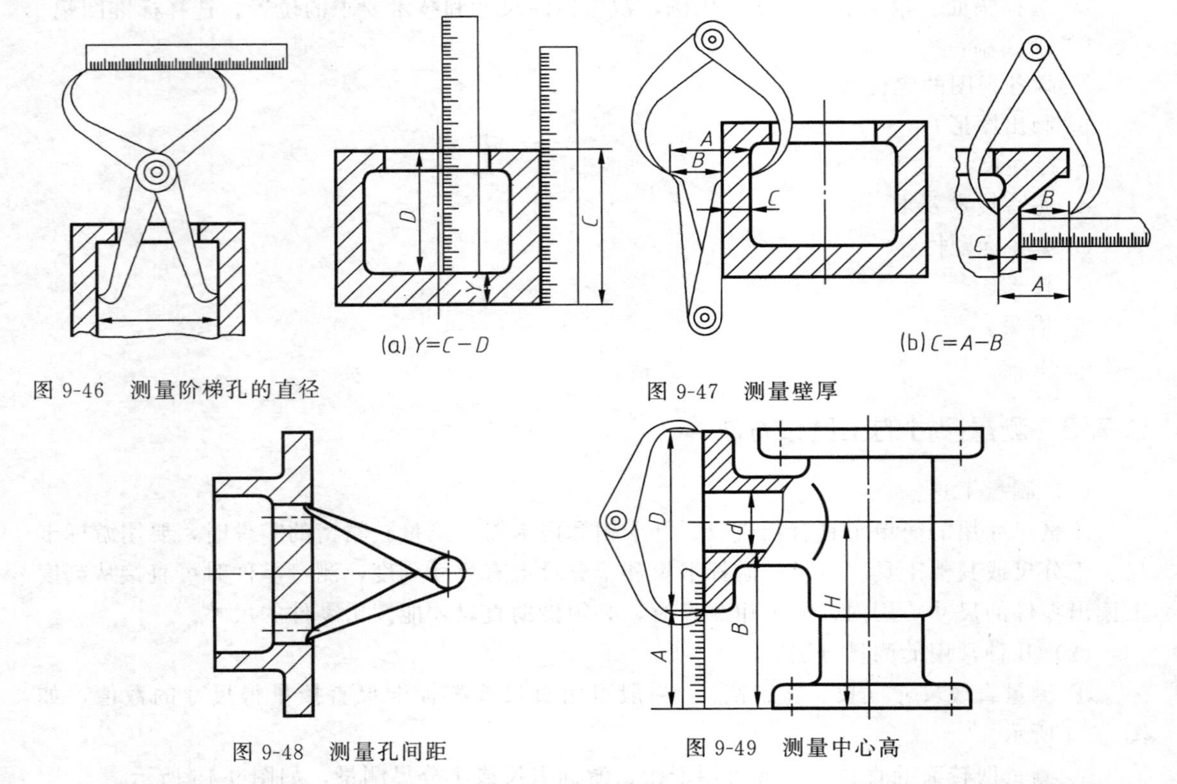

图 9-46　测量阶梯孔的直径

(a) $Y=C-D$　(b) $C=A-B$

图 9-47　测量壁厚

图 9-48　测量孔间距

图 9-49　测量中心高

a. 拓印法。对于柱面部分的曲率半径的测量，可用纸拓印其轮廓，得到如实的平面曲线，然后判定该曲线的圆弧连接情况，测量其半径，如图 9-50（a）所示。

b. 铅丝法。对于曲线回转面零件的母线曲率半径的测量，可用铅丝弯成实形后，得到如实的平面曲线，然后判定曲线的圆弧连接的情况，最后用中垂线法求得各段圆弧的中心，测量其半径，如图 9-50（b）所示。

c. 坐标法。对于一般曲线和曲面都可用直尺和三角板定出曲面上各点的坐标，在图上画出曲线，或求出曲率半径，如图 9-50（c）所示。

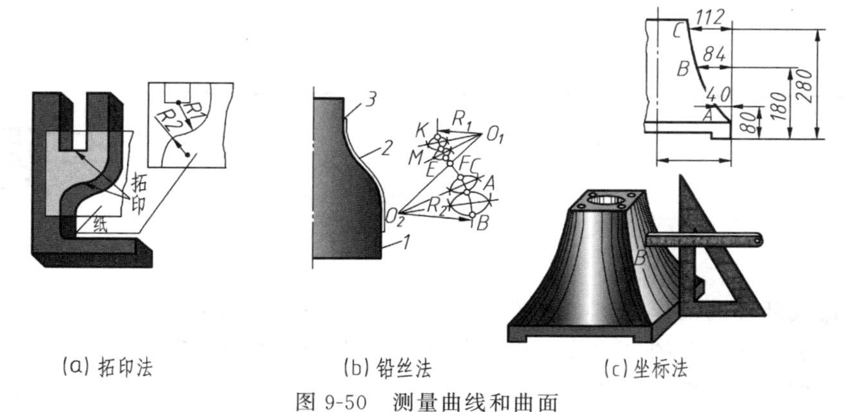

图 9-50　测量曲线和曲面

⑧ 测绘螺纹　测绘螺纹时，可采用如下步骤。

a. 确定螺纹线数及旋向。

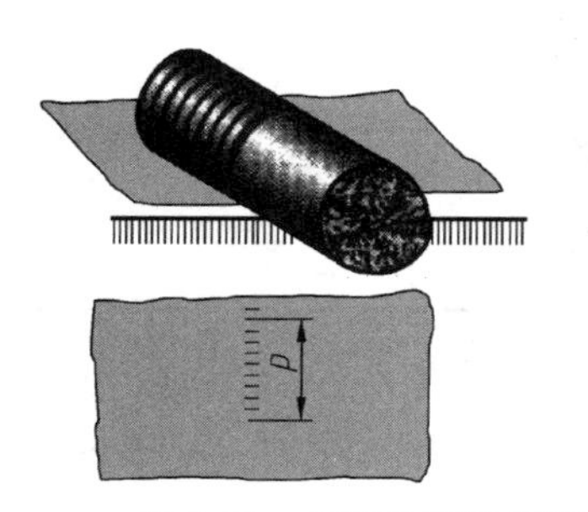

图 9-51　拓印法测量螺距

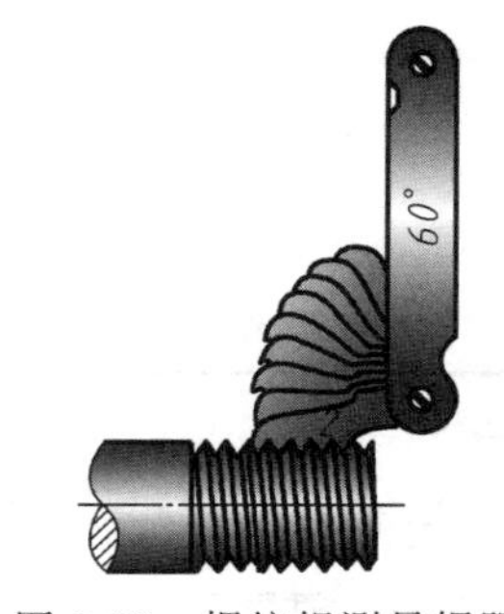

图 9-52　螺纹规测量螺距

b. 测量螺距。可用拓印法，即将螺纹放在纸上压出痕迹并测量。为准确起见，可量出几个螺距的长度 p，然后除以螺距的数量 n，即 $P=p/n$，如图 9-51 所示。如有螺纹规，选择与被测螺纹能完全吻合的规片，其上刻有螺纹牙型和螺距，即可确定，如图 9-52 所示。

c. 用游标卡尺测大径。内螺纹的大径无法直接测出，可先测小径，然后由附录查出大径。

d. 查标准，定标记。根据牙型、螺距和大径（或小径），查有关标准，确定螺纹标记。

思 考 题

1. 零件图的内容和作用是什么？
2. 各类零件在视图表达上的特点是什么？
3. 零件图主视图的选择原则是什么？
4. 零件图的尺寸标注应满足哪几方面的要求？
5. 极限与配合在装配图与零件图中如何标注？
6. 在零件图中如何标注表面粗糙度？

装配图

表达机器或部件的工作原理、零件的连接方式、装配关系和零件的主要结构以及在装配、检验、安装时所需要的尺寸数据和技术要求的图样称为装配图。一般把表达整台机器的图样称为总装配图。而把表达其部件的图样称为部件装配图。如图 10-1（a）所示为滑动轴承的轴测图；图 10-1（b）所示为滑动轴承的装配图。

(a) 轴测图

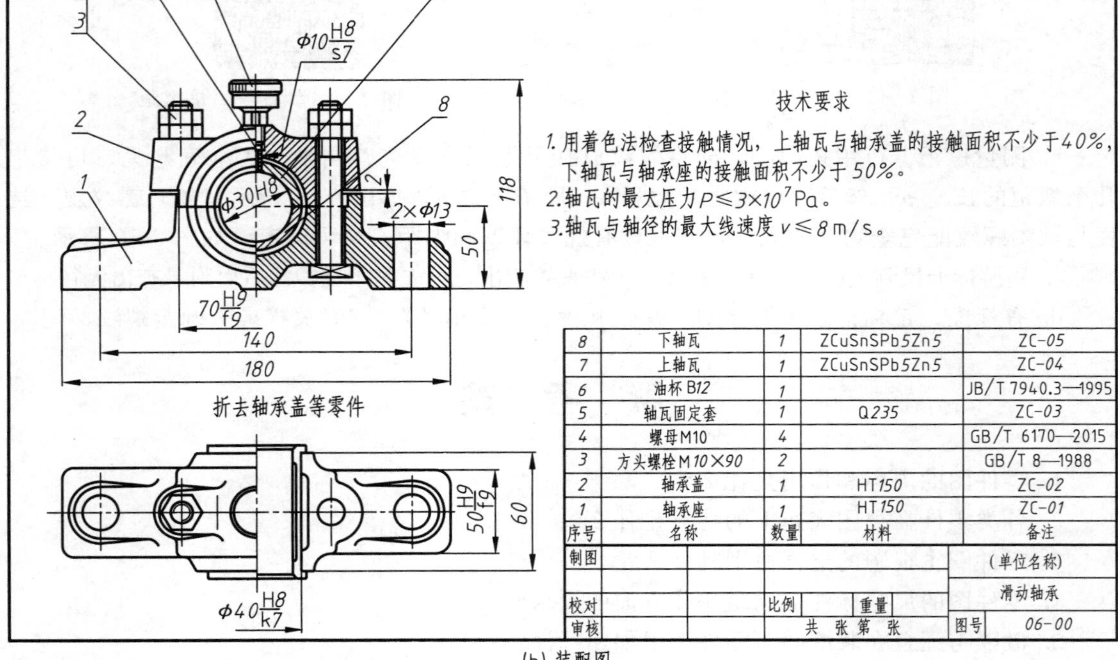

8	下轴瓦	1	ZCuSnSPb5Zn5	ZC-05
7	上轴瓦	1	ZCuSnSPb5Zn5	ZC-04
6	油杯B12	1		JB/T 7940.3—1995
5	轴瓦固定套	1	Q235	ZC-03
4	螺母M10	4		GB/T 6170—2015
3	方头螺栓M10×90	2		GB/T 8—1988
2	轴承盖	1	HT150	ZC-02
1	轴承座	1	HT150	ZC-01
序号	名称	数量	材料	备注

制图				(单位名称)
				滑动轴承
校对		比例	重量	
审核		共 张 第 张		图号 06-00

(b) 装配图

图 10-1 滑动轴承（1）

10.1 装配图的作用和内容

10.1.1 装配图的作用

装配图是了解机器结构、分析机器工作原理和功能的技术文件，也是制定工艺规程，进行机器装配、检验、安装和维修的依据。

机器或部件在设计和生产过程中，一般先按设计要求绘制装配图，然后根据装配图完成零件设计并绘制零件图，进而制造相应的零件；在按装配图把零件装配成机器或部件时，使用者也往往通过装配图了解部件或机器的性能、作用、原理和使用方法。因此，装配图是表达设计思想、指导零部件装配和进行技术交流的重要技术文件。

10.1.2 装配图的内容

由如图 10-1（b）所示的滑动轴承，可把装配图内容概括如下。

（1）一组图形

用各种表达方法和特殊表示法来正确、完整、清晰和简便地表达机器（或部件）的工作原理、零件之间的装配关系和零件的主要结构形状。

（2）必要的尺寸

根据由装配图拆画零件图以及装配、检验、安装、使用机器的需要，在装配图中必须标注反映机器（或部件）的性能、规格、安装情况、部件或零件间的相对位置、配合要求的尺寸和机器的总体尺寸。

（3）技术要求

用文字或符号标注机器（或部件）的性能、装配和检验、验收条件、使用规则等方面的要求。

（4）零件序号、明细栏和标题栏

根据生产组织和管理工作的需要，按一定的格式，将零（部）件编注序号，并填写明细栏和标题栏。

10.2 装配图的图样画法

在第 7 章机件的图样画法中曾讨论了零件的各种表示法，那些方法对表达机器（或部件）也同样适用。但是，零件图所表达的是单个零件，而装配图所表达的则是由若干零件所组成的部件，两种图样的要求不同，所表达的侧重面也就不同。装配图是以表达机器（或部件）的工作原理和装配关系为中心，采用适当的表示法把机器（或部件）的内部和外部的结构形状及零件的主要结构表示清楚。因此，除了前面讨论的各种图样画法外，还有一些表达机器（或部件）的特殊表示法。

10.2.1 规定画法

（1）接触面和配合面的画法

在装配图中，相邻两零件的接触面或配合面（公称尺寸相同）只画一条线；对于相邻两零件间的非接触面，即使间隙很小，也应画出两条线，如图 10-2、图 10-3 所示。

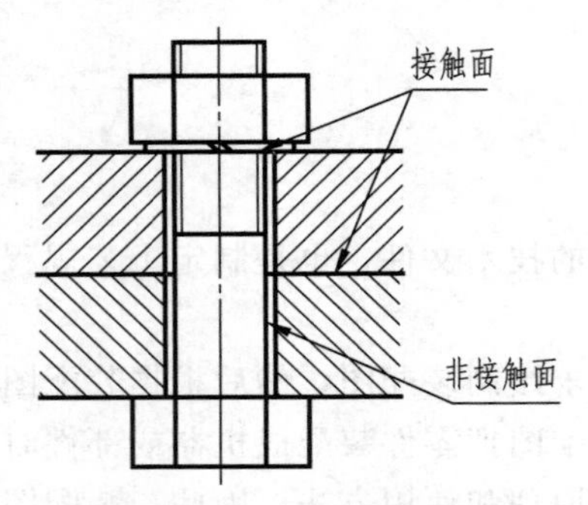

图 10-2　接触面和非接触面的画法

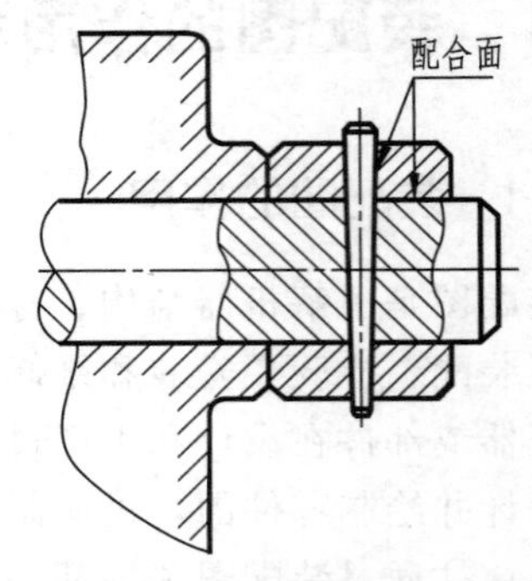

图 10-3　配合面及剖面线的画法

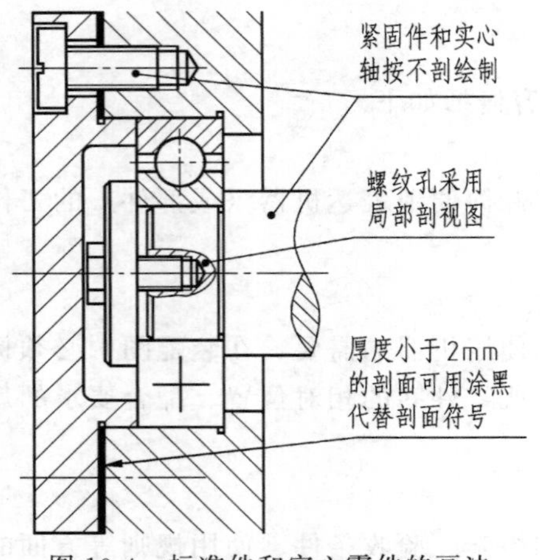

图 10-4　标准件和实心零件的画法

（2）剖面符号的画法

在装配图中，相互邻接的金属零件的剖面线，其倾斜方向应相反，或方向一致而间隔不等，如图 10-3 所示。同一装配图中的同一零件的剖面线应方向相同、间隔相等。对于宽度小于或等于 2mm 的狭小面积的断面，可用涂黑代替剖面符号，如图 10-4 所示的垫片。

（3）标准件和实心零件的画法

在装配图中，对于紧固件（螺栓、双头螺柱、螺钉、螺母和垫圈等）以及键、销、轴、连杆、球、钩子等实心零件，若按纵向剖切，且剖切平面通过其对称平面或轴线时，则这些零件均按不剖绘制，如图 10-4 所示。

10.2.2　特殊表示法

（1）沿接合面剖切画法

为了表达内部结构或装配关系，可假想在某些零件的接合处进行剖切，然后按剖视方法画出相应的剖视图。图 10-5 所示转子油泵的 *C—C* 剖视图就是在件 1（泵体）和件 5（垫片）的接合面处剖切后画出的。

（2）零件的单独表达画法

在装配图中，当某个零件的形状未表达清楚而又对理解装配关系有影响时，可另外单独画出该零件的某一视图，如转子油泵装配图中单独画出件 6（泵盖）的 *A* 和 *B* 两个方向的视图，此时图名中必须注出零件序号，如图 10-5 所示。

（3）夸大画法

在画装配图时，如绘制直径或厚度小于 2mm 的孔、薄片零件、细丝零件、微小间隙等，允许该部分不按比例而夸大画出。如图 10-4 所示涂黑部分为夸大画法；如图 10-5 所示转子油泵装配图中的件 5（垫片）就是夸大画出的。

（4）拆卸画法

在装配图中，当某些零件遮挡了需表达的装配关系或其他零件结构时，可假想拆去这些

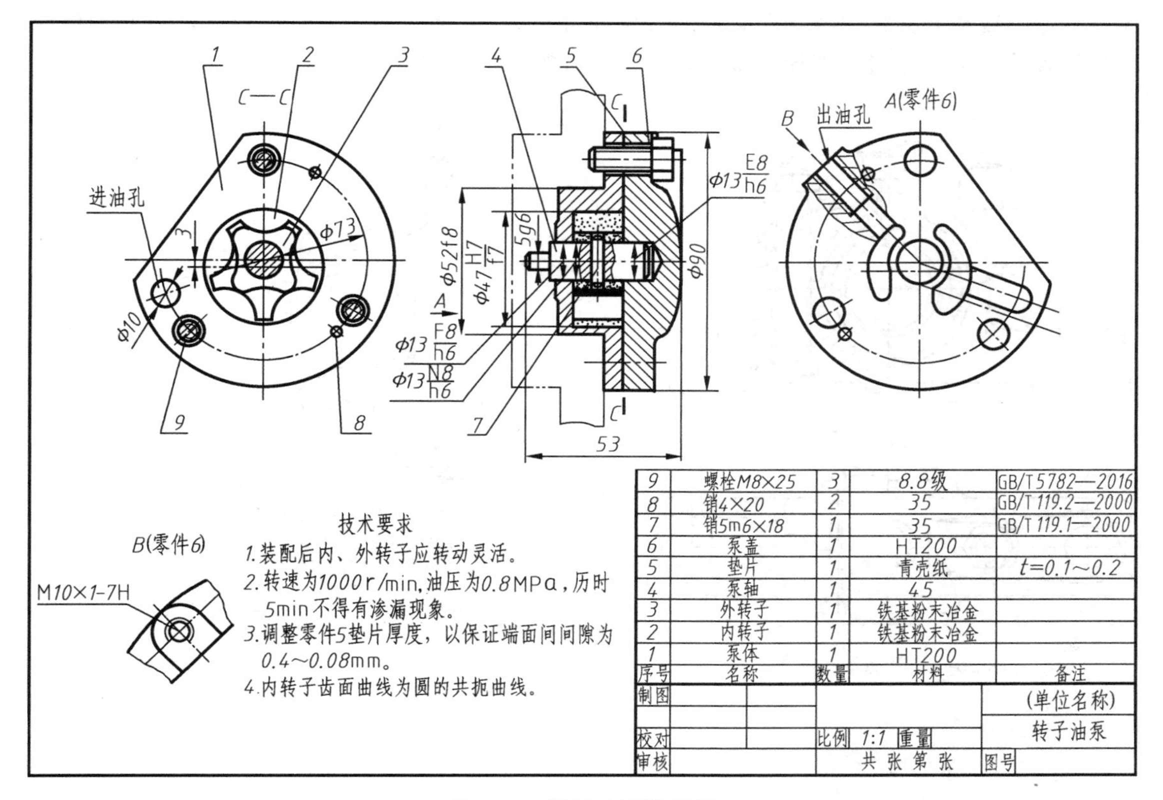

图 10-5　转子油泵装配图

零件，只画出拆卸后剩余部分的视图，并在视图上方加注“拆去××等”，这种画法称为拆卸画法。图 10-6 所示滑动轴承装配图中俯视图的右半部分就是拆去轴承盖、上轴瓦、螺栓、螺母和油杯后画出的。

（5）假想画法

在装配图中当需要表示某些零件运动范围或极限位置时，可先在一个极限位置上画出该零件，再在另一个极限位置上用细双点画线画出其轮廓。图 10-7 中车床尾座锁紧手柄的运动范围（极限位置）和图 10-8 挂轮架手柄的运动范围（极限位置）都是这样表示的。

另外，当要表达与本部件有装配关系但又不属于本部件的其他相邻零、部件时，也采用假想画法，将其他相邻零、部件的轮廓线用细双点画线画出。图 10-7 中与车床尾座相邻的床身导轨就是用细双点画线画出的。

（6）展开画法

为了表达某些传动机构的传动路线和零件间的装配关系，可以假想将空间轴系按其传动顺序展开在一个平面上，画出剖视图，这种画法称为展开画法。图 10-8 所示的挂轮架装配图就是采用了展开画法。

（7）简化画法

① 在装配图中，对于零件上的一些工艺结构，如圆角、倒角、退刀槽和砂轮越程槽等可以不画。

② 对于若干相同的紧固件组或零、部件组，可以只详细地画出其中一组，其余各组用细点画线表示其位置即可，如图 10-9 所示。对于相同的紧固件组，甚至连一组都可以不画，

只用细点画线和公共指引线指明它们的位置即可。对于螺钉、螺柱、销连接，公共指引线应从其装入端引出，而对于螺栓连接，则应从装有螺母的一端引出。

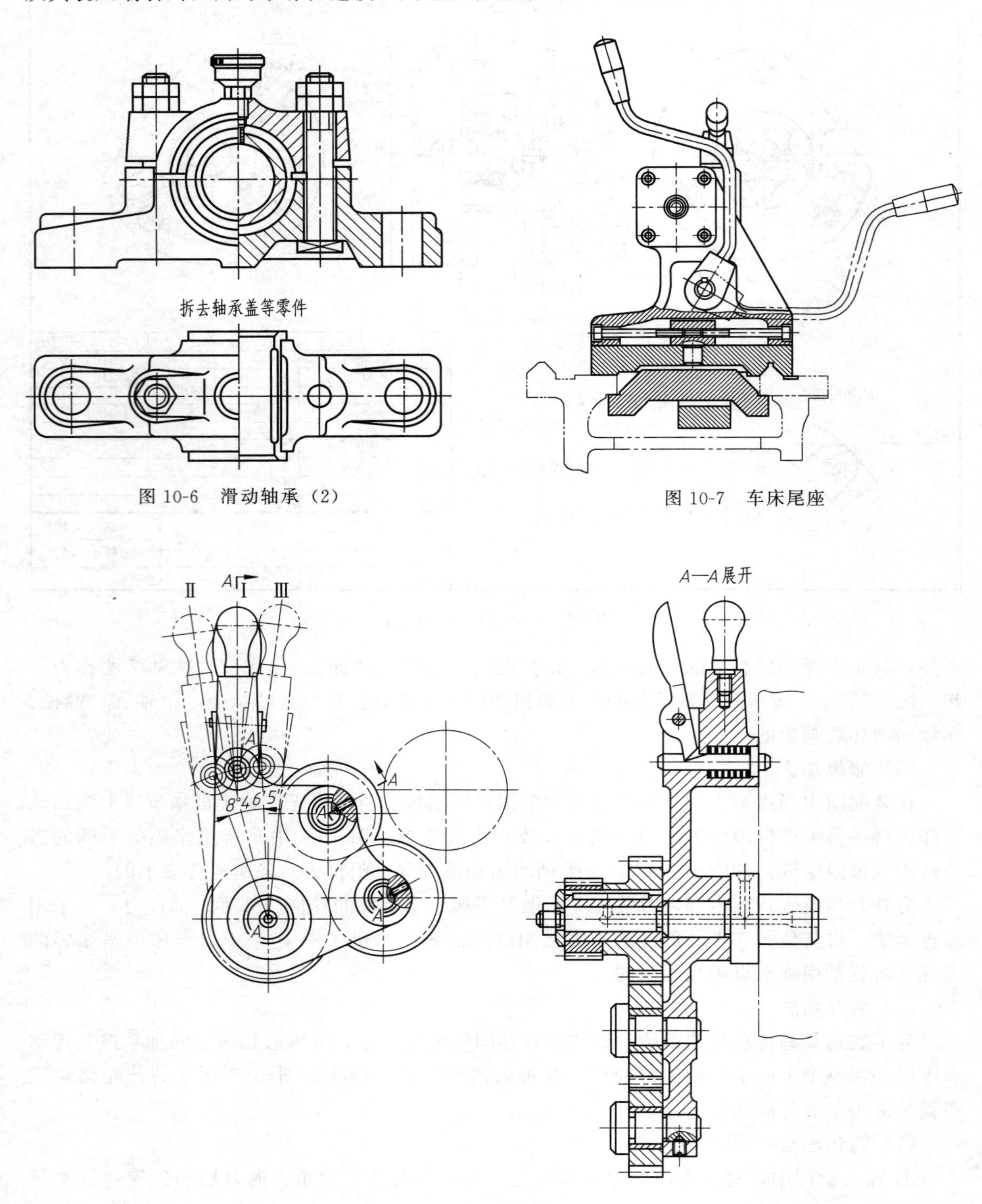

图 10-6　滑动轴承（2）

图 10-7　车床尾座

图 10-8　挂轮架

③ 在剖视图中，滚动轴承等标准件可采用规定的简化画法，如图 10-9 所示。

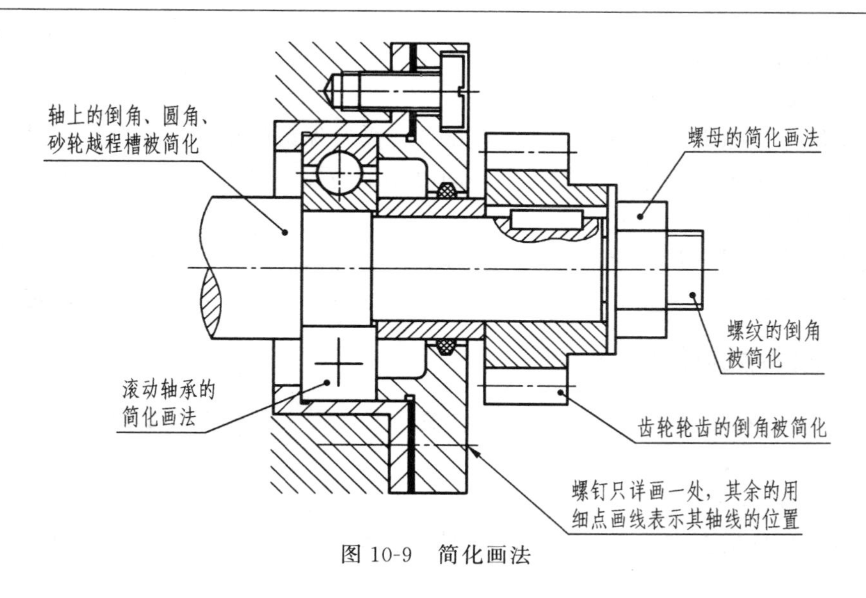

图 10-9 简化画法

10.3 装配图中的尺寸标注和技术要求

10.3.1 装配图中的尺寸标注

由于装配图不直接用于制造零件，所以不必标注出装配图中零件的所有尺寸。装配图中尺寸根据装配图的作用确定，用于进一步说明机器的性能、工作原理、装配关系和安装要求。装配图上应标注下列五种尺寸。

（1）性能尺寸

表示机器（或部件）的规格或性能的尺寸，是设计的主要参数，也是用户选用的主要根据。如图 10-1（b）所示滑动轴承装配图上的 ϕ30H8。

（2）装配尺寸

表示机器（或部件）中零件之间装配关系（包括配合、重要的相对位置和装配时的加工）的尺寸，可以保证机器（或部件）的工作精度和装配精度。是装配工作的主要依据，是保证部件性能的重要尺寸。

① 配合尺寸　是表示两个零件之间配合性质的尺寸，也表示零件间相对运动情况。如图 10-1（b）所示滑动轴承装配图上 ϕ40H8/k7 尺寸，由公称尺寸和孔与轴的公差带代号所组成，它是拆画零件图时确定零件尺寸公差的依据。

② 相对位置尺寸　是表示装配机器和拆画零件图时需要保证的零件间相对位置的尺寸，如图 10-5 所示转子油泵装配图中的 ϕ73。

（3）安装尺寸

机器或部件安装在地基上或与其他机器或部件相连接时所需要的尺寸。包括安装面的大小、安装孔的定形、定位尺寸。如图 10-1（b）所示滑动轴承装配图中的 140（安装孔的位置）、2×ϕ13（安装孔径尺寸）。

（4）外形尺寸

表示机器（或部件）总长、总宽和总高的外形尺寸，可为包装、运输和安装提供机器（或部件）所占空间大小的数据。如图 10-1（b）所示滑动轴承装配图上 180（总长）、60

（总宽）、118（总高）即是外形尺寸。

（5）其他重要尺寸

其他重要尺寸指除上述四种尺寸外，在设计时需要保证的重要尺寸。这种尺寸是在设计中经过计算确定或选定的尺寸，在拆画零件图时不能改变，如图 10-1（b）所示滑动轴承装配图上 50 和 2 的尺寸。

以上几类尺寸在同一张装配图上不一定都有。各类尺寸经常是互相联系的，某些尺寸往往同时兼备不同的作用。因此，在标注装配图的尺寸时应根据实际情况加以确定。

10.3.2 装配图中的技术要求

在装配图中，有些信息无法用图形表达清楚，需要用文字在技术要求中说明，比如以下几项。

（1）装配要求

是指机器或部件需要在装配时加工的说明，或者指安装时应满足的具体要求等。

（2）检验要求

检验要求包括对机器或部件基本性能的检验方法和测试条件，以及调试结果应达到的指标等。

（3）使用要求

是指对机器或部件的维护和保养要求，以及操作时的注意事项等。

10.4 装配图的零件序号及明细栏、标题栏

为了便于装配时看图查找零件，便于做生产准备和图样管理，必须对装配图中每个零件或部件编注序号或代号，并填写明细栏。

10.4.1 编写零、部件序号

编写零、部件序号的方法如下。

① 指引线从所指零件的可见轮廓内（若剖开时，尽量由剖面区域内）引出，用细实线绘制，并在轮廓内的一端画一个小圆点，在外面的一端画一条横线或一个圆。序号（或代号）注写在指引线的横线上或圆内（指引线应指向圆心）。

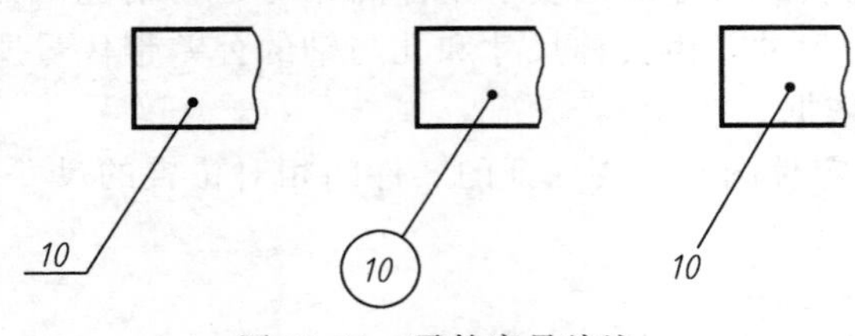

图 10-10 零件序号编注

② 序号字体应比同一装配图中所注尺寸数字大一号或大两号，可采用如图 10-10 所示编注形式，同一装配图中编注序号的形式应一致。若在所指部分内不易画圆点时（很薄的零件或涂黑的剖面区域），可在指引线末端画出指向该部分轮廓的箭头，如图 10-11 所示。

③ 指引线尽可能分布均匀且不要彼此相交，也不要过长。指引线通过有剖面线的区域时，不应与剖面线平行，必要时可画成折线，但只允许折弯一次，如图 10-12 所示。对于一组紧固件以及装配关系清楚的零件组，可采用公共指引线，如图 10-13 所示。公共指引线常用于螺栓、螺母和垫圈零件组。

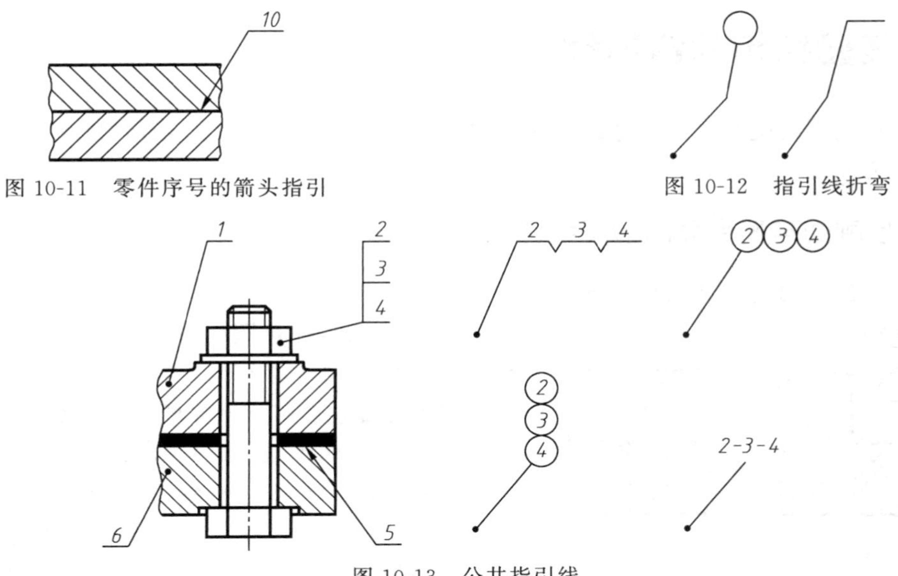

图 10-11 零件序号的箭头指引

图 10-12 指引线折弯

图 10-13 公共指引线

④ 相同的零、部件用一个序号，一般只标注一次。序号应沿水平或铅垂方向按顺时针或逆时针次序排列整齐，如图 10-1（b）所示。为了使全图能布置得整齐、美观，在标注零件序号时，应先按一定位置画好横线或圆，然后再与零件一一对应，画出指引线。

10.4.2 标题栏和明细栏

装配图的标题栏与零件图的标题栏类似。明细栏是装配图中所有机器（部件）的详细目录，一般由序号、名称、数量、材料、备注等组成。在填写时应注意：

① 明细栏一般配置在标题栏上方，如位置不够时，可在标题栏的左边接着绘制。

② 零件序号按从小到大的顺序由下而上填写，以便增加零件时可以继续向上画格。

③ 对应标准件，应在零件名称一栏填写规定标记。

如果明细栏直接注写在装配图中标题栏上方有困难，也可以按 A4 幅面作为装配图的续页单独绘出，编写顺序是从上到下，并可连续加页，但在明细栏下方应配置与装配图完全一致的标题栏。明细栏和标题栏格式在国家标准中已有规定，教学中可采用简化格式，如图 10-14 所示。

12	53	12	53	50
序号	名　　称	数量	材　　料	备　　注
标　　题　　栏				
180				

图 10-14 教学中使用的装配图明细表

10.5　装配结构的合理性

在设计或绘制装配图时，应考虑装配结构的合理性，以保证机器或部件的使用及零件的加工、拆装方便。

10.5.1　接触面与配合面的合理结构

接触面与配合面的合理结构如下。

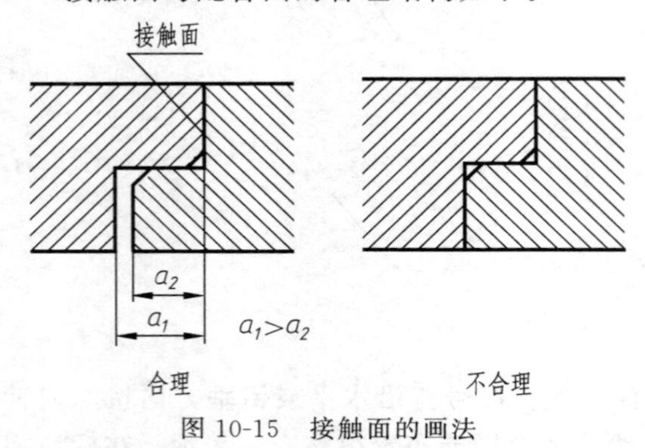

图 10-15　接触面的画法

① 两零件在同一方向上只能有一对接触面，如图 10-15 所示，$a_1>a_2$。这样，既保证了零件接触良好，又降低了加工要求。

② 如图 10-16（a）所示轴径和孔的配合，由于 ϕA 已经形成配合，ϕB 和 ϕC 就不应再形成配合关系，即必须保持 $\phi B>\phi C$。

③ 锥面配合时，由于锥面配合能同时确定轴向和径向的位置，因此当锥孔不通时，锥体顶部和锥孔底部之间必须留有间隙，必须保持 $L_1<L_2$，否则得不到稳定的配合，如图 10-16（b）所示。

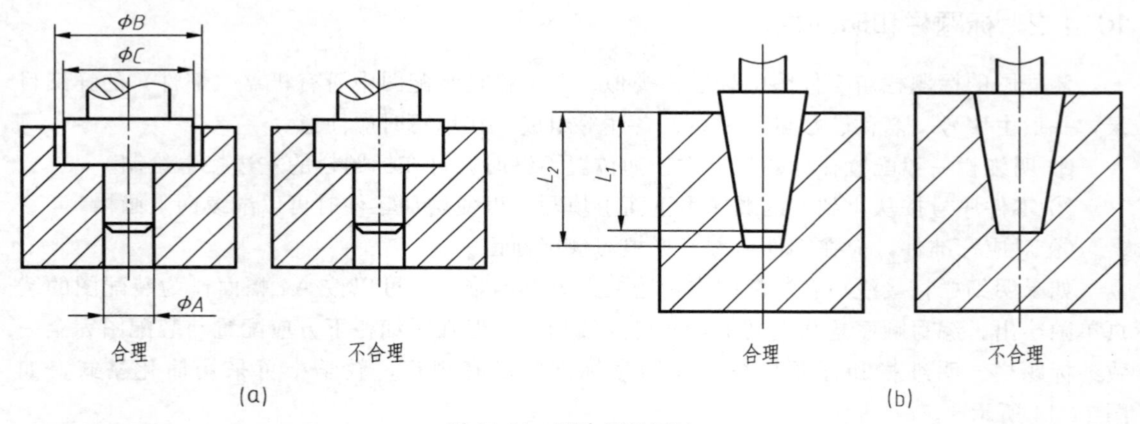

图 10-16　配合面的画法

④ 为了保证轴肩与孔端面良好的接触性，则孔端应加工出倒角或轴上应加工有退刀槽、凹槽或燕尾槽等，如图 10-17 所示。

⑤ 为了保证紧固件（螺栓、螺母、垫圈）和被连接件的良好接触，在被连接件上做出沉孔、凸台等结构，如图 10-18 所示。沉孔的尺寸可根据紧固件的尺寸从有关手册中查取。

10.5.2　螺纹连接的合理结构

为了便于拆装，设计时必须留出扳手的活动空间［如图 10-19（a）所示］和装、拆螺栓的空间［如图 10-19（b）所示］。

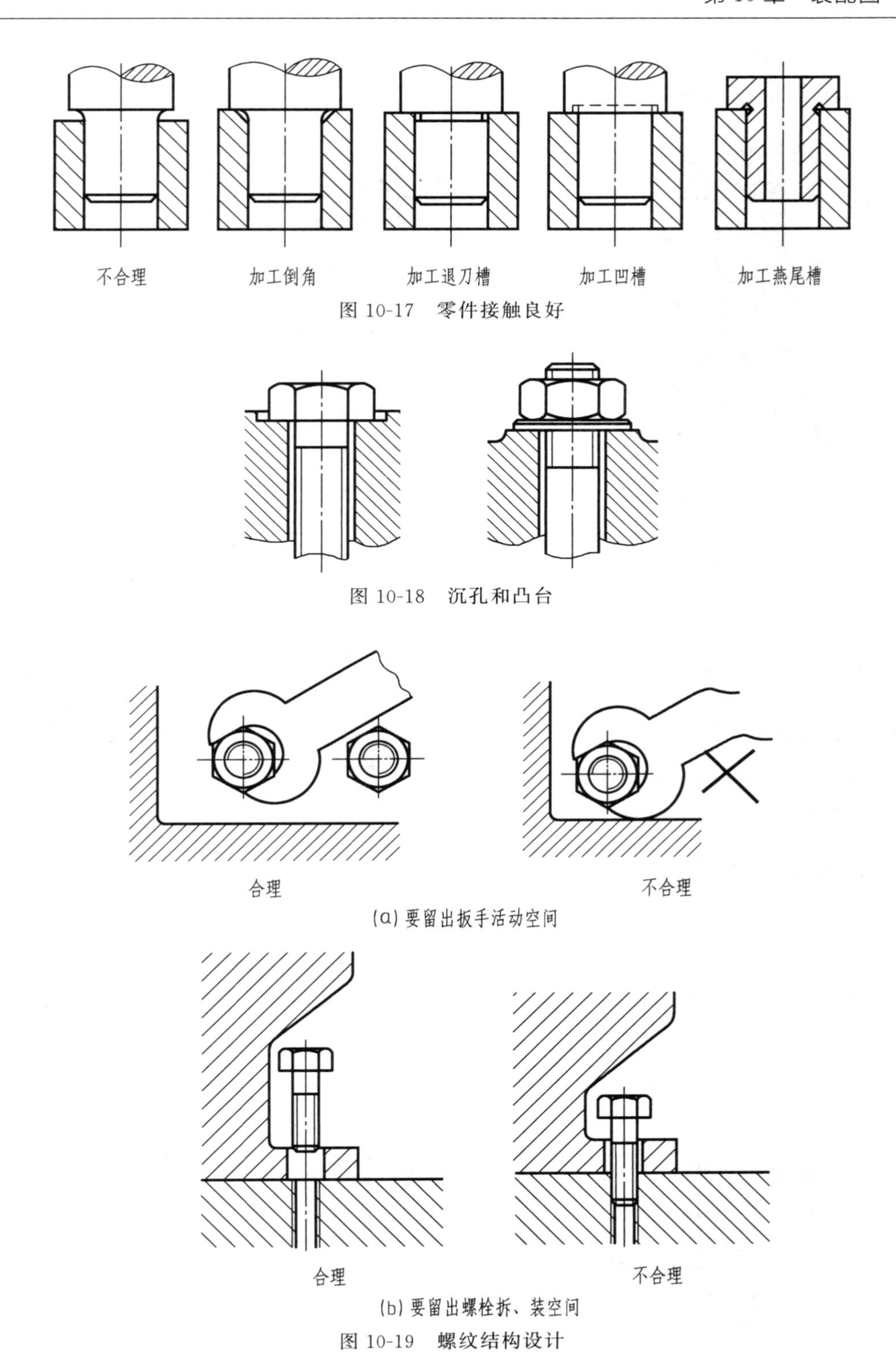

图 10-17　零件接触良好

图 10-18　沉孔和凸台

(a) 要留出扳手活动空间

(b) 要留出螺栓拆、装空间

图 10-19　螺纹结构设计

10.5.3　轴向零件的固定结构

为了防止滚动轴承等轴上的零件产生轴向窜动，必须采用一定的结构来固定。以滚动轴承为例，常用的固定结构方法有以下几种。

① 用轴肩和台肩固定，如图 10-20 所示。

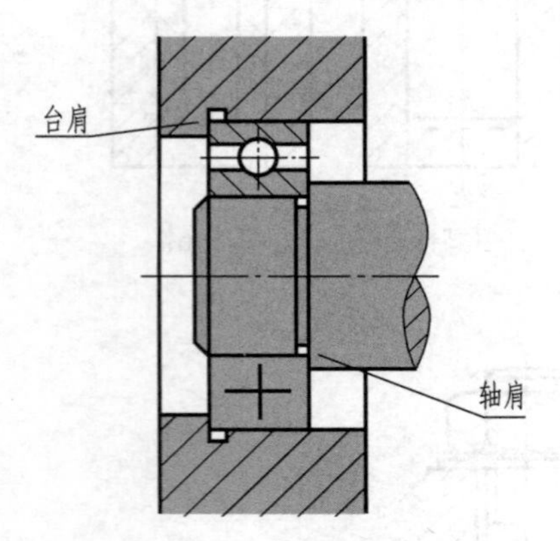

图 10-20 轴肩和台肩固定轴承内、外圈

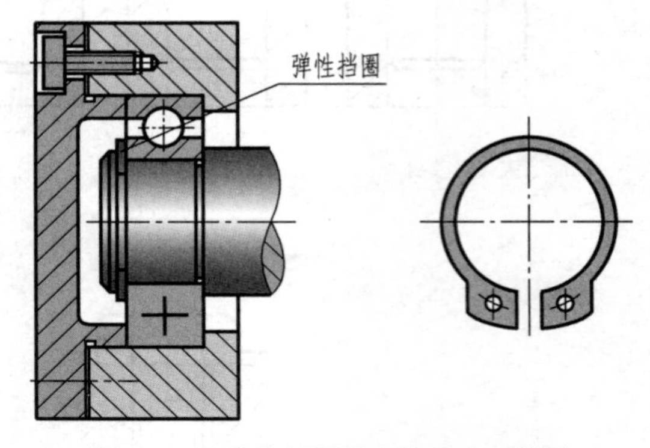

图 10-21 弹性挡圈固定轴承内、外圈

② 用弹性挡圈固定，如图 10-21 所示。弹性挡圈为标准件。

③ 用轴端挡圈固定，如图 10-22 所示。轴端挡圈为标准件。为了使挡圈能够压紧轴承内圈，轴颈的长度要小于轴承的宽度，否则挡圈起不到固定轴承的作用。

④ 用圆螺母及止动垫圈固定，如图 10-23 所示。圆螺母及止动垫圈均为标准件。

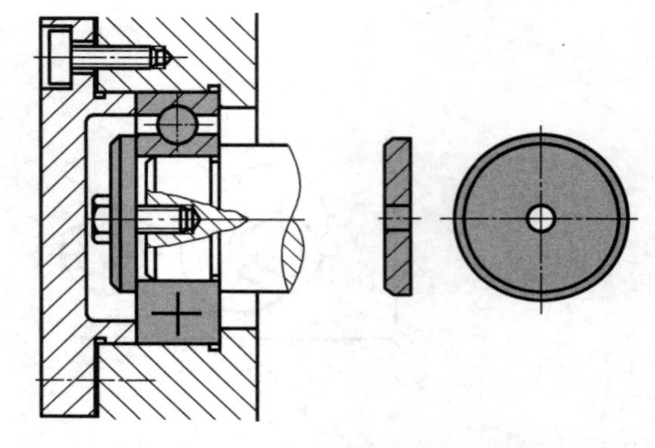

图 10-22 轴端挡圈固定轴承内圈

10.5.4 防松的结构

机器运转时，由于受到振动或冲击，螺纹连接可能发生松动，有时甚至造成严重事故。因此，在某些机构中需要防松。

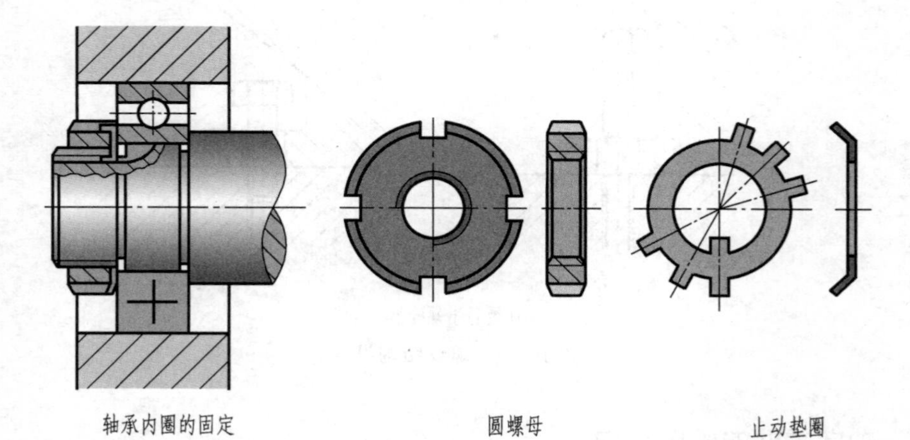

图 10-23 圆螺母及止动垫圈固定

① 用双螺母锁紧，如图10-24（a）所示。依靠两螺母在拧紧后，螺母之间产生的轴向力，使螺母牙与螺栓牙之间的摩擦力增大而防止螺母自动松脱。

② 用止动垫圈防松，如图10-23所示。这种装置常用来固定安装在轴端部的零件。轴端开槽，止动垫圈与圆螺母联合使用，可直接锁住螺母。

③ 用双耳止动垫圈锁紧，如图10-24（b）所示。螺母拧紧后折弯止动垫圈的止动边即可锁紧螺母。

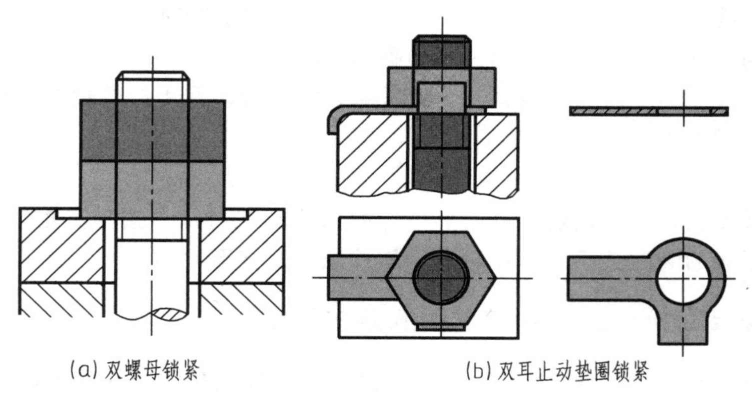

(a) 双螺母锁紧　　(b) 双耳止动垫圈锁紧

图10-24　防松结构

10.5.5　密封防漏的结构

在机器或部件中，为了防止内部液体外漏，同时防止外部灰尘、杂质侵入，要采用密封防漏措施。如图10-25（a）所示，用压盖或螺母将填料压紧起到防漏作用，压盖要画在初始压填料的位置，表示填料刚刚加满。如图10-25（b）所示，滚动轴承需要进行密封，一方面是防止外部灰尘和水分进入轴承，另一方面也要防止轴承的润滑剂渗漏。

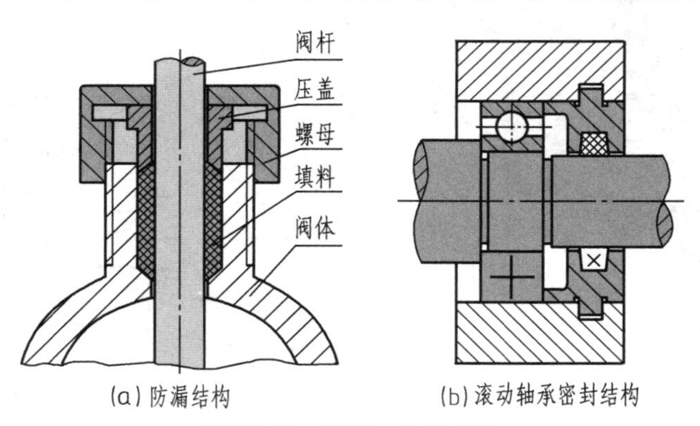

(a) 防漏结构　　(b) 滚动轴承密封结构

图10-25　密封、防漏结构

10.6　画装配图的方法和步骤

在设计机器（或部件）时，要根据选定的设计方案先画出装配图，再由装配图拆画出零件图。绘制装配图的过程，也是机器（或部件）虚拟的装配过程，可以检验设计方案是否合理，若有不合理之处，可对其进行修改和完善，因此，绘制装配图的过程，也是改进机器

（或部件）设计的过程。

10.6.1 拟订表达方案

拟订表达方案包括选择主视图、确定其他视图及表示方法。

（1）选择主视图

一般按部件的工作位置选择主视图，并使主视图能够较多地表达出机器（或部件）的工作原理、传动系统、零件间主要的装配关系及主要零件的结构形状。一般在机器（或部件）中，将组装在同一轴线上的一系列相关零件称为装配干线。机器（或部件）由一些主要和次要的装配干线组成。为了清楚表达这些装配关系，常通过装配干线的轴线将部件剖开，画出剖视图作为装配图的主视图。

（2）确定其他视图及表示方法

在确定主视图后，要根据机器（或部件）的结构形状特征，选择其他视图及表示方法，示出其他装配干线的装配关系、工作原理、零件结构及其形状。

10.6.2 以球阀为例介绍绘制装配图的方法和步骤

如图 10-26 所示，球阀是用于管道中启闭和调节液体流量的部件，工作时扳动扳手带动阀杆旋转，使球芯孔改变位置，从而调节通过球阀的流量大小。阀体和阀体接头用螺柱和螺母连接。为了密封，在阀杆和阀体间装有密封环和螺纹压环，并在球芯两侧装有密封圈。球阀的装配干线有两条：一条为垂直方向，是扳手的动作传到球芯的传动路线；另一条是沿阀孔水平轴线的通道干线。此外还有限制扳手转动角度的限位结构。

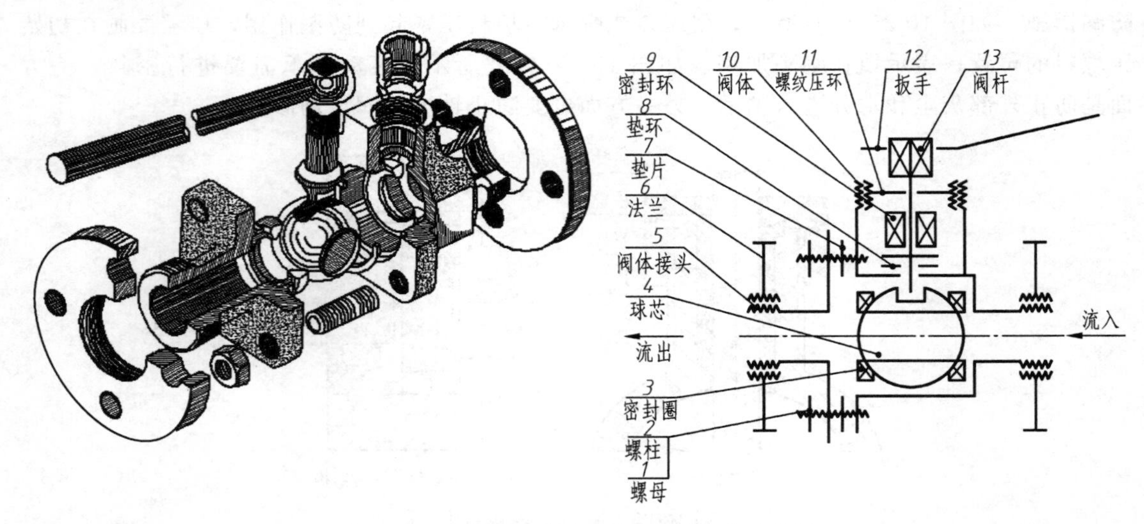

图 10-26 球阀轴测分解图及装配结构示意图

球阀安装在管道中的工作位置一般是阀孔的轴线呈水平位置，且扳手位于正上方，以便于操作，其主视图采用通过球阀前后对称平面作为剖切面的全剖视图，不仅清楚地表达了阀的工作原理、两条主要装配干线的装配关系和一些零件的形状，且符合工作位置。俯视图表达了另一条次要装配干线的装配关系、手柄转动的极限位置和一些零件的形状。

球阀装配图的画图步骤如下。

① 定表达方案，定比例，定图幅，画出图框。

根据拟订的表达方案，确定图样比例，选择标准的图幅，画出图框，预留明细栏和标题栏的位置。

② 合理布图，画出各视图的定位线。

根据拟订的表达方案，合理布置各个视图，注意留出标注尺寸、零件序号的适当位置，画出各个视图的定位线：主视图和俯视图长度方向的定位线选用球阀阀杆的轴线，主视图高度方向的定位线选用阀孔的水平轴线；俯视图宽度方向的定位线选用前后对称面的对称中心线，如图 10-27（a）所示。

③ 画各视图的底稿。

先用细线画出底稿，以便于画图过程中修改。画图可从主视图开始，几个视图相互配合一起画。先画出主要零件，再按装配关系依次逐个画出相邻零件。

对于球阀，可先画出阀体 10 的主视图，再沿着装配干线从内向外画出球芯 4、密封圈 3、垫片 7、阀体接头 5、螺柱 2、螺母 1、法兰 6、阀杆 13、垫环 8、密封环 9、螺纹压环 11 以及扳手 12，如图 10-27（b）所示。

底稿完成后，画剖面符号，如图 10-27（c）所示。应注意：同一零件的剖面线在各个视图中的间隔和方向必须完全一致，而相邻两零件的剖面线必须不同。

④ 标注装配图尺寸。

⑤ 编写零件序号，填写明细栏、标题栏和技术要求，如图 10-27（d）所示。

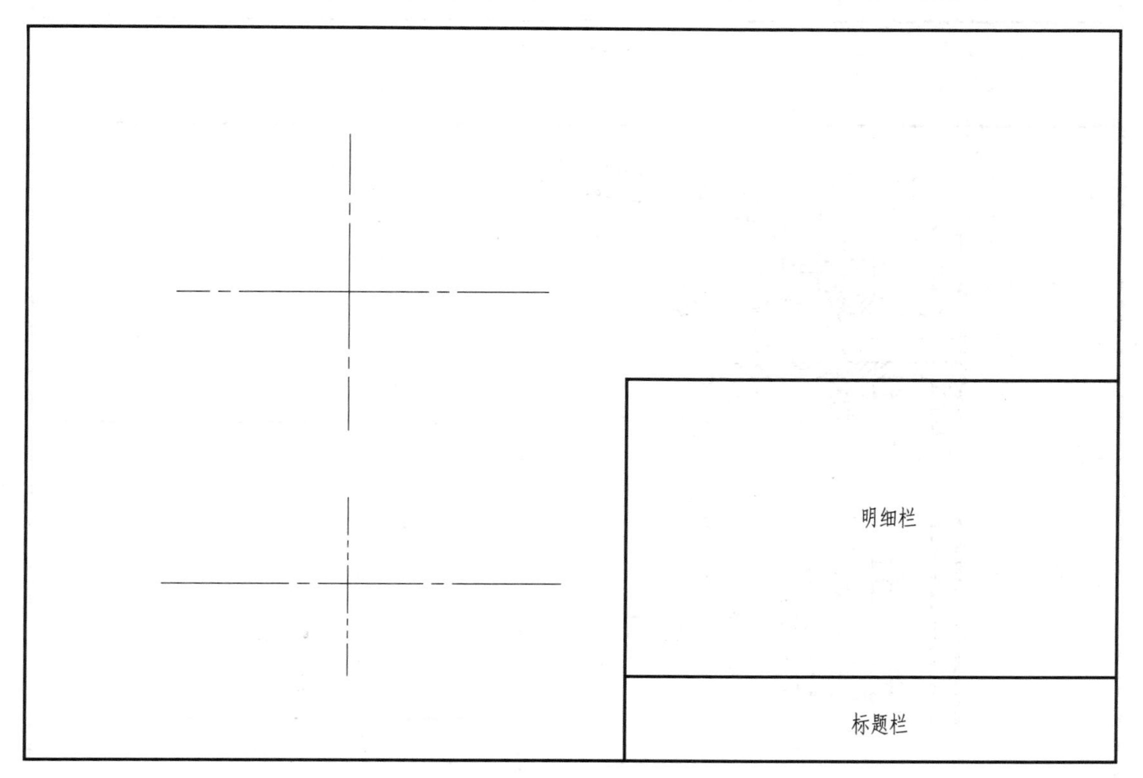

(a) 画图框、标题栏、明细栏及定位线

图 10-27

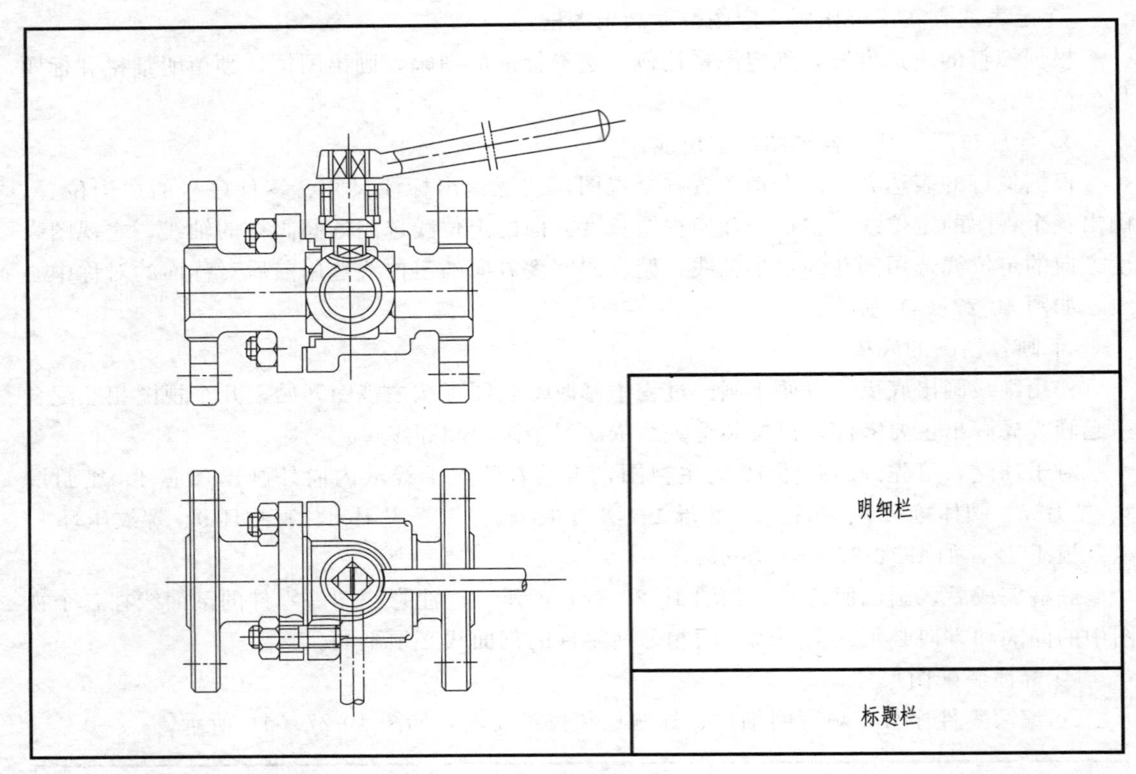

(b) 画各零件的视图

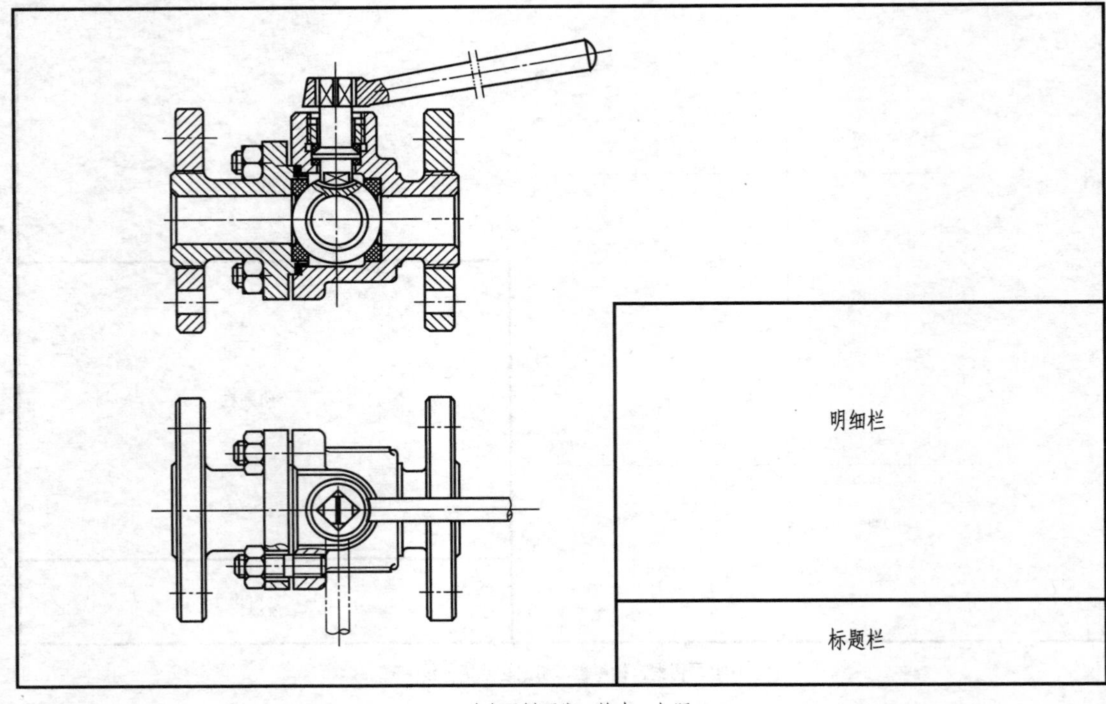

(c) 画剖面线、检查、加深

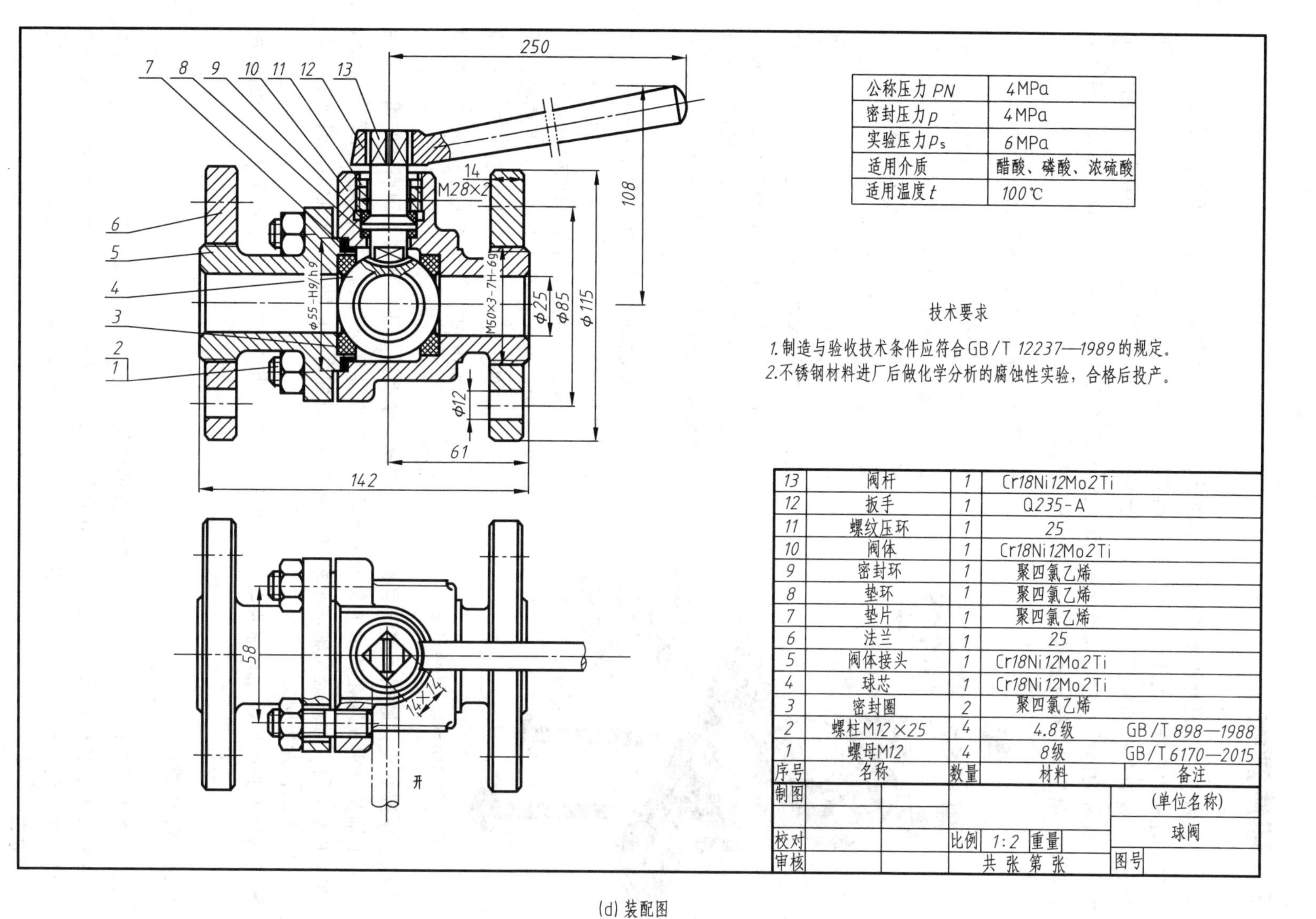

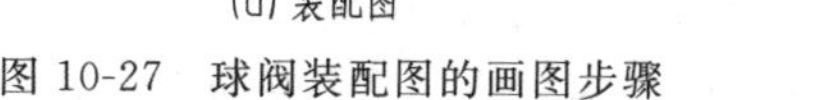
(d) 装配图

图 10-27 球阀装配图的画图步骤

10.7 部件测绘

在生产实践中，对原有机器进行维修和技术改造，或者设计新产品和仿造原有设备时，往往需要将现有的机器（或部件）拆开，画出其零件草图并进行测量，再整理绘制成零件图和装配图。对现有的机器或部件进行拆卸、测量、画出零件草图，然后整理绘制出装配图和零件图的过程称为测绘。它是技术交流、旧设备改造革新中常见的技术工作，也是工程技术人员必备的一项技能。部件测绘可按下述步骤进行。

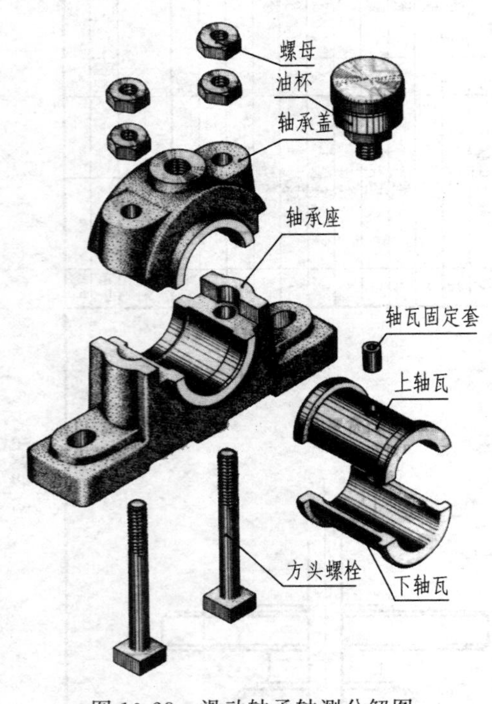

图 10-28 滑动轴承轴测分解图

10.7.1 了解和分析部件

在进行部件测绘之前，要先通过观察实物、查阅有关资料及询问有关人员等途径，了解部件的用途、性能、工作原理、结构特点、零件间的装配关系及拆卸方法等内容。分析部件的构造、功用、工作原理、传动系统、大体的技术性能和使用运转情况，并检测有关的技术性能指标和一些重要的装配尺寸，如零件间的相对位置尺寸、极限尺寸以及装配间隙等，为下一步拆装工作和测绘工作打下基础。

以滑动轴承为例（参见图 10-28），由分析部件可知如下。

用途：滑动轴承是支承回转轴的部件。

结构：由八种零件组成，其中螺栓、螺母为标准件，油杯为组合标准件。为便于轴的安装，轴承做成中分式上下结构，上部为轴承盖、下部为轴承座。

为减小摩擦和零件磨损后便于更换，轴承内设有摩擦系数小且耐磨、耐腐蚀的锡青铜轴瓦。上、下轴瓦分别安装在轴承盖和轴承座之中，采用油杯进行润滑，轴瓦上开有导油槽，可使润滑更为均匀。轴承盖与轴承座之间采用阶梯止口配合，以防止二者的横向错动。轴瓦固定套可防止轴瓦发生转动。

螺栓选用方头螺栓，在拧紧螺母时可使螺栓不发生相对转动，并采用了双螺母的防松结构。

10.7.2 拆卸零件

拆卸零件的过程是进一步了解部件中零件的作用、结构、装配关系的过程。为了保证能顺利地将部件重新装配起来，避免遗忘，在拆卸过程中一般应该画出装配示意图，记录下部件的工作原理、传动系统、装配和连接关系等内容，并在图上标出各零件的名称、数量和需要记录的数据。

拆卸零件应注意以下几点。

① 首先要考虑好拆卸的顺序，可将部件分为几个组成部分，然后按部分依次拆卸。如滑动轴承的拆卸顺序为：先拧下油杯，松开螺母，取下轴承盖，然后再取下轴瓦，如图 10-28 所示。

② 拆下的零件要按顺序编号，扎上标签，并分组、分区放置在特定的地方。还可采用边拆卸边拍照的方法。

③ 拆卸时应采用正确的方法和相应的工具，以保证部件原有的完整性、精密性和密封性。对于表面粗糙度要求较高的零件，要防止碰伤；对于不可拆卸连接和过盈配合的零件，尽量不拆，以免损伤零件。

10.7.3　画装配示意图

在全面了解部件后就可以绘制装配示意图。只有在拆卸后才能显示零件间真实的装配关系。因此，拆卸时必须一边拆卸，一边补充、更正，画出装配示意图，记录各零件间的装配关系，并对各个零件编号（注意：要和零件标签上的编号一致），还要确定标准件的规格尺寸和数量，并及时标注在装配示意图上，如图 10-29 所示。

装配示意图一般用简单的图线，遵照国家标准《机械制图》中规定的机构及其组件的简图符号，并采用简化画法和习惯画法，画出零件的大致轮廓。画装配示意图时，一般可从主要零件入手，然后按装配顺序将其他零件逐个画出。通常对各零件的表达不受前后层次、可见与不可见的限制。尽可能把所有零件集中画在一个视图上。

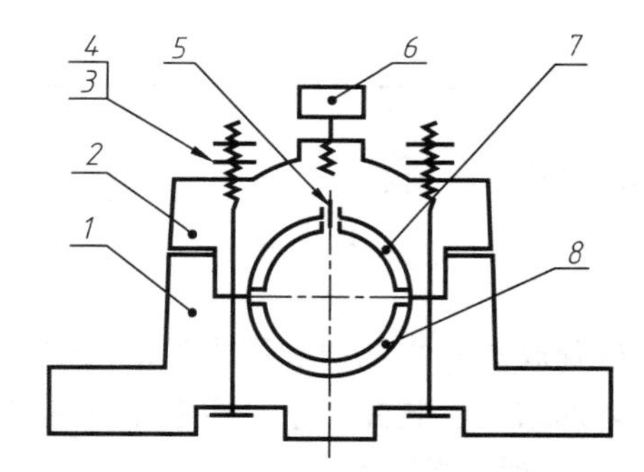

序号	名称	数量
1	轴承座	1
2	轴承盖	1
3	螺栓 GB/T 8　M10×90	2
4	螺母 GB/T 6170　M10	4
5	轴瓦固定套	1
6	油杯 JB/T 7940.3　B12	1
7	上轴瓦	1
8	下轴瓦	1

图 10-29　滑动轴承装配结构示意图

10.7.4　画零件草图和零件图

测绘工作通常是在现场进行的，而且通常要求在尽可能短的时间内完成，以便迅速将部件重新装配起来。除了标准件、标准组合件和外购件（如电机等）外，其余的零件都应画出零件草图，而且标准件和外购件，应列出汇总表，记下其规格尺寸和数量。测绘工作往往受时间及工作场地的限制。因此，必须徒手画出各个零件草图，根据零件草图和装配示意图画出装配图，再由装配图拆画零件图。零件草图的内容和要求见第 9 章。完成滑动轴承的零件草图。如图 10-30 所示为轴承盖的零件草图。

10.7.5　画装配图

画装配图的方法如下。

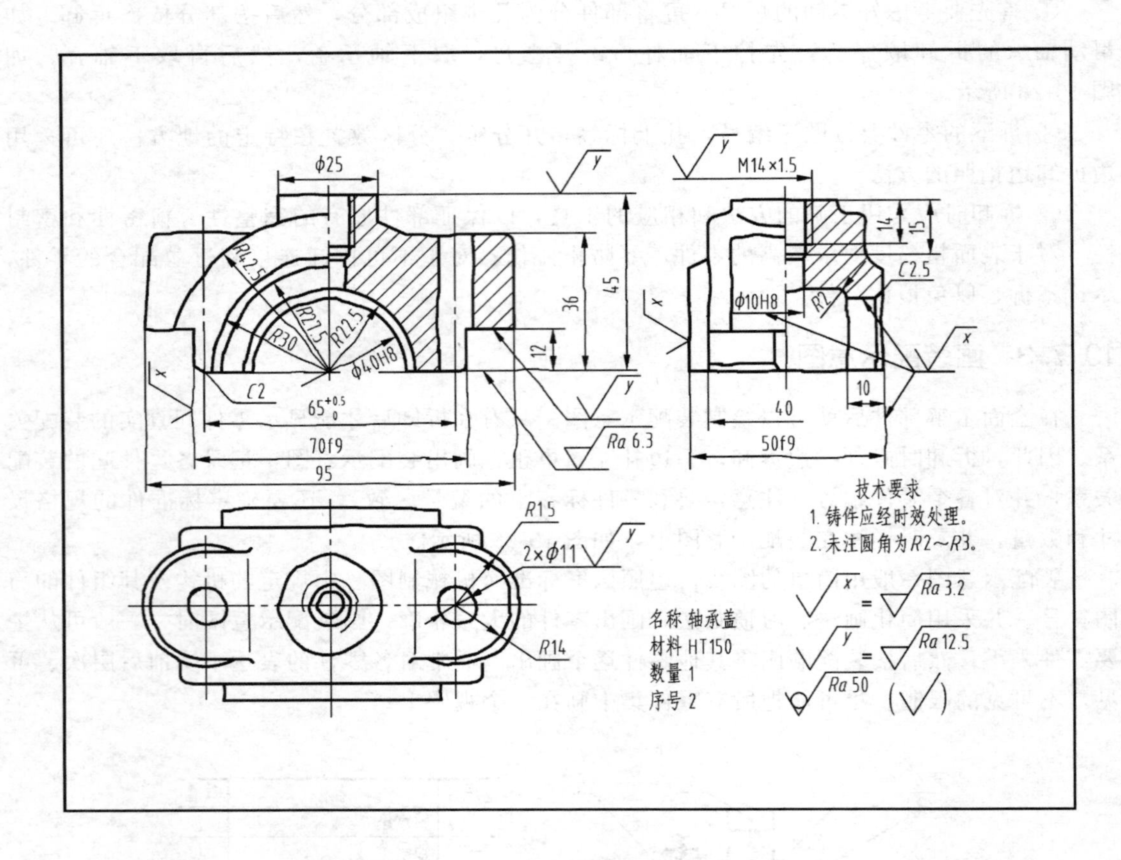

图 10-30 轴承盖的零件草图

① 拟定装配图的表达方案。

在滑动轴承的表达方案中，部件按工作位置放置，主视图选用了最能反映其结构特点及装配关系的投射方向，同时表示滑动轴承的内外结构、装配关系及主要零件的形状。由于滑动轴承的安装关系和轴瓦的前后凸缘与轴承座、轴承盖的配合关系在主视图中尚未表示清楚，故需要用俯视图来表示；又因为滑动轴承是上下可拆卸的结构，故俯视图采用了拆卸画法（也可采用沿结合面剖切的半剖视图）。

② 画底图。

a. 绘制主视图、俯视图定位线和对称中心线，如图 10-31（a）所示。

b. 绘制轴承座轮廓，如图 10-31（b）所示。

c. 绘制轴瓦轮廓，如图 10-31（c）所示。

d. 绘制轴承盖轮廓，如图 10-31（d）所示。

e. 绘制轴瓦固定套、螺栓连接和油杯轮廓，如图 10-31（e）所示。

f. 根据表达方案绘制剖面线，如图 10-31（f）所示。

③ 标注尺寸和书写技术要求。

④ 编写零件编号，填写明细栏、标题栏。

⑤ 全面检查，加深图线，完成全图，如图 10-31（g）所示。

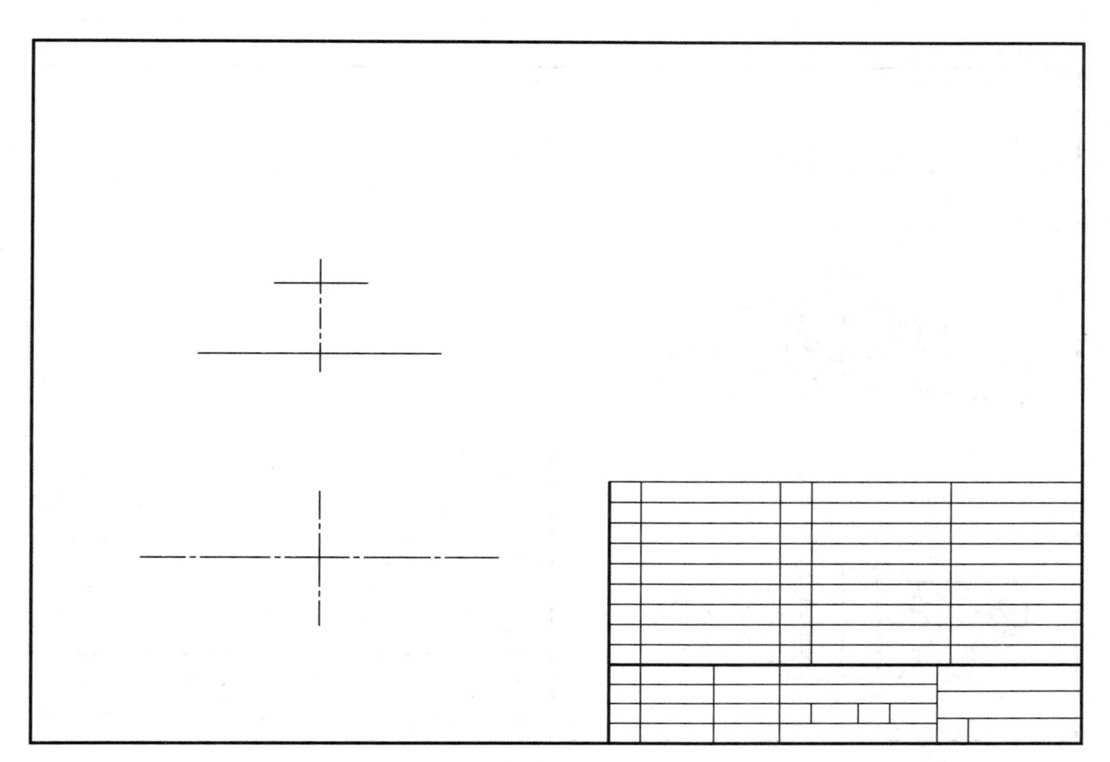

(a) 画定位线和中心线

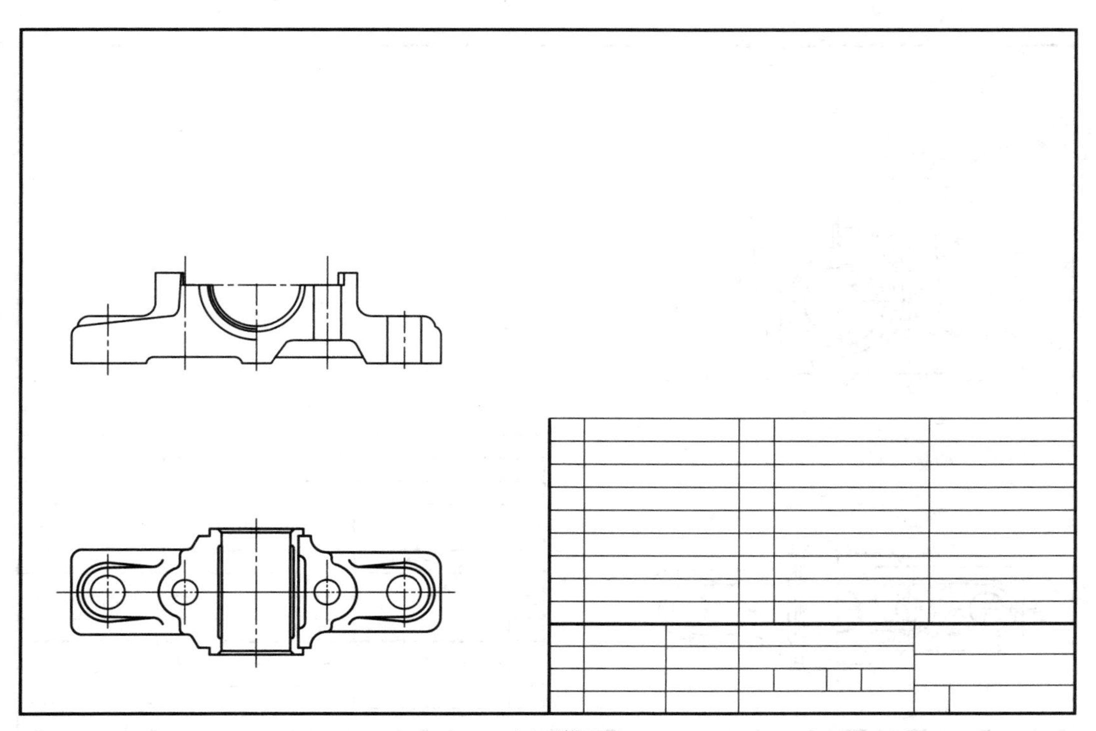

(b) 画轴承座

图 10-31

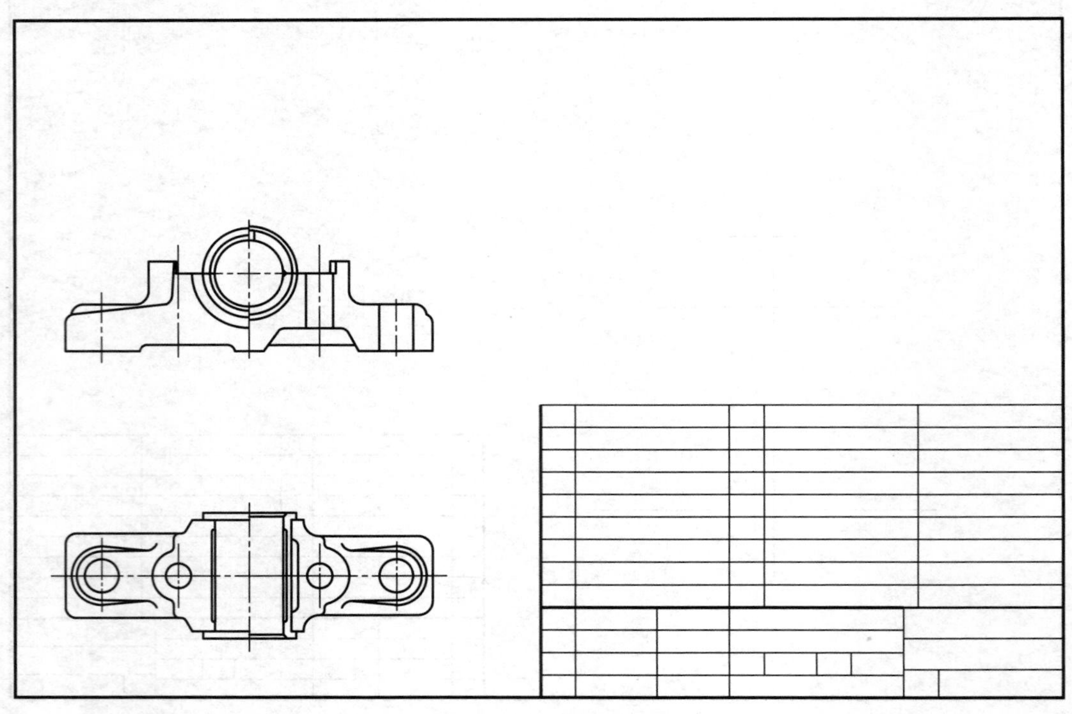

(c)画轴瓦

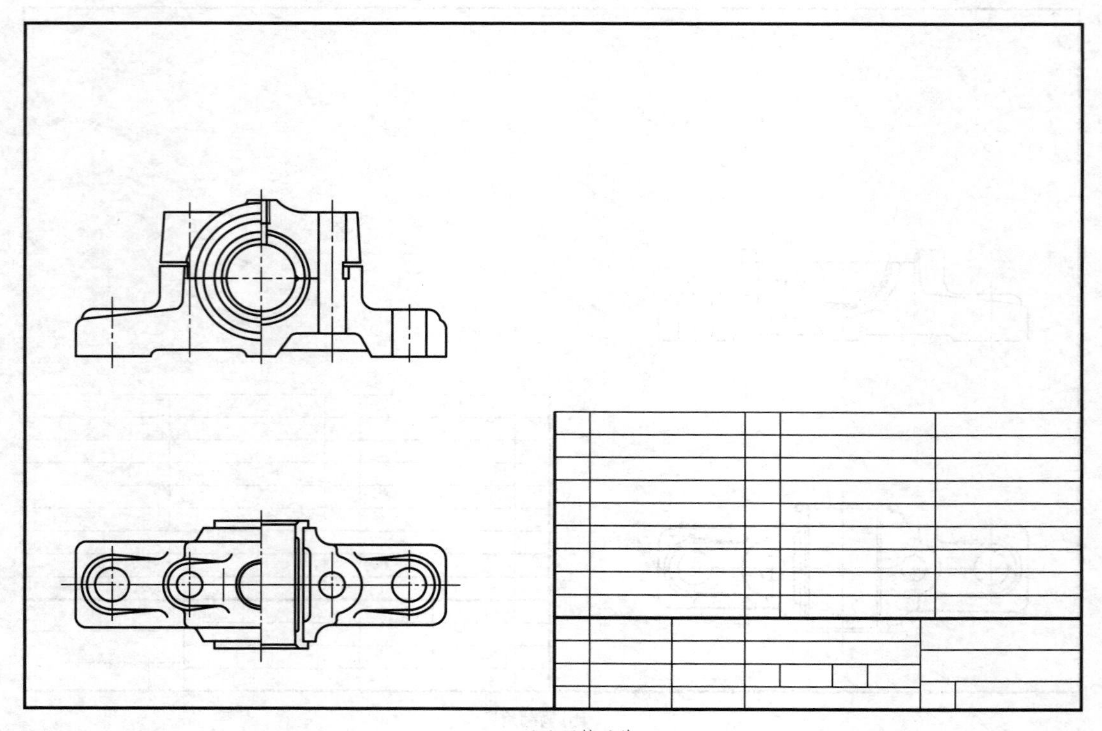

(d)画轴承盖

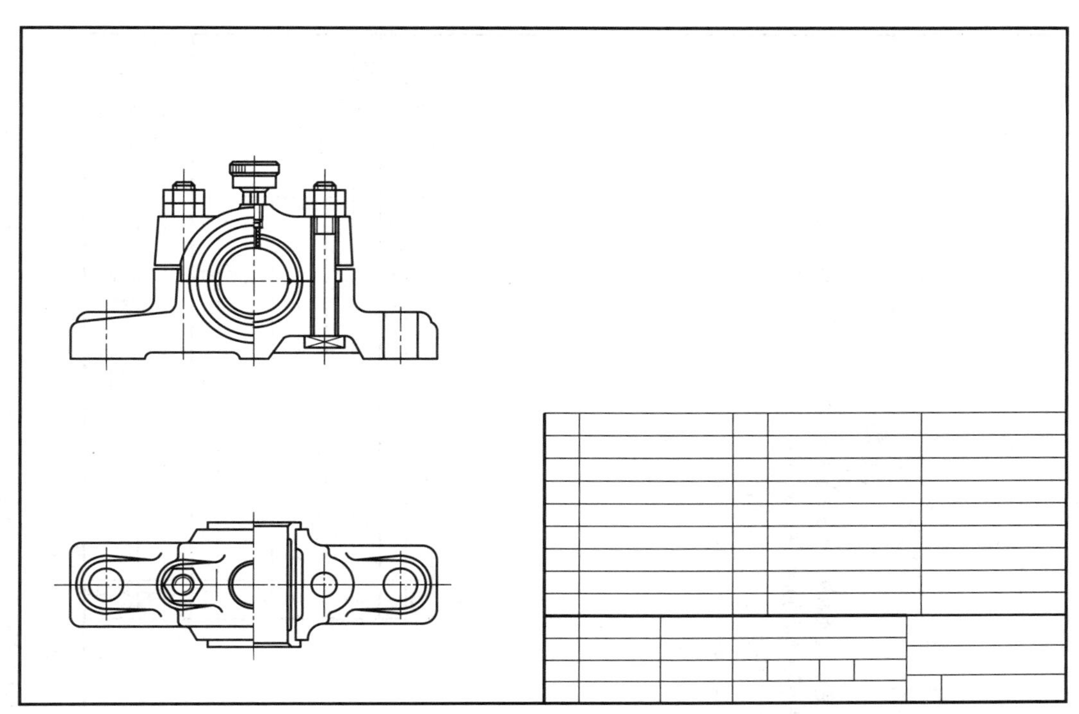

(e) 画轴瓦固定套、螺栓连接和油杯轮廓

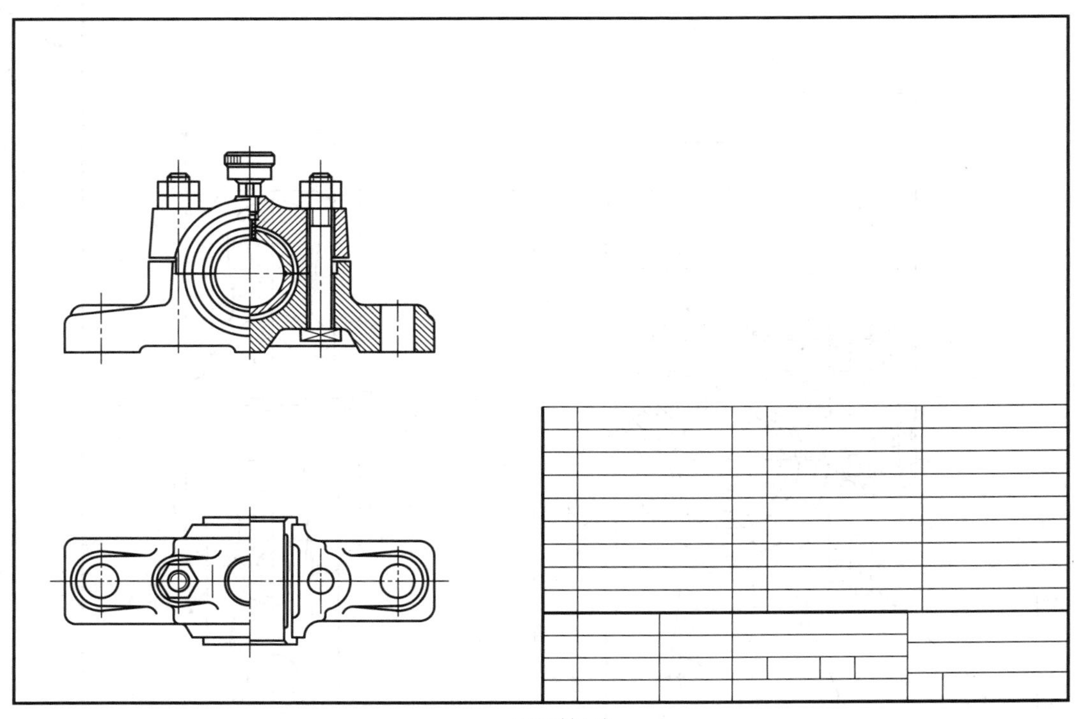

(f) 画剖面线

图 10-31

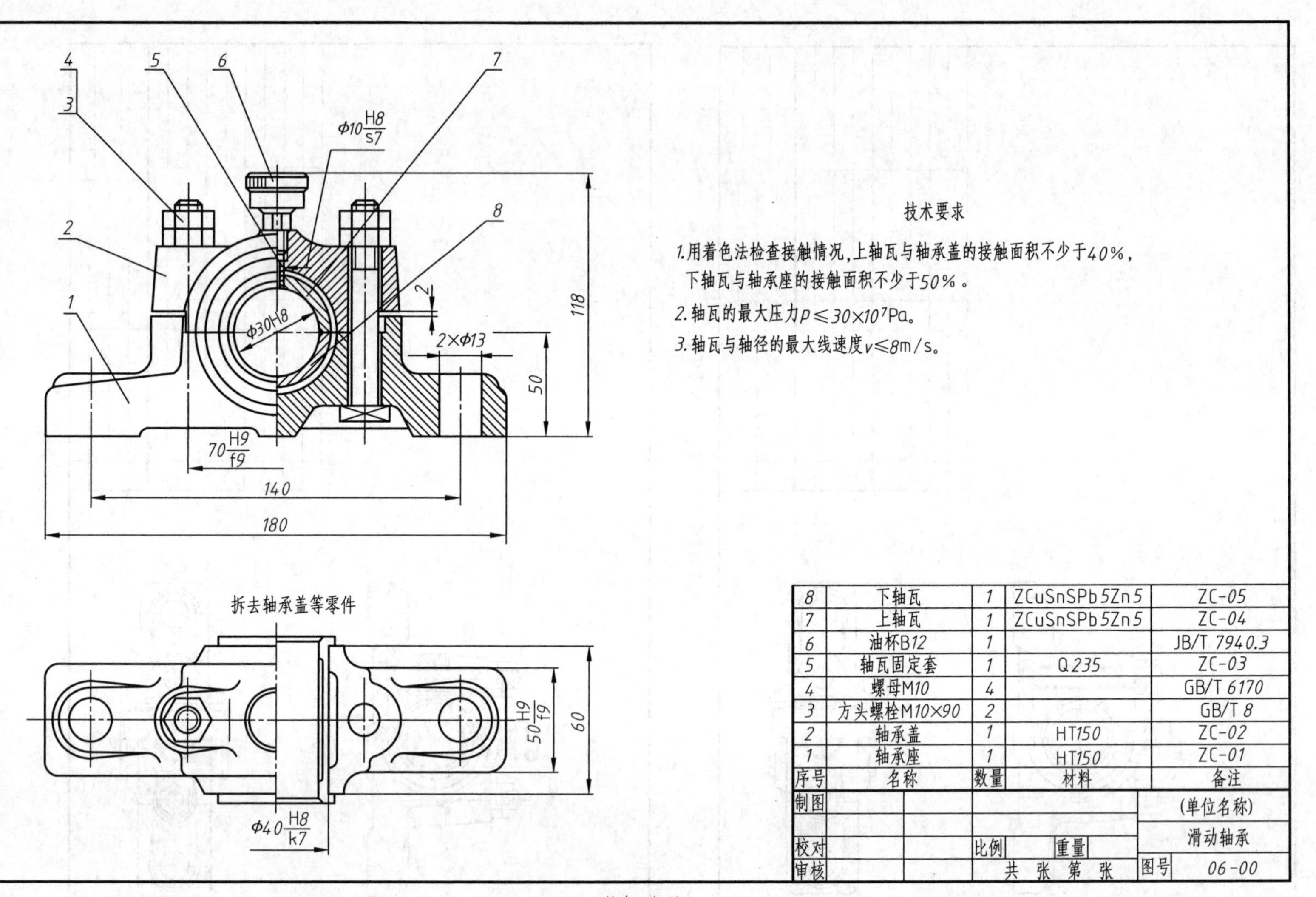

(g) 检查，加深

图 10-31 滑动轴承装配图的画图步骤

10.8 读装配图的方法和步骤

在生产、维修、使用、管理机械设备和技术交流等工作过程中，常需要阅读装配图；在设计过程中，也经常要参阅一些装配图。因此，作为工程技术人员，必须掌握读装配图的方法。

读装配图的目的是从装配图上了解机器或部件的用途、性能及工作原理；了解各组成零件之间的装配关系、安装关系和技术要求；了解各零件的名称、数量、材料以及在机器中的作用，并看懂其基本形状和结构。

以图 10-32 所示齿轮油泵装配图为例，说明读装配图的方法和步骤。

(1) 概括了解

由标题栏、明细栏了解部件的名称、用途以及各组成零件的名称、数量、材料等，对应有些复杂的部件或机器，还需查看说明书和有关技术资料，以便对部件或机器的工作原理和零件间的装配关系做深入的分析和了解。

该齿轮油泵是机器润滑系统中的部件。它由泵体、泵盖、运动零件（主动齿轮、从动齿轮等）、密封零件以及标准件等组成。对照图 10-32 中的零件序号和明细栏可以看出，齿轮油泵共由 12 种零件装配而成。其中，标准件 2 种，常用件 2 种，其他零件 8 种。

(2) 分析各视图及其表达的内容

阅读装配图时，首先看全图用了几个视图，每个视图采用什么表示法，分析为什么采用这样的表示法，并找出各视图间的投影关系，进而明确各视图所表达的内容。

该齿轮油泵装配图共采用两个基本视图。主视图采用全剖视图，主要反映该齿轮油泵的组成、各零件间装配关系及工作原理。左视图采用半剖视图，剖切位置为泵体和泵盖的结合缝，主要反映齿轮油泵的外形、齿轮啮合情况以及油泵吸、压油的工作原理。

(3) 深入了解部件的工作原理和装配关系

概括了解之后，还要进一步仔细阅读装配图。一般方法如下：

① 从主视图入手，根据各装配干线，对照零件在各视图中的投影关系；

② 由各零件剖面线的不同方向和间隔，分清零件轮廓的范围；

③ 由装配图上所标注的配合代号，了解零件间的配合关系；

④ 根据常见结构的表示法和一些规定画法来识别零件，如轴承、齿轮、油杯、密封结构等；

⑤ 利用一般零件结构有对称性的特点和利用相互连接两零件的接触面应大致相同的特点，帮助想象零件的结构形状。有时甚至还要借助于阅读有关的零件图，才能彻底读懂机器（或部件）的工作原理、装配关系及各零件的功能和结构特点。

如图 10-32 所示，当外部动力驱动长轴 10，主动齿轮 3 即产生旋转运动，如左视图所示，主动齿轮逆时针方向旋转时，从动齿轮则按顺时针方向旋转。泵体中的齿轮啮合传动时，吸油腔一侧的轮齿逐渐分离，齿间容积逐渐扩大形成局部真空，油压降低，因而油池中的油在外界大气压力的作用下，沿吸油口进入吸油腔，吸入到齿槽中的油随着齿轮的继续旋转带到左侧压油腔，由于左侧的轮齿重新啮合而使齿间容积逐渐缩小，使齿槽中不断挤出的油成为高压油，并由压油口压出，然后经管道被输送到需要供油的部位。

(4) 分析零件的结构形状

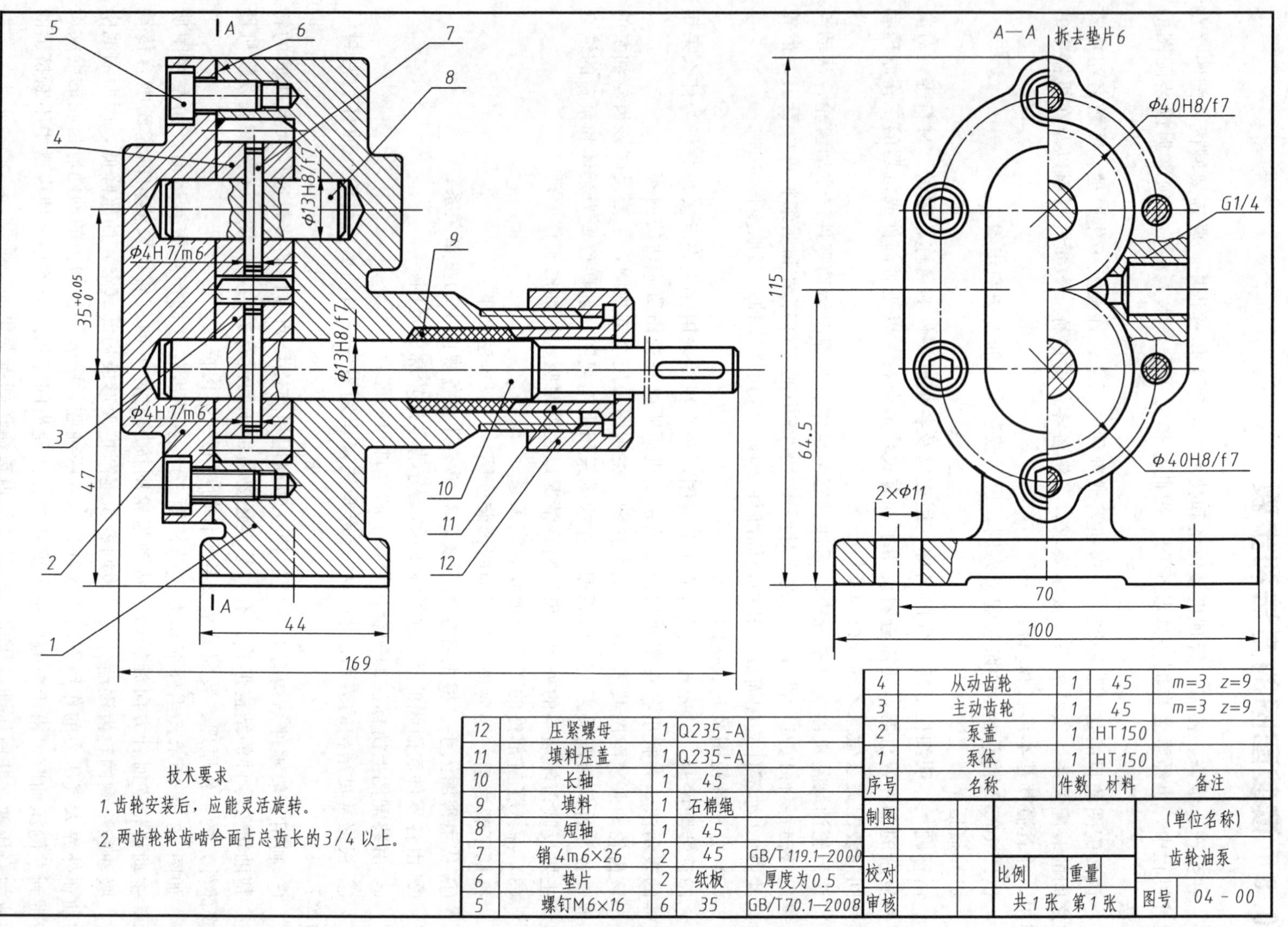

图 10-32 齿轮油泵装配图

随着读图逐步深入，进入分析零件阶段。分析零件的目的是弄清楚每个零件的结构形状和各零件间的装配关系。一台机器（或部件）上有标准件、常用件和一般零件。对于标准件、常用零件一般是容易弄懂的，但一般零件有简有繁，它们的作用和地位又各不相同，应先从主要零件开始分析，运用上述五条一般方法确定零件的范围、结构、形状、功能和装配关系。

（5）归纳总结

在对工作原理、装配关系和主要零件的结构进行分析的基础上，还要对技术要求、全部尺寸进行分析，进一步了解机器（或部件）的设计意图和装配工艺性。最后，综合分析想象出机器或部件的整体形状，为下一步拆画零件图打下基础。

10.9　由装配图拆画零件图

在设计过程中，需要由装配图拆画零件图，简称拆图。拆图应在全面读懂装配图的基础上进行。为了保证各零件的结构形状合理，并使尺寸、配合性质和技术要求等协调一致，一般情况下，先拆画主要零件，然后逐一画出其他零件。画图时，不但要从设计方面考虑零件的作用和要求，而且还要从工艺方面考虑零件的制造和装配，应使所画的零件图符合设计和工艺要求。

10.9.1　拆画零件图要注意的几个问题

① 按照对零件的要求，把零件分为以下四类。

a. 标准零件。标准零件大多数属于外购件，因此不需要画零件图，只要按照标准件的规定标记代号列出标准件的汇总表即可。

b. 借用零件。借用零件是借用定型产品上的零件。对这类零件，可利用已有的图样，而不必另行画图。

c. 特殊零件。特殊零件是设计时所确定下来的重要零件，在设计说明书中都附有这类零件的图样或重要数据，如汽轮机的叶片、喷嘴。对这类零件，应按给出的图样或数据绘制零件图。

d. 一般零件。这类零件基本上是按照装配图所表达的形状、大小和有关的技术要求画图，是拆画零件图的主要对象。

② 拆画零件图时，零件的表达方案是根据零件的结构形状特点考虑的，不一定与装配图一致。在多数情况下，壳体、箱座类零件主视图所选的位置可以与装配图一致。这样做，装配机器时，便于对照，如减速器底座。对于轴套类和轮盘类零件，一般按加工位置选取主视图。

③ 在装配图中，零件上某些局部结构形状往往未完全表达，某些标准结构（如倒角、倒圆、退刀槽和越程槽等）也未完全表达。拆画零件图时，应结合考虑设计和工艺的要求，补画出这些结构。

④ 装配图上已标注的尺寸，在有关的零件图上必须直接注出。其余尺寸可按比例从装配图中量取。如螺纹的有关尺寸、销孔直径等，要从相应标准中查取。

⑤ 零件表面粗糙度、尺寸公差、几何公差等技术要求，应根据零件在装配体中的作用，参考同类产品及相关资料确定。技术要求在零件图中占重要地位，它直接影响零件的加工质

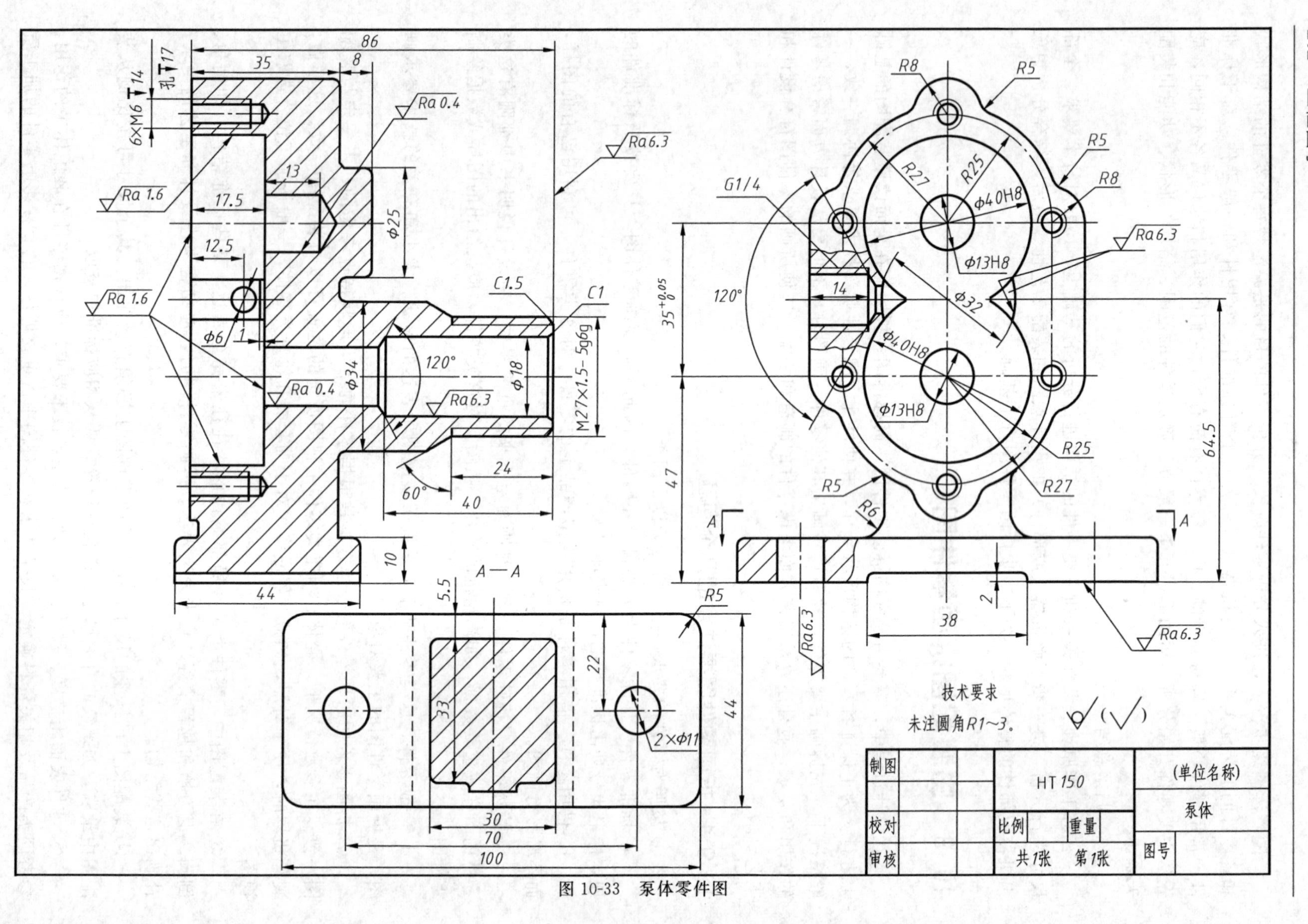
86
35
8
6×M6 ↧14
孔↧17
Ra 0.4
Ra6.3
13
Ra 1.6
17.5
Φ25
12.5
Ra 1.6
C1.5
C1
Φ6
1
Ra 0.4
Φ34
120°
Φ18
M27×1.5-5g6g
Ra6.3
24
60°
40
10
44
A—A
5.5
R5
22
33
44
2×Φ11
30
70
100
R8
R5
R27
R25
R5
R8
G1/4
Φ40H8
Ra6.3
Φ13H8
120°
14
Φ32
$35^{+0.05}_{0}$
Φ40H8
Φ13H8
R25
64.5
47
R5
R27
R6
A
A
2
Ra6.3
38
Ra6.3
技术要求
未注圆角R1～3。
(单位名称)
泵体
图号
HT 150
比例
重量
共1张
第1张
制图
校对
审核

图 10-33 泵体零件图

量和使用性能。但是正确制定技术要求涉及许多专业知识，本书不作进一步介绍。

10.9.2　拆画零件图举例

以图 10-32 所示齿轮油泵装配图为例，介绍拆画零件图的一般步骤如下（见图 10-33）。

（1）确定表达方案

根据零件序号 1 和剖面符号，在装配图的各视图中找到泵体的投影，确定泵体的整个轮廓。按零件结构特点，泵体的主视图采用全剖视图，与装配图中一致，符合工作位置原则。按表达完整清晰的要求，除主视图外，左视图采用了两处局部剖视、剖视图“A—A”。

（2）尺寸标注

对于装配图上已有的与该零件有关的尺寸要保证一致，如图 10-33 所示，尺寸 44、47、64.5、100、70 等。ϕ13H8、ϕ40H8 是从装配图中配合尺寸 $\phi 13\,\dfrac{H8}{f7}$、$\phi 40\,\dfrac{H8}{f7}$拆出来的；其余尺寸按比例从装配图上量取，如 10、12.5、ϕ6 等；标准结构和工艺结构，可查阅相关国家标准确定，如 C1.5、120°等。

（3）技术要求

根据齿轮油泵的工作情况应注出泵体相应的技术要求。参考同类产品的有关资料，标注表面粗糙度、尺寸公差、几何公差等。

（4）填写标题栏，检查并完成

填写标题栏，核对检查，完成零件图，如图 10-33 所示。

思　考　题

1. 装配图的内容有哪些？
2. 装配图有哪些规定画法？哪些特色画法？
3. 装配结构有哪些？
4. 装配图中标注哪几类尺寸？
5. 试说明读装配图的方法和步骤。
6. 试说明由装配图拆画零件图的方法和步骤。

第11章 AutoCAD绘图基础

AutoCAD是美国Autodesk公司开发研制的一种通用计算机辅助设计软件包。它在设计、绘图和相互协作等方面展示了强大的技术实力。由于其具有易于学习、使用方便、体系结构开放等优点，因而深受广大工程技术人员的喜爱。

本章主要介绍如何应用AutoCAD经典界面绘制工程图样，弱化版本的概念以使用户更好地交流与合作。有关AutoCAD的详细讲解，需要查阅AutoCAD操作手册和相关参考书。

11.1 AutoCAD概述

11.1.1 AutoCAD中文版经典工作界面简介

安装并启动AutoCAD软件，进入绘图环境，在窗口右下角点击设置按钮，如图11-1所示，选择“AutoCAD经典”模式进入AutoCAD经典工作界面，如图11-2所示。其工作界面主要由标题栏、菜单栏、工具栏、绘图区、十字光标、坐标系、命令提示窗口、状态栏等部分组成。

草图与注释
三维基础
三维建模
AutoCAD 经典
将当前工作空间另存为...
工作空间设置...
自定义...
显示工作空间标签

图11-1 “设置”选项

（1）标题栏

标题栏位于窗口最上端，用于显示当前正在运行的程序名及文件名。单击标题栏最右端的几个按钮，可以最小化、最大化或关闭程序窗口。

（2）菜单栏

单击菜单栏上的菜单项，弹出对应的下拉菜单。AutoCAD菜单选项有以下3种形式。

① 菜单项后面带有三角形标记。选取这种菜单项后，将弹出新菜单，用户可做进一步选择。

② 菜单项后面带有省略号标记“...”。选取这种菜单项后，AutoCAD将打开一个对话框，通过该对话框，用户可以做进一步操作。

③ 单独的菜单项。

（3）工具栏

工具栏提供了访问AutoCAD命令的快捷方式，它包含了许多命令按钮，用户只需单击某个按钮，AutoCAD 就执行相应命令，图 11-3 所示为“绘图”工具栏。

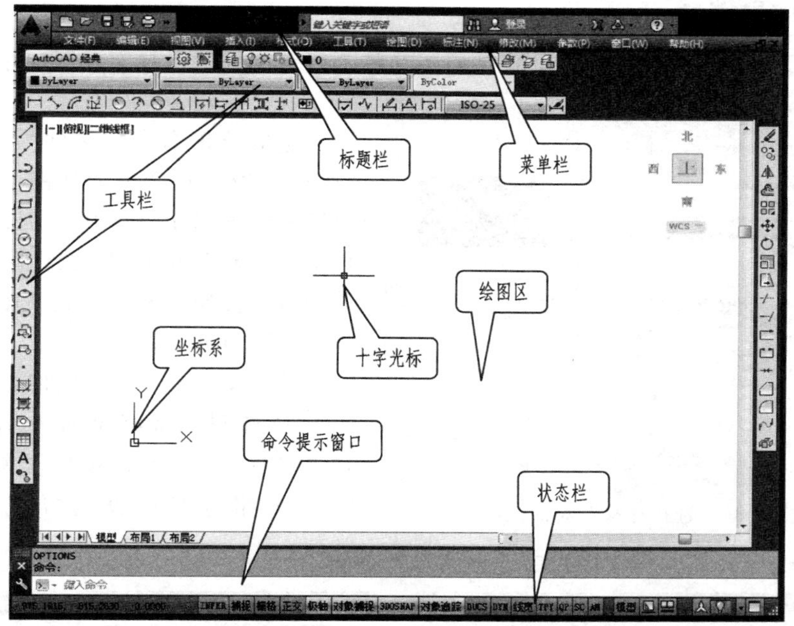

图 11-2　AutoCAD 经典工作界面

图 11-3　“绘图”工具栏

(4) 坐标系

在绘图区的左下角显示有坐标系图标，图标左下角为默认坐标原点 (0, 0)，其主要用于显示当前使用的坐标系以及坐标方向等。

(5) 十字光标

AutoCAD 绘图区中的光标成“十”字形状，即十字光标。它的交点显示了当前点在坐标系中的位置，移动十字光标时，状态栏中当前光标的坐标值随之改变。十字光标与当前用户坐标系的 X、Y 坐标轴平行。

(6) 绘图区

绘图区是指在标题栏下方的大片空白区域，它是用户绘图的工作区域，在绘图区可以绘制各种图形，也可以对图形进行修改。

(7) 命令提示窗口

用户通过命令提示窗口输入 AutoCAD 命令，可以显示命令提示符及与命令相关的信息，然后按照信息提示进行相应的操作。位于绘图区域下方，默认情况下，命令行有 3 行。可按【F2】键，切换出文本窗口。

(8) 状态栏

状态栏位于 AutoCAD 操作界面的最下方，主要由当前光标的坐标值和辅助工具按钮两部分组成。移动鼠标光标，坐标值也将随之改变。辅助工具按钮主要包括捕捉、栅格、正交极轴、对象捕捉、对象追踪、线宽等按钮。用鼠标单击任意按钮，可以切换当前状态。

11.1.2 文件管理

AutoCAD 的图形文件管理主要包括新建文件、打开文件、保存文件等操作。

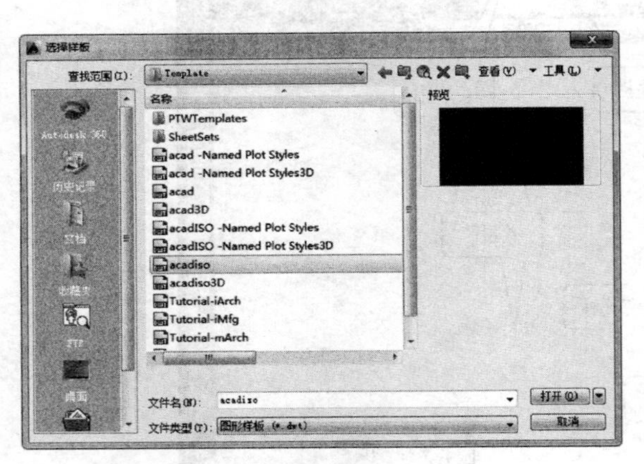

图 11-4 “选择样板”对话框

（1）新建文件

选取菜单命令“文件”/“新建”，打开“选择样板”对话框，如图 11-4 所示。该对话框中列出了许多用于创建新图形的样板文件，默认的样板文件是 acadiso.dwt。单击打开按钮，开始绘制新图形。

（2）打开文件

选取菜单命令“文件”/“打开”，AutoCAD 打开“选择文件”对话框，如图 11-5 所示。该对话框与微软公司 Office 2000 中相应对话框的样式及操作方式类似。

图 11-5 “选择文件”对话框

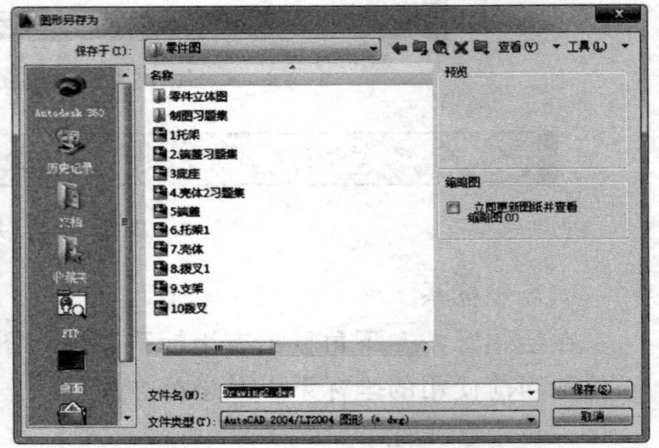

图 11-6 “图形另存为”对话框

（3）保存文件

选取菜单命令“文件”/“保存”，系统将当前图形文件以原文件名直接存入磁盘，而不会给用户任何提示。若当前图形文件名是系统默认的且是第一次存储文件，则 AutoCAD 弹出“图形另存为”对话框，如图 11-6 所示，在该对话框中用户可指定文件存储位置、文件类型及输入新文件名。

11.1.3 命令的使用

11.1.3.1 输入命令

启动 AutoCAD 命令的方法一般有两种：一种是在命令行中输入命令全称或简称，另一种是用鼠标选择一个菜单命令或单击工具栏中的命令按钮。

（1）使用键盘发出命令

在命令行中输入命令全称或简称就可以使系统执行相应的命令。

一个典型的命令执行过程如下：

命令：circle　　//输入命令全称 circle 或简称 c，按 Enter 键

指定圆的圆心或[三点(3P)/两点(2P)/相切、相切、半径(T)]：90，100

　　//输入圆心的 x、y 坐标，按 Enter 键

指定圆的半径或[直径(D)]＜50＞：70　　//输入圆半径，按 Enter 键

① 方括弧“[]”中以“/”隔开的内容表示各个选项。若要选择某个选项，则需输入圆括号中的字母，可以是大写形式，也可以是小写形式。例如，想通过三点画圆，就输入“3P”。

② 尖括号“＜ ＞”中的内容是当前默认值。

AutoCAD 中的命令执行过程是交互式的。用户输入命令后必须按 Enter 键确认，系统才执行该命令。

（2）利用鼠标发出命令

用鼠标选择一个菜单命令或单击工具栏中的命令按钮，系统即可执行相应的命令。用 AutoCAD 绘图时，用户多数情况下是通过鼠标发出命令的。鼠标各按键的作用如下。

左键：拾取键，用于单击工具栏上的按钮及选取菜单选项以发出命令，也可在绘图过程中指定点和选择图形对象等。

右键：一般作为回车键，命令执行完成后，常单击右键来结束命令。在有些情况下，单击右键将弹出快捷菜单，该菜单上有“确认”选项。

滚轮：转动滚轮将放大或缩小图形，默认情况下，缩放增量为 10%。按住滚轮并拖动鼠标，则平移图形。

11.1.3.2　撤销和重复命令

发出某个命令后，用户可随时按 Esc 键终止该命令的执行；此时，系统又返回到命令行。在绘图过程中，用户会经常重复使用某个命令，重复刚使用过的命令的方法是直接按 Enter 键。

11.1.3.3　取消已执行的操作

在使用 AutoCAD 绘图的过程中，不可避免地会出现各种各样的错误，用户要取消已执行的错误操作，可使用 UNDO 命令或单击“标准”工具栏上的按钮。

11.1.4　选择对象的常用方法

默认情况下，用户可以逐个地拾取对象或是利用矩形、交叉窗口一次选取多个对象。

11.2　绘图环境设置

11.2.1　设置绘图区域大小

AutoCAD 的绘图空间是无限大的，但用户可以设置绘图区域的大小。事先设置绘图区域的大小将有助于用户了解图形分布的范围。

设置绘图区域大小有以下两种方法。

方法一：将一个圆充满整个程序窗口显示出来，依据圆的尺寸就能轻易地估算出当前绘图区域的大小了。

方法二：用 Limits 命令设置绘图区域的大小。该命令可以改变栅格的长宽尺寸及位置。

所谓栅格是点在矩形区域中按行、列形式分布形成的图案。当栅格在程序窗口中显示出来后，用户就可根据栅格分布的范围估算出当前绘图区域的大小了。

设置 A3 的图纸，图纸横放，尺寸为 420×297。

选取菜单命令："格式" / "图形界限"，AutoCAD 提示如下。

命令:limits

指定左下角点或[开(ON),关(OFF)]<0.0000,0.0000>：//左下角点坐标,按 Enter 键

指定右上角点<420.0000,297.0000>：　　　　　　　　//右上角点坐标,按 Enter 键

双击鼠标滚轮，当前窗口图幅的大小为 A3 图纸大小。

11.2.2　设置图层和线型

(1) 创建及设置图层

AutoCAD 的图形对象总是位于某个图层上。默认情况下，当前层是 0 层，此时所画图形的对象在 0 层上。每个图层上都有与其相关联的颜色、线型及线宽等属性信息，用户可以对这些信息进行设置或修改。

① 单击"图层"工具栏上的按钮，打开"图层特性管理器"对话框，再单击按钮，列表框中显示出名称为"图层 1"的图层，直接输入"轮廓线层"，按 Enter 键结束。

② 按 Enter 键，再次创建新图层。共创建 6 个图层，并分别为图层命名，结果如图 11-7 所示，图层"0"前有绿色"√"标记，表示该图层是当前层。

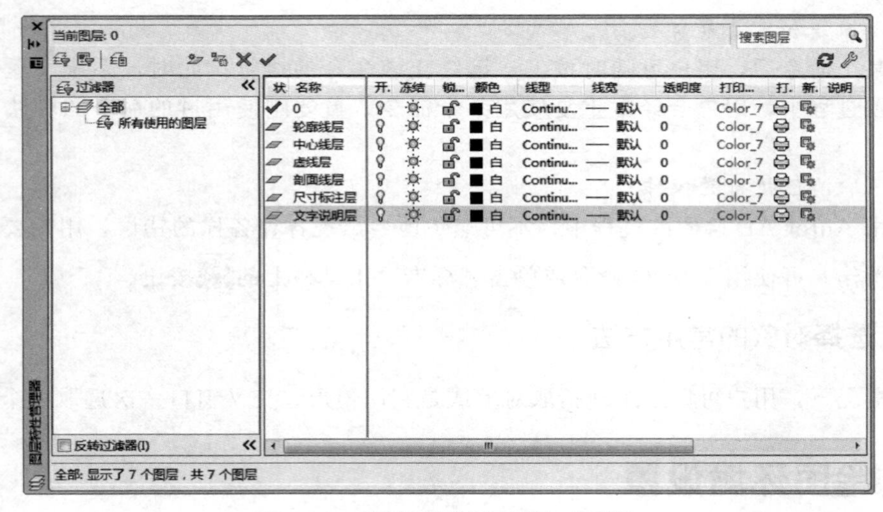

图 11-7　"图层特性管理器"对话框

③ 指定图层颜色。选中"中心线层"图层，单击与所选图层关联的 ■ 白 图标，打开"选择颜色"对话框，从中选择红色，如图 11-8 所示。然后用同样的方法设置其他图层的颜色。

④ 给图层分配线型。默认情况下，图层线型是"Continuous"。选中"中心线层"图层，单击与所选图层关联的"Continuous"，打开"线型管理器"对话框，如图 11-9 所示，在此对话框中用户可以选择一种线型或从线型库文件中加载更多线型。

⑤ 单击 加载(L)... 按钮，打开"加载或重载线型"对话框，如图 11-10 所示。选择线型

“CENTER”及“DASHED”，再单击 确定 按钮，这些线型就被加载到系统中。当前线型库文件是“acadiso. lin”，单击 文件(F)... 按钮，可选择其他的线型库文件。

⑥ 返回“线型管理器”对话框，选择“CENTER”，单击 确定 按钮，该线型就分配给“中心线层”。使用相同的方法将“DASHED”线型分配给“虚线层”。

⑦ 设置线宽。选中“轮廓线层”，单击与所选图层关联的 —— 默认 图标，打开“线宽”对话框，指定线宽为“0. 50mm”，如图 11-11 所示。

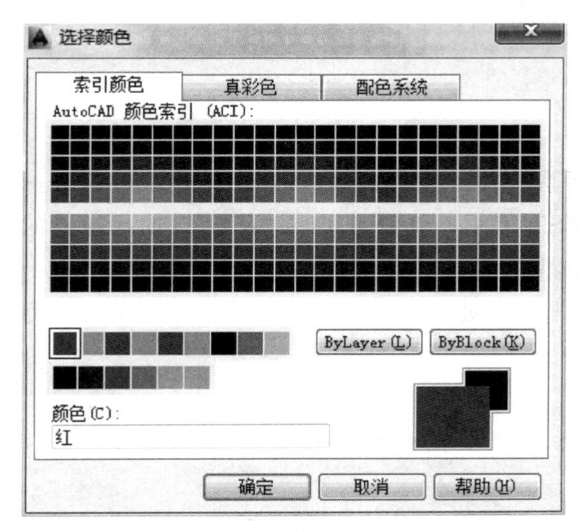

图 11-8　“选择颜色”对话框

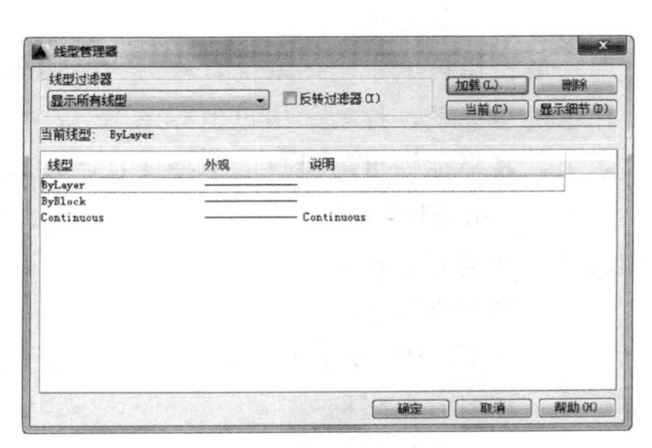

图 11-9　“线型管理器”对话框

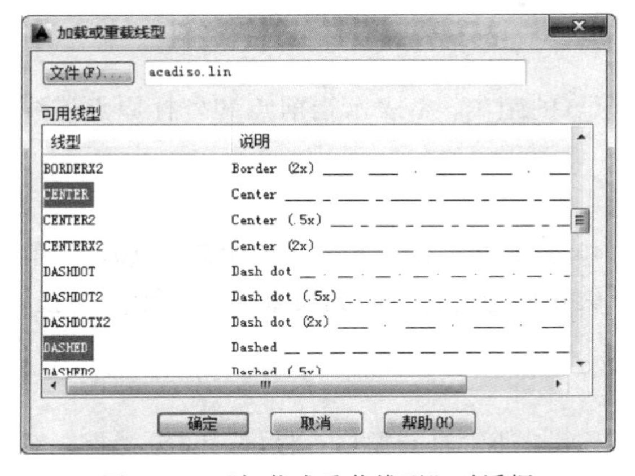

图 11-10　“加载或重载线型”对话框

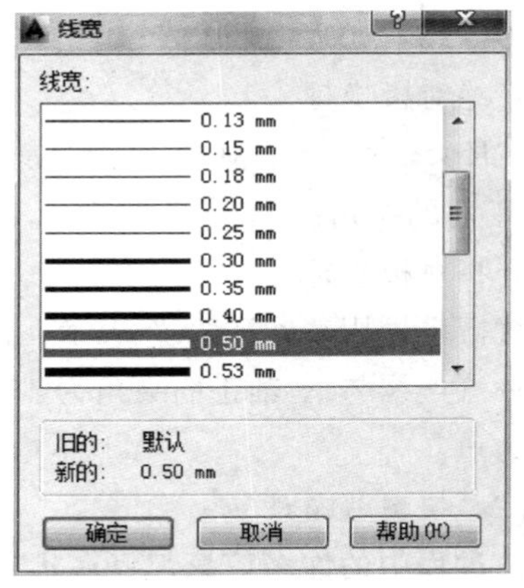

图 11-11　“线宽”对话框

（2）修改对象的颜色、线型和线宽

用户通过“特性”工具栏可以方便地修改或设置对象的颜色、线型和线宽等属性。默认情况下，该工具栏的颜色控制、线型控制和线宽控制等 3 个列表框中显示“ByLayer”，如图 11-12 所示。“ByLayer”的意思是所绘对象的颜色、线型和线宽等属性与当前层所设置的完全相同。

要设置将要绘制的对象的颜色、线型及线宽等属性，可直接在颜色控制、线型控制和线宽控制下拉列表中选择相应的选项。

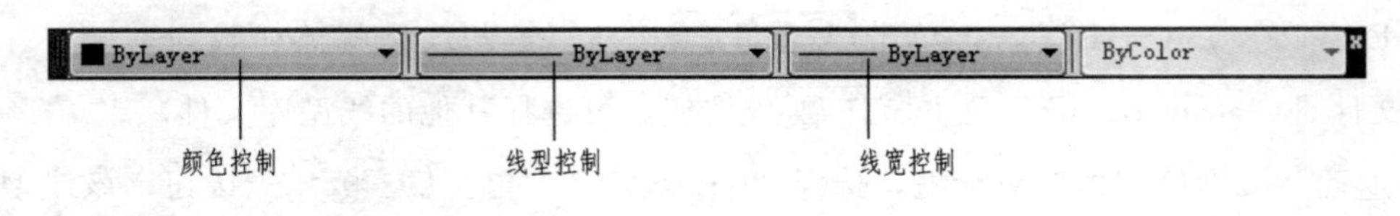

图 11-12　“特性”工具栏

要修改已有对象的颜色、线型及线宽等属性，可先选择对象，然后在颜色控制、线型控制和线宽控制下拉列表中选择新的颜色、线型及线宽即可。

11.2.3　设置绘图辅助工具

11.2.3.1　坐标系统

一般使用笛卡尔坐标系统，称为“通用坐标系”，以“WCS”表示。用户还可以定义一个任意的坐标系，称为“用户坐标系”，以“UCS”表示，其原点可在“WCS”内任意点的位置上，其坐标轴可随用户的选择任意旋转和倾斜。

在 AutoCAD 绘制中，点的坐标可以用直角坐标、极坐标表示，每一种坐标又可以分为相对坐标和绝对坐标。

(1) 绝对直角坐标

采用“X，Y”坐标值。其中 X 表示横坐标，Y 表示纵坐标。

(2) 相对直角坐标

相对直角坐标是指当前点相对于某一点的坐标的增量，可以用“@X，Y”表示。例如 A 点的绝对坐标为（10，20），B 点相对 A 点的相对直角坐标为@5，10，则 B 点的绝对直角坐标为（15，30）。

(3) 绝对极坐标

用“$R<\alpha$”表示。其中 R 为当前点到坐标原点的距离，α 表示当前点和坐标原点连线与 X 轴正向的夹角。

(4) 相对极坐标

相对极坐标用“@$R<\alpha$”表示，例如@10<45 表示当前点到下一点的距离为 10，当前点与下一点连线与 X 轴正向夹角为 45°。若从 X 轴正向逆时针旋转到极轴方向，则 α 为正，否则 α 为负。

11.2.3.2　绘图状态设置

绘图过程中的许多信息都将在状态栏中显示出来。通常打开栅格、极轴、对象捕捉、对象追踪等功能，能更加精准地拾取点的元素。

① 栅格：单击栅格按钮可打开或关闭栅格显示；当显示栅格时，屏幕上的某个矩形区域内将出现一系列排列规则的小点，这些点的作用类似于手工作图时的方格纸，将有助于绘图定位。

② 极轴：单击极轴按钮，打开或关闭极坐标捕捉模式。

③ 对象捕捉：单击对象捕捉按钮，打开或关闭自动捕捉实体模式。打开此模式时，在绘图过程中 AutoCAD 将自动捕捉圆心、端点和中点等几何点。用户可在“草图设置”对话框

的“对象捕捉”选项卡中设置自动捕捉方式。

④ 对象追踪：通过对象追踪按钮可以控制是否使用自动追踪功能。

⑤ 线宽：单击线宽按钮来控制是否在图形中显示带宽度的线条。

11.3　常用绘图命令及编辑命令

11.3.1　常用绘图命令

为了便于绘图，AutoCAD 把常用的一些绘图命令集中放置在“绘图”工具栏中，如图 11-13 所示。使用这些命令可以绘制直线、曲线、表格等图形，下面介绍常用的几种绘图工具的使用。

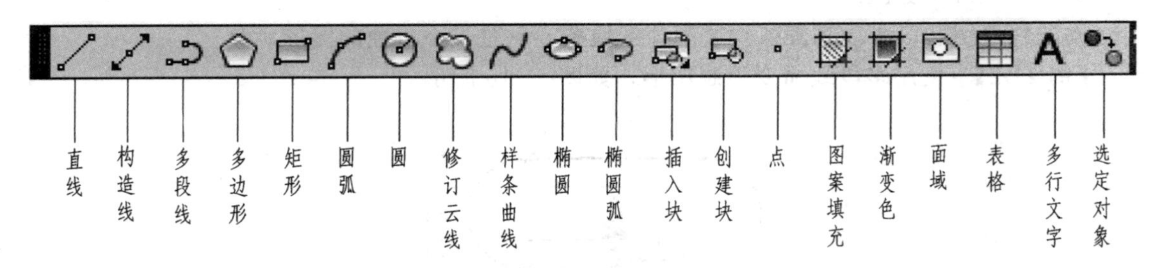

图 11-13　“绘图”工具栏

11.3.1.1　直线命令

菜单命令：“绘图”/“直线”

工具栏：“绘图”工具栏上的按钮

命令：Line 或 L

绘制直线时，既可以通过输入直线的起点、终点坐标绘制直线，也可以在知道起点后，通过指定线段的长度和角度来绘制直线。

【例 11-1】 使用直线命令绘制图形，如图 11-14 所示。

命令:line　　//启动直线命令
指定第一点:100,50　　//输入 A 点的绝对直角坐标，如图 11-15 所示
指定下一点或[放弃(U)]:@62.5,0　　//输入 B 点的相对直角坐标
指定下一点或[放弃(U)]:@0,20　　//输入 C 点的相对直角坐标
指定下一点或[闭合(C)/放弃(U)]:@25<−60　　//输入 D 点的相对直角坐标
指定下一点或[闭合(C)/放弃(U)]:@−30,0　　//输入 E 点的相对直角坐标
指定下一点或[闭合(C)/放弃(U)]:@0,−10　　//输入 F 点的相对直角坐标
指定下一点或[闭合(C)/放弃(U)]:@−15,0　　//输入 G 点的相对直角坐标
指定下一点或[闭合(C)/放弃(U)]:@−5,−10　　//输入 H 点的相对直角坐标
指定下一点或[闭合(C)/放弃(U)]:C　　//使线框闭合

11.3.1.2　多段线命令

菜单命令：“绘图”/“多段线”

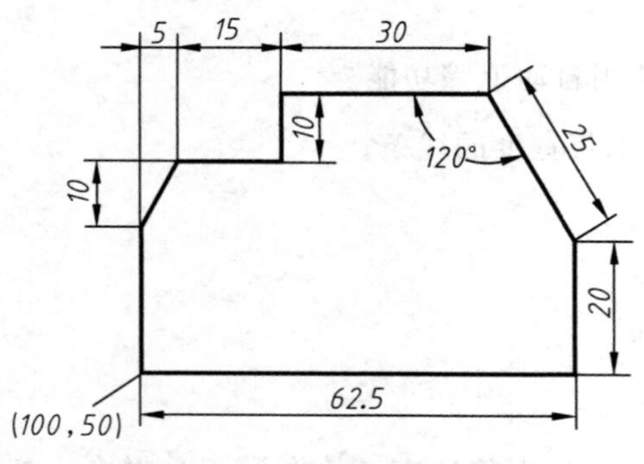

图 11-14 用直线命令绘制图形

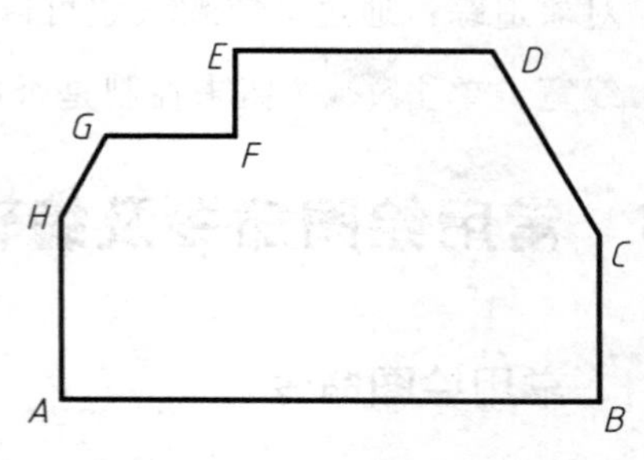

图 11-15 绘制封闭线框

工具栏："绘图" 工具栏上的 按钮

命令：PLine 或 PL

多段线是由几段直线和圆弧构成的连续线条，它是一个单独的图形对象。

【例 11-2】 使用多段线命令绘制图形，如图 11-16 所示。

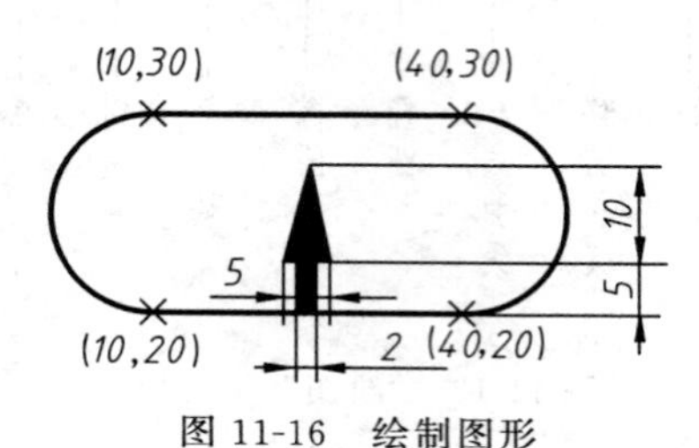

图 11-16 绘制图形

命令:pline //启动多段线命令

指定起点:10,30 //输入起点直角坐标

指定下一个点或[圆弧(A)/半宽(H)/长度(L)/放弃(U)/宽度(W)]:40,30

//输入下一点的直角坐标

指定下一个点或[圆弧(A)/半宽(H)/长度(L)/放弃(U)/宽度(W)]:a

//使用"圆弧(A)"选项

指定圆弧的端点或[角度(A)/圆心(CE)/闭合(CL)/方向(D)/半宽(H)/直线(L)/半径(R)/第二个点(S)/放弃(U)/宽度(W)]:40,20 //输入圆弧端点的直角坐标

指定圆弧的端点或[角度(A)/圆心(CE)/闭合(CL)/方向(D)/半宽(H)/直线(L)/半径(R)/第二个点(S)/放弃(U)/宽度(W)]:l //使用"直线(L)"选项

指定下一个点或[圆弧(A)/半宽(H)/长度(L)/放弃(U)/宽度(W)]:10,20

//输入直线端点的直角坐标

指定下一个点或[圆弧(A)/半宽(H)/长度(L)/放弃(U)/宽度(W)]:a

//使用"圆弧(A)"选项

指定圆弧的端点或[角度(A)/圆心(CE)/闭合(CL)/方向(D)/半宽(H)/直线(L)/半径(R)/第二个点(S)/放弃(U)/宽度(W)]:cl //图形闭合,结束命令

命令:pline //按 Enter 键,重复多段线命令

指定起点: //使用对象捕捉菜单追踪线段中点

指定下一个点或[圆弧(A)/半宽(H)/长度(L)/放弃(U)/宽度(W)]:w

//使用“宽度(W)”选项
指定起点宽度<0.0000>:2 //输入多段线起点宽度值
指定起点宽度<2.0000>: //按 Enter 键
指定下一个点或[圆弧(A)/半宽(H)/长度(L)/放弃(U)/宽度(W)]:5
//向上追踪并输入距离
指定下一个点或[圆弧(A)/半宽(H)/长度(L)/放弃(U)/宽度(W)]:w
//使用“宽度(W)”选项
指定起点宽度<2.0000>:5 //输入多段线起点宽度值
指定起点宽度<0.0000>: //按 Enter 键
指定下一个点或[圆弧(A)/半宽(H)/长度(L)/放弃(U)/宽度(W)]:10
//向上追踪并输入距离
指定下一个点或[圆弧(A)/半宽(H)/长度(L)/放弃(U)/宽度(W)]: //按 Enter 键

11.3.1.3 多边形命令

菜单命令：“绘图” / “多边形”

工具栏：“绘图” 工具栏上的 按钮

命令：Polygon 或 POL

绘制正多边形时，通过命令行提示选择并设置多边形内接于圆的半径、外切于圆的半径或多边形边长来生成指定边数的正多边形。多边形的边数可以为 3～1024。

11.3.1.4 圆命令

菜单命令：“绘图” / “圆”

工具栏：“绘图” 工具栏上的 按钮

命令：Circle 或 C

绘制圆及圆弧连接。默认绘制圆的方法是指定圆心和半径，此外，还可通过使用相切、相切、半径和相切、相切、相切绘制圆弧连接。

【例 11-3】使用多边形命令绘制图形，如图 11-17 所示。

命令:circle //启动圆命令
指定圆的圆心或[三点(3P)/两点(2P)/切点、切点、半径(T)]:
//鼠标点击绘图区任意一点
指定圆的半径或[直径(D)]:15 //输入圆的半径值
命令:polygon //启动多边形命令
输入侧面数<4>:6 //输入多边形的边数
指定正多边形中心点或[边(E)]: //鼠标点击圆心
输入选项[内接于圆(I)/外切于圆(C)]<I>: //按 Enter 键,使用“内接于圆(I)”选项
指定圆的半径:15 //输入内接于圆的半径值[结果如图 11-17(a)所示]
命令:polygon //按 Enter 键,重复多边形命令
输入侧面数<6>: //按 Enter 键,接受默认多边形边数
指定正多边形中心点或[边(E)]: //鼠标点击圆心
输入选项[内接于圆(I)/外切于圆(C)]<I>:c //使用“外切于圆(C)”选项
指定圆的半径:15 //输入外切于圆的半径值[结果如图 11-17(b)所示]

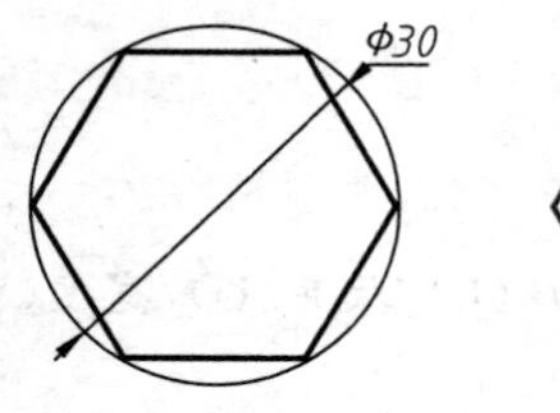

(a) 多边形内接于圆　　(b) 多边形外切于圆

图 11-17　绘制多边形

11.3.1.5　矩形命令

菜单命令："绘图"/"矩形"

工具栏："绘图"工具栏上的按钮

命令：Rectang 或 REC

绘制矩形时，根据命令行提示，绘制指定长宽/面积、指定倒角/圆角或指定线宽的矩形。

11.3.1.6　图案填充命令

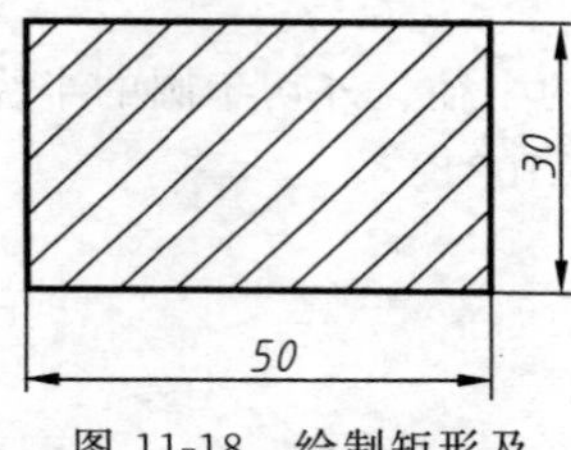

图 11-18　绘制矩形及图案填充

菜单命令："绘图"/"图案填充"

工具栏："绘图"工具栏上的按钮

命令：Hatch 或 H

图案填充命令是指在闭合的区域内生成填充图案。启动该命令后，用户选择图案类型，再指定填充比例、图案旋转角度及填充区域，就可生成图案填充。

【例 11-4】 使用矩形及图案填充命令绘制图形，如图 11-18 所示。

命令:rectang　　//启动矩形命令

指定第一个角点或[倒角(C)/标高(E)/圆角(F)/厚度(T)/宽度(W)]:

//鼠标点击绘图区任意一点

指定另一个角点或[面积(A)/尺寸(D)/旋转(R)]:D　　//使用"尺寸(D)"选项

指定矩形的长度<0.0000>:50　　//输入矩形的长度值

指定矩形的长度<50.0000>:30　　//输入矩形的宽度值

指定另一个角点或[面积(A)/尺寸(D)/旋转(R)]:　　//鼠标点击绘图区右下角

命令:hatch　　//启动图案填充命令

弹出"图案填充和渐变色"对话框，如图 11-19 所示。根据图形需要设置选项，点击"添加：拾取点"按钮。

拾取内部点或[选择对象(S)/删除边界(B)]:

//鼠标点击矩形区域内任意一点，按 Enter 键

返回图案填充和渐变色对话框，单击 确定 按钮。

11.3.2 常用编辑命令

在绘制工程图样的过程中，需要对图形进行编辑修改。AutoCAD 把常用的一些编辑图

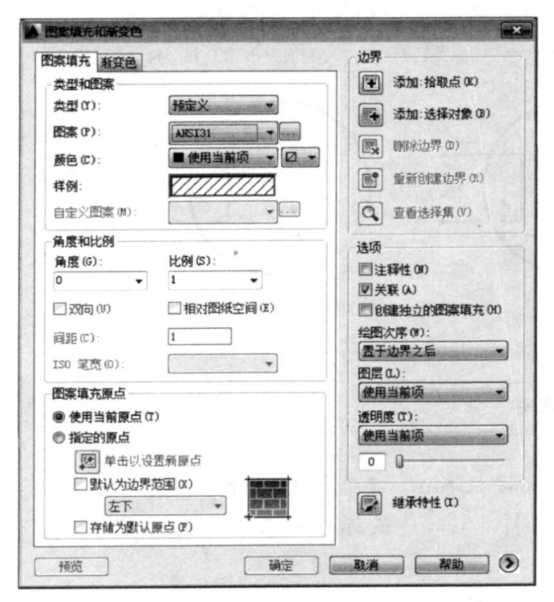

图 11-19　“图案填充和渐变色”对话框

形命令集中放置在“修改”工具栏中，如图 11-20 所示。下面介绍常用的几种编辑命令的使用。

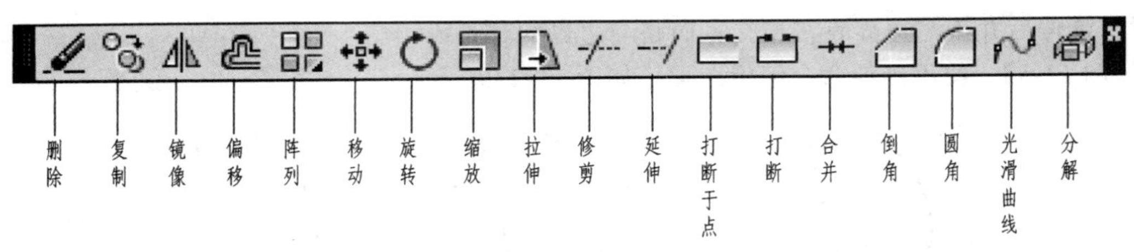

图 11-20　“修改”工具栏

11.3.2.1　删除命令

菜单命令：“修改”/“删除”

工具栏：“修改”工具栏上的按钮

命令：Erase 或 E

Erase 命令用来删除图形对象，该命令没有任何选项。要删除一个对象，用户可以用鼠标光标先选择该对象，然后单击“修改”工具栏上的按钮，或者键入命令 Erase（命令简称 E)。用户也可先发出删除命令，再选择要删除的对象。此外，还可以选择对象，按 Delete 键也可删除对象。

11.3.2.2　修剪命令

菜单命令：“修改”/“修剪”

工具栏：“修改”工具栏上的按钮

命令：Trim 或简写 Tr

使用修剪命令可将多余线条修剪掉。启动该命令后，用户首先指定一个或几个对象作为剪切边（可以想象为剪刀），然后选择被修剪的部分。

【例 11-5】 使用修剪命令编辑图形，如图 11-21 所示。

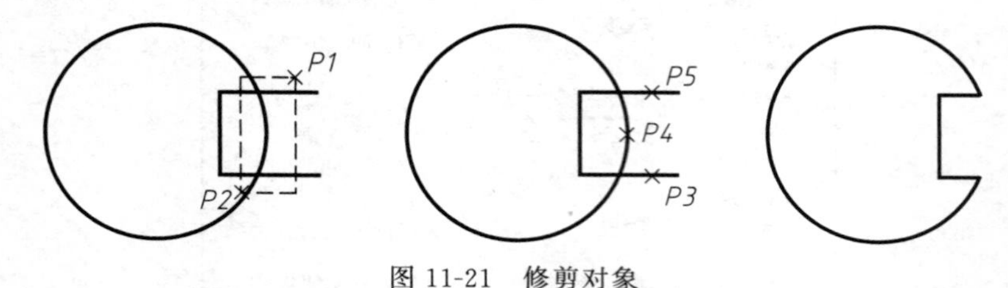

图 11-21 修剪对象

命令:Trim //启动修剪命令

选择对象或<全部选择>: //鼠标分别点击绘图区 P1 点和 P2 点

选择对象: //按 Enter 键

选择要修剪的对象,或按住 Shift 键选择要延伸的对象,或[栏选(F)/窗交(C)/投影(P)/边(E)/删除(R)/放弃(U)]: //鼠标分别点击绘图区 P3 点、P4 点和 P5 点,按 Enter 键

11.3.2.3 延伸命令

菜单命令："修改"/"延伸"

工具栏："修改"工具栏上的按钮

命令：Extend 或简写 Ex

利用延伸命令可以将线段、曲线等对象延伸到一个边界对象，使其与边界对象相交。有时对象延伸后并不与边界直接相交，而是与边界的延长线相交。

【例 11-6】 使用延伸命令编辑图形，如图 11-22 所示。

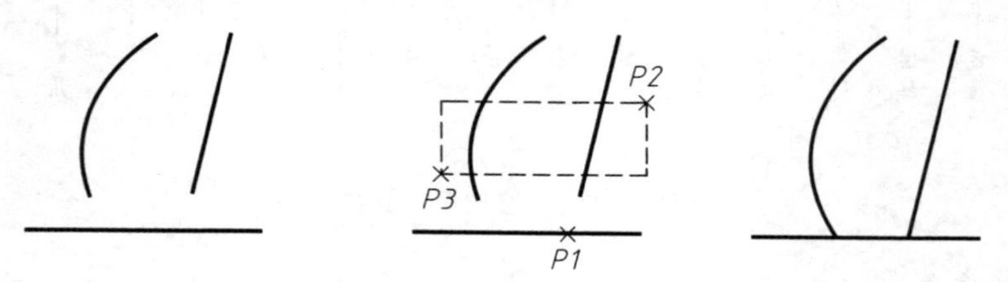

图 11-22 延伸对象

命令:Extend //启动延伸命令

选择对象或<全部选择>: //鼠标点击绘图区 P1 点,选择延伸边界

选择对象: //按 Enter 键

选择要延伸的对象,或按住 Shift 键选择要修剪的对象,或[栏选(F)/窗交(C)/投影(P)/边(E)/删除(R)/放弃(U)]: //鼠标分别点击绘图区 P2 点和 P3 点,选择延伸对象

选择要延伸的对象,或按住 Shift 键选择要修剪的对象,或[栏选(F)/窗交(C)/投影(P)/边(E)/删除(R)/放弃(U)]: //按 Enter 键

11.3.2.4 复制命令

菜单命令："修改"/"复制"

工具栏："修改"工具栏上的按钮

命令：Copy 或 Co

启动复制命令后，首先选择要移动或复制的对象，然后通过两点或直接输入位移值指定

对象复制的距离和方向，AutoCAD 就将在新位置上得到复制的图形元素。

11.3.2.5　移动命令

菜单命令：“修改” / “移动”

工具栏：“修改”工具栏上的按钮

命令：Move 或 M

与复制命令使用方法相似。使用移动命令将图形元素从原位置移动到新位置，原位置图形元素消失。

【例 11-7】 使用移动命令绘制图形，如图 11-23 所示。

命令:Move　　//启动移动命令

选择对象:　　//鼠标依次点击绘图区 P1 点和 P2 点

选择对象:　　//按 Enter 键

指定基点或[位移(D)]<位移>:　　//鼠标点击绘图区 P3 点

指定第二点或<使用第一个点作为位移>:　　//鼠标点击绘图区 P4 点

11.3.2.6　阵列命令

菜单命令：“修改”/“阵列”

工具栏：“修改”工具栏上的按钮

命令：Arrayclassic 或 Ar

通过一次操作可同时生成若干个相同的图形，以提高作图效率。

(1) 矩形阵列

矩形阵列是指将对象按行、列方式进行排列。操作时，用户一般应提供阵列的行数、列数、行间距、列间距等，如果要沿倾斜方向生成矩形阵列，还应输入阵列的倾斜角度。

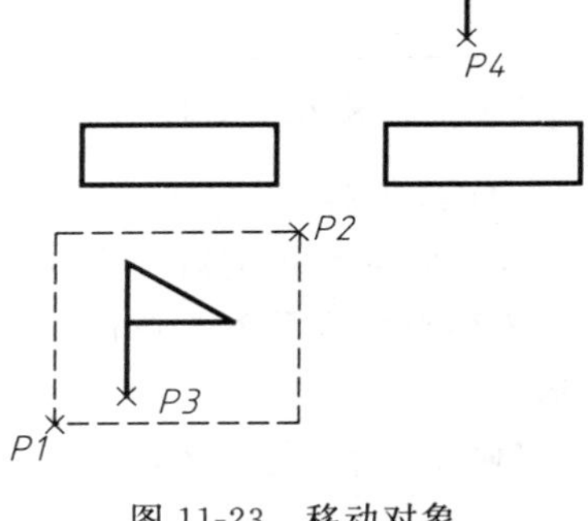

图 11-23　移动对象

【例 11-8】 使用矩形阵列命令绘制图形，如图 11-24 所示。

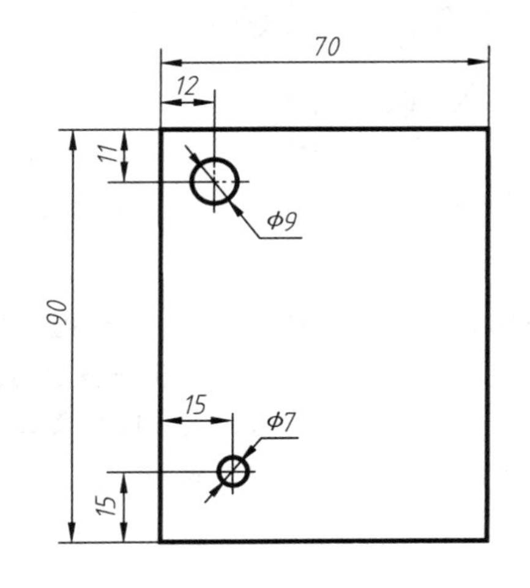

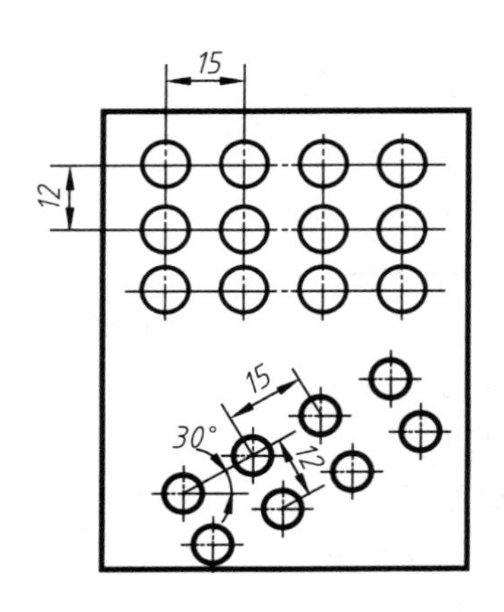

图 11-24　矩形阵列

命令：Arrayclassic

//启动经典阵列命令，弹出阵列对话框，如图 11-25 所示，选择矩形阵列。

选择对象：　　　　　　　　　　　//鼠标选择绘图区 ϕ9 圆对象，按 Enter 键

按照绘图要求填写阵列对话框，如图 11-25 所示。点击“确定”按钮。

命令：Arrayclassic　　　　　　　//启动经典阵列命令，弹出阵列对话框，如图 11-26 所示。

选择对象：　　　　　　　　　　　//鼠标选择绘图区 ϕ7 圆对象，按 Enter 键

按照绘图要求填写阵列对话框，如图 11-26 所示。点击“确定”按钮。

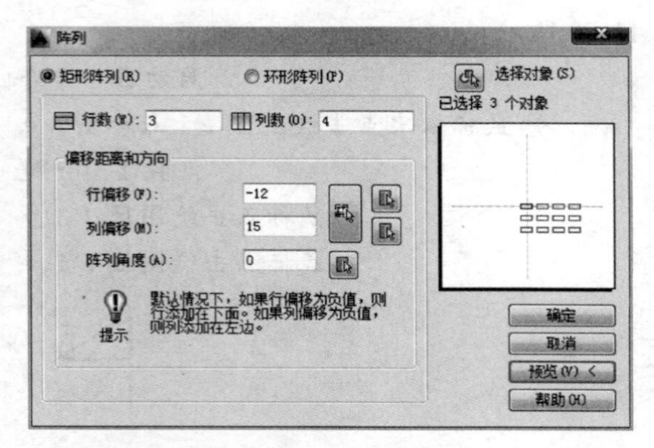

图 11-25　矩形阵列对话框中阵列角度为零

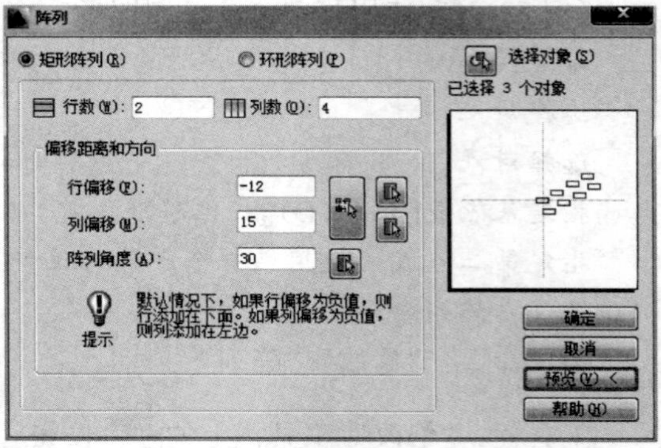

图11-26　矩形阵列对话框中阵列角度不为零

（2）环形阵列

环形阵列是指把对象绕阵列中心等角度均匀分布。决定环形阵列的主要参数有阵列中心、阵列总角度及阵列数目。此外，用户也可通过输入阵列总数及每个对象间的夹角来生成环形阵列。

【例 11-9】 使用环形阵列命令绘制图形，如图 11-27 所示。

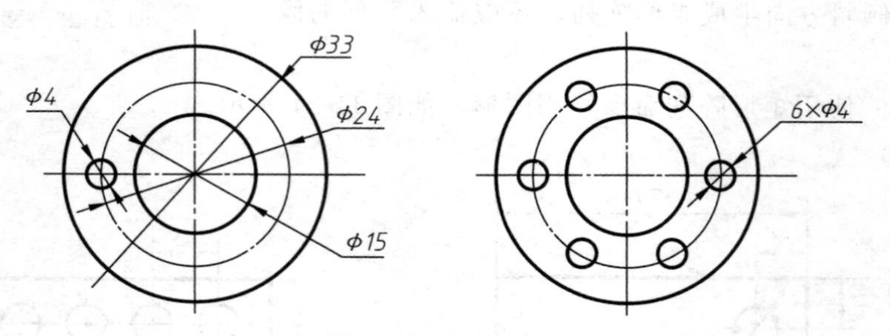

图 11-27　环形阵列

命令：Arrayclassic

//启动经典阵列命令，弹出阵列对话框，如图 11-28 所示，选择环形阵列。

指定阵列中心点：　　　　　　　　　　　　　　//鼠标点击 ϕ33 的圆心

选择对象：　　　　　　　　　　　//鼠标选择绘图区 ϕ4 圆对象，按 Enter 键

按照绘图要求填写阵列对话框，如图 11-28 所示。点击“确定”按钮。

11.3.2.7　镜像命令

菜单命令：“修改”/“镜像”

工具栏：“修改”工具栏上的▲按钮

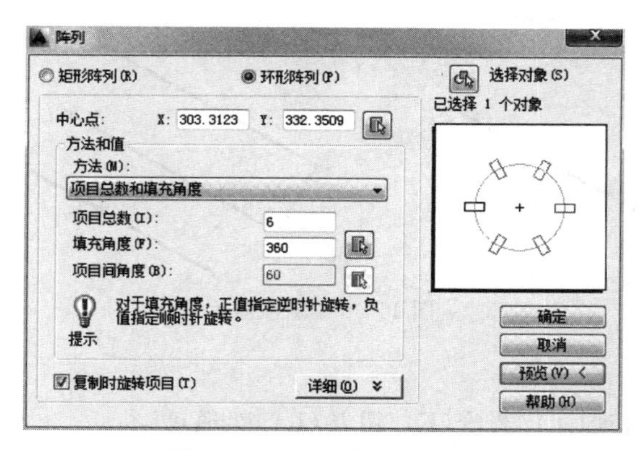

图 11-28　环形阵列对话框

命令：Mirror 或 Mi

对于对称图形，用户只需画出图形的一半，另一半可由 Mirror 命令镜像出来。操作时，用户需先指出要对哪些对象进行镜像，然后再指定镜像线的位置。

【例 11-10】 使用镜像命令绘制图形，如图 11-29 所示。

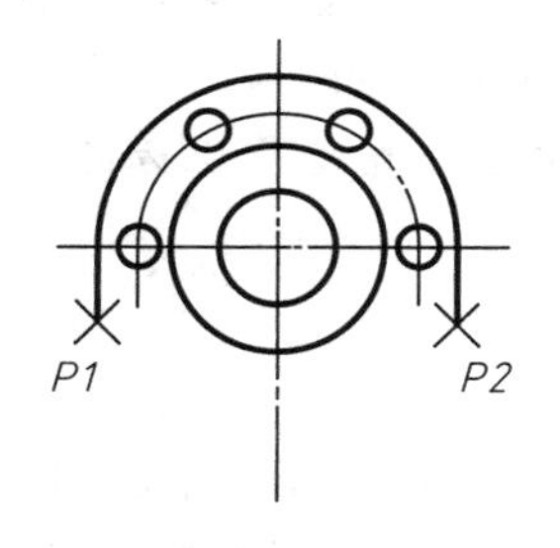

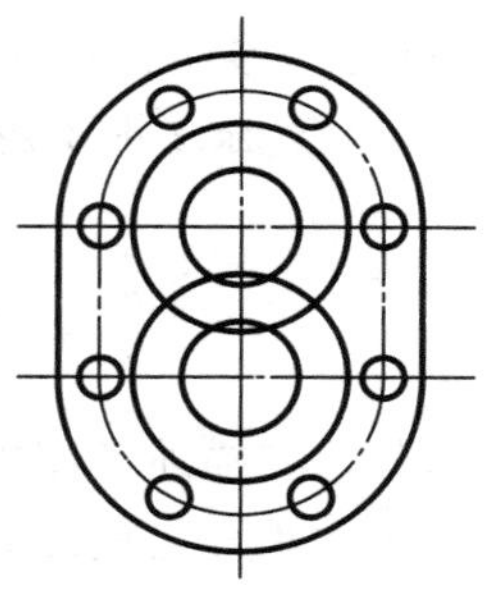
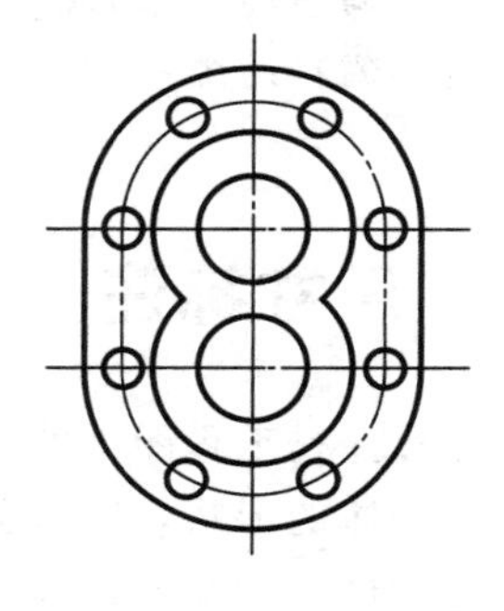

图 11-29　镜像对象

命令：Mirror	//启动镜像命令
选择对象：	//鼠标选择绘图区所有对象
选择对象：	//按 Enter 键
指定镜像线第一点：	//鼠标点击 $P1$ 点
指定镜像线第二点：	//鼠标点击 $P2$ 点
要删除源对象吗？{是(Y)/否(N)}＜否＞：	//按 Enter 键

经过修剪编辑得到最终图形。

11.3.2.8　偏移命令

菜单命令："修改" / "偏移"

工具栏："修改" 工具栏上的按钮

命令：Offset 或 O

Offset 命令可将对象偏移指定的距离，创建一个与原对象类似的新对象。使用该命令时，用户可以通过两种方式创建平行对象，一种是输入平行线间的距离，另一种是指定新平行线通过的点。

【例 11-11】 使用偏移命令绘制已知直线的平行线，如图 11-30 所示。

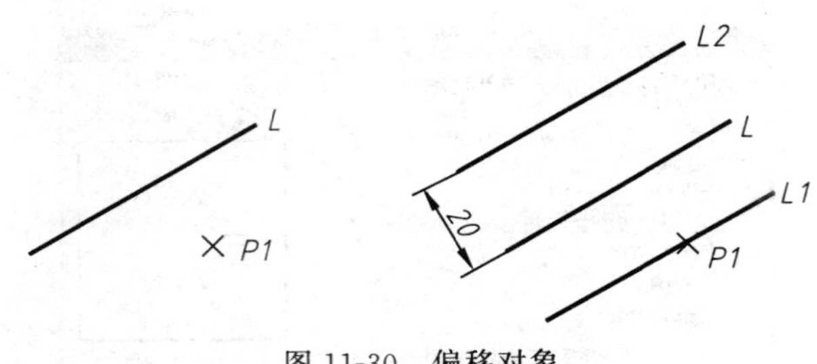

图 11-30 偏移对象

命令：Offset //启动偏移命令

指定偏移距离或[通过(T)/删除(E)/图层(L)]＜通过＞： //按 Enter 键

选择要偏移的对象，或[退出(E)/放弃(U)]＜退出＞： //鼠标点击已知直线 L

指定通过点或[退出(E)/多个(M)/放弃(U)]＜退出＞：

//按 Shift 键点击鼠标右键，选择节点。鼠标再点击绘图区域中的 $P1$ 点

命令：Offset //按 Enter 键，重复偏移命令

指定偏移距离或[通过(T)/删除(E)/图层(L)]＜通过＞：20 //输入平行线间距离 20

选择要偏移的对象，或[退出(E)/放弃(U)]＜退出＞： //鼠标点击已知直线 L

指定要偏移的那一侧上的点或[退出(E)/多个(M)/放弃(U)]＜退出＞：

//鼠标点击绘图区域中已知直线 L 上方的任意一点

11.4 尺寸标注

尺寸标注是工程图纸的重要组成部分，它描述了图纸上的一些重要几何信息。图形的作用是表达物体的形状，物体各部分的真实大小和它们之间的相对位置只能通过尺寸确定。尺寸是制造零件、装配及检验的重要依据。

AutoCAD 中提供了丰富的尺寸标注命令，可以轻松地标注出各种类型的尺寸。各种类型尺寸标注命令集中放置在“标注”工具栏中，如图 11-31 所示。

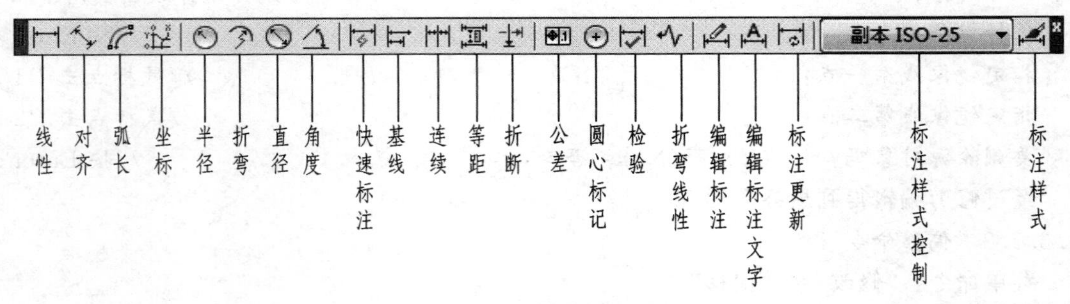

图 11-31 “标注”工具栏

11.4.1 尺寸标注类型

① 距离标注。常用距离标注方式包括线性标注、对齐标注和弧长标注等。

a. 线性标注：用于点、直线之间的线性标注，只能标注水平或垂直方向的尺寸。

b. 对齐标注：用于标注平行于两点、直线之间的长度。

c. 弧长标注：用于标注圆弧段上的距离。

② 径向标注。常用径向标注方式包括直径标注、半径标注。

a. 直径标注：用于标注圆或圆弧的直径尺寸。一般为圆心角超过 180°的圆弧使用此标注。

b. 半径标注：用于标注圆或圆弧的半径尺寸。通常小于或等于半圆的圆弧使用此标注。

③ 角度尺寸标注。用于对两直线或三个点进行角度尺寸标注。

④ 快捷标注。快捷标注方式包括快速标注、基线标注、连续标注等。

a. 快速标注：用于多个尺寸的标注。

b. 基线标注：从上一个标注或选定的基线处创建线性标注、角度标注或坐标标注。

c. 连续标注：从上一个标注或选定的尺寸界线开始的标注。

11.4.2　创建标注样式

在进行各种类型尺寸标注之前，必须先创建所需的标注样式，并把创建的标注样式设置为当前标注样式。创建标注样式主要在“标注样式管理器”对话框中实现，如图 11-32 所示。

【例 11-12】 创建符合国标规定的尺寸样式。

① 创建一个新文件。

② 单击“标注”工具栏上的按钮或选取菜单命令“格式”/“标注样式”，打开“标注样式管理器”对话框，如图 11-32 所示。通过此对话框可以创建新的尺寸标注样式或修改标注样式中的变量。

③ 单击新建(N)...按钮，打开“创建新标注样式”对话框，如图 11-33 所示。在此对话框的“新样式名”文本框中输入新的样式名称“国标标注”。

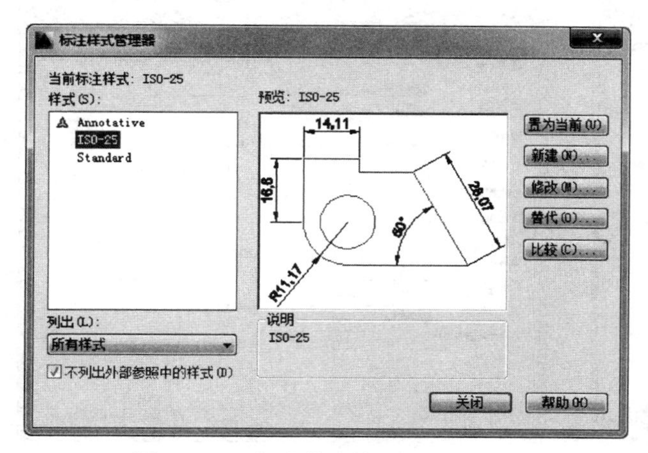

图 11-32　“标注样式管理器”对话框

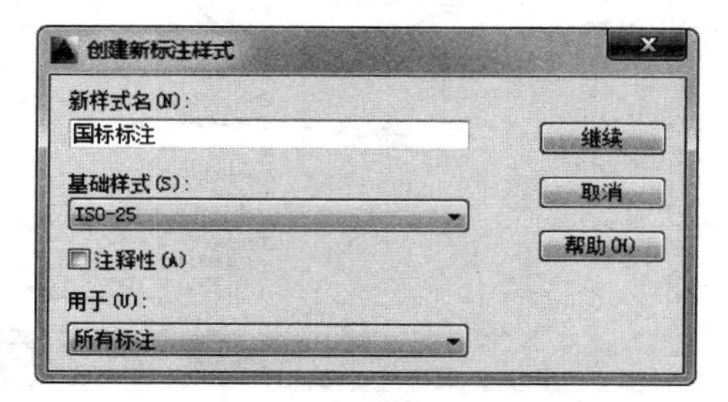

图 11-33　“创建新标注样式”对话框

④ 单击 继续 按钮，打开“新建标注样式”对话框，如图 11-34 所示。该对话框有 7 个选项卡，通常设置如下。

a. “线”选项卡，如图 11-34 所示。

- “基线间距”：用于确定平行尺寸线间的距离，通常设置为“7”。
- “超出尺寸线”：用于控制尺寸界线超出尺寸线的距离，通常设置为“2”。
- “起点偏移量”：用于控制尺寸界线起点与标注对象端点间的距离，通常设置为“0”。

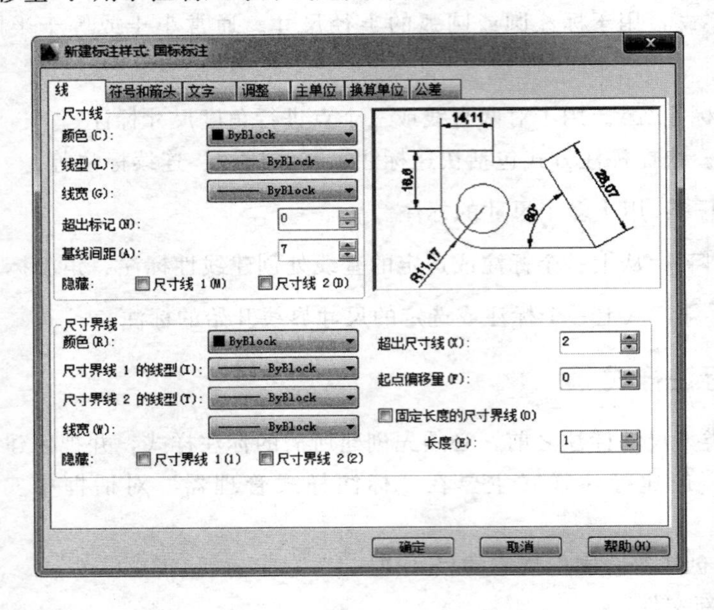

图 11-34　设置“线”选项卡

b. “符号和箭头”选项卡，如图 11-35 所示。

- “第一个”和“第二个”：这两个下拉列表用于选择尺寸线两端起止符号的形式。
- “箭头大小”：利用此选项设置起止符号大小，通常设置为“2”。

c. “文字”选项卡，如图 11-36 所示。

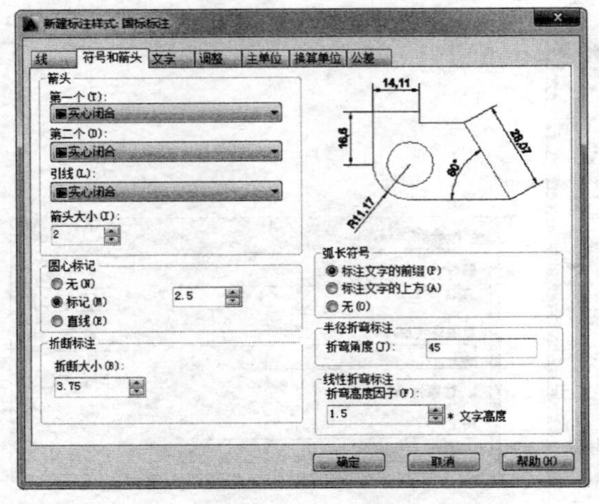

图 11-35　设置“符号和箭头”选项卡

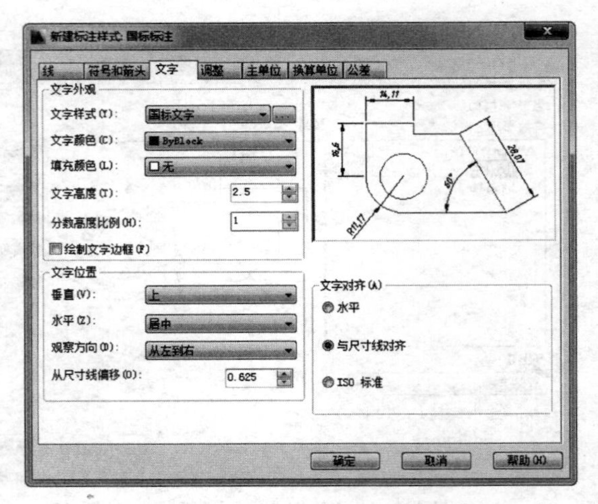

图 11-36　设置“文字”选项卡

• “文字样式”：在下拉列表中选择文字样式或单击其右边[...]按钮，打开“文字样式”对话框，创建新的文字样式。

• “文字高度”：在此文本框中设定文字的高度。若在文本样式中已设置了文字高度，则此对话框中无法再设置文字高度。默认文字的高度为 2.5。

d. “调整”选项卡，如图 11-37 所示。

• “使用全局比例”：全局比例值将影响尺寸标注所有组成元素的大小，如标注文字和尺寸箭头等。

图 11-37　“调整”选项卡

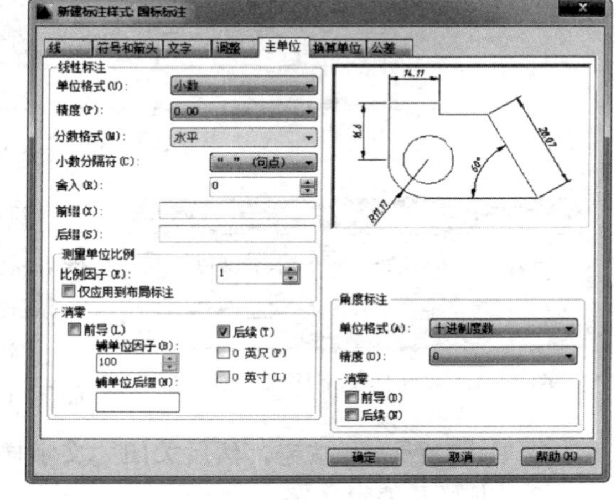

图 11-38　“主单位”选项卡

e. “主单位”选项卡，如图 11-38 所示。

• 线性尺寸的“精度”：设置长度型尺寸数字的精度（小数点后显示的位数）。

• “小数分隔符”：若单位类型是小数，则可在此下拉列表中选择小数分隔符的形式。通常设置“句点”。

• “比例因子”：用于输入尺寸数字的缩放比例因子。

11.4.3　创建文字样式

工艺流程、技术说明、标题栏信息和尺寸标注说明等，是工程图样中不可缺少的文字内容。

（1）创建国标文字样式

文字样式主要是用来控制与文本连接的字体文件、字符宽度、文字倾斜角度及高度等项目的。用户可以针对每一种不同风格的文字创建对应的文字样式，这样在输入文本时就可以通过相应的文字样式来控制文本的外观。

【例 11-13】 创建符合国标规定的文字样式。

① 创建一个新文件。

② 选取菜单命令“格式”/“文字样式”，打开“文字样式”对话框，如图 11-39 所示。

③ 单击[新建(N)...]按钮，打开“新建文字样式”对话框，在“样式名”文本框中输入文字样式名称“国标文字”，如图 11-40 所示。

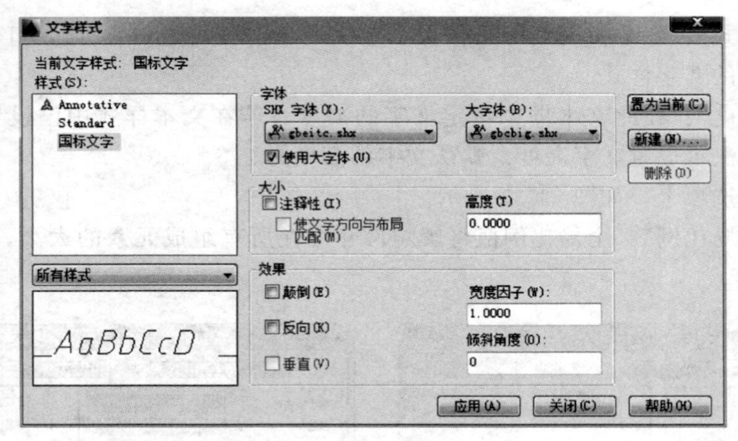

图 11-39 “文字样式”对话框

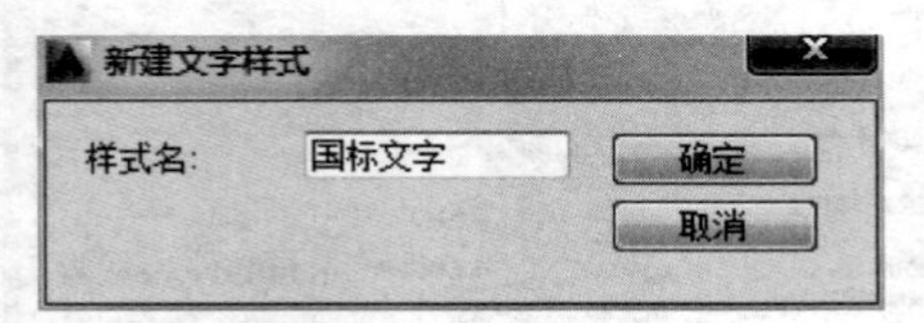

图 11-40 “新建文字样式”对话框

④ 单击 确定 按钮，返回“文字样式”对话框，在“SHX 字体”下拉列表中选择“gbeitc. shx”。选中“使用大字体”复选框，然后在“大字体”下拉列表中选择“gbcbig. shx”，如图 11-39 所示。

⑤ 单击 应用(A) 按钮，然后关闭“文字样式”对话框。

(2) 书写及编辑文字

在 AutoCAD 中，文字命令集中放置在“文字”工具栏中，如图 11-41 所示。包括输入多行文字、单行文字、编辑文字、查找和替换、文字样式、对正文字等命令。

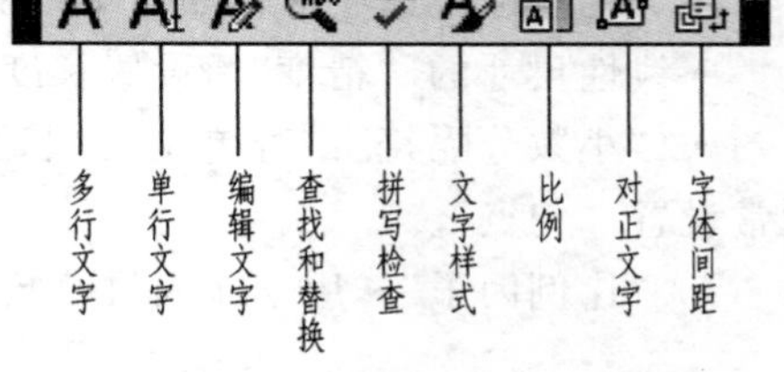

图 11-41 “文字”工具栏

菜单命令：“绘图”/“文字”/“多行文字”

工具栏：“文字”工具栏上的 A 按钮

命令：Mtext 或 MT

多行文字命令生成的文字段落称为多行文字，它可由任意数目的文字行组成，所有的字体构成一个单独的实体。

【例 11-14】 多行文字书写及添加特殊符号。

文字内容为：蜗轮分度圆直径＝ϕ200

传动箱体钢板厚度≥5

① 创建新文字样式，并使用该样式成为当前样式。新样式名称为“国标文字”，与其相连的字体文件是“gbeitc. shx”和“gbcbig. shx”。

② 创建多行文字。

命令：Mtext　　//启动多行文字命令

指定第一角点：　　//鼠标点击绘图区中任意一点

指定对角点：　　//拖到鼠标点击对角点

③ 系统弹出“多行文字编辑器”对话框，在字体高度框中输入数值“3.5”，然后输入文字，如图 11-42 所示。

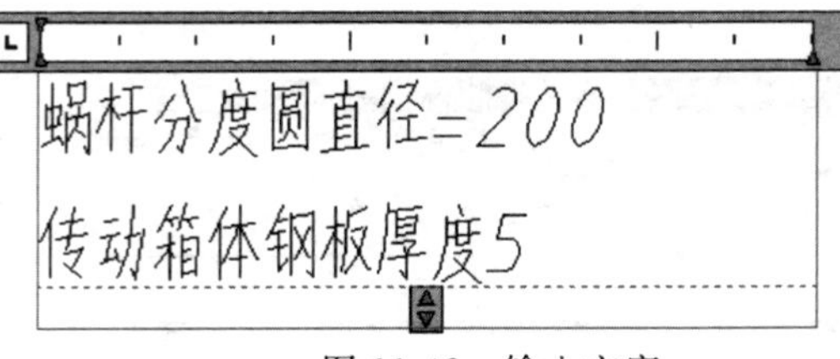

图 11-42　输入文字

④ 在要插入直径符号的位置单击鼠标左键，然后再单击鼠标右键，在弹出的快捷菜单中选择“符号”/“直径”，结果如图 11-43 所示。

⑤ 在文本输入窗口中单击鼠标右键，弹出快捷菜单，选择“符号”/“其他”，打开“字符映射表”对话框。

⑥ 在“字符映射表”对话框的“字体”下拉列表中选择“symbol”字体，然后选择需要的字符“≥”，如图 11-44 所示。

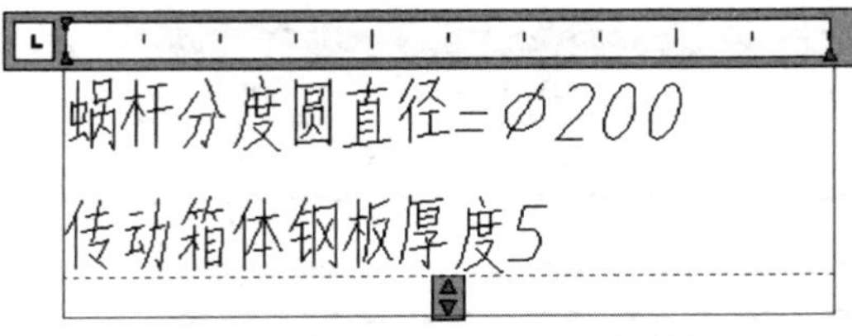

图 11-43　插入直径符号

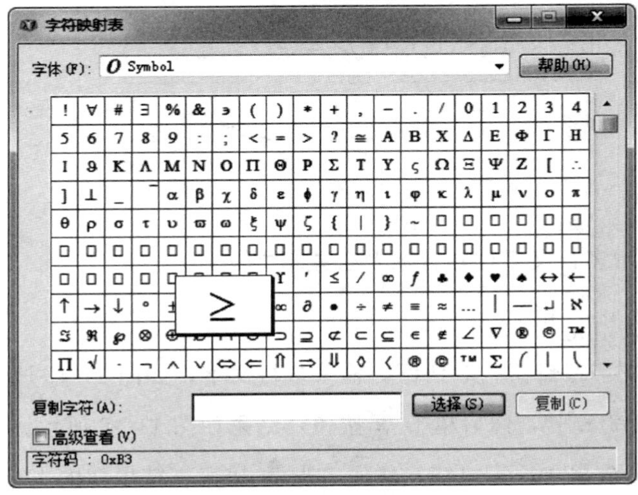

图 11-44　“字符映射表”对话框选择字符“≥”

⑦ 单击按钮，再单击按钮。

⑧ 返回“多行文字编辑器”对话框，在需要插入“≥”符号的位置单击鼠标左键，然后单击鼠标右键，弹出快捷菜单，选择“粘贴”选项，结果如图 11-45 所示。粘贴“≥”符号后，AutoCAD 将自动回车。

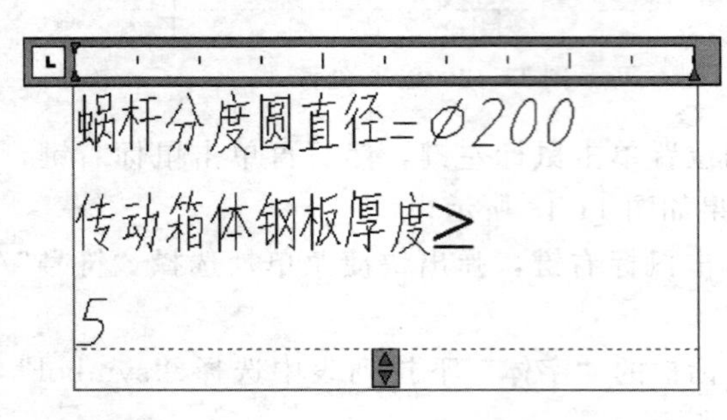

图 11-45 粘贴符号“≥”

⑨ 把“≥”符号的高度修改为“3”，再将鼠标光标放置在此符号的后面，按“Delete”键，结果如图 11-46 所示。

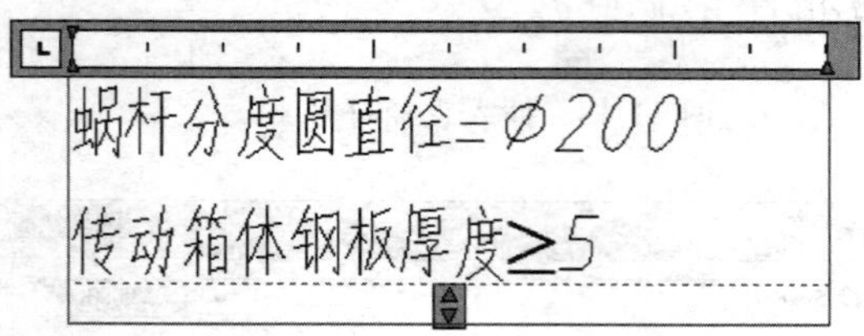

图 11-46 修改符号“≥”的高度

⑩ 单击 确定 按钮。

【例 11-15】 使用多行文字创建分数及公差形式文字。

文字内容为：$\phi 50\,\dfrac{\mathrm{H7}}{\mathrm{m6}}$和 $100^{+0.020}_{-0.016}$

① 打开“多行文字编辑器”对话框，输入多行文字，如图 11-47 所示。

② 选择文字“H7/m6”，然后单击按钮，结果如图 11-48 所示。

③ 选择文字“+0.020^-0.016”，然后单击按钮，结果如图 11-49 所示。

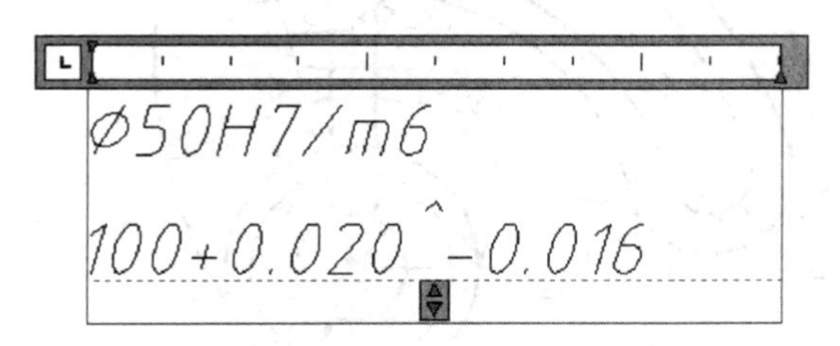

图 11-47　输入多行文字

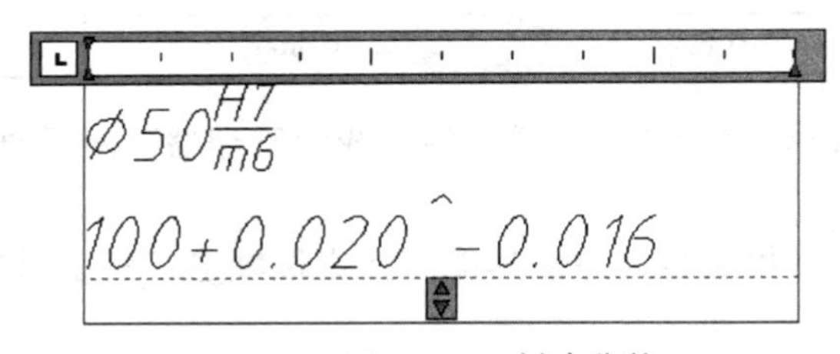

图 11-48　创建分数

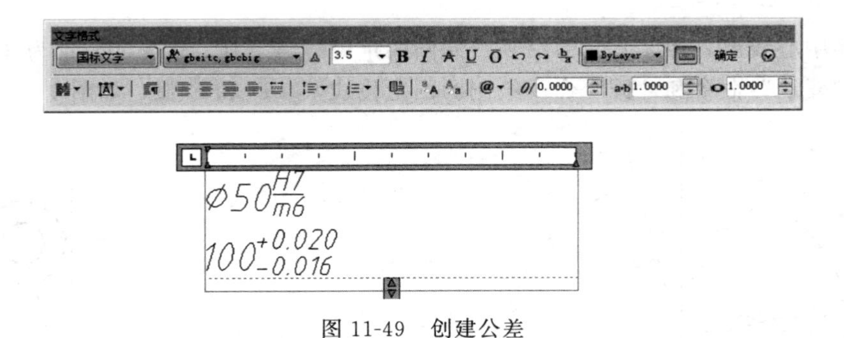

图 11-49　创建公差

④ 单击 确定 按钮完成。

11.5　图形绘制

11.5.1　平面图形的绘制

根据所给尺寸绘制如图 11-50 所示图形。

方法如下。

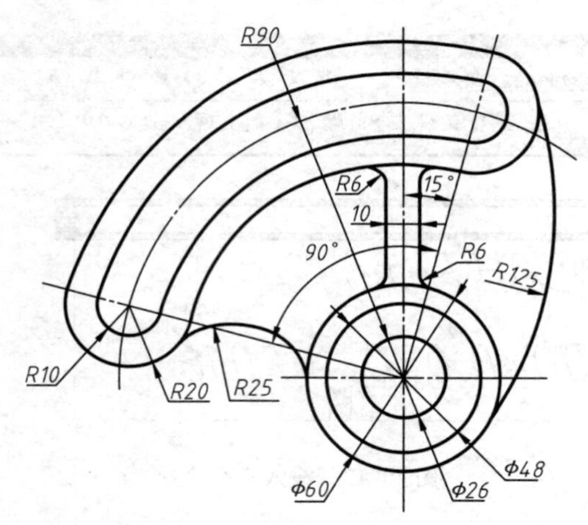

图 11-50 绘制平面图形

① 创建必要的图层：

名称	颜色	线型	线宽
轮廓线	白色	Continuous	0.5
中心线	红色	Center	默认

② 单击“格式”菜单选择“线型”，在弹出的“线型管理器”对话框中设置线型全局比例因子为“0.2”。

③ 打开极轴追踪、对象捕捉及自动追踪功能。指定极轴追踪角度增量为 90°，设定对象追踪方式为端点、交点。

④ 设定绘图区域大小为 120×150。双击鼠标中间滚轮，使绘图区域充满整个图形窗口显示出来。

⑤ 切换中心线层，用“直线”命令绘制圆的定位线 A、B，其长度分别为 65、145。使用“旋转”-“复制”命令和“圆”命令绘制圆的定位线 C、D 和 E 弧，如图 11-51 所示。

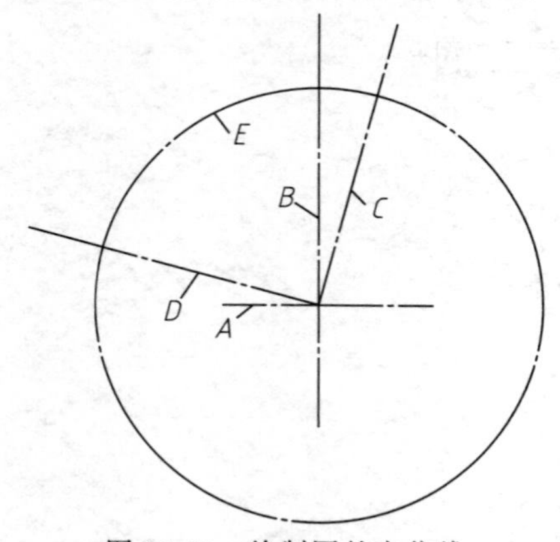

图 11-51 绘制圆的定位线

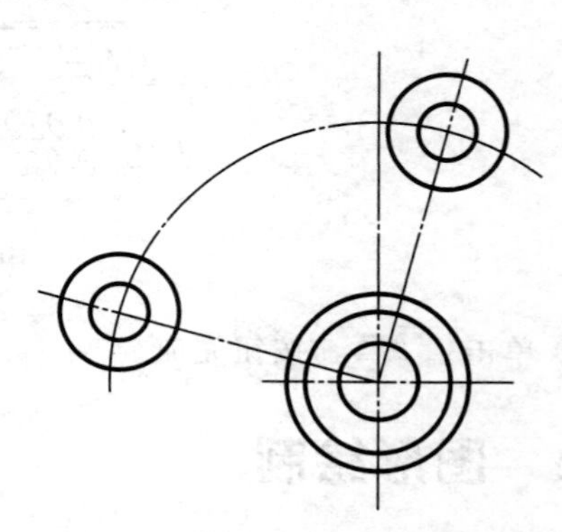

图 11-52 使用“圆心-半径”画圆

⑥ 切换轮廓线层，使用“圆心-半径”绘制圆图形，如图 11-52 所示。

⑦ 使用“相切-相切-半径”绘制圆弧连接，如图 11-53 所示。

⑧ 使用“偏移”、“圆角”、“修剪”、“拉长”等命令编辑完成图形，如图 11-54 所示。

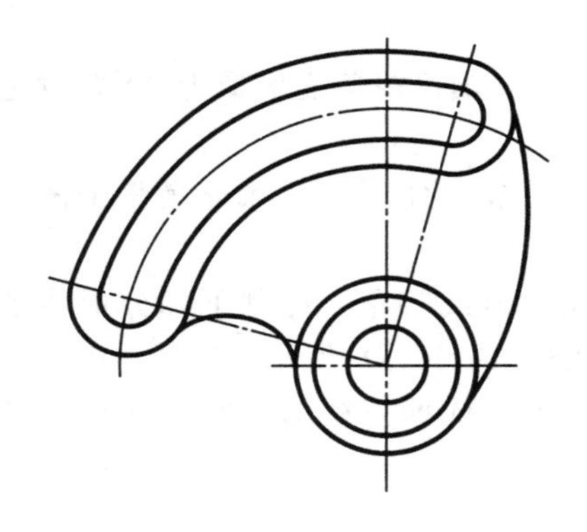

图 11-53　使用“相切-相切-半径”绘制圆弧连接

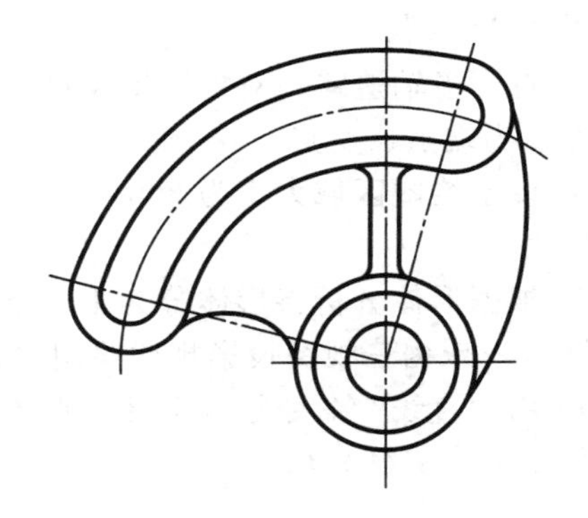

图 11-54　编辑完成平面图形

11.5.2　三视图的绘制

根据所给尺寸绘制如图 11-55 所示图形。

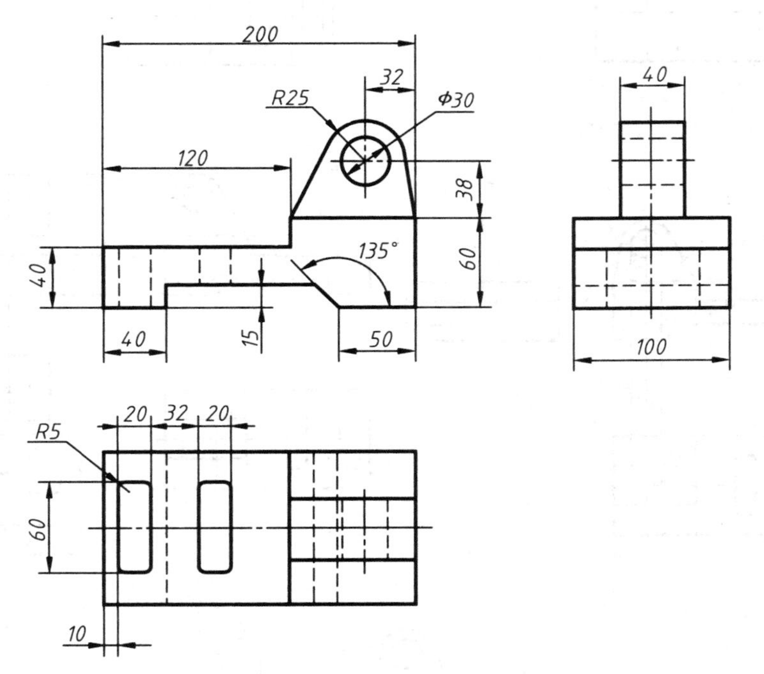

图 11-55　绘制三视图

方法如下。

① 创建必要的图层：

名称	颜色	线型	线宽
轮廓线	白色	Continuous	0.5
中心线	红色	Center	默认
虚线	黄色	Dashed	默认

② 单击“格式”菜单选择“线型”，在弹出的“线型管理器”对话框中设置线型全局比

例因子为“0.2”。

③ 打开极轴追踪、对象捕捉及自动追踪功能。指定极轴追踪角度增量为90°，设定对象追踪方式为端点、交点。

④ 设定绘图区域大小为200×120。双击鼠标中间滚轮，使绘图区域充满整个图形窗口显示出来。

⑤ 根据形体分析将形体分为上、下两个部分。用“直线”命令绘制下部分形体主视图外线框 A，依据三视图投影规律绘制俯、左视图，如图11-56（a）所示。

⑥ 用“直线”命令绘制下部分形体俯视图内线框 B，依据三视图投影规律绘制其主视图，如图11-56（b）所示。

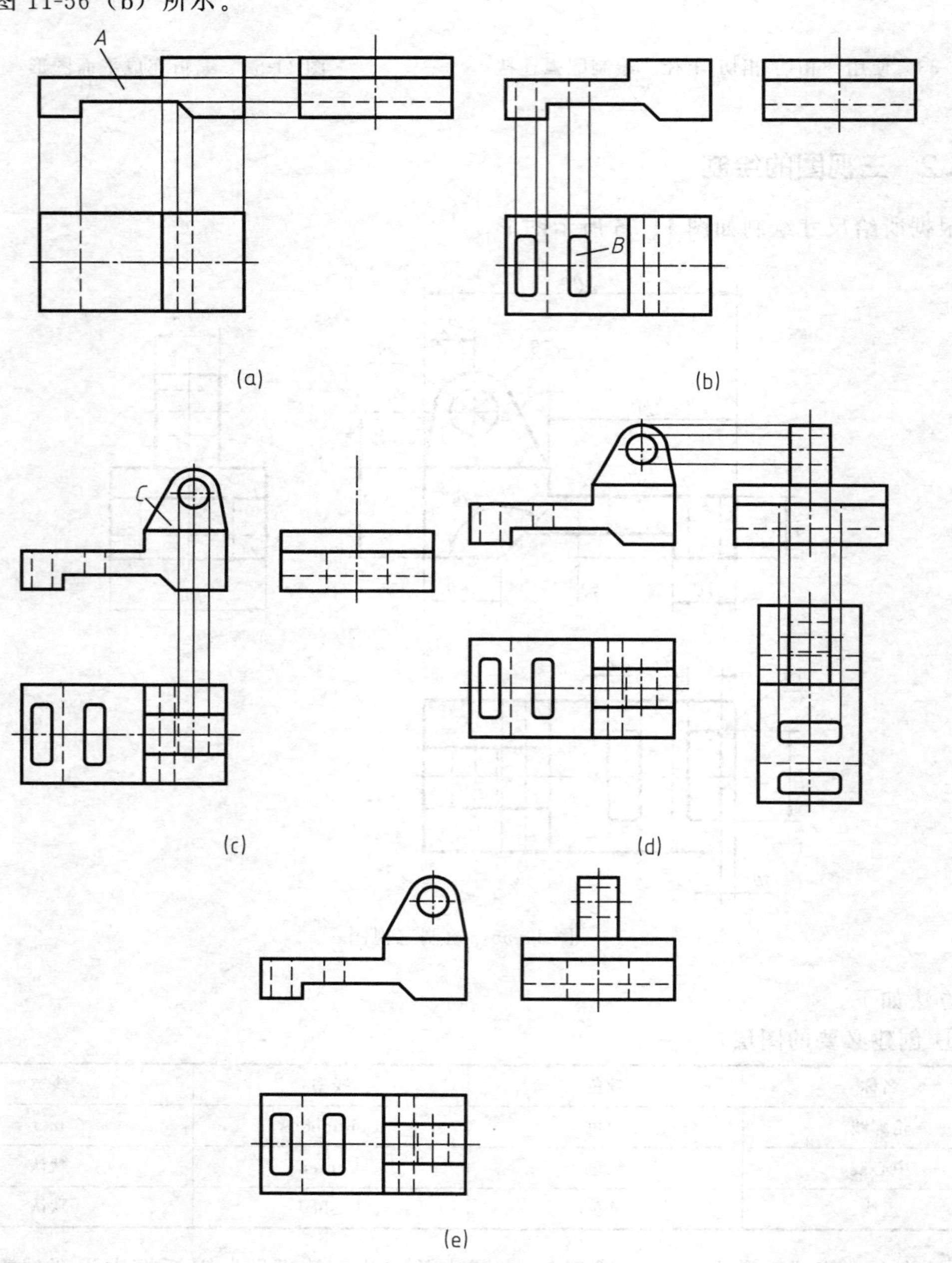

图11-56 绘制三视图步骤

⑦ 用“圆”、“直线”等命令绘制上部分形体的主视图线框 C，依据三视图投影规律绘制俯视图，如图 11-56（c）所示。

⑧ 将俯视图复制到新位置并旋转 90°（注意：视图前、后方向），再绘制投影线，形成上下两形体的其他轮廓，如图 11-56（d）所示。

⑨ 编辑修改有关图线，完成绘制，如图 11-56（e）所示。

11.5.3 零件图的绘制

11.5.3.1 创建及使用样板图

在实际图纸设计工作中，有许多项目都需要采用统一标准，如字体、标注样式、图层、标题栏等，可以利用样板图使图形标准保持一致。

AutoCAD 中有许多标准的样板文件，它们都保存在“Template”文件夹中，扩展名是“.dwt”。用户可以根据需要建立自己的标准样板图，这个标准样板文件一般应具有以下设置。

① 单位类型和精度。

② 图形界限。

③ 图层、颜色、线型。

④ 标题栏、边框。

⑤ 标注样式及文字样式。

⑥ 常用标注符号。

通过样板图创建新图形时，选择菜单命令“文件”-“新建”，打开“选择样板”对话框，通过此对话框找到所需的样板文件，单击 打开(O) 按钮，AutoCAD 就以此文件为样板创建新图形文件。

11.5.3.2 AutoCAD 绘制零件图的一般过程

用 AutoCAD 绘制机械图样的过程与手工绘图类似，但有一些特点。下面以图 11-57 所示零件图为例介绍。

(1) 建立绘图环境

建立绘图环境主要包括以下 3 个方面。

① 设定绘图区域大小。

如图 11-57 所示，由于先画主视图，因此根据主视图的尺寸，设置当前屏幕大小为：300×300。

② 创建必要的图层。

根据图形元素性质创建图层，并设定图层上图元的属性，如线型、线宽、颜色等。

在机械图中，一般创建以下图层：

名称	颜色	线型	线宽
轮廓线	白色	Continuous	0.5
中心线	红色	Center	默认
虚线	黄色	Dashed	默认
剖面线	绿色	Continuous	默认
尺寸标注	绿色	Continuous	默认
文本	绿色	Continuous	默认

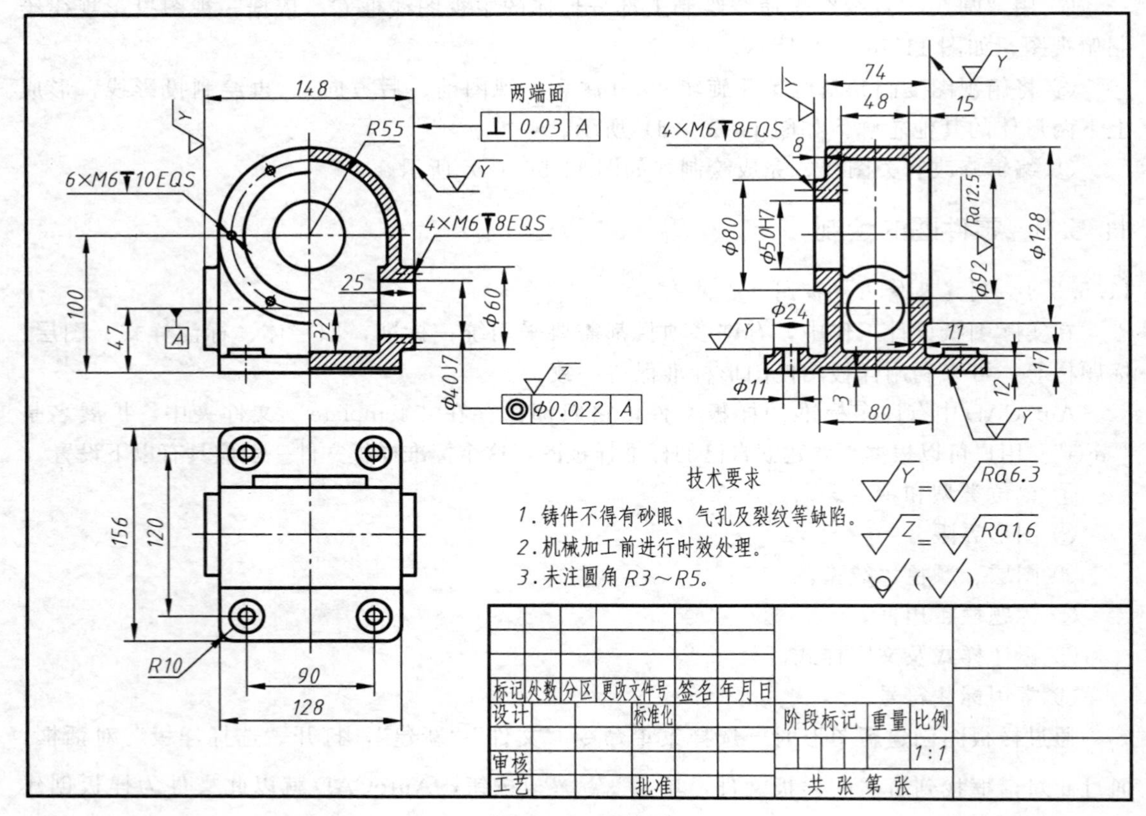

图 11-57 零件图

③ 使用绘图辅助工具。

打开极轴追踪、对象捕捉及自动追踪功能，再设定捕捉类型为端点、圆心、交点。

(2) 布局主视图

首先绘制零件的主视图，绘制时，先绘制主视图的定位线（如重要的孔的轴线、图形对称、端面线及上下、左右轮廓线），形成图样的大致轮廓，然后再以定位线为基准图元绘制图样的细节。

(3) 生成主视图局部细节

在建立了粗略的几何轮廓后，就可考虑利用已有的线条绘制图样的细节。作图时，先把图形划分为几个部分，然后逐一绘制完成。

如图 11-58 (a) 所示，主视图绘制过程：切换到轮廓线层。用“直线”命令绘制出水平及竖直线作为基准线，线段长度为 200。使用“圆”、“修剪”及“偏移”等命令形成主视图细节。

(4) 布局其他视图

主视图绘制完成后，接下来绘制左视图及俯视图，绘制过程与主视图类似，首先形成两个视图的主要定位线，然后绘制出图形的细节。

对于工程图，视图间的投影关系要满足“长对正”“高平齐”“宽相等”的原则。利用 AutoCAD 绘图时，可绘制一系列辅助投影线来保证视图间符合这个要求。

如图 11-58 (b) 所示。从主视图画水平投影线，再绘制左视图对称线。使用“圆”、

“修剪”及“偏移”等命令形成左视图细节。

如图 11-58（c）所示。复制并旋转左视图，然后向俯视图绘制投影线。

如图 11-58（d）所示。使用“圆”、“修剪”及“偏移”等命令形成俯视图细节。

（5）修饰图样

图形绘制完成后，需要对一些图元的外观及属性进行调整。

①修改线条长度。

• 用“拉长”命令修改线条长度，发出命令后，用于可以连续修改要编辑的对象。
• 用“打断”命令打断过长的线条。

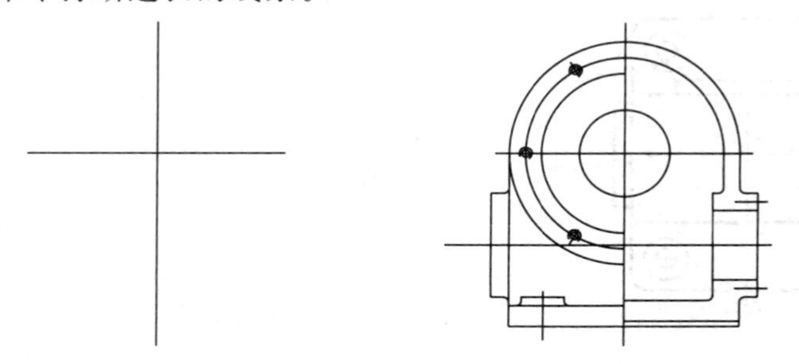

(a) 画作图基准线及主视图细节

(b) 绘制水平投影线及左视图细节

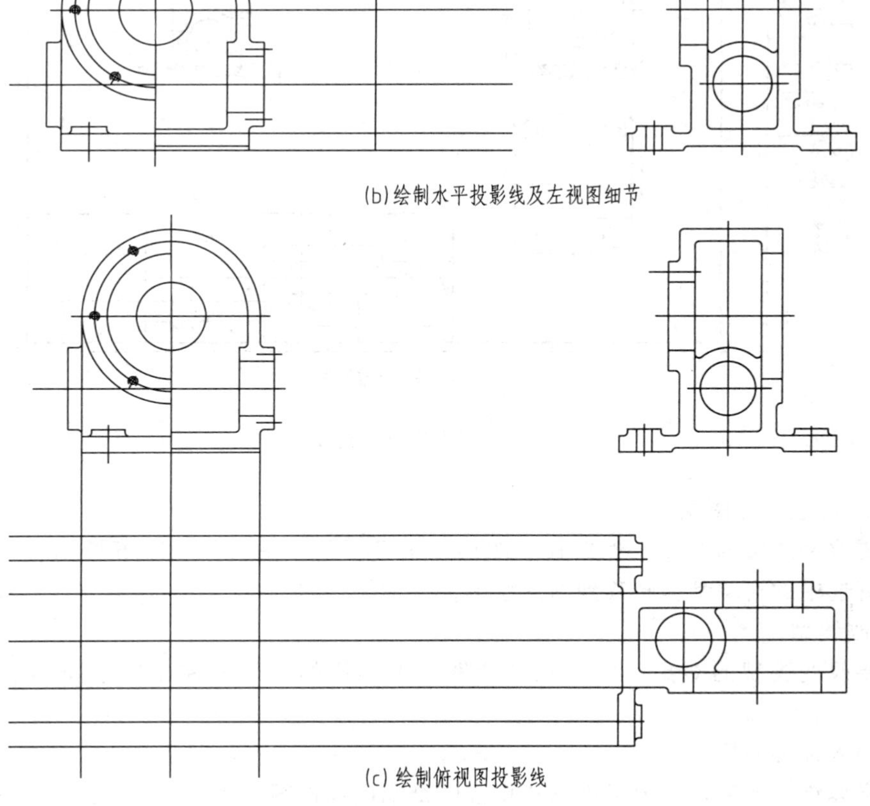

(c) 绘制俯视图投影线

图 11-58

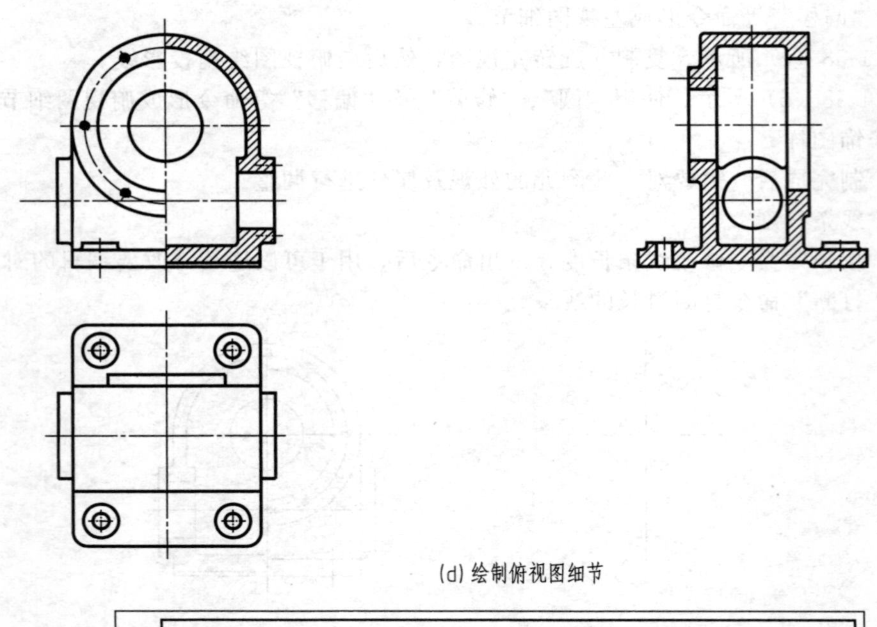

(d) 绘制俯视图细节

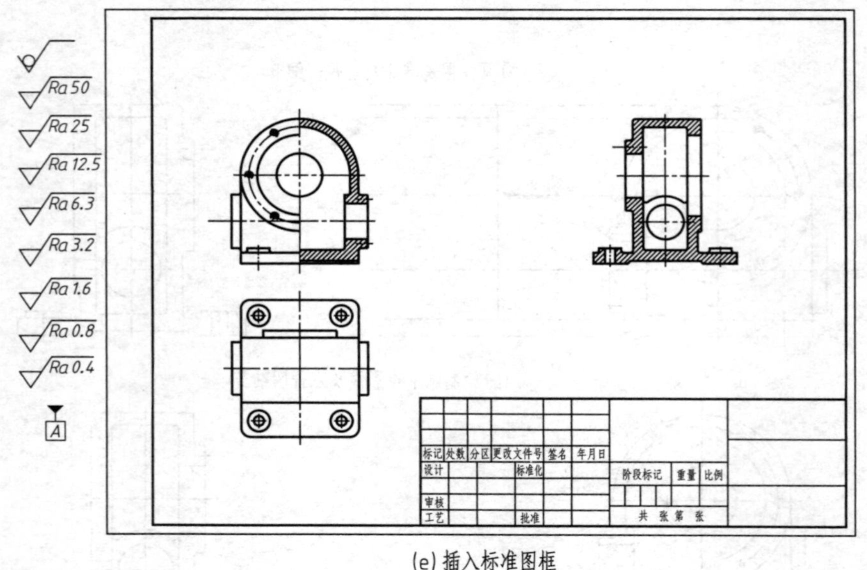

(e) 插入标准图框

图 11-58 绘制零件图的步骤

② 修改对象所在图层。

选择要改变图层的对象，然后在“图层”工具栏的“图层控制”下拉列表中选择新图层，则所有选中的对象都被转移到新图层上。

③ 修改线型。

选择要改变线型的对象，然后在“特性”工具栏的“线型控制”下拉列表中选择新线型。

(6) 插入标准图框

将图样修饰完成后，就要考虑选择标准图纸幅面和作图比例。用户要注意，图样在标注尺寸后，各视图间要留有一定距离，不应过密或过稀，如图11-58（e）所示。

打开包含A3图幅的图框、表面粗糙度代号及基准代号的文件。使用Windows的复制和粘贴功能将图框及标注符号复制到零件图中。用“缩放”命令缩放它们，比例因子为2。然后把零件图布置在图框中。

（7）标注零件尺寸及表面粗糙度代号

将零件图布置在图框内后，开始标注图样。

① 创建新的文字样式，样式名称为“国标文字”。与该样式相连的字体文件是“gbeitc. shx”和“gbcbig. shx”。

② 创建新的尺寸样式。样式名称为“国标标注”，并作如下设置。

• 标注文本连接“国标文字”，文字高度等于3.5，精度0.0，小数点格式是“句点”。
• 标注文本与尺寸线间的距离是0.8。
• 箭头大小为2。
• 尺寸界线超出尺寸线长度等于2。
• 尺寸线起始点与标注对象端点间的距离为0。
• 标注基线尺寸时，平行尺寸线间的距离为7。
• 标注总体比例因子为2.0（绘图比例的倒数）。
• 设置“国标标注”成为当前样式。

③ 创建尺寸标注，然后使用“复制”和“选择”命令标注表面粗糙度。

标注时，应注意：

• 在标注样式中设置尺寸标注所有组成元素的大小（如字高、尺寸界线长短、箭头外观等）与打印在图纸上的大小一致。

• 打开“修改标注样式”对话框，进入“调整”选项卡，在此选项卡中的“使用全局比例”文本框中设置标注总体比例因子等于作图比例的倒数。AutoCAD将用此比例因子缩放尺寸标注的所有构成元素，这样当打印时，尺寸标注的实际外观就与尺寸样式设定的大小完全一致。

（8）书写技术要求

用户可以使用多行文字编辑器书写技术要求，但要注意设定正确的文字高度。在AutoCAD中设置的文字高度应等于打印文字高度与作图比例倒数的乘积。

思 考 题

1. 图层的含义是什么？Bylayer是什么意思？
2. Nea、End、Mid、Cen、Int、Tan、Per是绘图命令吗？能否单独使用？
3. 如何标注带极限偏差的尺寸？
4. 练习本章介绍的各种绘图、修改和尺寸标注命令的用法，体会各选项的含义。
5. 根据自己的专业特点，设计并绘制一张工程图样。

附录1 螺纹

附表1 普通螺纹（摘自 GB/T 193—2003、GB/T 196—2003）

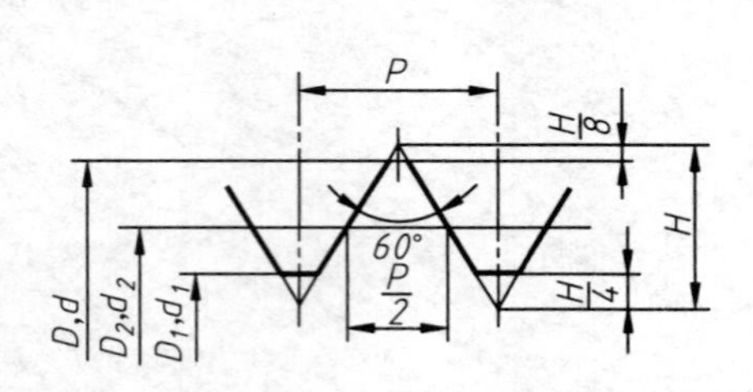

$$D_2=D-2\times\frac{3}{8}H=D-0.6459P$$

$$d_2=d-2\times\frac{3}{8}H=d-0.6459P$$

$$D_1=D-2\times\frac{5}{8}H=D-1.0825P$$

$$d_1=d-2\times\frac{5}{8}H=d-1.0825P$$

其中：$H=\frac{\sqrt{3}}{2}P$

直径与螺距系列

mm

公称直径 D、d		螺距 P		公称直径 D、d		螺距 P		公称直径 D、d		螺距 P	
第一系列	第二系列	粗牙	细牙	第一系列	第二系列	粗牙	细牙	第一系列	第二系列	粗牙	细牙
3		0.5	0.35	12		1.75	1.25,1		33	3.5	(3),2,1.5
	3.5	0.6	0.35		14	2	1.5,1.25①,1	36		4	3,2,1.5
4		0.7	0.5	16			1.5,1		39		
	4.5	0.75	0.5		18	2.5	2,1.5,1	42		4.5	4,3,2,1.5
5		0.8	0.5	20					45		
6		1	0.75		22			48		5	
	7	1	0.75	24		3			52		
8		1.25	1,0.75		27			56		5.5	
10		1.5	1.25,1,0.75	30		3.5	(3)2,1.5,1		60		

① M14×1.25 仅用于发电机火花塞。

注：1. 优先选用第一系列，括号内尺寸尽可能不用。第三系列未列入。

2. 中径 D_2、d_2 未列入。

附表2 55°非螺纹密封的管螺纹（GB/T 7307—2001）

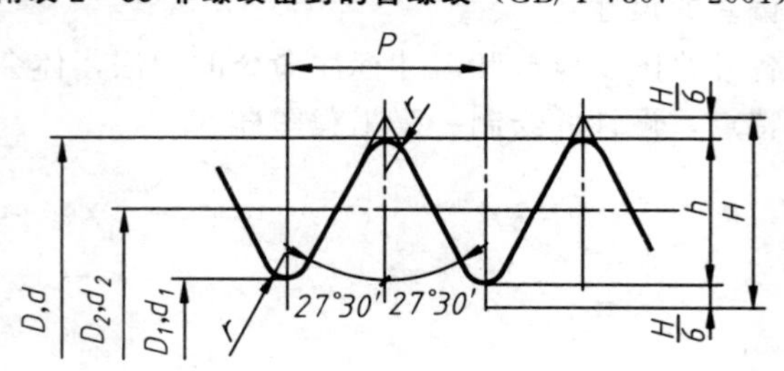

尺寸代号及基本尺寸 mm

尺寸代号	每 25.4mm 内的牙数 n	螺距 P	牙高 h	基本直径		
				大径 D、d	中径 D_2、d_2	小径 D_1、d_1
1/16	28	0.907	0.581	7.723	7.142	6.561
1/8	28	0.907	0.581	9.728	9.147	8.566
1/4	19	1.337	0.856	13.157	12.301	11.445
3/8	19	1.337	0.856	16.662	15.806	14.950
1/2	14	1.814	1.162	20.955	19.793	18.631
3/4	14	1.814	1.162	26.441	25.279	24.117
1	11	2.309	1.479	33,249	31.770	30.291
1 1/8	11	2.309	1.479	37.897	36.418	34.939
1 1/4	11	2.309	1.479	41.910	40.431	38.952
1 1/2	11	2.309	1.479	47.803	46.324	44.845
1 3/4	11	2.309	1.479	53.746	52.267	50,788
2	11	2.309	1.479	59.614	58.135	56.656
2 1/4	11	2.309	1.479	65.710	64.231	62.752
2 1/2	11	2.309	1.479	75.184	73.705	72.226
2 3/4	11	2.309	1.479	81.534	80.055	78.576
3	11	2.309	1.479	87.884	86.405	84.926
3 1/2	11	2.309	1.479	100.330	98.851	97.372
4	11	2.309	1.479	113.030	111.551	110.072
4 1/2	11	2.309	1.479	125.730	124.251	122.772
5	11	2.309	1,479	138.430	136.951	135.472
5 1/2	11	2.309	1.479	151.130	149.651	148.172
6	11	2.309	1.479	163.830	162.351	160.872

附表 3　梯形螺纹（摘自 GB/T 5796.2—2005、GB/T 5796.3—2005）

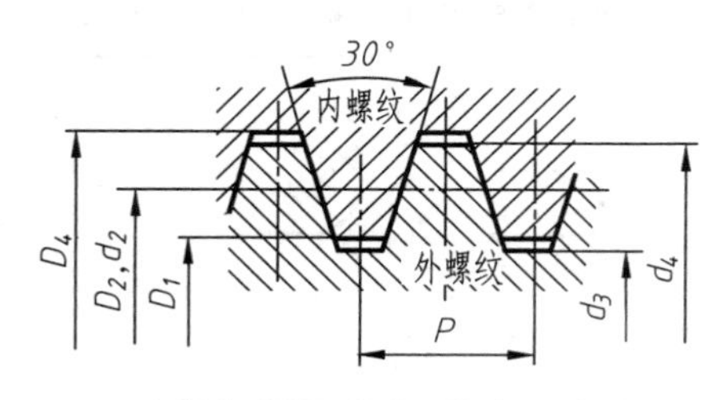

直径与螺距系列、基本尺寸 mm

公称直径 d 第一系列	公称直径 d 第二系列	螺距 P	中径 $d_2=D_2$	大径 d_4	小径 d_3	小径 D_1	公称直径 d 第一系列	公称直径 d 第二系列	螺距 P	中径 $d_2=D_2$	大径 d_4	小径 d_3	小径 D_1
8		1.5	7.25	8.30	6.20	6.50	10		1.5	9.25	10.30	8.20	8.50
	9	1.5	8.25	9.30	7.20	7.50			2	9.00	10.50	7.50	8.00
								11	2	10.00	11.50	8.50	9.00
		2	8.00	9.50	6.50	7.00			3	9.50	11.50	7.50	8.00

续表

公称直径 d		螺距 P	中径 $d_2=D_2$	大径 d_4	小径		公称直径 d		螺距 P	中径 $d_2=D_2$	大径 d_4	小径	
第一系列	第二系列				d_3	D_1	第一系列	第二系列				d_3	D_1
12		2	11.00	12.50	9.50	10.00	28		5	25.50	28.50	22.5	23.00
		3	10.50	12.50	8.50	9.00			8	24.00	29.00	19.00	20.00
	14	2	13.00	14.50	11.50	12.00		30	3	28.50	30.50	26.50	29.00
		3	12.50	14.50	10.50	11.00			6	27.00	31.00	23.00	24.00
16		2	15.00	16.50	13.50	14.00			10	25.00	31.00	19.00	20.00
		4	14.00	16.50	11.50	12.00	32		3	30.50	32.50	28.50	29.00
	18	2	17.00	18.50	15.50	16.00			6	29.00	33.00	25.00	26.00
		4	16.00	18.50	13.50	14.00			10	27.00	33.00	21.00	22.00
20		2	19.00	20.50	17.50	18.00		34	3	32.50	34.50	30.50	31.00
		4	18.00	20.50	15.50	16.00			6	31.00	35.00	27.00	28.00
	22	3	20.50	22.50	18.50	19.00			10	29.00	35.00	23.00	24.00
		5	19.50	22.50	16.50	17.00	36		3	34.50	36.50	32.50	33.00
		8	18.00	23.00	13.00	14.00			6	33.00	37.00	29.00	30.00
24		3	22.50	24.50	20.50	21.00			10	31.00	37.00	25.00	26.00
		5	21.50	24.50	18.50	19.00		38	3	36.50	38.50	34.50	35.00
		8	20.00	25.00	15.00	16.00			7	34.50	39.00	30.00	31.00
	26	3	24.50	26.50	22.50	23.00			10	33.00	39.00	27.00	28.00
		5	23.50	26.50	20.50	21.00	40		3	38.50	40.50	36.50	37.00
		8	22.00	27.00	17.00	18.00			7	36.50	41.00	32.00	33.00
28		3	26.50	28.50	24.50	25.00			10	35.00	41.00	29.00	30.00

注：1. 优先选用第一系列，其次选用第二系列。第三系列未列入。

2. 公称直径 d=42～300 未列入。

3. 优先选用表中加粗的螺距。

附表 4 零件倒圆与倒角（摘自 GB/T 6403.4—2008） mm

形式	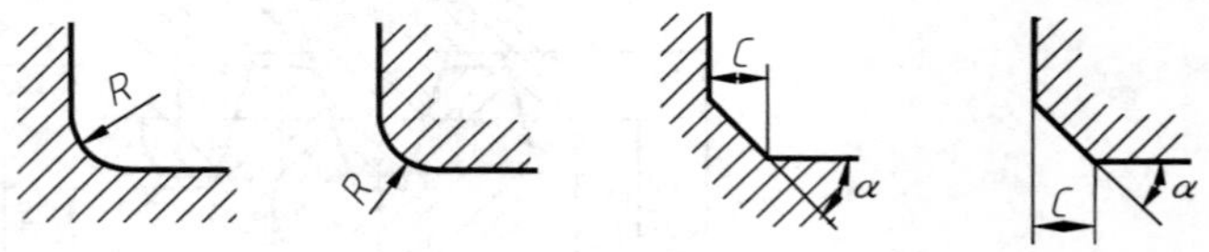 R　R　C α　C α												
R、C 尺寸系列	0.1	0.2	0.3	0.4	0.5	0.6	0.8	1.0	1.2	1.6	2.0	2.5	3.0
	4.0	5.0	6.0	8.0	10	12	16	20	25	32	40	50	
装配形式	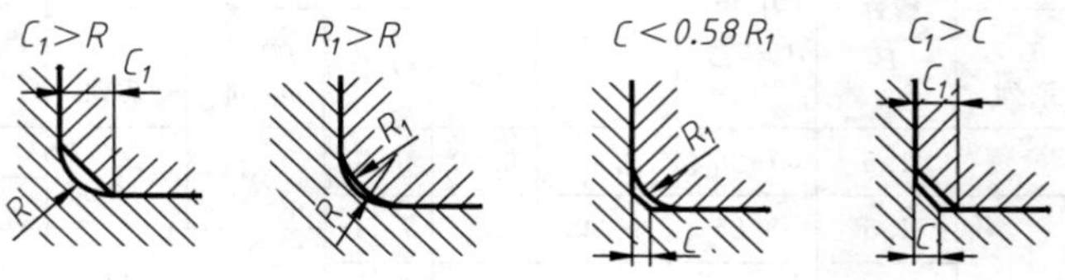 $C_1>R$　$R_1>R$　$C<0.58R_1$　$C_1>C$												

续表

C_{max}与R_1的关系（$C<0.58R_1$）	R_1	0.1	0.2	0.3	0.4	0.5	0.6	0.8	1.0	1.2	1.6	2.0
	C_{max}	—	0.1	0.1	0.2	0.2	0.3	0.4	0.5	0.6	0.8	1.0
	R_1	2.5	3.0	4.0	5.0	6.0	8.0	10	12	16	20	25
	C_{max}	1.2	1.6	2.0	2.5	3.0	4.0	5.0	6.0	8.0	10	12

注：按上述关系装配时，内角与外角取值要适当，外角的倒圆或倒角过大会影响零件工作面；内角的倒圆或倒角过小会产生应力集中。

与零件直径 ϕ 相应的倒角 C、倒圆 R 的推荐值 mm

ϕ	~3	>3~6	>6~10	>10~18	>18~30	>30~50	>50~80	>80~120	>120~180
C或R	0.2	0.4	0.6	0.8	1.0	1.6	2.0	2.5	3.0
ϕ	>180~250	>250~320	>320~400	>400~500	>500~630	>630~800	>800~1000	>1000~1250	>1250~1600
C或R	4.0	5.0	6.0	8.0	10	12	16	20	25

注：1. α 一般采用45°，也可以采用30°或60°。

2. 内角、外角分别为倒圆、倒角（倒角为45°）时，R_1、C_1 为正偏差，R 和 C 为负偏差。

附表5 普通螺纹退刀槽与砂轮越程槽

(1) 普通螺纹退刀槽（摘自 GB/T 3—1997）

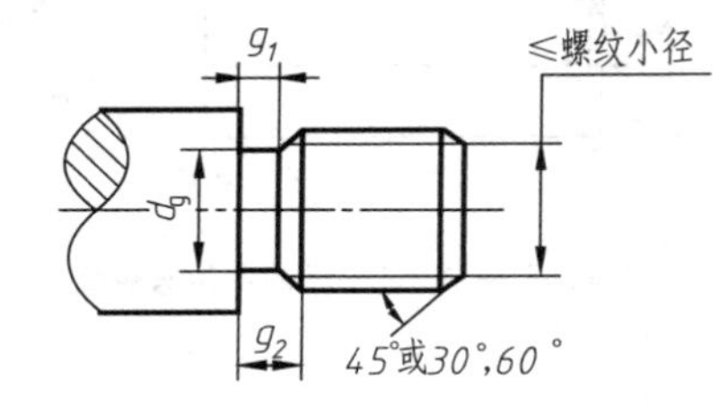

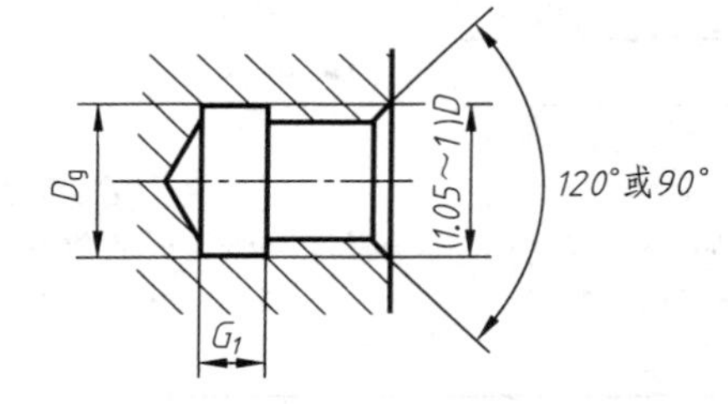

mm

螺距	外螺纹		内螺纹		螺距	外螺纹		内螺纹	
	g_{2max},g_{1min}	d_g	G_1	D_g		g_{2max},g_{1min}	d_g	G_1	D_g
0.5	1.5 0.8	$d-0.8$	2	$D+0.3$	1.25	5.25 3	$d-2.6$	7	$D+0.5$
0.7	2.1 1.1	$d-1.1$	2.8		2	6 3.4	$d-3$	8	
0.8	2.4 1.3	$d-1.3$	3.2		2.5	7.5 4.4	$d-3.6$	18	
1	3 1.6	$d-1.6$	4	$D+0.5$	3	9 5.2	$d-4.4$	12	
1.25	3.75 2	$d-2$	5		3.5	10.5 6.2	$d-5$	14	
1.5	4.5 2.5	$d-2.3$	6		4	12 7	$d-5.7$	16	

(2) 砂轮越程槽（摘自 GB/T 6403.5—2008）

mm

形式

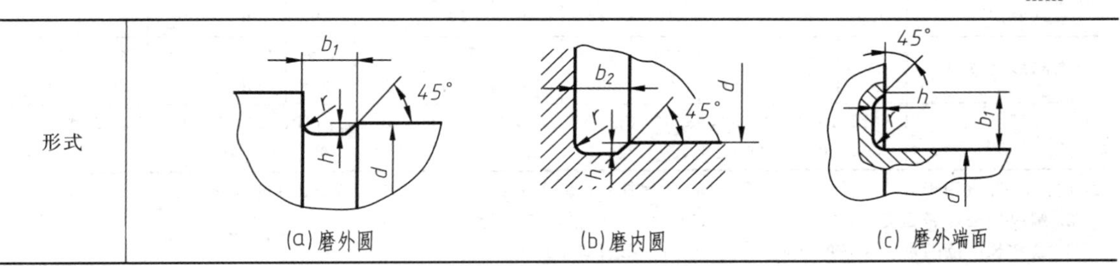

(a)磨外圆 (b)磨内圆 (c)磨外端面

续表

尺寸	b_1	0.6	1.0	1.6	2.0	3.0	4.0	5.0	8.0	10
	b_2	2.0	3.0		4.0		5.0		8.0	10
	h	0.1	0.2		0.3	0.4		0.6	0.8	1.2
	r	0.2	0.5		0.8	1.0		1.6	2.0	3.0
	d	~10			>10~50		>50~100		>100	

注：1. 越程槽内二直线相交处，不允许产生尖角。

2. 越程槽深度 h 与圆弧半径 r，要满足 $r \leqslant 3h$。

附录 2 标准件

附表 6 六角头螺栓

六角头螺栓—C级(GB/T 5780—2016)

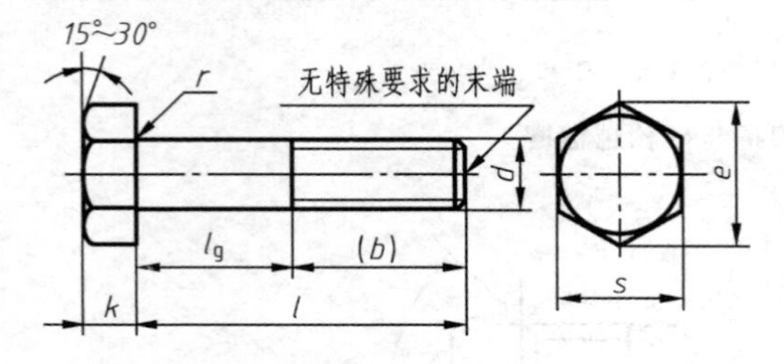

六角头螺栓—A级和B级(GB/T 5782—2016)

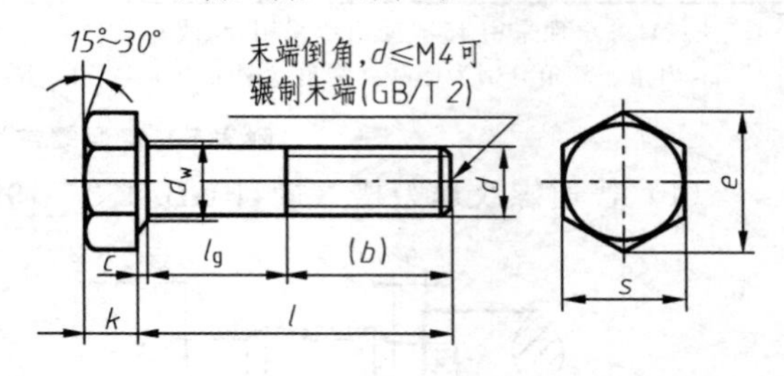

标记示例

螺纹规格 d=M12、公称长度 l=80mm、性能等级为 8.8 级、表面氧化、A 级的六角头螺栓：

螺栓 GB/T 5782 M12×80

mm

螺纹规格			M3	M4	M5	M6	M8	M10	M12	M16	M20	M24	M30	M36	M42
b（参考）	$l \leqslant 125$		12	14	16	18	22	26	30	38	46	54	66	—	—
	$125 < l \leqslant 200$		18	20	22	24	28	32	36	44	52	60	72	84	96
	$l > 200$		31	33	35	37	41	45	49	57	65	73	85	97	109
c(max)			0.4	0.4	0.5	0.5	0.6	0.6	0.6	0.8	0.8	0.8	0.8	0.8	1
d_w（min）	产品等级	A	4.57	5.88	6.88	8.88	11.63	14.63	16.63	22.49	28.19	33.61	—	—	—
		B、C	4.45	5.74	6.74	8.74	11.47	14.47	16.47	22	27.7	33.25	42.75	51.11	59.95
e（min）	产品等级	A	6.01	7.66	8.79	11.05	14.38	17.77	20.03	26.75	33.53	39.98	—	—	—
		B、C	5.88	7.50	8.63	10.89	14.20	17.59	19.85	26.17	32.95	39.55	50.85	60.79	72.02
k（公称）			2	2.8	3.5	4	5.3	6.4	7.5	10	12.5	15	18.7	22.5	26
r(min)			0.1	0.2	0.2	0.25	0.4	0.4	0.6	0.6	0.8	0.8	1	1	1.2
s（公称）			5.5	7	8	10	13	16	18	24	30	36	46	55	65
l（商品规格范围）			20~30	25~40	25~50	30~60	40~80	45~100	50~120	65~160	80~200	90~240	110~300	140~360	160~440
l 系列			12,16,20.25,30,35,40,45.50,55,60,65,70,80,90,100,110,120,130,140,150,160,180,200,220,240,260,280,300,320,340,360,380,400,420,440,460,480,500												

注：1. A 级用于 $d \leqslant 24$ 和 $l \leqslant 10d$ 或 $\leqslant 150$ 的螺栓；B 级用于 $d > 24$ 和 $l > 10d$ 或 > 150 的螺栓。

2. 螺纹规格 d 范围是，GB/T 5780 为 M5~M64，GB/T 5782 为 M1.6~M64。

3. 公称长度范围是，GB/T 5780 为 25~500；GB/T 5782 为 12~500。

附表 7 双头螺柱

双头螺柱—$b_m=1d$（GB/T 897—1988）

双头螺柱—$b_m=1.25d$（GB/T 898—1988）

双头螺柱—$b_m=1.5d$（GB/T 899—1988）

双头螺柱—$b_m=2d$（GB/T 900—1988）

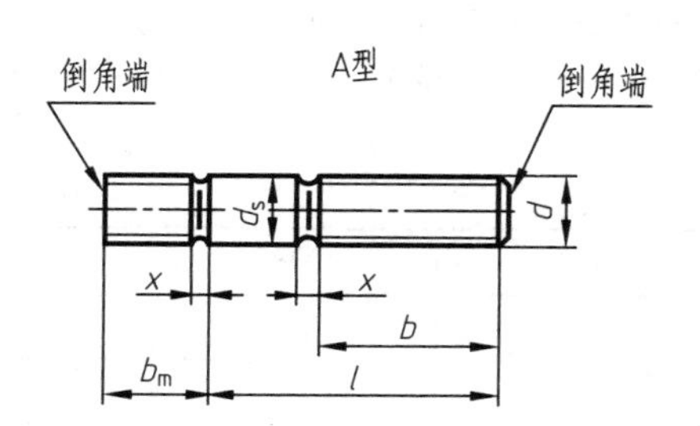

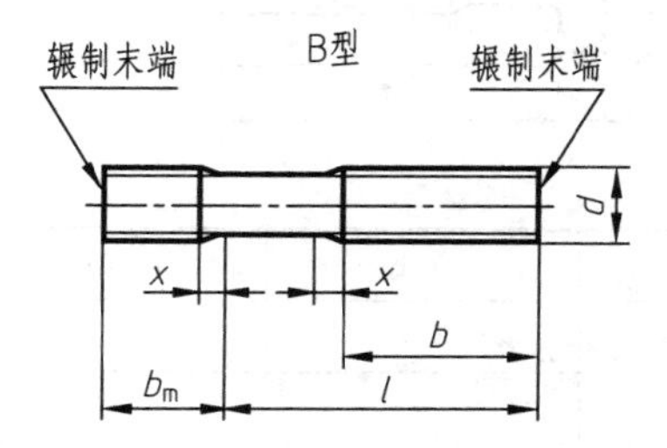

标注示例

两端均为粗牙普通螺纹 $d=10$、$l=50$、性能等级为 4.8 级、B 型 $b_m=1d$ 的双头螺柱：

螺柱 GB/T 897 M10×50

旋入机体一端为粗牙普通螺纹、旋螺母一端为螺距 1 的细牙普通螺纹 $d=10$、$l=50$、性能等级为 4.8 级、A 型 $b_m=1d$ 的双头螺柱：

螺柱 GB/T 897 AM10-M10×1×50

mm

螺纹规格		M5	M6	M8	M10	M12	M16	M20	M24	M30	M36	M42
b_m（公称）	GB/T 897	5	6	8	10	12	16	20	24	30	36	42
	GB/T 898	6	8	10	12	15	20	25	30	38	45	52
	GB/T 899	8	10	12	15	18	24	30	36	45	54	65
	GB/T 900	10	12	16	20	24	32	40	48	60	72	84
d_s(max)		5	6	8	10	12	16	20	24	30	36	42
x(max)		1.5P										
$\frac{l}{b}$		$\frac{16\sim22}{10}$	$\frac{20\sim22}{10}$	$\frac{20\sim22}{12}$	$\frac{25\sim28}{14}$	$\frac{25\sim30}{16}$	$\frac{30\sim38}{20}$	$\frac{35\sim40}{25}$	$\frac{45\sim50}{30}$	$\frac{60\sim65}{40}$	$\frac{65\sim75}{45}$	$\frac{65\sim80}{50}$
		$\frac{25\sim50}{16}$	$\frac{25\sim30}{14}$	$\frac{25\sim30}{16}$	$\frac{30\sim38}{16}$	$\frac{32\sim40}{20}$	$\frac{40\sim45}{30}$	$\frac{45\sim65}{35}$	$\frac{55\sim75}{45}$	$\frac{70\sim90}{50}$	$\frac{80\sim110}{60}$	$\frac{85\sim110}{70}$
			$\frac{32\sim75}{18}$	$\frac{32\sim90}{22}$	$\frac{40\sim120}{26}$	$\frac{45\sim120}{30}$	$\frac{60\sim120}{38}$	$\frac{70\sim120}{46}$	$\frac{80\sim120}{54}$	$\frac{95\sim120}{60}$	$\frac{120}{78}$	$\frac{120}{90}$
					$\frac{130}{32}$	$\frac{130\sim180}{36}$	$\frac{130\sim200}{44}$	$\frac{130\sim200}{52}$	$\frac{130\sim200}{60}$	$\frac{130\sim200}{72}$	$\frac{130\sim200}{84}$	$\frac{130\sim200}{96}$
										$\frac{210\sim250}{85}$	$\frac{210\sim300}{91}$	$\frac{210\sim300}{109}$
l 系列		16,(18),20,(22),25,(28),30,(32),35,(38),40,45,50,(55),60,(65),70,(75),80,(85),90,(95),100,110,120,130,140,150,160,170,180,190,200,210,220,230,240,250,260,280,300										

注：P 是粗牙螺纹的螺距。

附表 8 螺钉

(1) 开槽圆柱头螺钉 (GB/T 65—2016)

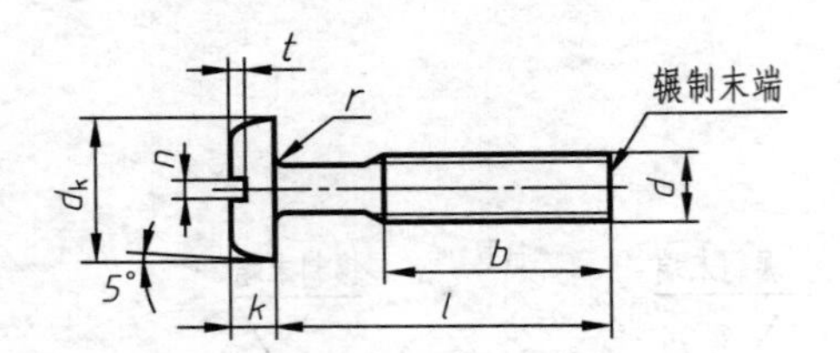

标注示例

螺纹规格 d=M5、公称长度 l=20、性能等级为 4.8 级、不经表面处理的 A 级开槽圆柱头螺钉：

螺钉 GB/T 65 M5×20

mm

螺纹规格	M4	M5	M6	M8	M10
P(螺距)	0.7	0.8	1	1.25	1.5
b(min)	38	38	38	38	38
d_k(max)	7	8.5	10	13	16
k(max)	2.6	3.3	3.9	5	6
n(nom)	1.2	1.2	1.6	2	2.5
r(min)	0.2	0.2	0.25	0.4	0.4
t(min)	1.1	1.3	1.6	2	2.4
公称长度 l	5～40	6～50	8～60	10～80	12～80
l 系列	5,6,8,10,12,(14),16,20,25,30,35,40,45,50,(55),60,(65),70,(75),80				

注：1. 公称长度 $l \leqslant 40$ 的螺钉，制出全螺纹。

2. 括号内的规格尽可能不采用。

3. 螺纹规格 d=M1.6～M10；公称长度 l=2～80。

(2) 开槽盘头螺钉 (GB/T 67—2016)

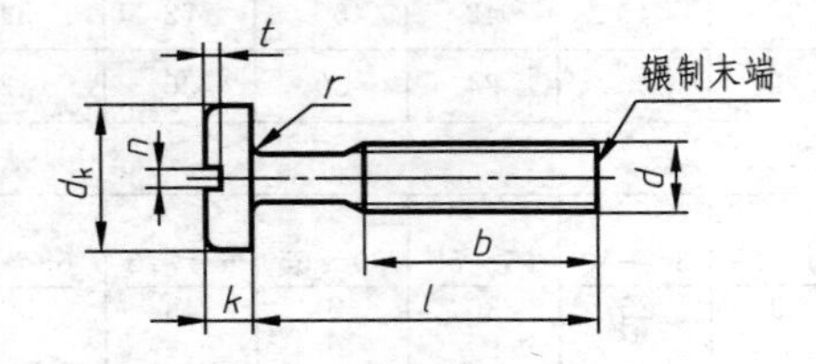

标注示例

螺纹规格 d=M5、公称长度 l=20、性能等级为 4.8 级、不经表面处理的 A 级开槽盘头螺钉：

螺钉 GB/T 67 M5×20

mm

螺纹规格	M1.6	M2	M2.5	M3	M4	M5	M6	M8	M10
P(螺距)	0.35	0.4	0.45	0.5	0.7	0.8	1	1.25	1.5
b(min)	25	25	25	25	38	38	38	38	38
d_k(公称)	3.2	4	5	5.6	8	9.5	12	16	20
k(公称)	1	1.3	1.5	1.8	2.4	3	3.6	4.8	6
n(公称)	0.4	0.5	0.6	0.8	1.2	1.2	1.6	2	2.5
r(min)	0.1	0.1	0.1	0.1	0.2	0.2	0.25	0.4	0.4
t(min)	0.35	0.5	0.6	0.7	1	1.2	1.4	1.9	2.4
公称长度 l	2～16	2.5～20	3～25	4～30	5～40	6～50	8～60	10～80	12～80
l 系列	2,2.5,3,4,5,6,8,10,12,(14),16,20,25,30,35,40,45,50,(55),60,(65),70,(75),80								

注：1. 括号内的规格尽可能不采用。

2. M1.6～M3 的螺钉，公称长度 $l \leqslant 30$ 的，制出全螺纹。

3. M4～M10 的螺钉，公称长度 $l \leqslant 40$ 的，制出全蝶纹。

（3）开槽沉头螺钉（GB/T 68—2016）

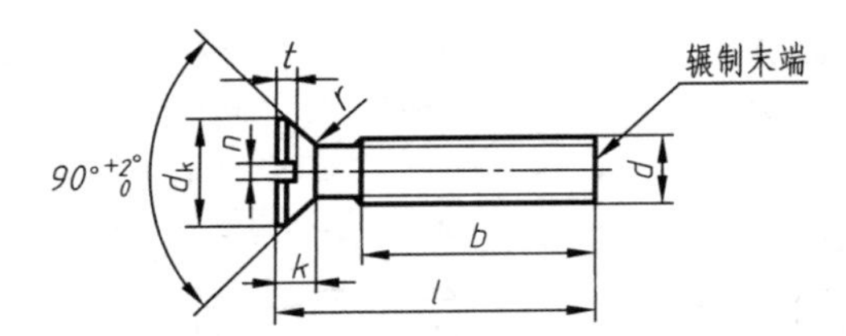

标注示例

螺纹规格 d=M5、公称长度 l=20、性能等级为 4.8 级、不经表面处理的 A 级开槽沉头螺钉：

螺钉　GB/T 68　M5×20

mm

螺纹规格	M1.6	M2	M2.5	M3	M4	M5	M6	M8	M10
P(螺距)	0.35	0.4	0.45	0.5	0.7	0.8	1	1.25	1.5
b(min)	25	25	25	25	38	38	38	38	38
d_k(公称)	3.0	3.8	4.7	5.5	8.4	9.3	11.3	15.8	18.3
k(公称)	1	1.2	1.5	1.65	2.7	2.7	3.3	4.65	5
n(nom)	0.4	0.5	0.6	0.8	1.2	1.2	1.6	2	2.5
r(max)	0.4	0.5	0.6	0.8	1	1.3	1.5	2	2.5
t(max)	0.5	0.6	0.75	0.85	1.3	1.4	1.6	2.3	2.6
公称长度 l	2.5～16	3～20	4～25	5～30	6～40	8～50	8～60	10～80	12～80
l 系列	2.5,3,4,5,6,8,10,12,(14),16,20,25,30,35,40,45,50,(55),60,(65),70,(75),80								

注：1. 括号内的规格尽可能不采用。
2. M1.6～M3 的螺钉，公称长度 $l \leqslant 30$ 的，制出全螺纹。
3. M4～M10 的螺钉，公称长度 $l \leqslant 45$ 的，制出全螺纹。

附表 9　内六角螺钉（摘自 GB/T 70.1—2008）

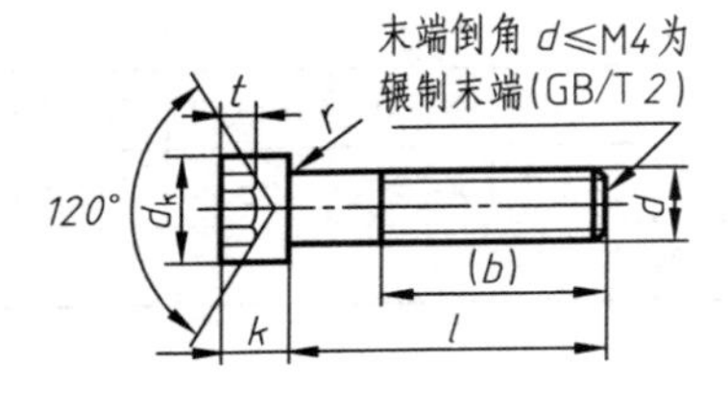

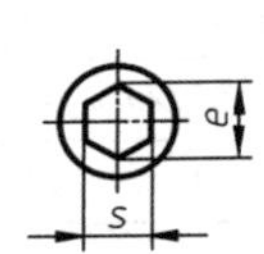

标注示例

螺纹规格 d=M5、公称长度 l=20、性能等级为 8.8 级、表面氧化处理的内六角圆柱头螺钉：

螺钉　GB/T 70.1　M5×20

mm

螺纹规格	M3	M4	M5	M6	M8	M10	M12	M16	M20
P(螺距)	0.5	0.7	0.8	1	1.25	1.5	1.75	2	2.5
b(参考)	18	20	22	24	28	32	36	44	52
d_k(max)	5.5	7	8.5	10	13	16	18	24	30
k(max)	3	4	5	6	8	10	12	16	20
t(min)	1.3	2	2.5	3	4	5	6	8	10
s(公称)	2.5	3	4	5	6	8	10	14	17
e(min)	2.87	3.44	4.58	5.72	6.86	9.15	11.43	16.00	19.44
r(min)	0.1	0.2	0.2	0.25	0.4	0.4	0.6	0.6	0.8
公称长度 l	5～30	6～40	8～50	10～60	12～80	16～100	20～120	25～160	30～200
$l \leqslant$ 表中数值时，制出全螺纹	20	25	25	30	35	40	45	55	65
l 系列	2.5,3,4,5,6,8,10,12,(14),16,20,25,30,35,40,45,50,(55),60,(65),70,(75),80								

注：螺纹规格 d=M1.6～M64。

附表 10 紧定螺钉

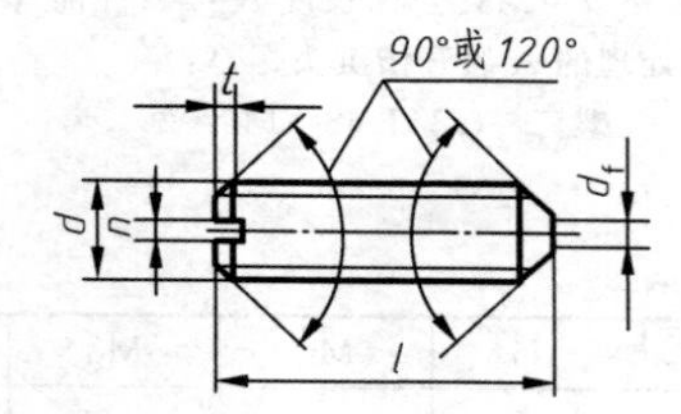

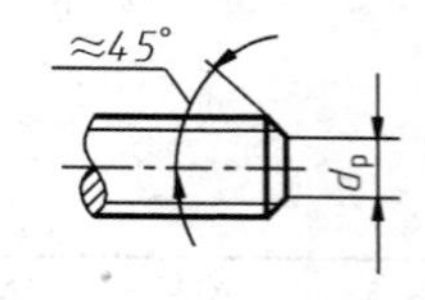

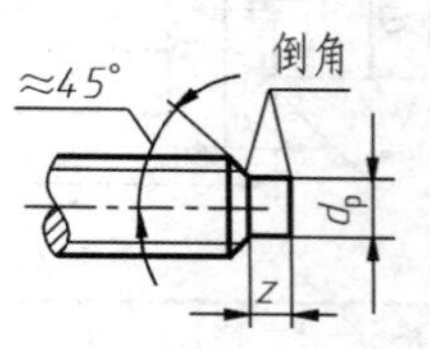

标注示例

螺纹规格 d=M5、公称长度 l=12、性能等级为 14H 级、表面氧化的开槽长圆柱端紧定螺钉：

螺钉 GB/T 75 M5×12

mm

螺纹规格 d		M1.6	M2	M2.5	M3	M4	M5	M6	M8	M10	M12
P(螺距)		0.35	0.4	0.45	0.5	0.7	0.8	1	1.25	1.5	1.75
n		0.25	0.25	0.4	0.4	0.6	0.8	1	1.2	1.6	2
t		0.74	0.84	0.95	1.05	1.42	1.63	2	2.5	3	3.6
d_t		0.16	0.2	0.25	0.3	0.4	0.5	1.5	2	2.5	3
d_p		0.8	1	1.5	2	2.5	3.5	4	5.5	7	8.5
z		1.05	1.25	1.5	1.75	2.25	2.75	3.25	4.3	5.3	6.3
l	GB/T 71—1985	2~8	3~10	3~12	4~16	6~20	8~25	8~30	10~40	12~50	14~60
	GB/T 73—1985	2~8	2~10	2.5~12	3~16	4~20	5~25	6~30	8~40	10~50	12~60
	GB/T 75—1985	2.5~8	3~10	4~12	5~16	6~20	8~25	10~30	10~40	12~50	14~60
l 系列		2,2.5,3,4,5,6,8,10,12,(14),16,20,25,30,35,40,45,50,(55),60									

注：1. l 为公称长度。

2. 括号内的规格尽可能不采用。

附表 11 螺母

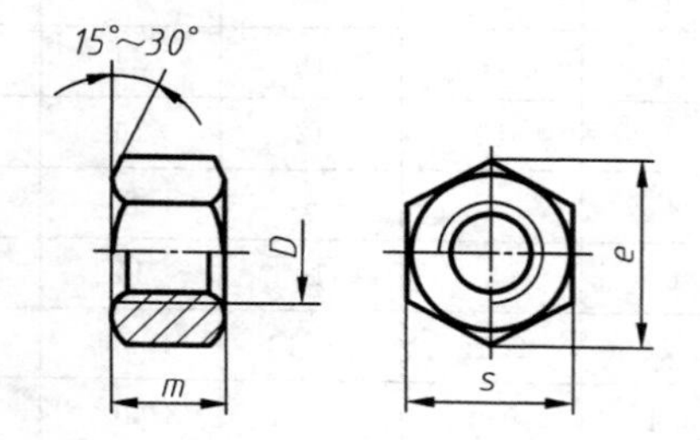

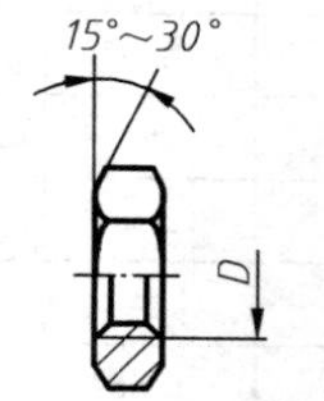
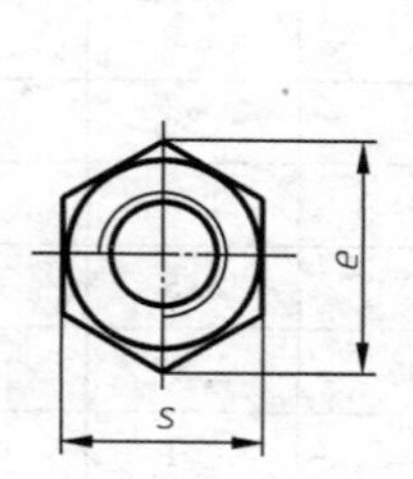

标注示例

螺纹规格 D=M12、性能等级为 5 级、不经表面处理、C 级的六角螺角：

螺母 GB/T 41 M12

螺纹规格 D=M12、性能等级为 8 级、不经表面处理、A 级的Ⅰ型六角螺母：

螺母 GB/T 6170 M12

mm

螺纹规格 D		M3	M4	M5	M6	M8	M10	M12	M16	M20	M24	M30	M36	M42
e	GB/T 41			8.63	10.89	14.20	17.59	19.85	26.17	32.95	39.55	50.85	60.79	72.02
	GB/T 6170	6.01	7.66	8.79	11.05	14.38	17.77	20,03	26.75	32.95	39.55	50.85	60.79	72.02
s	GB/T 41			8	10	13	16	18	24	30	36	46	55	65
	GB/T 6170	5.5	7	8	10	13	16	18	24	30	36	46	55	65
m	GB/T 41			5.6	6.1	7.9	9.5	12.2	15.9	18.7	22.3	26.4	31.5	34.9
	GB/T 6170	2.4	3.2	4.7	5.2	6.8	8.4	10.8	14.8	18	21.5	25.6	31	34

注：A 级用于 $D \leqslant 16$；B 级用于 $D > 16$。

附表 12 平垫圈

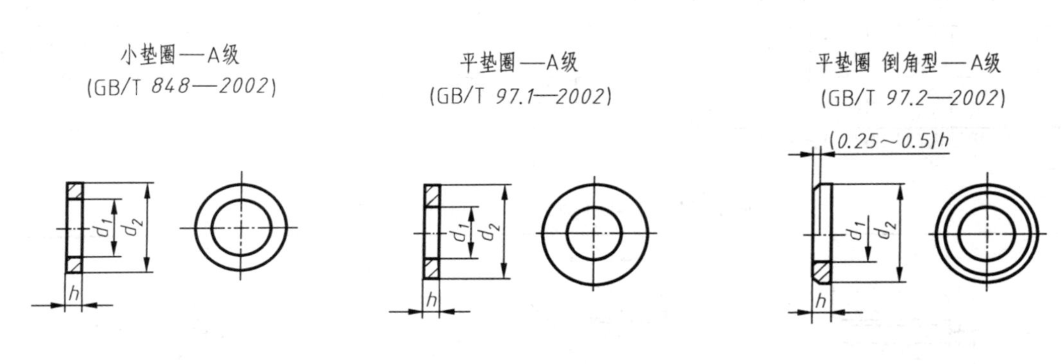

标注示例

标准系列、规格 8、性能等级为 140HV 级、不经表面处理的平垫圈：

垫圈 GB/T 97.1 8

mm

公称尺寸（螺纹规格 d）		1.6	2	2.5	3	4	5	6	8	10	12	14	16	20	24	30	36
d_1	GB/T 848	1.7	2.2	2.7	3.2	4.3	5.3	6.4	8.4	10.5	13	15	17	21	25	31	37
	GB/T 97.1	1.7	2.2	2.7	3.2	4.3	5.3	6.4	8.4	10.5	13	15	17	21	25	31	37
	GB/T 97.2						5.3	6.4	8.4	10.5	13	15	17	21	25	31	37
d_2	GB/T 848	3.5	4.5	5	6	8	9	11	15	18	20	24	28	34	39	50	60
	GB/T 97.1	4	5	6	7	9	10	12	16	20	24	28	30	37	44	56	66
	GB/T 97.2						10	12	16	20	24	28	30	37	44	56	66
h	GB/T 848	0.3	0.3	0.5	0.5	0.5	1	1.6	1.6	1.6	2	2.5	2.5	3	4	4	5
	GB/T 97.1	0.3	0.3	0.5	0.5	0.8	1	1.6	1.6	2	2.5	2.5	3	3	4	4	5
	GB/T 97.2						1	1.6	1.6	2	2.5	2.5	3	3	4	4	5

附表 13 弹簧垫圈

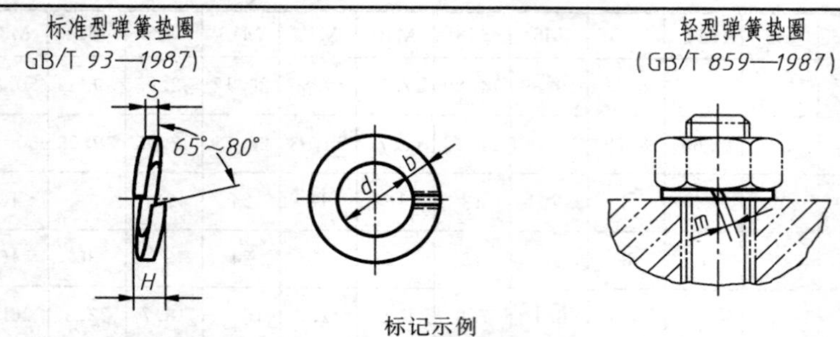

标记示例

规格 16、材料为 65Mn、表面氧化的标准型弹簧垫圈：垫圈 GB/T 93 16

mm

规格（螺纹大径）		3	4	5	6	8	10	12	(14)	16	(18)	20	(22)	24	(27)	30
d		3.1	4.1	5.1	6.1	8.1	10.2	12.2	14.2	16.2	18.2	20.2	22.5	24.5	27.5	30.5
H	GB/T 93	1.6	2.2	2.6	3.2	4.2	5.2	6.2	7.2	8.2	9	10	11	12	13.6	15
	GB/T 859	1.2	1.6	2.2	2.6	3.2	4	5	6	6.4	7.2	8	9	10	11	12
$S(b)$	GB/T 93	0.8	1.1	1.3	1.6	2.1	2.6	3.1	3.6	4.1	4.5	5	5.5	6	6.8	7.5
S	GB/T 859	0.6	0.8	1.1	1.3	1.6	2	2.5	3	3.2	3.6	4	4.5	5	5.5	6
$m \leqslant$	GB/T 93	0.4	0.55	0.65	0.8	1.05	1.3	1.55	1.8	2.05	2.25	2.5	2.75	3	3.4	3.75
	GB/T 859	0.3	0.4	0.55	0.65	0.8	1	1.25	1.5	1.6	1.8	2	2.25	2.5	2.75	3
b	GB/T 859	1	1.2	1.5	2	2.5	3	3.5	4	4.5	5	5.5	6	7	8	9

注：1. 括号内的规格尽可能不采用。

2. m 应大于零。

附表 14 平键（摘自 GB/T 1095—2003）

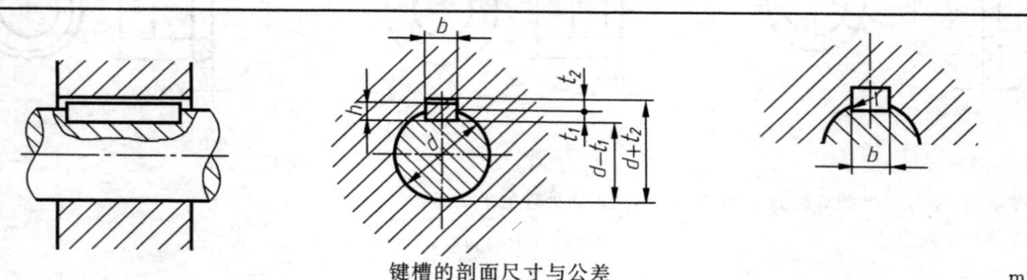

键槽的剖面尺寸与公差

mm

轴径 d	键尺寸 $b \times h$	键槽 宽度 b 基本尺寸	极限偏差 正常连接 轴 N9	正常连接 毂 JS9	紧密连接 轴和毂 P9	松连接 轴 H9	松连接 毂 D10	深度 轴 t_1 基本尺寸	轴 t_1 极限尺寸	毂 t_2 基本尺寸	毂 t_2 极限偏差	半径 r 最小	半径 r 最大
6～8	2×2	2	−0.004	±0.0125	−0.006	+0.025	+0.060	1.2	+0.1	1	+0.1	0.08	0.16
＞8～10	3×3	3	−0.029		−0.031	0	+0.020	1.8	0	1.4	0		
＞10～12	4×4	4	0	±0.015	−0.012	+0.030	+0.078	2.5		1.8			
＞12～17	5×5	5	−0.030		−0.042	0	+0.030	3.0		2.3		0.16	0.25
＞17～22	6×6	6						3.5		2.8			
＞22～30	8×7	8	0	±0.018	−0.015	+0.036	+0.098	4.0	+0.2	3.3	+0.2		
＞30～38	10×8	10	−0.036		−0.051	0	+0.040	5.0	0	3.3	0	0.25	0.40
＞38～44	12×8	12	0	±0.0215	−0.018	+0.043	+0.120	5.0		3.3			
＞44～50	14×9	14	−0.043		−0.061	0	+0.050	5.5		3.8			
＞50～58	16×10	16						6.0		4.3			
＞58～65	18×11	18						7.0		4.4			
＞65～75	20×12	20	0	±0.026	−0.022	+0.052	+0.149	7.5		4.9		0.40	0.60
＞75～85	22×14	22	−0.052		−0.074	0	+0.065	9.0		5.4			
＞85～95	25×14	25						9.0		5.4			
＞95～110	28×16	28						10.0		6.4			

注：平键槽的长度公差带用 H14。

附表 15 普通平键的形式尺寸与公差（摘自 GB/T 1096—2003）

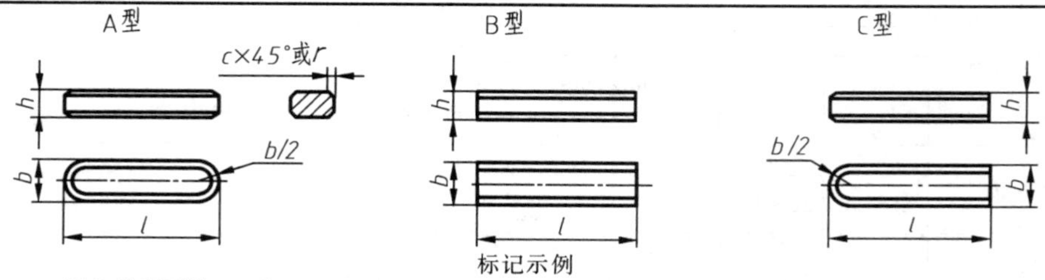

标记示例

圆头普通平键(A 型)：b=18mm，h=11mm，l=100mm；GB/T 1096 键 18×11×100

方头普通平键(B 型)：b=18mm，h=11mm，l=100mm；GB/T 1096 键 B18×11×100

单圆头普通平键(C 型)：b=18mm，h=11mm，l=100mm；GB/T 1096 键 C18×11×100

mm

宽度 b 基本尺寸	2	3	4	5	6	8	10	12	14	16	18	20	22	25
高度 h 基本尺寸	2	3	4	5	6	7	8	8	9	10	11	12	14	14
c 或 r	0.16～0.25			0.25～0.40			0.40～0.60					0.60～0.80		
l	6～20	6～36	8～45	10～56	14～70	18～90	22～110	28～140	36～160	45～180	50～200	56～220	63～250	70～280
l 系列	6,8,10,12,14,16,18,20,22,25,28,32,36,40,45,50,56,63,70,80,90,100,110,125,140,160,180,200,220,250,280													

附表 16 圆柱销（摘自 GB/T 119.1—2000）**——不淬硬钢和奥氏体不锈钢**

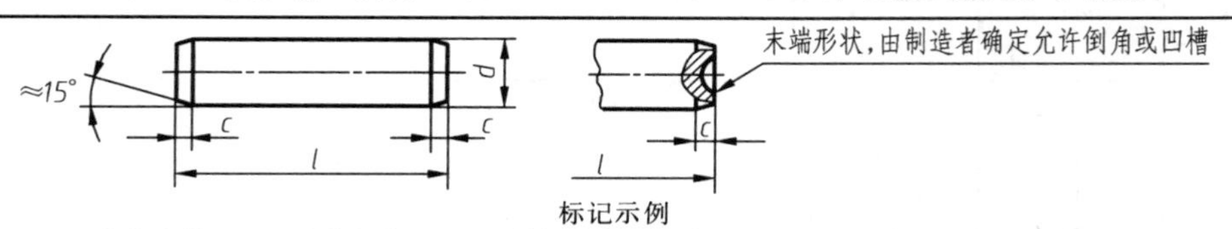

标记示例

公称直径 d=6、公称长度 l=30、材料为钢、不经淬火、不经表面处理的圆柱销的标记：

销 GB/T 119.1 6m6×30

mm

公称直径 d	0.6	0.8	1	1.2	1.5	2	2.5	3	4	5
c≈	0.12	0.16	0.20	0.25	0.30	0.35	0.40	0.50	0.63	0.80
l(商品规格范围公称长度)	2～6	2～8	4～10	4～12	4～16	6～20	6～24	8～30	8～40	10～50
公称直径 d	6	8	10	12	16	20	25	30	40	50
c≈	1.2	1.6	2.0	2.5	3.0	3.5	4.0	5.0	6.3	8.0
l(商品规格范围公称长度)	12～60	14～80	18～95	22～140	26～180	35～200	50～200	60～200	80～200	95～200
l 系列	2, 3, 4, 5, 6, 8, 10, 12, 14, 16, 18, 20, 22, 24, 26, 28, 30, 32, 35, 40, 45, 50, 55, 60, 65, 70, 75, 80, 85, 90, 95, 100, 120, 140, 160, 180, 200									

注：1. 材料用钢的强度要求为 125～245HV30，用奥氏体不锈钢 A1（GB/T 3098.6）时硬度要求 210～280HV30。

2. 公差 m6 时，Ra≤0.8μm；

公差 m8 时，Ra≤1.6μm。

附表 17 圆锥销（摘自 GB/T 117—2000）

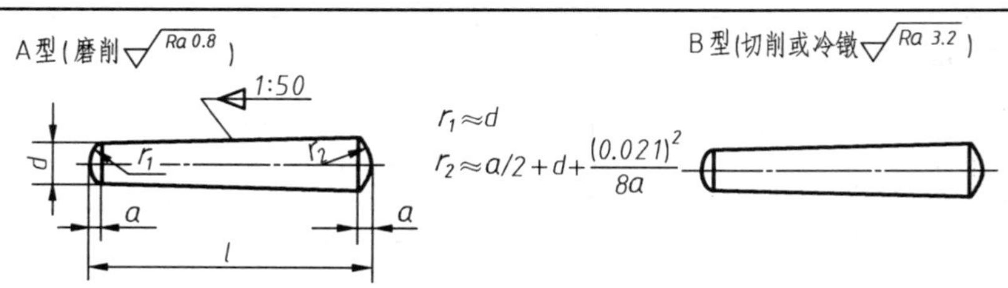

标记示例

d=6、公称长度 l=60、材料为 35 钢、热处理硬度 28～38HRC、表面氧化处理的 A 型圆锥销：

销 GB/T 117 6×60

mm

续表

公称直径 d	0.6	0.8	1	1.2	1.5	2	2.5	3	4	5
$a\approx$	0.08	0.1	0.12	0.16	0.2	0.25	0.3	0.4	0.5	0.63
l(商品规格范围公称长度)	4～8	5～12	6～16	6～20	8～24	10～35	10～35	12～45	14～55	18～60
公称直径 d	6	8	10	12	16	20	25	30	40	50
$a\approx$	0.8	1	1.2	1.6	2	2.5	3	4	5	6.3
l(商品规格范围公称长度)	22～90	22～120	26～160	32～180	40～200	45～200	50～200	55～200	60～200	65～200
l 系列	2, 3, 4, 5, 6, 8, 10, 12, 14, 16, 18, 20, 22, 24, 26, 28, 30, 32, 35, 40, 45, 50, 55, 60, 65, 70, 75, 80, 85, 90, 95, 100, 120, 140, 160, 180, 200									

附表 18 深沟球轴承（摘自 GB/T 276—2013）

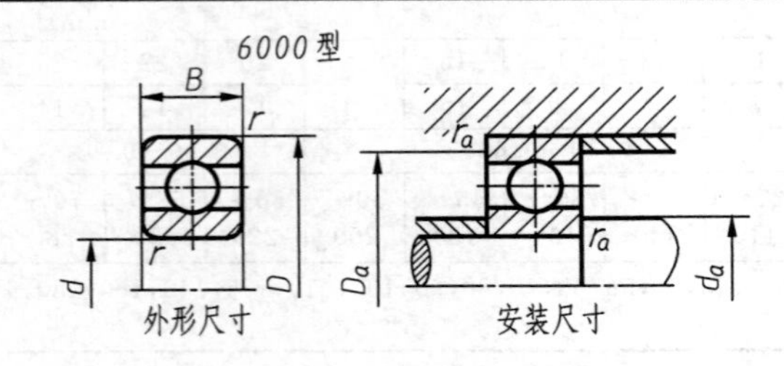

标记示例

内径 d=20 的 6000 型深钩球轴承，尺寸系列为(0)2，组合代号为 62：

滚动轴承 6204 GB/T 276—2013

mm

轴承代号	外形尺寸				安装尺寸		
	d	D	B	r_s (min)	d_a (min)	D_a (max)	r_{as} (max)
(1)0 尺寸系列							
6000	10	26	8	0.3	12.4	23.6	0.3
6001	12	28	8	0.3	14.4	25.6	0.3
6002	15	32	9	0.3	17.4	29.6	0.3
6003	17	35	10	0.3	19.4	32.6	0.3
6004	20	42	12	0.6	25	37	0.6
6005	25	47	12	0.6	30	42	0.6
6006	30	55	13	1	36	49	1
6007	35	62	14	1	41	56	1
6008	40	68	15	1	46	62	1
6009	45	75	16	1	51	69	1
6010	50	80	16	1	56	74	1
6011	55	90	18	1.1	62	83	1
6012	60	95	18	1.1	67	88	1
6013	65	100	18	1.1	72	93	1
6014	70	110	20	1.1	77	103	1
6015	75	115	20	1.1	82	108	1
6016	80	125	22	1.1	87	118	1
6017	85	130	22	1.1	92	123	1
6018	90	140	24	1.5	99	131	1.5
6019	95	145	24	1.5	104	136	1.5
6020	100	150	24	1.5	109	141	1.5
(0)2 尺寸系列							
6200	10	30	9	0.6	15	25	0.6
6201	12	32	10	0.6	17	27	0.6
6202	15	35	11	0.6	20	30	0.6
6203	17	40	12	0.6	22	35	0.6
6204	20	47	14	1	26	41	1
6205	25	52	15	1	31	46	1
6206	30	62	16	1	36	56	1
6207	35	72	17	1.1	42	65	1
6208	40	80	18	1.1	47	73	1
6209	45	85	19	1.1	52	78	1
6210	50	90	20	1.1	57	83	1

续表

轴承代号	外形尺寸				安装尺寸		
	d	D	B	r_s (min)	d_a (min)	D_a (max)	r_{as} (max)
(0)2 尺寸系列							
6211	55	100	21	1.5	64	91	1.5
6212	60	110	22	1.5	69	101	1.5
6213	65	120	23	1.5	74	111	1.5
6214	70	125	24	1.5	79	116	1.5
6215	75	130	25	1.5	84	121	1.5
6216	80	140	26	2	90	130	2
6217	85	150	28	2	95	140	2
6218	90	160	30	2	100	150	2
6219	95	170	32	2.1	107	158	2.1
6220	100	180	34	2.1	112	168	2.1
(0)3 尺寸系列							
6300	10	35	11	0.6	15	30	0.6
6301	12	37	12	1	18	31	1
6302	15	42	13	1	21	36	1
6303	17	47	14	1	23	41	1
6304	20	52	15	1.1	27	45	1
6305	25	62	17	1.1	32	55	1
6306	30	72	19	1.1	37	65	1
6307	35	80	21	1.5	44	71	1.5
6308	40	90	23	1.5	49	81	1.5
6309	45	100	25	1.5	54	91	1.5
6310	50	110	27	2	60	100	2
6311	55	120	29	2	65	110	2
6312	60	130	31	2.1	75	118	2.1
6313	65	140	33	2.1	77	128	2.1
6314	70	150	35	2.1	82	138	2.1
6315	75	160	37	2.1	87	148	2.1
6316	80	170	39	2.1	92	158	2.1
6317	85	180	41	3	99	166	2.5
6318	90	190	43	3	104	176	2.5
6319	95	200	45	3	109	186	2.5
6320	100	215	47	3	114	201	2.5
(0)4 尺寸系列							
6403	17	62	17	1.1	24	55	1
6404	20	72	19	1.1	27	65	1
6405	25	80	21	1.5	34	71	1.5
6406	30	90	23	1.5	39	81	1.5
6407	35	100	25	1.5	44	91	1.5
6408	40	110	27	2	50	100	2
6409	45	120	29	2	55	110	2
6410	50	130	31	2.1	62	118	2.1
6411	55	140	33	2.1	67	128	2.1
6412	60	150	35	2.1	72	138	2.1
6413	65	160	37	2.1	77	148	2.1
6414	70	180	42	3	84	166	2.5
6415	75	190	45	3	89	176	2.5
6416	80	200	48	3	94	186	2.5
6417	85	210	52	4	103	192	3
6418	90	225	54	4	108	207	3
6420	100	250	58	4	118	232	3

注：1. $r_{s(min)}$ 为 r 的单向最小倒角尺寸；$r_{as(max)}$ 为 r_a 的单向最大倒角尺寸。
2. 表中安装尺寸参照 GB/T 5868—2003（作了相应调整）。

附表 19 圆锥滚子轴承（摘自 GB/T 297—2015）

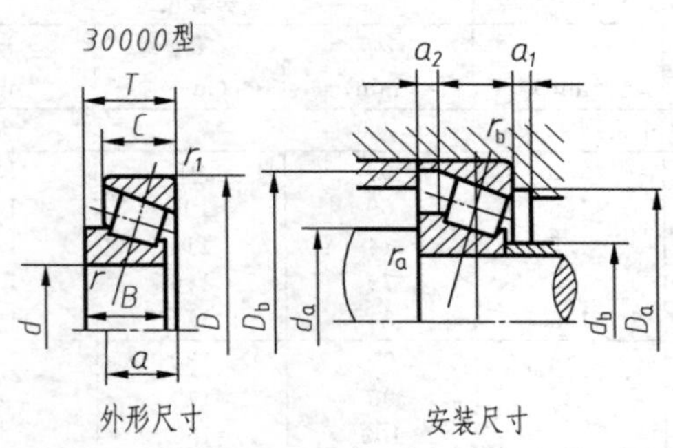

标记示例

内径 d＝20mm，尺寸系列代号为 02 的圆锥滚子轴承：

滚动轴承 30204 GB/T 297—2015

mm

轴承代号	外形尺寸								安装尺寸								
	d	D	T	B	C	r_s (min)	r_{1s} (min)	a ≈	d_a (min)	d_b (max)	D_a (min)	D_a (max)	D_b (min)	a_1 (min)	a_2 (min)	r_{as} (max)	r_{bs} (max)
02 尺寸系列																	
30203	17	40	13.25	12	11	1	1	9.9	23	23	34	34	37	2	2.5	1	1
30204	20	47	15.25	14	12	1	1	11.2	26	27	40	41	43	2	3.5	1	1
30205	25	52	16.25	15	13	1	1	12.5	31	31	44	46	48	2	3.5	1	1
30206	30	62	17.25	16	14	1	1	13.8	36	37	53	56	58	2	3.5	1	1
30207	35	72	18.25	17	15	1.5	1.5	15.3	42	44	62	65	67	3	3.5	1.5	1.5
30208	40	80	19.75	18	16	1.5	1.5	16.9	47	49	69	73	75	3	4	1.5	1.5
30209	45	85	20.75	19	16	1.5	1.5	18.6	52	53	74	78	80	3	5	1.5	1.5
30210	50	90	21.75	20	17	1.5	1.5	20	57	58	79	83	86	3	5	1.5	1.5
30211	55	100	22.75	21	18	2	1.5	21	64	64	88	91	95	4	5	2	1.5
30212	60	110	23.75	22	19	2	1.5	22.3	69	69	96	101	103	4	5	2	1.5
30213	65	120	24.75	23	20	2	1.5	23.8	74	77	106	111	114	4	5	2	1.5
30214	70	125	26.25	24	21	2	1.5	25.8	79	81	110	116	119	4	5.5	2	1.5
30215	75	130	27.25	25	22	2	1.5	27.4	84	85	115	121	125	4	5.5	2	1.5
30216	80	140	28.25	26	22	2.5	2	28.1	90	90	124	130	133	4	6	2.1	2
30217	85	150	30.5	28	24	2.5	2	30.3	95	96	132	140	142	5	6.5	2.1	2
30218	90	160	32.5	30	26	2.5	2	32.3	100	102	140	150	151	5	6.5	2.1	2
30219	95	170	34.5	32	27	3	2.5	34.2	107	108	149	158	160	5	7.5	2.5	2.1
30220	100	180	37	34	29	3	2.5	36.4	112	114	157	168	169	5	8	2.5	2.1
03 尺寸系列																	
30302	15	42	14.25	13	11	1	1	9.6	21	22	36	36	38	2	3.5	1	1
30303	17	47	15.25	14	12	1	1	10.4	23	25	40	41	43	3	3.5	1	1
30304	20	52	16.25	15	13	1.5	1.5	11.1	27	28	44	45	48	3	3.5	1.5	1.5
30305	25	62	18.25	17	15	1.5	1.5	13	32	34	54	55	58	3	3.5	1.5	1.5
30306	30	72	20.75	19	16	1.5	1.5	15.3	37	40	62	65	66	3	5	1.5	1.5
30307	35	80	22.75	21	18	2	1.5	16.8	44	45	70	71	74	3	5	2	1.5
30308	40	90	25.25	23	20	2	1.5	19.5	49	52	77	81	84	3	5.5	2	1.5
30309	45	100	27.25	25	22	2	1.5	21.3	54	59	86	91	94	3	5.5	2	1.5

续表

轴承代号	外形尺寸								安装尺寸								
	d	D	T	B	C	r_s (min)	r_{1s} (min)	a ≈	d_a (min)	d_b (max)	D_a (min)	D_a (max)	D_b (min)	a_1 (min)	a_2 (min)	r_{as} (max)	r_{bs} (max)
03 尺寸系列																	
30310	50	110	29.25	27	23	2.5	2	23	60	65	95	100	103	4	6.5	2	2
30311	55	120	31.5	29	25	2.5	2	24.9	65	70	104	110	112	4	6.5	2.5	2
30312	60	130	33.5	31	26	3	2.5	26.6	72	76	112	118	121	5	7.5	2.5	2.1
30313	65	140	36	33	28	3	2.5	28.7	77	83	122	128	131	5	8	2.5	2.1
30314	70	150	38	35	30	3	2.5	30.7	82	89	130	138	141	5	8	2.5	2.1
30315	75	160	40	37	31	3	2.5	32	87	95	139	148	150	5	9	2.5	2.1
30316	80	170	42.5	39	33	3	2.5	34.4	92	102	148	158	160	5	9.5	2.5	2.1
30317	85	180	44.5	41	34	4	3	34.9	99	107	156	166	168	6	10.5	3	2.5
30318	90	190	46.5	43	36	4	3	37.5	104	113	165	176	178	6	10.5	3	2.5
30319	95	200	49.5	45	38	4	3	40.1	109	118	172	186	185	6	11.5	3	2.5
30320	100	215	51.5	47	39	4	3	42.2	114	127	184	201	199	6	12.5	3	2.5
22 尺寸系列																	
32206	30	62	21.25	20	17	1	1	15.6	36	36	52	56	58	3	4.5	1	1
32207	35	72	24.25	23	19	1.5	1.5	17.9	42	42	61	65	68	3	5.5	1.5	1.5
32208	40	80	24.75	23	19	1.5	1.5	18.9	47	48	68	73	75	3	6	1.5	1.5
32209	45	85	24.75	23	19	1.5	1.5	20.1	52	53	73	78	81	3	6	1.5	1.5
32210	50	90	24.75	23	19	1.5	1.5	21	57	57	78	83	86	3	6	1.5	1.5
32211	55	100	26.75	25	21	2	1.5	22.8	64	62	87	91	96	4	6	2	1.5
32212	60	110	29.75	28	24	2	1.5	25	69	68	95	101	105	4	6	2	1.5
32213	65	120	32.75	31	27	2	1.5	27.3	74	75	104	111	115	4	6	2	1.5
32214	70	125	33.25	31	27	2	1.5	28.8	79	79	108	116	120	4	6.5	2	1.5
32215	75	130	33.25	31	27	2	1.5	30	84	84	115	121	126	4	6.5	2	1.5
32216	80	140	35.25	33	28	2.5	2	31.4	90	89	122	130	135	5	7.5	2.1	2
32217	85	150	38.5	36	30	2.5	2	33.9	95	95	130	140	143	5	8.5	2.1	2
32218	90	160	42.5	40	34	2.5	2	36.8	100	101	138	150	153	5	8.5	2.1	2
32219	95	170	45.5	43	37	3	2.5	39.2	107	106	145	158	163	5	8.5	2.5	2.1
32220	100	180	49	46	39	3	2.5	41.9	112	113	154	168	172	5	10	2.5	2.1
23 尺寸系列																	
32303	17	47	20.25	19	16	1	1	12.3	23	24	39	41	43	3	4.5	1	1
32304	20	52	22.25	21	18	1.5	1.5	13.6	27	26	43	45	48	3	4.5	1.5	1.5
32305	25	62	25.25	24	20	1.5	1.5	15.9	32	32	52	55	58	3	5.5	1.5	1.5
32306	30	72	28.75	27	23	1.5	1.5	18.9	37	38	59	65	66	4	6	1.5	1.5
32307	35	80	32.75	31	25	2	1.5	20.4	44	43	66	71	74	4	8.5	2	1.5
32308	40	90	35.25	33	27	2	1.5	23.3	49	49	73	81	83	4	8.5	2	1.5

续表

轴承代号	外形尺寸								安装尺寸								
	d	D	T	B	C	r_s (min)	r_{1s} (min)	a ≈	d_a (min)	d_b (max)	D_a (min)	D_a (max)	D_b (min)	a_1 (min)	a_2 (min)	r_{as} (max)	r_{bs} (max)
23尺寸系列																	
32309	45	100	38.25	36	30	2	1.5	25.6	54	56	82	91	93	4	8.5	2	1.5
32310	50	110	42.25	40	33	2.5	2	28.2	60	61	90	100	102	5	9.5	2	2
32311	55	120	45.5	43	35	2.5	2	30.4	65	66	99	110	111	5	10	2.5	2
32312	60	130	48.5	46	37	3	2.5	32	72	72	107	118	122	6	11.5	2.5	2.1
32313	65	140	51	48	39	3	2.5	34.3	77	79	117	128	131	6	12	2.5	2.1
32314	70	150	54	51	42	3	2.5	36.5	82	84	125	138	141	6	12	2.5	2.1
32315	75	160	58	55	45	3	2.5	39.4	87	91	133	148	150	7	13	2.5	2.1
32316	80	170	61.5	58	48	3	2.5	42.1	92	97	142	158	160	7	13.5	2.5	2.1
32317	85	180	63.5	60	49	4	3	43.5	99	102	150	166	168	8	14.5	3	2.5
32318	90	190	67.5	64	53	4	3	46.2	104	107	157	176	178	8	14.5	3	2.5
32319	95	200	71.5	67	55	4	3	49	109	114	166	186	187	8	16.5	3	2.5
32320	100	215	77.5	73	60	4	3	52.9	114	122	177	201	201	8	17.5	3	2.5

注：1. $r_{s(min)}$ 等含义同附表18。

2. 表中安装尺寸参照GB/T 5868—2003（作了相应调整）。

附表20 推力球轴承（摘自GB/T 301—2015）

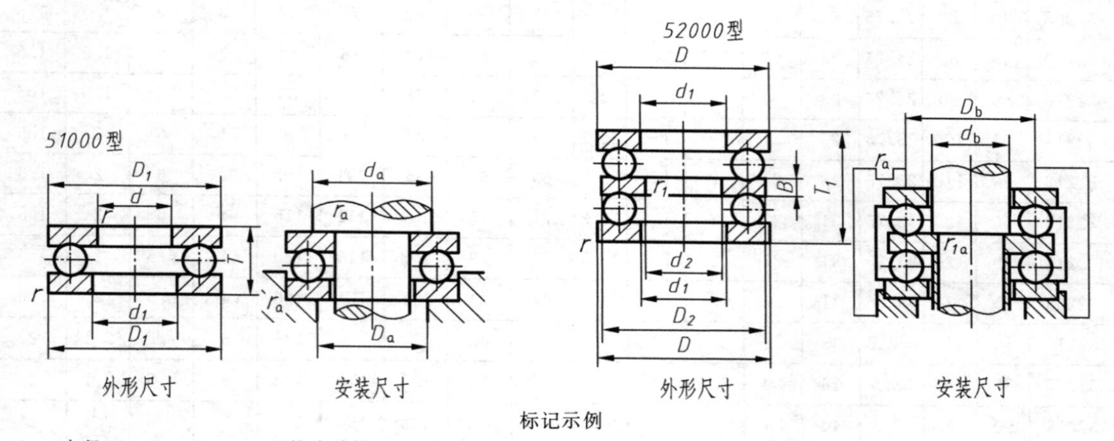

标记示例

内径 d=20mm，51000型推力球轴承，12尺寸系列：

滚动轴承 51204 GB/T 301—2015

mm

轴承代号		外形尺寸											安装尺寸					
		d	d_1	D	T	T_1	d_1 (max)	D_1 (max)	D_2 (max)	B	r_s (min)	r_{1s} (min)	d_a (min)	D_a (max)	D_b (min)	d_b (min)	r_{as} (max)	r_{1as} (max)
12(51000型)、22(52000型)尺寸系列																		
51200	—	10	—	26	11	—	12	26	—	—	0.6	—	20	16		—	0.6	—
51201	—	12		28	11	—	14	28	—	—	0.6	—	22	18		—	0.6	—
51202	52202	15	10	32	12	22	17	32	32	5	0.6	0.3	25	22		15	0.6	0.3
51203	—	17	—	35	12	—	19	35	—	—	0.6	—	28	24		—	0.6	—
51204	52204	20	15	40	14	26	22	40	40	6	0.6	0.3	32	28		20	0.6	0.3

续表

轴承代号		外形尺寸											安装尺寸					
		d	d_1	D	T	T_1	d_1 (max)	D_1 (max)	D_2 (max)	B	r_s (min)	r_{1s} (min)	d_a (min)	D_a (max)	D_b (min)	d_b (min)	r_{as} (max)	r_{1as} (max)
12(51000 型)、22(52000 型)尺寸系列																		
51205	52205	25	20	47	15	28	27	47	47	7	0.6	0.3	38	34		25	0.6	0.3
51206	52206	30	25	52	16	29	32	52	52	7	0.6	0.3	43	39		30	0.6	0.3
51207	52207	35	30	62	18	34	37	62	62	8	1	0.3	51	46		35	1	0.3
51208	52208	40	30	68	19	36	42	68	68	9	1	0.6	57	51		40	1	0.6
51209	52209	45	35	73	20	37	47	73	73	9	1	0.6	62	56		45	1	0.6
51210	52210	50	40	78	22	39	52	78	78	9	1	0.6	67	61		50	1	0.6
51211	52211	55	45	90	25	45	57	90	90	10	1	0.6	76	69		55	1	0.6
51212	52212	60	50	95	26	46	62	95	95	10	1	0.6	81	74		60	1	0.6
51213	52213	65	55	100	27	47	67	100		10	1	0.6	86	79	79	65	1	0.6
51214	52214	70	55	105	27	47	72	105		10	1	1	91	84	84	70	1	1
51215	52215	75	60	110	27	47	77	110		10	1	1	96	89	89	75	1	1
51216	52216	80	65	115	28	48	82	115		10	1	1	101	94	94	80	1	1
51217	52217	85	70	125	31	55	88	125		12	1	1	109	101	109	85	1	1
51218	52218	90	75	135	35	62	93	135		14	1.1	1	117	108	108	90	1	1
51220	52220	100	85	150	38	67	103	150		15	1.1	1	130	120	120	100	1	1
13(51000 型)、23(52000 型)尺寸系列																		
51304	—	20	—	47	18	—	22	47		—	1	—	36	31	—	—	1	—
51305	52305	25	20	52	18	34	27	52		8	1	0.3	41	36	36	25	1	0.3
51306	52306	30	25	60	21	38	32	60		9	1	0.3	48	42	42	30	1	0.3
51307	52307	35	30	68	24	44	37	68		10	1	0.3	55	48	48	35	1	0.3
51308	52308	40	30	78	26	49	42	78		12	1	0.6	63	55	55	40	1	0.6
51309	52309	45	35	85	28	52	47	85		12	1	0.6	69	61	61	45	1	0.6
51310	52310	50	40	95	31	58	52	95		14	1.1	0.6	77	68	68	50	1	0.6
51311	52311	55	45	105	35	64	57	105		15	1.1	0.6	85	75	75	55	1	0.6
51312	52312	60	50	110	35	64	62	110		15	1.1	0.6	90	80	80	60	1	0.6
51313	52313	65	55	115	36	65	67	115		15	1.1	0.6	95	85	85	65	1	0.6
51314	52314	70	55	125	40	72	72	125		16	1.1	1	103	92	92	70	1	1
51315	52315	75	60	135	44	79	77	135		18	1.5	1	111	99	99	75	1.5	1
51316	52316	80	65	140	44	79	82	140		18	1.5	1	116	104	104	80	1.5	1
51317	52317	85	70	150	49	87	88	150		19	1.5	1	124	111	114	85	1.5	1
51318	52318	90	75	155	50	88	93	155		19	1.5	1	129	116	116	90	1.5	1
51320	52320	100	85	170	55	97	103	170		21	1.5	1	142	128	128	100	1.5	1

续表

轴承代号		外形尺寸											安装尺寸					
		d	d_1	D	T	T_1	d_1 (max)	D_1 (max)	D_2 (max)	B	r_s (min)	r_{1s} (min)	d_a (min)	D_a (max)	D_b (min)	d_b (min)	r_{as} (max)	r_{1as} (max)
14(51000 型)、24(52000 型)尺寸系列																		
51405	52405	25	15	60	24	45	27	60		11	1	0.6	46	39		25	1	0.6
51406	52406	30	20	70	28	52	32	70		12	1	0.6	54	46		30	1	0.6
51407	52407	35	25	80	32	59	37	80		14	1.1	0.6	62	53		35	1	0.6
51408	52408	40	30	90	36	65	42	90		15	1.1	0.6	70	60		40	1	0.6
51409	52409	45	35	100	39	72	47	100		17	1.1	0.6	78	67		45	1	0.6
51410	52410	50	40	110	43	78	52	110		18	1.5	0.6	86	74		50	1.5	0.6
51411	52411	55	45	120	48	87	57	120		20	1.5	0.6	94	81		55	1.5	0.6
51412	52412	60	50	130	51	93	62	130		21	1.5	0.6	102	88		60	1.5	0.6
51413	52413	65	50	140	56	101	68	140		23	2	1	110	95		65	2.0	1
51414	52414	70	55	150	60	107	73	150		24	2	1	118	102		70	2.0	1
51415	52415	75	60	160	65	115	78	160	160	26	2	1	125	110		75	2.0	1
51416	—	80	—	170	68	—	83	170	—	—	2.1	—	133	117		—	2.1	1
51417	52417	85	65	180	72	128	88	177	179.5	29	2.1	1.1	141	124		85	2.1	1
51418	52418	90	70	190	77	135	93	187	189.5	30	2.1	1.1	149	131		90	2.1	1
51420	52420	100	80	210	85	150	103	205	209.5	33	3	1.1	165	145		100	2.5	1

注：1. r_s (min) 等含义同附表 18。

2. 表中安装尺寸参照 GB/T 5868—2003（作了相应调整）。

附表 21 圆柱螺旋压缩弹簧（摘自 GB/T 2089—2009）

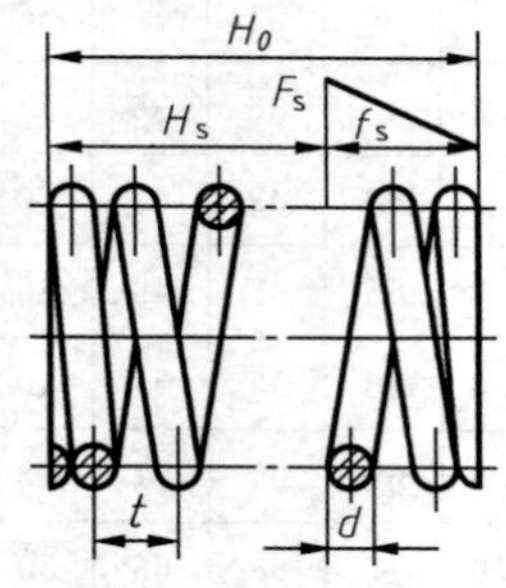

A 型（两端圈并紧磨平）

B 型（两端圈并紧锻平）

标记示例

A 型、线径 6mm、弹簧中径 38mm、自由高度 60mm、材料 60Si2MnA、表面涂漆处理的右旋圆柱螺旋压缩弹簧，其标记为：

YA 6×38×60 GB/T 2089

mm

线径 d/mm	弹簧中径 D/mm	节距 t/mm ≈	自由高度 H_0/mm	有效圈数 n/圈	试验负荷 F_s/N	试验负荷型变量 f_s/mm	展开长度 L/mm
0.6	4	1.54	20	12.5	18.7	11.7	182
1	4.5	1.67	20	10.5	72.7	7.04	177
1.2	8	2.92	40	12.5	68.6	21.4	364
1.6	8	2.92	40	12.5	68.6	21.4	364
2	16	5.72	42	6.5	144	24.3	427
	20	7.85	55	6.5	115	38	534
2.5	20	7.02	38	4.5	218	20.4	408
			80	10.5		47.5	785
	25	9.57	58	5.5	740	32.9	754
			70	6.5		44.9	955

续表

线径 d/mm	弹簧中径 D/mm	节距 t/mm ≈	自由高度 H_0/mm	有效圈数 n/圈	试验负荷 F_s/N	试验负荷型变量 f_s/mm	展开长度 L/mm
4.5	32	10.5	65	5.5	740	32.9	754
			90	7.5		44.9	955
	50	19.1	80	3.5	474	51.2	864
			220	10.5		153	1964
6	38	11.9	60	4	368	23.5	714
			100	7.5		44.0	1134
	45	14.2	90	5.5	1155	45.2	1060
			120	7.5		61.7	1343
10	45	14.6	115	6.5	4919	29.5	1131
			130	7.5		61.7	1343
	50	15.6	80	4	4427	22.4	864
			150	8.5		47.6	1571
12	80	27.9	180	5.5	6274	87.4	1759
30	150	52.4	300	4.5	52281	101	2827

附录 3 极限与配合

附表 22 标准公差数值（摘自 GB/T 1800.1—2009）

公称尺寸/mm		标准公差等级																	
		IT1	IT2	IT3	IT4	IT5	IT6	IT7	IT8	IT9	IT10	IT11	IT12	IT13	IT14	IT15	IT16	IT17	IT18
大于	至	μm											mm						
—	3	0.8	1.2	2	3	4	6	10	14	25	40	60	0.1	0.14	0.25	0.4	0.6	1	1.4
3	6	1	1.5	2.5	4	5	8	12	18	30	48	75	0.12	0.18	0.3	0.48	0.75	1.2	1.8
6	10	1	1.5	2.5	4	6	9	15	22	36	58	90	0.15	0.22	0.36	0.58	0.9	1.5	2.2
10	18	1.2	2	3	5	8	11	18	27	43	70	110	0.18	0.27	0.43	0.7	1.1	1.8	2.7
18	30	1.5	2.5	4	6	9	13	21	33	52	84	130	0.21	0.33	0.52	0.84	1.3	2.1	3.3
30	50	1.5	2.5	4	7	11	16	25	39	62	100	160	0.25	0.39	0.62	1	1.6	2.5	3.9
50	80	2	3	5	8	13	19	30	46	74	120	190	0.3	0.46	0.74	1.2	1.9	3	4.6
80	120	2.5	4	6	10	15	22	35	54	87	140	220	0.35	0.54	0.87	1.4	2.2	3.5	5.4
120	180	3.5	5	8	12	18	25	40	63	100	160	250	0.4	0.63	1	1.6	2.5	4	6.3
180	250	4.5	7	10	14	20	29	46	72	115	185	290	0.46	0.72	1.15	1.85	2.9	4.6	7.2
250	315	6	8	12	16	23	32	52	81	130	210	320	0.52	0.81	1.3	2.1	3.2	5.2	8.1
315	400	7	9	13	18	25	36	57	89	140	230	360	0.57	0.89	1.6	2.3	3.6	5.7	8.9
400	500	8	10	15	20	27	40	63	97	155	250	400	0.63	0.97	1.55	2.5	4	6.3	9.7
500	630	9	11	16	22	32	44	70	110	175	280	440	0.7	1.1	1.75	2.8	4.4	7	11
630	800	10	13	18	25	36	50	80	125	200	320	500	0.7	1.25	2	3.2	5	8	12.5
800	1000	11	15	21	28	40	56	90	140	230	360	560	0.9	1.4	2.3	3.6	5.6	9	14
1000	1250	13	18	24	33	47	66	105	165	260	420	660	1.05	1.65	2.6	4.2	6.6	10.5	16.5
1250	1600	15	21	29	39	55	78	125	195	310	500	780	1.25	1.95	3.1	5	7.8	12.5	19.5
1600	2000	18	25	35	46	65	92	150	230	370	600	920	1.5	2.3	3.7	6	9.2	15	23
2000	2500	22	30	41	55	78	110	175	280	440	700	1100	1.75	2.8	4.4	7	11	17.5	28
2500	3150	26	36	50	68	96	135	210	330	540	800	1350	2.1	3.3	5.4	8.6	13.5	21	33

注：1. 公称尺寸大于 500mm 的 IT1 至 IT5 的标准公差数值为试行。

2. 公称尺寸小于或等于 1mm 时，无 IT14 至 IT18。

附表 23 常用及优选轴公差带极限偏差（摘自 GB/T 1800.2—2009） μm

公称尺寸/mm		公差带												
		a	b		c			d				e		
大于	至	11	11	12	9	10	(11)	8	(9)	10	11	7	8	9
—	3	−270 −330	−140 −200	−140 −240	−60 −85	−60 −100	−60 −120	−20 −34	−20 −45	−20 −60	−20 −80	−14 −24	−14 −28	−14 −39
3	6	−270 −345	−140 −215	−140 −260	−70 −100	−70 −118	−70 −145	−30 −48	−30 −60	−30 −78	−30 −105	−20 −32	−20 −38	−20 −50
6	10	−280 −370	−150 −240	−150 −300	−80 −116	−80 −138	−80 −170	−40 −62	−40 −76	−40 −98	−40 −130	−25 −40	−25 −47	−25 −61
10	14	−290 −400	−150 −260	−150 −330	−95 −138	−95 −165	−95 −205	−50 −77	−50 −93	−50 −120	−50 −160	−32 −50	−32 −59	−32 −75
14	18													
18	24	−300 −430	−160 −290	−160 −370	−110 −162	−110 −194	−110 −240	−65 −98	−65 −117	−65 −149	−65 −195	−40 −61	−40 −73	−40 −92
24	30													
30	40	−310 −470	−170 −330	−170 −420	−120 −182	−120 −220	−120 −280	−80 −119	−80 −142	−80 −180	−80 −240	−50 −75	−50 −89	−50 −112
40	50	−320 −480	−180 −340	−180 −430	−130 −192	−130 −230	−130 −290							
50	65	−340 −530	−190 −380	−190 −490	−140 −214	−140 −260	−140 −330	−100 −146	−100 −174	−100 −220	−100 −290	−60 −90	−60 −106	−60 −134
65	80	−360 −550	−220 −390	−200 −500	−150 −224	−150 −270	−150 −340							
80	100	−380 −600	−220 −440	−220 −570	−170 −257	−170 −310	−170 −390	−120 −174	−120 −207	−120 −260	−120 −340	−72 −107	−72 −126	−72 −159
100	120	−410 −630	−240 −460	−240 −590	−180 −267	−180 −320	−180 −400							
120	140	−460 −710	−260 −510	−260 −660	−200 −300	−200 −360	−200 −450	−145 −208	−145 −245	−145 −305	−145 −395	−85 −125	−85 −148	−85 −185
140	160	−520 −770	−280 −530	−280 −680	−210 −310	−210 −370	−210 −460							
160	180	−580 −830	−310 −560	−310 −710	−230 −330	−230 −390	−230 −480							
180	200	−660 −950	−340 −630	−340 −800	−240 −355	−240 −425	−240 −530	−170 −242	−170 −285	−170 −355	−170 −460	−100 −146	−100 −172	−100 −215
200	225	−740 −1030	−380 −670	−380 −840	−260 −375	−260 −445	−260 −550							
225	250	−820 −1110	−420 −710	−420 −880	−280 −395	−280 −465	−280 −570							
250	280	−920 −1240	−480 −800	−480 −1000	−300 −430	−300 −510	−300 −620	−190 −271	−190 −320	−190 −400	−190 −510	−110 −162	−110 −191	−110 −240
280	315	−1050 −1370	−540 −860	−540 −1060	−330 −460	−330 −540	−330 −650							
315	355	−1200 −1560	−600 −900	−600 −1170	−360 −500	−360 −590	−360 −720	−210 −299	−210 −350	−210 −440	−210 −570	−125 −182	−125 −214	−125 −265
355	400	−1350 −1710	−680 −1040	−680 −1250	−400 −540	−400 −630	−400 −760							
400	450	−1500 −1900	−760 −1160	−760 −1390	−440 −595	−440 −690	−440 −840	−230 −327	−230 −385	−230 −480	−230 −630	−135 −198	−135 −232	−135 −290
450	500	−1650 −2050	−840 −1240	−840 −1470	−480 −635	−480 −730	−480 −880							

续表

公称尺寸/mm		公差带															
		f					g			h							
大于	至	5	6	7	8	9	5	6	7	5	6	7	8	9	10	11	12
—	3	−6 −10	−6 −12	−6 −16	−6 −20	−6 −31	−2 −6	−2 −8	−2 −12	0 −4	0 −6	0 −10	0 −14	0 −25	0 −40	0 −60	0 −100
3	6	−10 −15	−10 −18	−10 −22	−10 −28	−10 −40	−4 −9	−4 −12	−4 −16	0 −5	0 −8	0 −12	0 −18	0 −30	0 −48	0 −75	0 −120
6	10	−13 −19	−13 −22	−13 −28	−13 −35	−13 −49	−5 −11	−5 −14	−5 −20	0 −6	0 −9	0 −15	0 −22	0 −36	0 −58	0 −90	0 −150
10	14	−16 −24	−16 −27	−16 −34	−16 −43	−16 −59	−6 −14	−6 −17	−6 −24	0 −8	0 −11	0 −18	0 −27	0 −43	0 −70	0 −110	0 −180
14	18																
18	24	−20 −29	−20 −33	−20 −41	−20 −53	−20 −72	−7 −16	−7 −20	−7 −28	0 −9	0 −13	0 −21	0 −33	0 −52	0 −84	0 −130	0 −210
24	30																
30	40	−25 −36	−25 −41	−25 −50	−25 −64	−25 −87	−9 −20	−9 −25	−9 −34	0 −11	0 −16	0 −25	0 −39	0 −60	0 −100	0 −160	0 −250
40	50																
50	65	−30 −43	−30 −49	−30 −60	−30 −76	−30 −104	−10 −23	−10 −29	−10 −40	0 −13	0 −19	0 −30	0 −46	0 −74	0 −120	0 −190	0 −300
65	80																
80	100	−36 −51	−36 −58	−36 −71	−36 −90	−36 −123	−12 −27	−12 −34	−12 −47	0 −15	0 −22	0 −35	0 −54	0 −87	0 −140	0 −220	0 −350
100	120																
120	140	−43 −61	−43 −68	−43 −83	−43 −106	−43 −143	−14 −32	−14 −39	−14 −54	0 −18	0 −25	0 −40	0 −63	0 −100	0 −160	0 −250	0 −400
140	160																
160	180																
180	200	−50 −70	−50 −79	−50 −96	−50 −122	−50 −165	−15 −35	−15 −44	−15 −61	0 −20	0 −29	0 −46	0 −72	0 −115	0 −185	0 −290	0 −460
200	225																
225	250																
250	280	−56 −79	−56 −88	−56 −108	−56 −137	−56 −186	−17 −40	−17 −49	−17 −69	0 −23	0 −32	0 −52	0 −81	0 −130	0 −210	0 −320	0 −520
280	315																
315	355	−62 −87	−62 −98	−62 −119	−62 −151	−62 −202	−18 −43	−18 −54	−13 −75	0 −25	0 −36	0 −57	0 −89	0 −140	0 −230	0 −360	0 −570
355	400																
400	450	−68 −95	−68 −108	−68 −131	−68 −165	−68 −223	−20 −47	−20 −60	−20 −84	0 −27	0 −40	0 −63	0 −97	0 −155	0 −250	0 −400	0 −630
450	500																

续表

公称尺寸/mm		公差带														
		js			k			m			n			p		
大于	至	5	6	7	5	(6)	7	5	6	7	5	(6)	7	5	(6)	7
—	3	±2	±3	±5	+4 0	+6 0	+10 0	+6 0	+8 0	+12 0	+4 0	+10 0	+14 0	+10 0	+12 0	+16 0
3	6	±2.5	±4	±6	+6 +1	+9 +1	+13 +1	+9 +4	+12 +4	+16 +4	+13 +8	+16 +8	+20 +8	+17 +12	+20 +12	+24 +12
6	10	±3	±4.5	±7	+7 +1	+10 +1	+16 +1	+12 +6	+15 +6	+21 +6	+16 +10	+19 +10	+25 +10	+21 +15	+24 +15	+30 +15
10	14	±4	±5.5	±9	+9 +1	+12 +1	+19 +1	+15 +7	+18 +7	+25 +7	+20 +12	+23 +12	+30 +12	+26 +18	+29 +18	+36 +18
14	18															
18	24	±4.5	±6.5	±10	+11 +2	+15 +2	+23 +2	+17 +8	+21 +8	+29 +8	+24 +15	+28 +15	+36 +15	+31 +22	+35 +22	+43 +22
24	30															
30	40	±5.5	±8	±12	+13 +2	+18 +2	+27 +2	+20 +9	+25 +9	+34 +9	+28 +17	+33 +17	+42 +17	+37 +26	+42 +26	+51 +26
40	50															
52	65	±6.5	±9.5	±15	+15 +2	+21 +2	+32 +2	+24 +11	+30 +11	+41 +11	+33 +20	+39 +20	+50 +20	+45 +32	+51 +32	+62 +32
65	80															
80	100	±7.5	±11	±17	+18 +3	+25 +3	+38 +3	+28 +13	+35 +13	+48 +13	+38 +23	+45 +23	+58 +23	+52 +37	+59 +37	+72 +37
100	120															
120	140	±9	±12.5	±20	+21 +3	+28 +3	+43 +3	+33 +15	+40 +15	+55 +15	+45 +27	+52 +27	+67 +27	+61 +43	+68 +43	+83 +43
140	160															
160	180															
180	200	±10	±14.5	±23	+24 +4	+33 +4	+50 +4	+37 +17	+46 +17	+63 +17	+54 +31	+60 +31	+77 +31	+70 +50	+79 +50	+96 +50
200	225															
225	250															
250	280	±11.5	±16	±26	+27 +4	+36 +4	+56 +4	+43 +20	+52 +20	+72 +20	+57 +34	+66 +34	+86 +34	+79 +56	+88 +56	+108 +56
280	315															
315	355	±12.5	±18	±28	+29 +4	+40 +4	+61 +4	+46 +21	+57 +21	+78 +21	+62 +37	+73 +37	+94 +37	+87 +62	+98 +62	+119 +62
355	400															
400	450	±13.5	±20	±31	+32 +5	+45 +5	+68 +5	+50 +23	+63 +23	+86 +23	+67 +40	+80 +40	+103 +40	+95 +68	+108 +68	+131 +68
450	500															

续表

公称尺寸/mm		公差带														
		r			s			t			u		v	x	y	z
大于	至	5	6	7	5	(6)	7	5	6	7	6	7	6	6	6	6
—	3	+14 +10	+16 +10	+20 +10	+18 +14	+20 +14	+24 +14	—	—	—	+24 +18	+28 +18	—	+26 +20	—	+32 +26
3	6	+20 +15	+23 +15	+27 +15	+24 +19.	+27 +19	+31 +19	—	—	—	+31 +23	+35 +23	—	+36 +28	—	+43 +35
6	10	+25 +19	+28 +19	+34 +19	+29 +23	+32 +23	+38 +23	—	—	—	+37 +28	+43 +28	—	+43 +34	—	+51 +42
10	14	+31 +23	+34 +23	+41 +23	+36 +28	+39 +28	+46 +28	—	—	—	+44 +33	+51 +33	—	+51 +40	—	+61 +50
14	18							—	—	—			+50 +39	+56 +45	—	+71 +60
18	24	+37 +28	+41 +28	+49 +28	+44 +35	+48 +35	+56 +35	—	—	—	+54 +41	+62 +41	+60 +47	+67 +54	+76 +63	+86 +73
24	30							+50 +41	+54 +41	+62 +41	+61 +43	+69 +48	+68 +55	+77 +64	+88 +75	+101 +88
30	40	+45 +34	+50 +34	+59 +34	+54 +43	+59 +43	+68 +43	+59 +48	+64 +48	+73 +48	+76 +60	+85 +60	+84 +68	+96 +80	+110 +94	+128 +112
40	50							+65 +54	+70 +54	+79 +54	+86 +70	+95 +70	+97 +81	+113 +97	+130 +114	+152 +136
50	65	+54 +41	+60 +41	+71 +41	+66 +53	+72 +53	+83 +53	+79 +66	+85 +66	+96 +66	+106 +87	+117 +87	+121 +102	+141 +102	+163 +144	+191 +172
65	80	+56 +43	+62 +43	+73 +43	+72 +59	+78 +59	+89 +59	+88 +75	+94 +75	+105 +75	+121 +102	+132 +102	+139 +102	+165 +146	+193 +174	+229 +210
80	100	+66 +51	+73 +51	+86 +51	+86 +71	+93 +71	+106 +71	+106 +91	+113 +91	+126 +91	+146 +124	+159 +124	+168 +146	+200 +178	+236 +214	+280 +258
100	120	+69 +54	+76 +54	+89 +54	+94 +79	+101 +79	+114 +79	+114 +104	+126 +104	+139 +104	+166 +144	+179 +144	+194 +172	+232 +210	+276 +254	+332 +310
120	140	+81 +63	+88 +63	+103 +63	+110 +92	+117 +92	+132 +92	+140 +122	+147 +122	+162 +122	+195 +170	+210 +170	+227 +202	+273 +248	+325 +300	+390 +365
140	160	+83 +65	+90 +65	+105 +65	+118 +100	+125 +100	+140 +100	+152 +134	+159 +134	+174 +134	+215 +190	+230 +190	+253 +228	+305 +280	+365 +340	+440 +415
160	180	+86 +68	+93 +68	+108 +68	+126 +108	+133 +108	+148 +108	+164 +146	+171 +146	+186 +146	+235 +210	+250 +210	+277 +252	+335 +310	+405 +380	+490 +465
180	200	+97 +77	+106 +77	+123 +77	+142 +122	+151 +122	+168 +122	+186 +166	+195 +166	+212 +166	+265 +236	+282 +236	+313 +284	+379 +350	+454 +425	+549 +520
200	225	+100 +80	+109 +80	+126 +80	+150 +130	+159 +130	+176 +130	+200 180	+209 +180	+226 +180	+287 +258	+304 +258	+339 +310	+414 +385	+499 +470	+604 +575
225	250	+104 +84	+113 +84	+130 +84	+160 +140	+169 +140	+186 +140	+216 +196	+225 +196	+242 +196	+313 +284	+330 +284	+369 +340	+454 +425	+549 +520	+669 +640
250	280	+117 +94	+126 +94	+146 +94	+181 +158	+190 +158	+210 +158	+241 +218	+250 +218	+270 +218	+347 +315	+367 +315	+417 +385	+507 +475	+612 +580	+742 +710
280	315	+121 +98	+130 +98	+150 +98	+193 +170	+202 +170	+222 +170	+263 +240	+272 +240	+292 +240	+382 +350	+402 +350	+457 +425	+557 +525	+682 +650	+822 +790
315	355	+133 +108	+144 +108	+165 +108	+215 +190	+226 +190	+247 +190	+293 +268	+304 +268	+325 +268	+426 +390	+447 +390	+511 +475	+626 +590	+766 +730	+936 900
355	400	+139 +114	+150 +114	+171 +114	+233 +208	+244 +208	+265 +208	+319 +294	+330 +294	+351 +294	+471 +435	+492 +435	+566 +530	+696 +660	+856 +820	+1036 +1000
400	450	+153 +126	+166 +126	+189 +126	+259 +232	+272 +232	+295 +232	+357 +330	+370 +330	+393 +330	+530 +490	+553 +490	+635 +595	+780 +740	+960 +920	+1140 +1100
450	500	+159 +132	+172 +132	+195 +132	+279 +252	+292 +252	+315 +252	+387 +360	+400 +360	+423 +360	+580 +540	+603 +540	+700 +600	+860 +820	+1040 +1000	+1290 +1250

注：1. 公称尺寸小于 1mm 时，各级的 a 和 b 均不采用。

2. 带括号者为优先公差带。

附表 24 常用及优选孔公差带极限偏差（摘自 GB/T 1800.2—2009） μm

公称尺寸/mm		公差带														
		A	B		C		D				E		F			
大于	至	11	11	12	(11)	12	8	(9)	10	11	8	9	6	7	(8)	9
—	3	+330 +270	+200 +140	+240 +140	+120 +60	+160 +60	+34 +20	+45 +20	+60 +20	+80 +20	+28 +14	+39 +14	+12 +6	+16 +6	+20 +6	+31 +6
3	6	+345 +270	+215 +140	+260 +140	+145 +70	+190 +70	+48 +30	+60 +30	+78 +30	+105 +30	+38 +20	+50 +20	+18 +10	+22 +10	+28 +10	+40 +10
6	10	+370 +280	+240 +150	+300 +150	+170 +80	+230 +80	+62 +40	+76 +40	+98 +40	+130 +40	+47 +25	+61 +25	+22 +13	+28 +13	+35 +13	+49 +13
10	14	+400 +290	+260 +150	+330 +150	+205 +95	+275 +95	+77 +50	+93 +50	+120 +50	+160 +50	+59 +32	+75 +32	+27 +16	+34 +16	+43 +16	+59 +16
14	18															
18	24	+430 +300	+290 +160	+370 +160	+240 +110	+320 +110	+98 +65	+117 +65	+149 +65	+195 +65	+73 +40	+92 +40	+33 +20	+41 +20	+53 +20	+72 +20
24	30															
30	40	+470 +310	+330 +170	+420 +170	+280 +120	+370 +120	+119 +80	+142 +80	+180 +80	+240 +80	+89 +50	+112 +50	+41 +25	+50 +25	+64 +25	+87 +25
40	50	+480 +320	+340 +180	+430 +180	+290 +130	+380 +130										
50	65	+530 +340	+380 +190	+490 +190	+330 +140	+440 +140	+146 +100	+174 +100	+220 +100	+290 +100	+106 +60	+134 +60	+49 +30	+60 +30	+76 +30	+104 +30
65	80	+550 +360	+390 +200	+500 +200	+340 +150	+450 +150										
80	100	+600 +380	+440 +220	+570 +220	+390 +170	+520 +170	+174 +120	+207 +120	+260 +120	+340 +120	+126 +72	+159 +72	+58 +36	+71 +36	+90 +36	+123 +36
100	120	+630 +410	+460 +240	+590 +240	+400 +180	+530 +180										
120	140	+710 +460	+510 +260	+660 +260	+450 +200	+600 +200	+208 +145	+245 +145	+305 +145	+395 +145	+148 +85	+185 +85	+68 +43	+83 +43	+106 +43	+143 +43
140	160	+770 +520	+530 +280	+680 +280	+460 +210	+610 +210										
160	180	+830 +580	+560 +310	+710 +310	+480 +230	+630 +230										
180	200	+950 +660	+630 +340	+800 +340	+530 +240	+700 +240	+242 +170	+285 +170	+355 +170	+460 +170	+172 +100	+215 +100	+79 +50	+96 +50	+122 +50	+165 +50
200	225	+1030 +740	+670 +380	+840 +380	+550 +260	+720 +260										
225	250	+1110 +820	+710 +420	+880 +420	+570 +280	+740 +280										
250	280	+1240 +920	+800 +480	+1000 +480	+620 +300	+820 +300	+271 +190	+320 +190	+400 +190	+510 +190	+191 +110	+240 +110	+88 +56	+108 +56	+137 +56	+186 +56
280	315	+1370 +1050	+860 +540	+1060 +540	+650 +330	+850 +330										
315	355	+1560 +1200	+960 +600	+1170 +600	+720 +360	+930 +360	+299 +210	+350 +210	+440 +210	+570 +210	+214 +125	+265 +125	+98 +62	+119 +62	+151 +62	+202 +62
355	400	+1710 +1350	+1040 +680	+1250 +680	+760 +400	+970 +400										
400	450	+1900 +1500	+1160 +760	+1390 +760	+840 +440	+1070 +440	+327 +230	+385 +230	+480 +230	+630 +230	+232 +135	+290 +135	+108 +68	+131 +68	+165 +68	+223 +68
450	500	+2050 +1650	+1240 +840	+1470 +840	+880 +480	+1110 +488										

续表

公称尺寸/mm		公差带														
		G		H							JS			K		
大于	至	6	(7)	6	(7)	(8)	(9)	10	(11)	12	6	7	8	6	(7)	8
—	3	+8 +2	+12 +2	+6 0	+10 0	+14 0	+25 0	+40 0	+60 0	+100 0	±3	±5	±7	0 −6	0 −10	0 −14
3	6	+12 +4	+16 +4	+8 0	+12 0	+18 0	+30 0	+48 0	+75 0	+120 0	±4	±6	±9	+2 −6	+3 −9	+5 −13
6	10	+14 +5	+20 +5	+9 0	+15 0	+22 0	+36 0	+58 0	+90 0	+150 0	±4.5	±7	±11	+2 −7	+5 −10	+6 −16
10	14	+17 +6	+24 +6	+11 0	+18 0	+27 0	+43 0	+70 0	+110 0	+180 0	±5.5	±9	±13	+2 −9	+6 −12	+8 −19
14	18															
18	24	+20 +7	+28 +7	+13 0	+21 0	+33 0	+52 0	+84 0	+130 0	+210 0	±6.5	±10	±16	+2 −11	+6 −15	+10 −23
24	30															
30	40	+25 +9	+34 +9	+16 0	+25 0	+39 0	+62 0	+100 0	+160 0	+250 0	±8	±12	±19	+3 −13	+7 −18	+12 −27
40	50															
50	65	+29 +10	+40 +10	+19 0	+30 0	+46 0	+74 0	+120 0	+190 0	+300 0	±9.5	±15	±23	+4 −15	+9 −21	+14 −32
65	80															
80	100	+34 +12	+47 +12	+22 0	+35 0	+54 0	+87 0	+140 0	+220 0	+350 0	±11	±17	±27	+4 −18	+10 −25	+16 −38
100	120															
120	140	+39 +14	+54 +14	+25 0	+40 0	+63 0	+100 0	+160 0	+250 0	+400 0	±12.5	±20	±31	+4 −21	+12 −28	+20 −43
140	160															
160	180															
180	200	+44 +15	+61 +15	+29 0	+46 0	+72 0	+115 0	+185 0	+290 0	+460 0	±14.5	±23	±36	+5 −24	+13 −33	+22 −50
200	225															
225	250															
250	280	+49 +17	+69 +17	+32 0	+52 0	+81 0	+130 0	+210 0	+320 0	+520 0	±16	±26	±40	+5 −27	+16 −36	+25 −56
280	315															
315	355	+54 +18	+75 +18	+36 0	+57 0	+89 0	+140 0	+230 0	+360 0	+570 0	±18	±28	±44	+7 −29	+17 −40	+28 −61
355	400															
400	450	+60 +20	+83 +20	+40 0	+63 0	+97 0	+155 0	+250 0	+400 0	+630 0	±20	±31	±48	+8 −32	+18 −45	+29 −68
450	500															

续表

公称尺寸/mm		公差带														
		M			N			P		R		S		T		U
大于	至	6	7	8	6	(7)	8	6	(7)	6	7	6	(7)	6	7	(7)
—	3	−2 −8	−2 −12	−2 −16	−4 −10	−4 −14	−4 −18	−6 −12	−6 −16	−10 −16	−10 −20	−14 −20	−14 −24	—	—	−18 −28
3	6	−1 −9	0 −12	+2 −16	−5 −13	−4 −16	−2 −20	−9 −17	−8 −20	−12 −20	−11 −23	−16 −24	−15 −27	—	—	−19 −31
6	10	−3 −12	0 −15	+1 −21	−7 −16	−4 −19	−3 −25	−12 −21	−9 −24	−16 −25	−13 −28	−20 −29	−17 −32	—	—	−22 −37
10	14	−4 −15	0 −18	+2 −25	−9 −20	−5 −23	−3 −30	−15 −26	−11 −29	−20 −31	−16 −34	−25 −36	−21 −39	—	—	−26 −44
14	18															
18	24	−4 −17	0 −21	+4 −29	−11 −24	−7 −28	−3 −36	−18 −31	−14 −35	−24 −37	−20 −41	−31 −44	−27 −48	—	—	−33 −54
24	30													−37 −50	−33 −54	−40 −61
30	40	−4 −20	0 −25	+5 −34	−12 −28	−8 −33	−3 −42	−21 −37	−17 −42	−29 −45	−25 −50	−38 −54	−34 −59	−43 −59	−39 −64	−51 −76
40	50													−49 −65	−45 −70	−61 −86
50	65	−5 −24	0 −30	+5 −41	−14 −33	−9 −39	−4 −50	−26 −45	−21 −51	−35 −54	−30 −60	−47 −66	−42 −72	−60 −79	−55 −85	−76 −106
65	80									−37 −56	−32 −62	−53 −72	−48 −78	−69 −88	−64 −94	−91 −121
80	100	−6 −28	0 −35	+6 −48	−16 −38	−10 −45	−4 −58	−30 −52	−24 −59	−44 −66	−38 −73	−64 −86	−58 −93	−84 −106	−78 −113	−111 −146
100	120									−47 −69	−41 −76	−72 −94	−66 −101	−97 −119	−91 −126	−131 −166
120	140	−8 −33	0 −40	+8 −55	−20 −45	−12 −52	−4 −67	−36 −61	−28 −68	−56 −81	−48 −88	−85 −110	−77 −117	−115 −140	−107 −147	−155 −195
140	160									−58 −83	−50 −90	−93 −118	−85 −125	−127 −152	−119 −159	−175 −215
160	180									−61 −86	−53 −93	−101 −126	−93 −133	−139 −164	−131 −171	−195 −235
180	200	−8 −37	0 −46	+9 −63	−22 −51	−14 −60	−5 −77	−41 −70	−33 −79	−68 −97	−60 −106	−113 −142	−105 −151	−157 −186	−149 −195	−219 −265
200	225									−71 −100	−63 −109	−121 −150	−113 −159	−171 −200	−163 −209	−241 −287
225	250									−75 −104	−67 −113	−131 −160	−132 −169	−187 −216	−179 −225	−267 −313
250	280	−9 −41	0 −52	+9 −72	−25 −57	−14 −66	−5 −86	−47 −79	−36 −88	−85 −117	−74 −126	−149 −181	−138 −190	−209 −241	−198 −250	−295 −347
280	315									−89 −121	−78 −130	−161 −193	−150 −202	−231 −263	−220 −272	−330 −382
315	355	−10 −46	0 −57	+11 −78	−26 −62	−16 −73	−5 −94	−51 −87	−41 −98	−97 −133	−87 −144	−179 −215	−169 −226	−257 −293	−247 −304	−369 −426
355	400									−103 −139	−93 150	−197 −233	−187 −244	−283 −319	−273 −330	−414 −471
400	450	−10 −50	0 −63	+11 −86	−27 −67	−17 −80	−6 −103	−55 −95	−45 −108	−113 −153	−103 −166	−219 −259	−209 −272	−317 −357	−307 −370	−467 −530
450	500									−119 −159	−109 −172	−239 −279	−229 −292	−347 −387	−337 −400	−517 −580

注：1. 公称尺寸小于 1mm 时，各级的 A 和 B 均不采用。

2. 带括号者为优先公差带。

参 考 文 献

[1] 大连理工大学工程图学教研室. 机械制图 [M]. 第 7 版. 北京：高等教育出版社，2013.

[2] 大连理工大学工程图学教研室. 画法几何学 [M]. 第 6 版. 北京：高等教育出版社，2011.

[3] 丁一，王健. 工程图学基础 [M]. 第 3 版. 北京：高等教育出版社，2018.

[4] 杨裕根，诸世敏. 现代工程图学 [M]. 第 4 版. 北京：北京邮电大学出版社，2017.

[5] 周跃文. 中文版 AutoCAD2016 从入门到精通 [M]. 北京：中国铁道出版社，2016.

[6] 闻邦椿. 机械设计手册 [M]. 第 6 版. 北京：机械工业出版社，2018.